# 电子游戏世界

## Computer Game Worlds

[德]克劳斯·皮亚斯 著
熊 硕 译

复旦大学出版社

# 总序

百余年前,被誉为"舆论界之骄子"的梁启超在面对由新报和新知涌入而引发的中国思想和社会变局时,发出了"中国千年未遇之剧变"的感叹。相较之下,百余年后的今天,数字技术带来的社会变革给国人生活方式和思维方式带来的冲击,与梁启超时代相比又岂能同日而语?追问当下,目前公众、政府和科学工作者热议的人工智能和5G技术,以及可以想见的日新月异的技术迭代,又会将我们及我们的后代抛到何种境遇?于是,一系列新名词、新概念蜂拥而来:后真相、后人类、后人文……我们似乎比以往更加直面人类文明史上最古老而又反复回响的命题:我们是谁?

面对这一疑虑,"媒介与文明"译丛正式与大家见面了。关于媒介研究的译著,在中文世界目前已是不少,一方面与上述媒介技术的快速发展有关,另一方面也与近年来学术界"媒介转向"的潮流相呼应。但遗憾的是,有关历史和文明维度的媒介研究的译著却屈指可数,且不少译著以既定的学科视野对作品加以分类,这不仅严重限制了媒介研究本应有的阐释力,也极大削弱了对当下世界变化的纵深理解和想象力,难免给人"只在此山中,云深不知处"的感觉。本译丛旨在打破当下有关媒介研究的知识际遇,提供历史与当下、中国与西方的跨时空对话,以一种独特的方式回应现实。借此,读者可以从媒介的视野重新打量人类文明和历史,并对人类文明的演变形成新知识、新判断和新洞见。

在此,有必要对译丛主题稍作解释。何谓"媒介"?这是国内媒介学者经常会遇到的一个问题。这反映出中国缺乏媒介研究的学术传统,"媒介"给人以游垠无根之感,同时也因近年来西方研究中的媒介概念纷至沓来,"变体"多多,有点让人无所适从。实际上,媒介概念在西方世界也非历史悠长。直到19世纪后期随着新技术的推动,"媒介"才从艺术概念体系中脱颖而出,成为新的常规词。此后,随着媒介研究的扩展,其概念也在不断演化和发展。在此过程中,人们用媒介概念重新打量过往的历史(包括媒介概念缺席的历史),孕育和催生出诸多优秀成果,甚至形塑了各具特色、风格迥异的话语体系或者"学派",为国人提供了诸多可供借鉴的思想资源。

鉴于此,本译丛对于"媒介"的使用和理解并非拘泥于某种既定的、单一的意义,而是将其作为一种视野,一种总体的研究取向,一种方法论的实施,以此解析人类文明的过往、当下和未来。也就是说,媒介在此不仅仅是作为既有学科门类所关注的具体对象,而是试图跨过学科壁垒,探讨媒介和技术如何形塑和改变知识与信息、时间与空间、主体与客体、战争与死亡、感知与审美等人类文明史上的核心主题和操作实践。

基于以上考虑,本译丛初步定位为:

一、题材偏向历史和文明的纵深维度;

二、以媒介为视野,不拘泥于媒介的单一定义;

三、研究具有范例性和前沿性价值。

翻译就是一种对话,既是中西对话,可以从媒介视野生发有关中国的问题域,同时也是历史与当下的对话。正如本译丛所呈现的,倘若诸如主体性、时间性、空间性、审美体验、知识变革等议题,借助历史的追问和梳理,可以为数字化、智能化时代的人类命运和中国文明的走向提供某种智识和启迪,那么,译丛的目的也就达到了。

"媒介与文明"译丛并不主张以规模、阵势取胜,而是希望精挑细译一些有价值、有代表性的研究成果,成熟一部,推出一部。由于编者视野有限,希望各方专家推荐优秀作品,以充实这一译丛。

最后,译丛的推出要感谢华中科技大学新闻与信息传播学院各位领导和老师的支持,也要感谢复旦大学出版社领导和各位工作人员对这一"偏冷"题材的厚爱。同时,尤其要感谢丛书的译者。在当今的学术市场上,译书是件费力不讨好的事,但是大家因为对于新知的兴趣走到了一起。嘤嘤其鸣,以求友声,也期待更多的同道投入到这一领域。

是为序。

唐海江

2018年12月

# 译者序

## 引子

提到"电子游戏"一词,在中国的环境里,一千个人会有一千个观点,但放眼世界,特别是欧美与日本,游戏学(ludology)已然成为一门与电影、计算机、数字媒体等学科平级的学问。近几年,中国传媒大学、北京师范大学等高校已经稳扎稳打地开始构筑游戏学研究的话语体系。因此,我觉得在本人的英文专著《游戏洗练度理论:游戏设计新范式》(*A New Paradigm in Game Design Using Game Refinement Theory*)出版后,有必要再选择一本国际上权威的游戏学著作进行翻译。一方面,可以让更多的国人接触游戏学,了解它的魅力,扩展大家的视野与思维;另一方面,我也希望为中国游戏产业的发展与游戏学科的进步作出一些贡献。因此,在机缘巧合下(具体原因见"译后记"),我选择了德国媒介大师克劳斯·皮亚斯所著的《电子游戏世界》(*Computer Game Worlds*)。在第一次阅读此书时,即便我作为一个"硬核"游戏玩家、游戏策划、游戏学博士以及游戏学"青椒",书中的很多内容与观点我也是第一次见到,克劳斯·皮亚斯的思辨过程与不少案例着实让人啧啧称奇。

最显眼的部分在于,克劳斯将整本书分割成三大部分,并将标题命名为"动作""冒险"和"策略"。他围绕这三个板块,分别用了100页左右的篇幅进行科学哲学层面的论述。虽然现代电子游戏的分类繁多,但仔细想一想,克劳斯的分类却无比精练。比如,第一人称射击类游戏(first-person shooting game,简称FPS)或音乐游戏(music game,简称MUG),其实可以视为动作游戏的变种;不论是《星际争霸》这样的即时战略游戏(real-time strategy game,简称 RTS)还是《信长之野望》这样的模拟游戏(simulation game,简称 SLG),它们都是策略游戏的衍生;《DOTA 2》与《英雄联盟》等多人在线战场竞技类游戏(multiplayer online battle arena,简称 MOBA)则结合了动作(操作)与策略(战术);无数的角色扮演游戏(role-playing game,简称 RPG),不论是欧式 RPG、日式 RPG,还是中国古风式 RPG,也多多少少是冒险与动作、冒险与策略的结合。因此,这本书的内容量和"干货"绝对能让你在游戏科学的饕餮盛宴中享受知识的乐趣。为了便于学术型读者能在谷歌学术搜索里方便地查找对应的资料出处,我并未对纯引文类的脚注进行翻译,部分重要的文献内容也保留了原文,有需要的读者必要时可以利用网络进行扩展阅读。

关于更多翻译本书的心得体会,可以参考"译后记",就中文版的序而言,我主要围绕本书的学术价值和意义以及每一章的内容简介展开。

## 本书的价值和意义

克劳斯·皮亚斯作为媒介研究大师,他电子工程的学术背景以及在媒介领域数十年积累所凝聚的思想,是游戏研究领域的珍贵财富,他文工交叉的背景使读者得以从另外一个视角去了解电子游戏的过往和今生。本书融会贯通了多个学科的知识、技术与历史,是对当前中国环境下游戏学学术研究成果的有益补充。本人作为一个计算机和信息科学出身的青年研究者,在翻译和阅读的过程中已然感到受益匪浅。另外,克劳斯旁征博引,仅本书的参考文献就高达 500 余篇,涵盖信息科学领域的冯诺依曼、经济学领域的摩根斯坦、计算机科学领域的图灵、电子工程领域的希金伯泰、管理学领域的吉尔布雷斯、数学领域的兰彻斯特、游戏学领域的莱斯维茨等众多专家的思想。克劳斯不仅介绍了与游戏学相关的媒介科学与计算机科学的理论成果,还追根溯源地向读者介绍了游戏学背后的庞大知识体系与哲学体系。从《双人网球》到现代动作游戏,从数位绘画板到游戏控制器,从人类工效学到天气预报的策略分析,作者搭建的游戏学知识体系令人大开眼界,极大地扩展了我们对电子游戏的理解与认知,帮助我们理解游戏的本质与哲学。因此,我建议媒体人(特别是记者)、政府官员(不论是否负责游戏等高新技术或文创的管理)、高校教师(不论是否从事游戏研究)和游戏从业者、爱好者阅读此书,它能带给你丰富的精神食粮,并给予你足够的启发。

## 本书各章节的内容介绍

本书 19 章可分为三大板块——"动作""冒险"和"策略",每一章都围绕一群科学家(包括工程师和数学家)以及他们的成果展开论证,具体内容如下。

第一章的主角是威廉·希金伯泰（William Higinbotham）和他的《双人网球》。《双人网球》是人类历史中真正意义上的第一个电子游戏。顺便说一句，第一章的英文标题是"Kairos"，我翻译为"契机"。这个词来源于希腊语的"卡伊洛斯"，它在西方的修辞学、数字媒体、神学和科学等多个领域会被以隐喻的形式用到，此处翻译为"契机"已经丢失了希腊文化的双重含义。

第二章的主角是马克思·弗里德里希（Max Friedrich）和他的实验心理学的反应测量，由此揭示了电子游戏中控制动作要素的哲理与科学理论。

第三章的主角是爱德华·L. 桑代克（Edward L. Thorndike）和罗伯特·M. 耶克斯（Robert M. Yerkes），通过陆军心理测试传达出很重要的一点——优秀的游戏应该能做到谁都可以玩。

第四章的主角是弗雷德里克·温斯洛·泰勒（Frederick Winslow Taylor）和弗兰克·B. 吉尔布雷斯（Frank B. Gilbreth）。他们是著名的管理学大师，泰勒也经常出现在批判资本主义的书籍中。他们出现在这本书中的原因是人类工效学对工人动作最大价值的榨取优化，这也是电子游戏控制动作让玩家觉得舒服的理论基础。同时，本章还有三个番外故事，对人类工效学与动作游戏的关系作了进一步论述。

第五章的主角是范内瓦·布什（Vannevar Bush）和B. 弗雷德里克·斯金纳（B. Frederic Skinner）。前者设计了微分分析仪，后者则进行了大名鼎鼎的斯金纳箱子实验（其原理大规模运用在游戏中，特别是"氪金"手游）。他们两人的故事呈现了科学家在动作交互上所付出的努力。

第六章的主角不是具体的人，而是一个团队和他们设计的旋风计算机、威廉姆斯管、半自动地面防空系统以及TX-0机器。伴随着计算机科学的发展，在彼得·萨姆森（Peter Samson）等人的努力下，计算机平台上的第一个游戏《太空大战》（*Spacewar*）终于诞生了。此外，这一章还介绍了莫顿·海利希（Morton Heilig）和他神奇的发明Sensorama（一个类似于VR的机器）。

第七章的主角是伊凡·苏泽兰（Ivan Sutherland）、约瑟夫·利克莱德、（Joseph C. R. Licklider）、道格拉斯·恩格尔巴特（Douglas C. Engelbart）。他们创造了一系列互动电子图板，成为日后电子游戏操控平台的原型。

第八章的主角是诺兰·布什内尔（Nolan Bushnell）和米罗华公司。人类第一款电子家用主机——米罗华奥德赛和第一款商用街机游戏《Pong》出现了。本章围绕着奥德赛主机和《Pong》，讲述了它们诞生的前因后果及技术背景。

第九章进入"冒险"这个板块，克劳斯·皮亚斯逐渐改变了在"动作"板块里那种媒介考古的叙事方式，转而更为关注技术问题。本章的主角是威廉·克劳瑟（William Crowther）和唐·伍兹（Don Woods），克劳瑟所在的接口信息处理机研究组研究的 ARPA 网正拉开另一个游戏类型的序幕。

第十章围绕面向对象编程的核心要素，介绍了文字冒险游戏在早期生成的原理。另外，ARPA 网的寻路机制也应用于冒险游戏中的剧情发展脉络。

第十一章介绍了一种结构分析方法，将冒险叙事分解为单元，每个片段单元都具有功能性特征，冒险的故事或意义从它们的多方位关联中显现出来。

第十二章展现了冒险游戏是如何借鉴流程图和迷宫的思路与哲学，从而不断演化为今天人们所看到的样子的。同时，冒险这一娱乐要素也成为最受诸多游戏欢迎的类型。

第十三章进入"策略"板块。顺便说一句，这也是我硕士阶段就开始跟随饭田弘之教授做游戏学研究的核心部分，翻译和校对这一段内容时，熟悉与感动涌上心头。作者在本章简单地用数学语言描述了约翰·冯·诺依曼（John von Neumann）和奥斯卡·摩根斯坦（Oskar Morgenstern）的博弈论原理与核心思想。

第十四章围绕国际象棋的人工智能发展，介绍了查尔斯·巴贝奇（Charles Babbage）、康拉德·楚泽（Konrad Zuse）、克劳德·香农（Claude Elwood Shannon）、阿兰·图灵（Alan Mathison Turing）和诺伯特·维纳（Norbert Wiener）等人前仆后继地研究象棋的故事。

第十五章的主角是约翰·克里斯蒂安·路德维希·黑尔维希（Johann Christian Ludwig Hellwig）、冯·哈弗贝克（C. E. B. von Hoverbeck）、弗朗茨·多米尼克·尚布朗克（Franz Dominik Chamblanc）和格奥尔·海因里希·冯·莱斯维茨（Georg Heinrich von Reisswitz）。他们"魔改"的象棋游戏成为日后的兵棋，并为后来电脑平台战争模拟战略游戏的形成打下了基础，如大名鼎鼎的《文明》系列。

第十六章的主角是弗雷德里克·威廉·兰彻斯特（Frederick William Lanchester）、菲利普·M. 莫尔斯（Phillip M. Morse）、乔治·E. 金博尔（George E. Kimball）、威廉·皮耶克尼斯（Vilhelm Bjerknes）、刘易斯·弗赖伊·理查森（Lewis Fry Richardson）和约翰·冯·诺依曼。本章围绕他们在战争时期进行的研究展开了论述，如著名的兰彻斯特定律。这些研究后来成为即时战略游戏发展所依赖的重要基石。

第十七章聚焦 20 世纪 50 年代，随着美苏冷战的爆发以及军备竞赛，大量涉及军事的研究开始不断进入社会领域。这些研究内容不论是电子游戏的雏形，还是元胞自动机，又或者是对博弈论的应用，都构成现代游戏乐趣的一部分。

第十八章聚焦20世纪60年代，一方面，美国被拖入越南战争的泥潭，越来越多的战争研究和对冯·诺依曼博弈论的反思与批判开始出现；另一方面，在计算机程序领域，一种新的编程思想正掀起一场技术革命，这个革命决定了日后电子游戏的批量化生产。

第十九章聚焦20世纪70年代，随着米罗华奥德赛和雅达利（Atari）游戏机的推出，电子游戏开始走入人们的视线，"严肃游戏"的概念也随之产生。在20世纪80年代，游戏界的"救世主"任天堂诞生了，日本作为电子游戏霸主之国即将在世界引起瞩目。正如克劳斯·皮亚斯所述，"本书的结尾才是电子游戏开始的地方"。

本书通过这三大板块的19个章节，向人们展示了一个波澜壮阔的前电子游戏发展史，相信这种独特的文工交叉的视角，能给读者带来不一样的学术新鲜感，进而促使他们了解游戏的魅力，以及游戏在科技与社会等方面给人类带来的改变。

# 前　言

一

　　诚然,书籍有自己的命运,也有自己的时间和地点。不管我们喜欢与否,书籍总能表现主流学术的氛围和情绪,同时象征着时代精神。而且,书籍如果碰巧涉及相对新颖(或者更新迭代速度快)的主题,它们很快就会过时。因此,这本书在德国出版15年后,能以英文再次出版是一种莫大的荣幸,但我更犹豫是否要从如此遥远的年代和它的写作背景去重新审视它(这样做或许还为时尚早,也或许已经太迟)[①]。

　　回想起来,《电子游戏世界》这本书其实对具体的电子游戏几乎没有提及太多。在任何情况下,也都几乎没有涉及那些在21世纪以来成为各种"游戏研究"方法论对象的游戏。因为诸如"游戏学"或"游戏化"这样的概念能够让我们研究发生在游戏本体之外的相关现象。从那时起,各种事情显然就已经发生了变化(而且游戏研究这个领域可能正迎来一种繁荣或复兴)。

　　然而,鉴于目前的发展来看,本书仍然显得不合群,这是因为它的出发点其实不是电子游戏。本书在写作动机上并未把电子游戏作为一个研究对象,也没有论证这个世界如何受到电子游戏逻辑的影响。相反,这本书的基本问题是为什么会有电子游戏?换言之,我特别关注的是一些理所当然的事情,即为什么媒介上有电子游戏存在。通过一系列历史和系统的论证,

---

[①] 关于对这个困境的思考,参见 Michael Thompson, *Rubbish Theory: The Creation and Destruction of Value* (Oxford: Oxford University Press, 1979)。

本书希望证明电子游戏的存在不仅是一个"存在即合理"的问题,其本身也是相当迷人的。

因此,这本书的结尾才是电子游戏开始的地方——至少是一般人理解"游戏成为一种相对稳定的商业产品的历史时刻"。也就是说,《电子游戏世界》并不是所谓的"第一代游戏"的史前史——至少在目的论意义上并非如此。打个形象的比方,曾经有一个空无一人的建筑工地叫认识论,后来在那里会建造一座被称为"电子游戏"的建筑①。

相反,这本书着眼于它们诞生时的特殊情况、它们产生的异质场,以及一个问题——如果电子游戏被简单地认为是人们可以在商店买到并把玩的东西,是否有可能(我怀疑没有)会形成任何关于它们的深刻理论。

二

从现在回望过去,除了一些例外,本书最初的出版是许多事情的征兆。在20世纪90年代后半期,德国人开始研究、编写和维护电子游戏②。一方面,这可以归因于一个显而易见的事实,即第一代电子游戏玩家终于到了他们可以为这一领域的论述作出贡献的年龄。那些出生在20世纪60年代末70年代初的人,现在已经到了攻读博士学位和发表论文的年龄,从而带来了他们青春期传媒时代丰富的"隐性知识"。另一方面,德国的学术环境也终于适应了对电子游戏的研究。虽然当下已经有研究和处理流行文化现象的传统,但电子游戏却在某种程度上避开了人们的视线。除了这些要素,自1990年左右开始,学术圈也围绕人文学科的重新概念化对文化研究展开了激烈辩论③。

随着后现代理论从鼎盛时期急剧衰落,20世纪90年代后半期,人们为了研究电子游戏,提供了大量的游戏空间用以探索电子游戏的内容,并思考如何将电

---

① 参见 Michel Foucault, *The Archaeology of Knowledge and the Discourse on Language*, trans. A. M. Sheridan Smith (New York: Pantheon Books, 1972), pp. 178 – 195。
② 在 2000 年左右快速出现的其他德国作品,可参见 Britta Neitzel, *Gespielte Geschichten: Struktur-und prozeßanalytische Untersuchungen der Narrativität von Videospielen* (Doctoral Diss.: Bauhaus-Universität Weimar, 2000); Konrad Lischka, *Spielplatz Computer: Kultur, Geschichte und Ästhetik des Computerspiels* (Hanover: H. Heise, 2002); Mathias Mertens and Tobias O. Meißner, *Wir waren Space Invaders: Geschichten von Computerspielen* (Frankfurt am Main: Eichborn, 2002); Natascha Adamowsky, *Spielfiguren in virtuellen Welten* (Frankfurt am Main: Campus, 2000);以及专门讨论电脑游戏的期刊 *Ästhetik und Kommunikation* 特别发行的第 115 期(2001);柏林的电子游戏博物馆成立于 1997 年,号称是同类博物馆中的第一家(尽管它仍在某人的私人公寓里)。
③ Wolfgang Frühwald et al., *Geisteswissenschaften heute* (Frankfurt am Main: Suhrkamp, 1991)。

子游戏作为科学对象来对待,即什么样的(学科)知识可能有助于理解它们,以及它们可能对哪些方法形成挑战。在假设电子游戏存在的前提下,人们可能会问这样的问题:游戏是如何叙述的?游戏形成了哪些社会关系?该如何认知游戏?如何玩游戏?游戏对我们又做了什么?叙事学、社会学、美学、游戏学、历史学和教育学是回答这些问题时最重要的研究路线基础,因此,随后几年的讨论都沿着这些路线进行(通常是相当有争议的)①。尽管游戏研究从那时起已经牢固地确立了自己的研究制度和研究领域,但它与各类学科的渊源在一些基本问题上还是很容易被发现的。

从这个意义上讲,《电子游戏世界》这本书在科学史上也占有一席之地。它的概念和设计首先受到弗里德里希·基特勒对媒体的技术性话语分析的影响②,其次还受到约瑟夫·福格尔的知识诗学计划③,以及汉斯·约格·莱茵伯格(Hans-Jörg Rheinberger)的认知事物和实验系统模型的影响④。这本书的材料选择和论证方式是从具体相关硬件和软件以及它们对"知觉的图式理论"的影响来定义的⑤,对于一种知识的探寻,不应局限于某种认识论秩序的表达,也不应局限于认识过程向技术性事物的转移。

除了这些特殊的参考文献,一本像《电子游戏世界》这样的书的出版及其内容,很可能只能用学术政治和制度重构所造成的历史和理论影响来解释,这些影响在 20 世纪 90 年代定义了德国的人文学科。因此,在这方面,它也是一本非常"德国"的书。

首先,自 20 世纪 90 年代中期以来,学界(主要是在柏林)将人文学科重新定义为文化研究(Kulturwissenschaft),对这一转变最突出和最有影响力的表现是重新认识"文化技术"。到目前为止,这项研究已在多个机构生根发芽⑥。德国

---

① 由埃斯本·阿尔萨斯(Espen Aarseth)发起的网络在线杂志《游戏研究:国际电脑游戏研究杂志》(*Game Studies: The International Journal of Computer Game Research*)于 2001 年首次出现。
② Friedrich Kittler, *Discourse Networks 1800/1900*, trans. Michael Metteer and Chris Cullens (Stanford: Stanford University Press, 1990); Friedrich Kittler, *Gramophone, Film, Typewriter*, trans. Geoffrey Winthrop Young and Michael Wutz (Stanford: Stanford University Press, 1999); Friedrich Kittler, *Draculas Vermächtnis: Technische Schriften* (Leipzig: Reclam 1993).
③ Joseph Vogl, ed., *Poetologien des Wissens um 1800* (Munich: Fink, 1999).
④ Hans-Jörg Rheinberger, *Experiment, Differenz, Schrift: Zur Geschichte epistemischer Dinge* (Marburg: Basilisken-Presse, 1992).
⑤ Kittler, *Gramophone, Film, Typewriter*, p. xli.
⑥ 有关这些发展的历史概述,参见 Bernhard Siegert, "Cultural Techniques: Or the End of the Intellectual Postwar Media Era in German Media Theory," *Theory, Culture & Society* 30 (2013), pp. 48-65。

对文化技术的研究不同于英语学术界,所以,《电子游戏世界》可以说与20世纪90年代出现的许多关于电子游戏的英文出版物有所不同。

其次(也是更重要的一点),必须结合德国媒介研究迅速兴起的现象来阅读本书。20世纪80年代开始,媒体研究的第三次程序性的重新发现(连同数字媒体的革命性到来)作为早期的媒介制度化(传播研究、电影和电视研究等)研究的替代或补充,导致1990年许多新的研究机构和课程被建立[1]。在这样的发展过程中,对人文主义的趋向从批判其忽视媒介作用(其中也有悖论)转变为学科议程,以前被边缘化和有争议的文本成为新课程的基石[2]。在某种程度上,一种反诠释性的批判引发了一种诠释后的计划[3],该计划对所有新方法(method)和新方式(approach)都持开放态度。1999年出版的一部选集的序言为确立这一领域的规范作出了很大的贡献,其表达如下:"媒介理论的基本公理可能是没有媒介。也就是说,从任何实质性或历史稳定的意义上考虑,媒介都不存在。……在这个方面,媒介研究不仅仅涉及设备或代码,而涉及双重意义上的媒介事件——首先通过媒介传播事件,但在此期间,媒介本身也作为一种事件共同传播。"[4]

20世纪90年代的这段制度化时期造就了整整一代的学者,他们能够将自己以前的研究领域转换为媒介研究,尽管他们的共同点和主题仍然有些不确定并存在问题,但他们在齐心协力之下还是研究出了原创性的成果,并制定了媒介理论研究议程(如"媒体考古学"或具体的"媒介"史学)。

## 三

这些当代的影响也解释了本书的结构。本书的三个主要部分是"动作""冒险"和"策略"。当然,这三个词并不单纯地指游戏类型,用福柯(Michel Foucault)的话来说,可以称之为"陈述组"。或者说这三个词作为一组对象,它们聚集了一系列特殊问题,同时也将这些问题格式化,从而为每个问题创建一种

---

[1] Claus Pias, ed., *Was waren Medien?* (Zurich: Diaphanes, 2011).

[2] Claus Pias, "What's German about German Media Theory?" in *Media Transatlantic: Media Theory between North America and German-Speaking Europe*, ed. Norm Friesen (Basel: Springer, 2016), pp. 15-28.

[3] Siegert, "Cultural Techniques"; Friedrich Kittler, ed., *Die Austreibung des Geistes aus den Geisteswissenschaften* (Paderborn: Schoningh, 1980); Hans Ulrich Gumbrecht and Karl Ludwig Pfeiffer, eds., *Materialities of Communication*, trans. William Whobrey (Stanford: Stanford University Press, 1994).

[4] Joseph Vogl and Lorenz Engell, "Vorwort," in *Kursbuch Medienkultur*, ed. Claus Pias et al. (Stuttgart: DVA, 1999), pp. 8-12, at 10.

特定的知识形式,如数据、加工处理、身体、表现模式等。在这个层面上,看似不相关的事物彼此相遇:如动作游戏、人类工效学和图形用户界面;冒险游戏、数据库组织和路由协议;策略游戏、数值气象学和面向对象的编程。

这三组陈述词是根据特定风险或应用来定义的。动作游戏对于互动时间的需求相当紧迫——这类游戏需要玩家集中注意力,从标准化的活动中产生时间优化的选择链。在冒险游戏中,玩家的决策至关重要,而这些决策要素是玩家从条件中进行导航的行为——这类游戏要求玩家在通过图中的决策节点时能作出最佳判断。策略游戏中至关重要的配置是可能性组织——这种游戏需要玩家的耐心,因为玩家要调整相互博弈价值的最佳安排。根据这三个"简单"的比喻,动作游戏的实时性可以被称为隐喻,冒险游戏的决策树可以被称为转喻,而策略游戏中多个数据源的整合可以被称为提喻。在这种情况下,行为对这些类型的游戏进行编程,这可能与讽刺的"感性"模式相关①。遵循相当广泛的历史弧线,本书研究了人类工效学、图形论以及运筹学、数学和博弈论等领域。当然,这些内容都不包含电子游戏,属于某种前瞻阶段,也没有从目的论上引导游戏起源。然而,它们可以归为电子游戏的话语史。

在上述调查过程中,我提出三个主要论点。

我的第一个主张是,电子游戏允许对传统的、人性化的游戏理论进行批判,因为它们偏离了所谓"游戏"的形式。所谓"游戏"的形式,从席勒(Schiller)到赫伊津哈(Huizinga)似乎都是变相的社会理论。然而,无论是作为前提条件,还是作为其理论公式的组成部分,他们对游戏的实质和技巧视而不见,而且他们在视而不见的同时又以游戏的名义争吵。因此,这种游戏理论的特点是对媒介的结构性忽视,这使得他们既可以通过当时的游戏来隐藏自己的真实本性,又可以忽略任何特定的游戏且不将它们作为理论对象。为了对抗这一趋势,在《电子游戏世界》这本书里,我们努力从游戏在话语史中的地位来阐明它涉及的教育学、社会学、政治学或哲学问题②。

第二个更深远的论点是,电脑(数字化)的世界本身已经是一个游戏世界。就它有限的符号和起点以及固定的数量而言,它是一个世界性的(因而是媒介化)游戏。它可能的行动策略集限制了一系列潜在的违规行为和结果,因此,概

---

① Hayden White, *Metahistory: The Historical Imagination in Nineteenth-Century Europe* (Baltimore: The Johns Hopkins University Press, 1973), pp. 31 – 38.
② 参见 Claus Pias, "Falsches Spiel: Die Grenzen eines Ressentiments," *Maske und Kothurn* 54(2008), pp. 35 – 48; Claus Pias and Christian Holtorf, eds., *Escape! Computerspiele als Kulturtechnik* (Cologne: Böhlau, 2007).

念化电脑的游戏世界就是概念化计算机本身的历史和理论。考虑到20世纪90年代媒介研究的重点相对狭窄(远远早于今天所谓的"后媒介"状态),《电子游戏世界》将大量注意力集中在计算机对美学实践和主观化形式的媒介影响上。此外,在"软件研究"问世之前,本书就一直在代码层面检查这种影响。在德勒兹式(Deleuzian)主义的意义上,要特别注意由人和设备组成的机器逻辑和"游戏机"的黑匣子——玩家作为一个游戏设备,必须在时间关键条件(动作)下产生输出,必须在数据库中再现预定的连接(冒险),或者必须优化变量值的配置(策略)①。对控制论进行"认识论实验"和进行历史重建的必要性(控制论正好与这种混杂的整体有关,并且今天仍在继续为我们的理论提供信息)使我感到如此紧迫,以至于我很快会在即将出版的另一本书中专门讨论这个问题②。

  第三个论点,也是最后一个论点,即有人提出电子游戏不仅仅是用计算机来玩的游戏,也包括计算机自己可以玩的游戏。此外,这也适用于传统意义上不被理解为电子游戏的对象,比如军事、经济或科学模拟③。毕竟,潜在世界的管理和真实过程的模拟旨在消除游戏与非游戏之间的差异,这些实现恰好符合游戏的定义,并最终为所谓的"游戏人"提供场所和角色。在数字文化的背景下,当今关于"游戏化"在知识、工作和生活各个领域的讨论便是在一个与传统游戏研究完全不同的系统层面上进行的。

  青少年玩电子游戏时并不仅仅是在玩游戏,今天的文化悲观主义和教育需求沉重地压在他们的肩上。实际上,电子游戏现在已经广泛应用于各个领域,如粒子物理学和气候研究、全球金融市场和数据驱动的生物政治学、基于软件的管理以及企业人力资源管理等。也许正是由于这个原因,《电子游戏世界》这本书与当今世界的相关性一直超乎我的预期。

  我要感谢迈克尔·海茨(Michael Heitz)和迪法内斯出版社接受这本书的出版。我要感谢瓦伦丁·A. 帕基斯(Valentine A. Pakis)的翻译,感谢他对这个项目的热情、耐心的投入和所做的大量翻译工作,也感谢内莉·Y. 平克拉(Nelly

---

① 根据德勒兹和瓜塔里的说法,机器是"通过循环和通信确定异质元素的方式构成的"。转引自 Gilles Deleuze and Félix Guattari, "Balance Sheet — Program for Desiring-Machines," trans. Robert Hurley, *Semiotext(e)* 2.3(1977), pp. 117 - 135, at 118。

② Claus Pias, ed., *Cybernetics — Kybernetik: The Macy-Conferences 1946 - 1953*, 2 vols. (Zurich: Diaphanes 2003).

③ 参见 Claus Pias, "On the Epistemology of Computer Simulation," *Zeitschrift für Medien-und Kulturforschung* 1(2011), pp. 29 - 54;同时可以参考计算机模拟媒介文化高级研究所(Advanced Study on Media Cultures of Computer Simulation)正在进行的研究(www.leuphana.de/en/research-centers/mecs.html)。

Y. Pinkrah)组织该项目。最后,我必须感谢德国出版商和书商协会(Association of German Publishers and Booksellers)通过"国际人文科学、社会科学"(Geisteswissenschaften International)计划对这个项目提供的翻译支持。

# 目　录

## 第一部分　动作

1. 契机 / 3
2. 实验心理学 / 7
3. 陆军心理测试 / 11
4. 人类工效学 / 22
   题外话之一：符号实例 / 40
   题外话之二：工作英雄 / 44
   题外话之三：有机结构 / 48
5. 计算动作 / 52
   微分分析仪 / 53
   "鸽子计划" / 56
6. 可见性和可公度性 / 65
   旋风与中断问题 / 65
   威廉姆斯管中的图像处理 / 70
   半自动地面防空系统 / 73
   TX-0 和黑客的技术逻辑 / 77

《太空大战》/ 81

　　虚拟现实机器——Sensorama / 83

7. 新人类工效学 / 87

　　Sketchpad / 87

　　作为替代品的人类 / 90

　　作为射击游戏的文字处理 / 94

　　施乐之星 / 98

8. 电子游戏 / 103

　　奥德赛 / 103

　　《Pong》/ 109

# 第二部分　冒险

9. 洞穴 / 121
10. 人造世界的建构 / 128

　　存在 / 129

　　存在者 / 131

　　……与技术语言 / 138

　　软现代性 / 143

11. 叙事 / 148

　　核心与催化 / 148

　　考虑"红队" / 152

　　肥皂剧 / 158

12. 程序、迷宫、图表 / 163

　　流程图 / 163

穿越迷宫 / 170

图表和网络 / 177

"记忆的延伸"——麦克斯 / 187

最好的世界 / 190

# 第三部分　策略

13. "原始的实用主义概念"——博弈论 / 201
14. 棋类游戏与电子游戏 / 208
15. 策略兵棋游戏与兵棋推演 / 216

　　黑尔维希的策略兵棋游戏 / 217

　　哈弗贝克和尚布朗克 / 226

　　莱斯维茨的兵棋…… / 229

　　……与其继承者 / 238

16. 运筹学与天气 / 242

　　兰彻斯特定律 / 243

　　运筹学 / 245

　　威廉·皮耶克尼斯的天气预报 / 248

　　理查森的计算机剧场 / 251

　　约翰·冯·诺依曼 / 256

17. 20世纪50年代 / 259

　　电子游戏 / 259

　　元胞自动机 / 268

　　政治与社会 / 275

　　博弈论和冷战 / 280

18. 20世纪60年代 / 286
　　越南战争 / 286
　　积分 / 288
　　对博弈论的批评 / 301
　　面向对象程序设计 / 307
19. 20世纪70年代 / 315
　　每个人的电脑 / 316
　　教学游戏后 / 322

后记 / 326

参考文献 / 328

索引 / 355

译后记 / 365

# 第一部分

# 动　作

# 1. 契机

……网球是一项有规则的游戏,但是对于一个人在网球比赛中能把球打得多高或有多难,就已经没有任何规则了。
——路德维希·维特根斯坦(Ludwig Wittgenstein),《哲学研究》,第 68 章

在威廉·冯特(Wilhelm Wundt)出版的《知觉心理学理论》(Contributions to the Theory of Sensory Perception)第一卷①,以及"实验心理学"一词首次出现近一百年后,也就是莱比锡研究所成立八十年后,冯特的一位学生马克思·弗里德里希完成了一篇关于反应时间测量的论文②。那一天,布鲁克海文国家实验室(Brookhaven National Laboratory,简称 BNL)开门迎接游客。在长岛上,人们可以看到一个特别为这个场合而设计的小型装置,名叫"双人网球"(图 1.1),它也许可以被视为历史上的第一个动作游戏③。无论如何,这个装置提供的激活电位计回应了维特根斯坦的推测,可谓激动人心!

---

① Wilhelm Wundt, *Beiträge zur Theorie der Sinneswahrnehmung* (Heidelberg: C. F. Winter, 1862).
② Max Friedrich, "Über die Apperceptionsdauer bei einfachen und zusammengesetzten Vorstellungen," *Philosophische Studien* 1(1883), pp. 39-77(弗里德里希的实验在 1879—1880 年的冬季学期进行)。
③ David H. Ahl, "Editorial," *Creative Computing: Video & Arcade Games* 1(1983), p. 4; F. D. Schwarz, "The Patriarch of Pong," *Invention and Technology* 6(1990), p. 64; Marshal Rosenthal, "Dr. Higinbotham's Experiment: The First Video Game; or, Fun with an Oscilloscope" (www.discovery.com/doc/1012/world/inventors100596/inventors.html); "Video Games: Did They Begin at Brookhaven?"(www.osti.gov/accomplishments/videogame.html)。

/ 电子游戏世界 /

图 1.1 威廉·希金伯泰的《双人网球》(Tennis for Two, 1958), 最左边是 5 英寸①的示波器

  它的设计者——物理学家威廉·希金伯泰在麻省理工学院的辐射实验室开始了他的职业生涯。希金伯泰的贡献之一是开发了安装在 B-28 轰炸机上用于对地监视的鹰式雷达显示器。后来,他也在"曼哈顿计划"中的第一颗原子弹点火机制项目中担任工程师,并在原子弹爆炸后成为著名的和平主义者。总之,1958 年,他受雇于布鲁克海文国家实验室的仪器部门,负责核技术的民用研究以及盖革计数器②的建造等。然而,这些研究活动因为军事保密很难被展示出来,所以,希金伯泰就把弹道和计时这类军事问题转换成球的弹跳和精确挥动球拍的平民语意③。他所在部门的小型计算机不仅能够绘制轨迹,计算机的说明书也解释了如何绘制轨迹④。因此,小型计算机的 5 英寸示波器(图 1.1)除了能代表无格式测量数据的意义,还可以代表网球拍。通过简单的电气工程应用就能得出这样的效果——示波器的圆形屏幕可能是有史以来第一个展示电脑或电

---

① 1 英寸约为 2.54 厘米。——译者注
② 盖革计数器是一种专门探测电离辐射强度的记数仪器。——译者注
③ 把网球当作弹道的问题,参见(比希金伯泰早两年)T. J. I'A. Bromwich, "Easy Mathematics and Lawn Tennis," *The World of Mathematics* 4 (1956), pp. 2450 - 2545. 在声学立体声(acoustic stereophonics)中,定位目标的行为已经成为一种乒乓游戏,参见 R. V. Jones, *Most Secret War* (London: Hamilton, 1978), pp. 60 - 78. 在光学方面,飞利浦鼠标也是如此,它可以通过校准两个硒电池直接对准被照亮的目标,沃尔特·坎农(Walter Cannon)的机器人埃尔西(Elsie)和埃尔默(Elmer)同样如此。
④ Leonard Herman, *Phoenix: The Fall & Rise of Home Video Games* (Union, NJ: Rolenta Press, 1994), pp. 10 - 11.

子游戏的屏幕,它显示了一个抽象网球场的侧视图。由一个突出的光块作为球网立在屏幕中间,两个破折号在左右代表球拍。在它们之间,一个点状的球沿着抛物线运动(图1.2)。

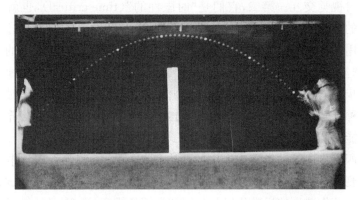

图1.2　艾蒂安-朱尔·马雷(Étienne-Jules Marey)的球类飞行连续照片记录(1886)

游戏中可移动和不可移动的元素被安排在两个不同的平面上,这些元素——比电影院的要求高出了两倍,并预见了3D眼镜背后的原理——由一个(当时)不常见的晶体管电路触发,并在观众的眼中将两个平面的画面汇合在一起①,两名玩家用电位器控制各自球拍的角度,通过按下按钮开始击球。据目击者称,实验室的观众忽略了科普用的Chase-Higinbotham线性放大器,反而全都排成一条队伍来观看《双人网球》的比赛。它的受欢迎程度如此之高,以至于在1959年推出了一个15英寸的版本——不仅可以控制玩家挥杆的力量,还可以操纵游戏的引力常数。也就是说,它允许网球游戏在月球或木星的引力条件下进行。这就证明了电子游戏的基本模型与实际的球类运动不同,是可以参数化的。

事实上,《双人网球》并没有在商业上取得成功。直到1972年,诺兰·布什内尔的游戏《Pong》②才打入市场。这一事实不应归咎于希金伯泰为政府工作而可能无法获得商用授权,应归咎于某些概念上的限制,我将在之后进行讨论。无论如何,《双人网球》是以两栖的形式出现的:在1958年,电子网球可以被视作

---

① Thomas J. Misa, "Military Needs, Commercial Realities, and the Development of the Transistor, 1948 – 1958," in *Military Enterprise and Technological Change: Perspectives on the American Experience*, ed. Merritt Roe Smith (Cambridge, MA: MIT Press, 1985), pp. 253 – 288.
② 《Pong》是一款模拟两个人打乒乓球的游戏。——译者注

导弹,球拍可以被视为导弹拦截系统。这些无处不在的技术不同于私人电视那令人感到舒缓的熟悉感,也不同于隐藏在彩色塑料中的沦为不起眼电子产品的幻想。与此同时,动作游戏的本质特征已经显现出来。第一,它们提供人与机器之间的实时视觉交互。第二,它们是"时限性的"(time-critical),也就是说游戏根据确定的选项产生时间上优化的动作序列。第三,与此相关的是,计算机作为一种测量用户的设备出现了,它以数据的形式产生并存储关于玩家的信息。在《双人网球》里,这些数据被分配给另一个选手,使得(球类)比赛成功地解决了异构数据同步的问题。第四,这种对玩家与游戏相容性的测试不仅是对玩家反应能力的一种特殊审视,也能在不管比赛分数是被否保留的前提下培养和控制玩家的学习能力。

以下四点描述了动作游戏产生的历史趋势:第一,实验心理学中对感觉运动表现的测量;第二,功能主义学派和行为主义学派的学习和行为测试;第三,人机工效学中动作选项的标准化以及时间和空间的排序;第四,是计算机本身的可见性和可公度性①(commensurability)问题。

---

① 可公度性也称为可通度性或可通约性,常见于数学、经济学、天文学等领域。以科学哲学的术语来解释,即对象可以被同一套术语描述,人们可以通过比较来确定哪些理论更加有效,这些有效的科学理论就是可公度的。——译者注

## 2. 实验心理学

如果说电子游戏可以测试和训练用户的感觉运动能力的话,那么,它们最晚始于威廉·冯特对实验心理学的制度化(图2.1、图2.2),因为这个领域不再把实验者视为实验的特权观察者,而是把他们的经验本身作为实验和测量的对象。

图2.1 威廉·冯特用电报按钮测量反应时间　图2.2 威廉·冯特在莱比锡的实验室

1850年,测量技术引领了一种新的感知程序机制。……经典物理学的测量技术关注感官,是心理生理过程的一种功能。……因此,采用正确的测量方法基于一个无声的假设,即对刺激的反应发生在零时间内。现在,测量技术的历史正伴随着感官可信度的危机而展开。①

测量技术早在1796年就随着格林威治天文台时钟的协调而被曝光,这导致了一位名叫大卫·金内布鲁克(David Kinnebrook)的助理被解雇。二十年后,这一事件引起了弗里德里希·W.贝塞尔(Friedrich W. Bessel)的注意,他发现天文渡越时间②的测量因观察者而异。这促使冯特将天文测量过程本身视为一项实验,并作为自己研究的对象:"众所周知,反应方法来源于某些天文时间测量。在这种测量过程中,人们对某一特定天体的看法,比如恒星的子午线凌日,是通过任意运动记录在时间测量装置上的。"③夜空中一颗星星的运动,示波器上一个点的运动,按下计时器或按下发射按钮,似乎都标志着视觉和反应研究本身的历史中心。威廉·冯特的博士生马克思·弗里德里希在对"视觉感知"(Gesichtsvorstellungen)进行研究后,认为它是动作游戏的基础,因为它通过测量和记录设备连接用户和显示器。按下电报按钮的反应器,拿着秒表的阅读器外加测量装置本身,共同形成一个媒介网络,并且它预先显示了计算机的基本电路。例如,反应器会在查看黑匣子时按下按钮,而阅读器则会用开关关闭电路,这样平板电脑上就会出现灯光,并触发秒表。然后,反应器以最快的速度松开按钮,使灯熄灭,秒表停止转动。之所以使用阅读器(Ablesender,德语)这个迷人的表达方式,是因为实验者和被试者之间的速度差异非常小,以至于只有一个技术仪器能够记录结果。然而,不仅仅是仪器读取反应器的数据,反应器本身也会读取一个显示器并作出反应。这种反应会导致一束刚出现的光消失又重新进入新的黑暗中。弗里德里希的实验装置(图 2.3)照亮目标,并通过反应将其熄灭④。换句话说,"游戏必须包含死亡的概念"——正如雅达利在有关成功的游戏编程的十一条定律中所写的那样⑤。

---

① Bernhard Siegert, "Das Leben zählt nicht. Natur-und Geisteswissenschaften bei Dilthey aus mediengeschichtlicher Sicht," in *Dreizehn Vortraege zur Medienkultur*, ed. Claus Pias (Weimar: Verlag und Datenbank für Geisteswissenschaften, 1999), pp. 166 - 182, at 171.
② 物理学名词,指光生载流子迁移时间。——译者注
③ Wilhelm Wundt, "Über psychologische Methoden," *Philosophische Studien* 1 (1893), pp. 1 - 38, at 33; Simon Schaffer, "Astronomers Mark Time: Discipline and the Personal Equation," *Science in Context* 2 (1988), pp. 115 - 145.
④ Friedrich Kittler, "Eine Kurzgeschichte des Scheinwerfens," in *Der Entzug der Bilder. Visuelle Realitäten*, ed. Michael Wetzel and Herta Wolf (Munich: W. Fink, 1994), pp. 183 - 189.
⑤ Stephen Pierce, "Coin-Op: The Life (Arcade Video Games)," in *Digital Illusion: Entertaining the Future with High Technology*, ed. Clark Dodsworth (New York: ACM Press, 1998), pp. 443 - 461, at 455.

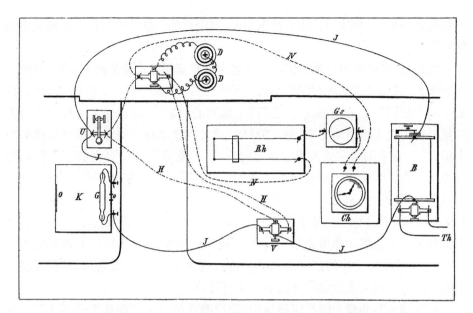

图 2.3　马克思·弗里德里希测量反应时间的电路图

乔治·西斯伦(Georg Seeßlen)用类似的术语描述了动作游戏的基础。

> 射击动作产生了明确意义：因为这首先是一种语义行为，它指代一个特定的思想内容(如词典要求的语义行为)，即使它可能有很多其他含义(我定义了对象，因为我摧毁了它)。我的射击可能意味着：通过一个简单的动作，我把自己从一个与你无关的物体中分离出来。这也可能意味着：我正在定义的这个对象在任何情况下都不会反对我的定义。①

但是，只有在将"射击"的概念扩展表示为"在特定时间点启动特定过程以响应特定的可见现象"时，西斯伦的建议才有意义。例如，在具有跳跃或投掷选项的"跳跑"类游戏中，需要在正确的时刻面对对手，选择并触发一个动作选项。从广义上讲，这种感知和选择的结合，或者用冯特的话来说，射击的感知时间和选择时间可以被认为意味着一种语义行为。因此，射击行为可以与屏幕上发生的

---

① Georg Seeßlen and Christian Rost, *PacMan & Co. Die Welt der Computerspiele* (Reinbek: Rowohlt, 1984), p. 111.

一切毫无关系,也与战争游戏的影响无关,射击只强调物体感知和动作触发之间的联系。

此外,这种射击可以被训练。马克思·弗里德里希自豪地提到,冯特教授在他的学术实验中"成功地同时感知五位和六位数字,而且用时与感知一位到三位数字基本相同"①。在这些对"复合"视觉感知的测量中,射击作为一种语义行为的重要性再次变得清晰起来,测试的目标是大声念出数字的全称以使出现的数字消失②。数字的名字成为下达的投降命令,而对数字的命名则成了一种行使权力的行为。维特根斯坦在后来的语用学③中提道:"当首次学习一门语言时,言语就与行动紧密相连,如同机器的杠杆。"④在这个训练中,让人感兴趣的不是标志的含义,而是标志的重要性,特别是在时限性关键的条件下,内容的可见性至关重要。马克思·弗里德里希详细描述了这些单个数字的大小为 6 毫米 × 3.8 毫米,因此六位数的数字为 23 毫米宽,包含 2.33 度的视觉视野(在实验选择的距离内),因为实验要求避免不必要的眼动。

在这些实验心理学的反应测量中,动作游戏的三个方面首次得到体现。第一,用可变读数显示器严格控制时间,并且给予玩家有限数量的动作触发选项。第二,通过训练进行优化的可能性出现了,这种可能性有别于韦伯定律⑤,也不同于神经纤维(亥姆霍兹语)的绝对速度或其他教育学的观点⑥。第三,在安排受试者(或玩家)测试的人机系统中,数据是由在速度方面优于受试者(或玩家)本身的装置来提取和管理的。

---

① Friedrich, "Über die Apperceptionsdauer," p. 61.
② 比如"123",在中文环境下不是"一、二、三",而是"一百二十三"。——译者注
③ 关于符号或语言符号与其解释者关系的学科。——译者注
④ Ludwig Wittgenstein, *Philosophical Remarks*, trans. Raymond Hargreaves and Roger White (Oxford: Blackwell, 1975), p. 64 (III, 23).
⑤ 指对刺激物的差别感觉不依赖于一个刺激物增加的绝对重量,而取决于对刺激物的增重与原刺激量的比值。——译者注
⑥ 例如,弗里德里希坚持认为,由于受试者终生使用日历的经验,以"18"开头的数字被识别的速度要比其他数字快得多(因为当时是 19 世纪)。

## 3. 陆军心理测试

精神工程在之前的战争年代只是人们的一个梦想,但现在它成为现实了。①

1883—1885年,第一个获得心理学学位的美国人斯坦利·霍尔②(G. Stanley Hall)在莱比锡的冯特那里作为博士后学习③,偶然地写了一本关于游戏理论的书④,并将实验心理学这一学科引入约翰斯·霍普金斯大学,从而促使许多跨大西洋的机构成立⑤。正如人们所料,这门学科在发展过程中并没有幸存下来,但是它成为艾略特·赫斯特(Eliot Hearst)后来称之为实验心理学的功能主义学派的最初形态,特点是实用和踏实⑥。这一学派方法的应用前景面向达尔文式的问题,即学习行为、动机、刺激和感知等要素在一个人适应特定环境的过程中起到的作用。与爱德华·B. 蒂切纳(Edward B. Titchener)的结构主义相反,功能主义的核心是对智力的解剖,以及对基本与普遍的心理要素进行

---

① Clarence S. Yoakum and Robert M. Yerkes, *Army Mental Tests* (New York: Henry Holt, 1920), p. 197.
② 霍尔在哈佛大学威廉·詹姆斯的指导下学习,并于1878年获得学位。
③ 值得注意的是,在马克思·弗里德里希的实验中,霍尔在识别大于三位数的数字时记录了缓慢的反应时间。
④ G. Stanley Hall, *Aspects of Child Life and Education* (Boston: Ginn, 1907). 根据这本书可知,人类历史的系统发育(phylogenesis)在人们童年阶段的游戏形态中重复。
⑤ Richard A. Littman, "Social and Intellectual Origins of Experimental Psychology," in *The First Century of Experimental Psychology*, ed. Eliot Hearst (Hillsdale: L. Erlbaum, 1979), pp. 39-86, at 49-50; Edwin G. Boring, *A History of Experimental Psychology*, 2nd ed. (New York: Appleton-Century-Crofts, 1950).
⑥ Eliot Hearst, "One Hundred Years: Themes and Perspectives," in *The First Century of Experimental Psychology*, pp. 1-37, at 26-27.

分割(很像将分子分割为化学元素),可以说功能主义对个体差异很感兴趣。相较于制定公理,该学说对制定分类更感兴趣,用哈维·卡尔(Harvey Carr)的话来讲就是:"心理学与所有直接参与机体对环境适应的过程有关。"①因此,心理学的主要研究领域是动机与智力、教育与运动技能、工作与疲劳。

比较心理学家爱德华·L.桑代克和罗伯特·M.耶克斯的著作中提出过一个达尔文式的问题,即低能力的动物需要通过哪条自然路径的进化才能达到比人类更高级的状态②。桑代克和耶克斯都重新定位了他们的调查——这项研究涉及学习、本能和解决问题之间的关系——尽管他们的实验范围仅限于实验室的少数动物(鸽子、老鼠、猴子和猫)以及观察它们在谜题盒和迷宫中的行为。例如,桑代克在他著名的"失步试验"中对猫做了一个测试:盒子里的猫必须打开并穿过一扇门才能得到食物,然后,它被温柔地引导回起点,之后门会关上,游戏重新开始;另一只猫在吃完东西后,立即从盖子上的一个洞掉回到盒子里。尽管实验中有一些细节的变化,但两只猫的联想能力都不足以让它们找出缺失的一步。之后在证明人类对动物的抽象和调解能力方面,桑代克面临着相当大的困难(这也是他自 1898 年以来一直在研究的问题),他推测动物的应激性可能与人类幼儿和体育活动的关系类似③。从 1911 年起,他决定专注于自己的"效应和重复定律"(即令人满意的刺激反应链与重复强化——任何的行为和思维,只要不断地重复就会不断地加强),他宣称该定律是普遍有效的④。他的比较进化论框架逐渐退隐,为教育心理学让路,但教育心理学是基于惩罚与奖励的实验而衍生出来的。

罗伯特·M.耶克斯和沃尔冈·科勒(Wolgang Köhler)则更幸运,他们从 1916 年就开始对类人猿生物解决问题的能力进行研究⑤。他们让实验动物面临两条路:一条直接明显地通往食物(但被封锁)的大路;另一条需要使用工具绕道的小路。然而,在观察到的一些案例中,类人猿的手段和目的之间似乎有明显的联系。也就是说,类人猿对问题的解决不能被视作一种巧合,而应被视作它们"理解"这一实验的证明。

---

① Eliot Hearst, "One Hundred Years: Themes and Perspectives," in *The First Century of Experimental Psychology*, p. 27.
② 关于比较心理学家对达尔文问题的关注,参见 C. Lloyd Morgan, *An Introduction to Comparative Psychology* (London: Walter Scott, 1894)。
③ Edward L. Thorndike, *Animal Intelligence: An Experimental Study of the Associative Process in Animals* (Doctoral Diss.: Columbia University, 1898).
④ Edward L. Thorndike, *Animal Intelligence: Experimental Studies* (New York: Macmillan, 1911).
⑤ Robert M. Yerkes, *The Mental Life of Monkeys and Apes* (Cambridge, MA: Holt, 1916).

第一次世界大战也许可以证明上述史前轶事是正确的,不仅这两个研究人员走到了一起,而且他们在动物身上所做的实验在很大程度上可以以人类为对象进行。桑代克指导军队的统计部门,并编写了《陆军心理测试考官指南》①。第一次世界大战结束后,耶克斯与克拉伦斯·S. 约阿库姆(Clarence S. Yoakum)一起编辑了《陆军心理测试摘要》(略有删减)。在"正确利用人的力量,尤其是思维和脑力,将确保最终胜利"的假设前提下②,美国国家研究委员会成立了一个心理学分委会,其目的是研究军人"素质、能力、压力和应变"的问题③。该分委会成立于美国参战的那一年,其心理测试的目标如下:"(1)隔离精神不健全的人;(2)根据人的智力对他们进行分类;(3)挑选称职的人担任适合的职位。"④这些心理测试的标准借鉴自比奈(A. Binet) 1905 年著名的智力测试著作,该著作在美国受到热烈欢迎并在若干场合进行了修订[戈达德(Goddard)修订版,耶克斯-布里奇斯点量表(Yerkes-Bridges Point Scale),斯坦福-比奈特智力量表(Stanford-Binet Intelligence Scale)等]。该测试的基本标准很明确,即测试要求能快速执行,结果可靠,可扩展性强,全国兼容,易分级(尽量少让被测试者动笔写),结果独立于受试者的教育水平和人格教养,无冗余,没有二元性(避免在"是"或"否"情况下的侥幸猜测),以及防止作弊。

当时在哥伦比亚大学任教的桑代克评估了第一批测试,通过非数学评估相比较的方法,对陆军和国民警卫队的 5 千名士兵,以及高级官员、中小学老师和大学讲师进行了对比。1917 年,桑代克又对 8 万名士兵进行了一系列同样的测试,不久后又对 170 万应征士兵进行最终测试(图 3.1)。耶克斯得到结果后满意地说:

> 我们以一个人的学习能力、快速且准确思考的能力、分析情况的能力、保持精神警觉的能力、理解和遵循指令的能力作为指标来打分,从而衡量一个人的等级。结果我们发现,分数与学历关系不大。……尽管分数无法衡量忠诚度、勇敢度、指挥能力或"使他人能奋勇向前"的能力等

---

① *Examiner's Guide for Psychological Examining in the Army* (Washington, DC: Government Printing Office, 1918).
② Yoakum and Yerkes, *Army Mental Tests*, p. vii.
③ Ibid. 参与该项目的其他机构包括美国陆军人员分类委员会、信号兵团(美国军事航空处的一个分部,该处与高空的影响有关)、军事情报司(负责对侦察兵和观察员进行选拔和训练、海军(负责对枪手、侦听者和监视员进行选拔和训练),以及进行心理测试的医疗部门。
④ Yoakum and Yerkes, *Army Mental Tests*, p. xi.

特质，但是从长远来看，通常更有可能在高智商的人身上找到这些特质。因此，除了身体素质，智力也许是提高军事效率最为重要的单一因素。①

图 3.1　Beta 测试人员在工作

在没有先验知识储备且保持警觉的情况下，还能对指令进行快速理解和反应，是任何类型优化性能的基本要素，这不仅适用于士兵，而且（如下文所示）对工人和动作游戏的玩家而言也是如此。罗纳德·里根（Ronald Reagan）在 20 世纪 80 年代提出一个著名的招募电子游戏玩家的提议，他说："只有获得游戏高分的人，才应该被挑选出来从事需要快速学习或快速调整的任务。"②这也许是"高分"（high score）一词最早出现的历史证明，这一概念之后成为每个动作游戏玩

---

① Yoakum and Yerkes, *Army Mental Tests*, pp. 22–24.
② Ibid., p. 26.

家都希望达成的愿望。

然而,对于动作游戏(以及后来的图形用户界面)来说,更有趣的是,玩家能够脱离基于写作的教育背景,甚至在没有任何符号中介的条件下获得高分。众所周知,媒体技术是为了应对缺陷而出现的。与之类似,现在所谓的"Beta 测试"最初是为受教育程度很低的人准备的。早在奥图·纽拉特(Otto Neurath)宣布著名的"世纪之眼"(century of the eye)并发展他的图式统计学(pictorial statistics)之前[1],Beta 测试就旨在通过将各类文字转换成图标来消除跨国家的语言隔阂。它要解决的问题是如何才能在不需要大规模增加相关公务人员的前提条件下,来评估那些活跃在军队中的大量移民(大多数是非裔美国人)和文盲。

解决此问题的绝佳解决方案,是以纯粹的视觉方式解释纯粹的视觉试题。与手工技能和手语意义的模拟中介不同,军队的心理测试需要非同寻常的移情能力[2],而"桑代克的猫"的试验在这方面基本上没有任何表现。测试者的智力需要通过他们的一种能力来衡量,这种能力需要将个体情境化为一般问题,并将对问题的理解转化为另一个类似的个体情境。也就是说,从特定情境转化为一般情境,并再次从单一案例转化为更广泛的模型。因此,使用"演示者"(demonstrator)以替代书面指示,来帮助考官与考生进行沟通:"演示者唯一的目标就是作为一个参考,提供给后续的测试者,黑板就是测试用的空白。"[3]于是,在后来的一系列实验中,众所周知,桑代克让一只"初始猫"正确地执行一项任务,然后让另一只猫观察"初始猫"。"初始猫"作为成功的测试者来承担演示者的角色,这是一个值得仔细思考的细化过程。当然,这个过程中最突出的问题是,没有元语言可以用来描述过程目标[4]。由于使用演示指令示范的过程是整个测试的核心部分,因此,首先要让演示者示范该过程。

"全体注意!看着这个人(指着演示者)。他现在做的事情(再次指向演示者),也是你们(指着测试组中不同的成员)将要在试卷上做的。(在这里,考官指着小组成员面前的几张试卷,拿起其中的一张放到黑

---

[1] Otto Neurath, *International Picture Language: The First Rules of Isotype* (London: K. Paul, Trench, Trubner & Co., 1936); Otto Neurath, *Modern Man in the Making* (New York: Knopf, 1939).
[2] 指设身处地理解他人感受的一种能力。——译者注
[3] Yoakum and Yerkes, *Army Mental Tests*, p.81.
[4] 这个问题是塔斯基(Tarski)在 20 世纪 30 年代初提出的,但重点有所不同[戈德尔(Gödel)几乎同时提出了一个重点],即在语言 A 中不能提供对语言 A 的完整认识论描述,因为无法在 A 中定义其中的命题真相概念。

板旁,然后再放回原位,依次指向演示者和黑板,然后指向这些人和他们的试卷。)不要问任何问题,直到听我指令说'下一步'!"[1]

由于难以表达具体"意义",考官于是对指示的手势和方向进行强调(指向、敲打、并排拿着文件)。这种自相矛盾的自我描述形式不仅是动作类电子游戏的一个特征,自从诺兰·布什内尔时代起,动作类电子游戏就不需要任何文字指令,而只是一种演示模式;它也是所有图形用户界面从一开始就宣称的目标[2]。

在测试列出的各项挑战中,"迷宫测试"(图 3.2)尤其值得关注。执行这种迷宫式检查的指令类似于话剧中复杂的舞台指令。目前看来,这些指令是由格哈特·霍普特曼(Gerhard Hauptmann)设计的,另外的"演示者"角色是随机从街上带走的人扮演的。

"请看这个测试 1(指向记录表的页面),"当全部页面都找到后,考官继续说,"不要做任何标记,直到我说'下一步',看好!"在触碰了箭头后,考官用指针在第一个迷宫中画出轨迹,然后让演示者继续。演示者用蜡笔在第一个迷宫中缓慢而迟疑地追踪路径,然后考官追踪第二个迷宫和动作,让演示者继续前进。但演示者犯了一个错误,误入迷宫左上角的死胡同。考官显然没有注意到演示者在做什么,直到他越过死胡同尽头的线,考官才使劲摇摇头说"错了",抓住演示者的手,回溯到演示者能够重新正确开始的地方。除了在确实模棱两可的位置会犹豫,演示者会迅速地追踪迷宫的其余部分。考官说"好",然后举起空白板说"看这",并为页面上的每个迷宫从左到右画一条虚线。然后考官说:"很好,继续向前,继续做(指着人和记录表),快点!"在迷宫测试中,快速的催促一定会给人留下深刻印象。考官和勤务兵在房间里巡视,向那些没有行动的人示意:"快做,快做,快点,快!"两分钟后,考官说:"停!"[3]

---

[1] Yoakum and Yerkes, *Army Mental Tests*, p. 82.
[2] 参见 William L. Bewleu et al., "Human Factors Testing in the Design of Xerox's 8010 Star Office Workstation," *Proceedings of the ACM Conference on Human Factors in Computing Systems* 1 (1983), pp. 72–77。
[3] Yoakum and Yerkes, *Army Mental Tests*, p. 83.

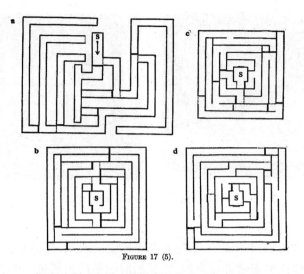

FIGURE 17 (5).

*Scoring.*—Time is recorded in seconds from start signal to successful exit. If this occurs within the time limit, credit for time is given for each maze as follows:

| Time | Credit |
| --- | --- |
| 0– 20 | 3 |
| 21– 40 | 2 |
| 41– 70 | 1 |
| 71–120 | 0 |

图 3.2 Beta 测试的迷宫(20 秒内通过,得 3 分;40 秒内通过,得 2 分;70 秒内通过,得 1 分;其他时间内通过,为 0 分)

这个用来评估想象力和导航能力的测试不仅重现了桑代克用小鸡做的试验,预测了无数受试小白鼠的行动情况,还预示了日后计算机在迷宫中的导航实验。这个问题最有效的解决方案是由克劳德·E. 香农提出的,他原本是为了解决一个在序关系①系统的策略闭包问题出现前,被离散数学所公认的图论问题。对于这种复杂电话网络中的电路问题,香农试验中的老鼠代表了根据反复试验的过程来解决迷宫问题的努力(图 3.3),或者更准确地说,是根据探索策略和目标策略来解决此类问题的努力。通过这种方式,迷宫是可以改变的,老鼠必须学会如何记住解决方案以及如何忘记它们。用香农的话说:"这是一台迷宫解决机,它能够用试错的方法破解迷宫,同时记住解决方案,并且能在迷宫发生改变以及解决方案不再适用时忘记它。"②

---

① 指离散数学里的一种集合关系。——译者注
② Claude E. Shannon, "Presentation of a Maze-Solving Machine," in *Cybernetics*: *The Macy-Conferences 1946 – 1953*, ed. Claus Pias, (Zurich: Diaphanes, 2016), pp. 474 – 479, at 474.

图 3.3　克劳德·香农和他的迷宫

在动作游戏中最重要的一点在于思考速度。因此,有必要创造一个合适的时长框架,能够让被测试者在合理、充足的时间范围内尽最大努力的同时,保证他没有足够的喘息时间①。这样一来,时间标准就成了一个节约的问题,即紧密测试条件下未使用的资源与扩展测试条件下浪费的资源之间取得平衡的问题。动作游戏试图简单地以成瘾性来描述游戏设计已达到最佳条件。成瘾性也是游戏评论者常用的要素,在游戏开发过程中,一般依靠游戏测试人员的广泛试验来确定成瘾性。毕竟,一个成功的游戏,其节奏既不能太快(导致玩家难以进行游戏),也不能太慢(导致玩家感到无聊)②。电子游戏的时间设定相较于偶尔(并且很严格地)设定一个整体的游戏时长,更像是建立众多小而有序的时间框架的问题。然而,一方面,由于 1917 年的纸质媒体无法实现游戏时间的节奏控制或内部分化,游戏设计者只能注重于创造一个平均游戏时长。另一方面,在迷宫测试的两分钟内,信号速度可以增加(在迷宫的死胡同分支处)或者降低(在模糊点处)。这与游戏《吃豆人》(*Pac-Man*,图 3.4)的情况大不相同,"吃豆人"全程在迷宫中不减速也不加速,在整个游戏中以匀速稳定行进。

有一个 1899 年的例子,威廉·布莱恩(William Bryan)和诺布尔·哈特(Noble Harter)在电报员的学习曲线(图 3.5)中发现了一个平台期③。这个平

---

① Yoakum and Yerkes, *Army Mental Tests*, p. 6.
② 案例参见 J. C. Herz, *Joystick Nation*:*How Videogames Gobbled Our Money*,*Won Our Hearts*,*and Rewired Our Minds* (London:Abacus, 1997), pp. 119 - 122. 顺便说一句,游戏的最佳速度可以根据不同文化圈和不同时期经历的困难感而改变。在无数的游戏中,无论如何,熟悉的命令实际上会催促缓慢的玩家("Go!",随着时间的流逝,"Hurry up!")。
③ William Lowe Bryan and Noble Harter, "Studies on the Telegraphic Languages:The Acquisition of a Hierarchy of Habits," *Psychological Review* 6(1899), pp. 345 - 375.

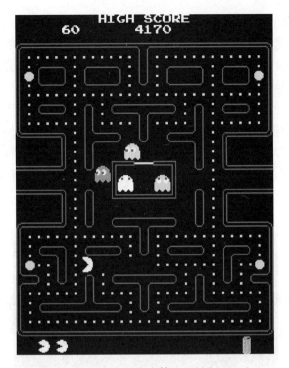

图 3.4 《吃豆人》(南宫梦公司制作,1980)

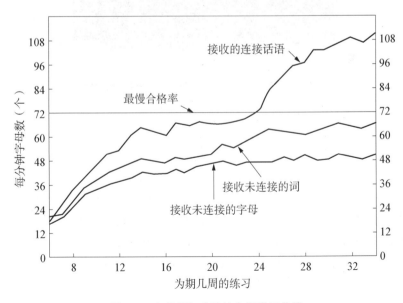

图 3.5 布莱恩与哈特的电报学习曲线

台期是可以解释的,因为人在接受一个可理解的文本时只能达到一定的速度上限,当超过这个速度时,一个人接收字母和单词的能力就不单单按照常规或"自动地"来解释了。电报员只有在字典对他来说变得可有可无,而且他能够计算出转换概率之后,他的翻译能力才可以称之为流利。这一现象对于电子游戏玩家来说是众所周知的:在游戏中的某一时刻,玩家根本不再需要考虑哪种按钮组合会产生哪个动作,而是在游戏过程中下意识地就能够使用它们(这相当于电报中的"连接话语")。因此,陆军的视觉小组委员会首要的关切目标不是简单地筛选出那些最适合成为枪手的新兵,而是思考如何尽快使这些新兵成为熟练的射手(图3.6)。

图3.6 《导弹指令》(*Missile Command*,雅达利,1980)

第一步,必须确切地了解枪支准星的功能。第二步,需要将或多或少复杂的枪支准星操控简化为最简单的神经肌肉术语,这是一个需要分析的课题。不过,相比海军任务的完美系统化和高度专业化等问题,这个问题已经相对简单了。第三步,采用经批准的科学技术来研究这种特殊、复杂的神经肌肉过程。为此,研究者设计了一种工具用以记录以下实验过程:(1)目标开始移动后,记录士兵使用准星瞄准所用的反应时间;(2)记录士兵能够"保持"追踪移动目标的准确性;(3)记录士兵对目标运动方向的变化作出反应所需的时间;(4)记录士兵判断开火时机的能力;(5)记录准星对士兵射击的影响。①

这里对反应时间的简单测量仅仅在士兵最初与目标接触时起一点微不足道的作用,真正起决定性作用的要素在于(不仅限于动作游戏的电脑屏幕逻辑)从单一和离散的反应要求(如按下电报的按钮)过渡到连续、几乎不间断的任务要求,比如跟踪空间里或游戏环境中的"动态"物体②。第二个决定性要素,是将连续任务分解成可测量(或者可计算)的时间和空间单位。这也是能将所有类型的连续性概念转移到数字离散化计算机上的基本条件。考虑到对枪手的评估和训练,必须采用弗雷德里克·泰勒的时间研究法对第二个决定性要素进行分析,这也为弗兰克·吉尔布雷斯的动作研究铺平了道路。

---

① Yoakum and Yerkes, *Army Mental Tests*, p. 187. 这些测试非常成功,后来被用于军事训练其他领域的教学目的:"稍晚一些时候,就有可能按照类似的思路构建一个强大的训练工具,这一点得到了各海军军官的热烈报道,并被海军广泛复制,用于海军训练站。"参见 William Lowe Bryan and Noble Harter, "Studies on the Telegraphic Languages: The Acquisition of a Hierarchy of Habits," *Psychological Review* 6(1899), pp. 345 – 375.
② 在追求和预测这个突出的问题上,参见 Axel Roch and Bernhard Siegert, "Maschinen, die Maschinen verfolgen," in *Konfigerationen. Zwischen Kunst und Medien*, ed. Sigrid Schade and Georg C. Tholen (Munich: Fink, 1999), pp. 219 – 230.

# 4. 人类工效学

1915 年,弗雷德里克·温斯洛·泰勒去世时,手里拿着一块秒表,除此之外,他还留下一项至今仍为人津津乐道的工作,即操作系统的编程①。他在 1911 年出版的著作《科学管理原理》中,以消失和再现的魔术作为书的开头。泰勒希望个性的理念从管理中消失,他在书中写道:"在未来,制度必须摆在第一位。"②操作系统并不关心一直以来的事情;相反,它们以诗意的方式生成自己的对象。希格弗莱德·吉迪恩(Siegfried Giedion)指出了弗洛伊德和泰勒之间存在的相似之处——他们出生在同一年,而且他们的职业生涯几乎是在同一时间开始的③。作为基督教贵格会派系的教徒,泰勒对当时还不可见的资源浪费话题很感兴趣,而一门学科——人类工效学可以解决并纠正这些问题④。就像一种神经质的症状,无形的浪费并不是在深度等待中被发现的,而是在精神分析或人体工效学的过程结束时首先产生的⑤。

科学管理是一门工程科学,它服从于一种"充满活力的命令"⑥。作为"节能

---

① 操作系统的德语术语是"Betriebssysteme",它是由泰勒和吉尔布雷斯著作的翻译者艾琳·M. 维特 (Irene M. Witte)引入德语的。
② Frederick Winslow Taylor, *The Principles of Scientific Management* (New York: Harper & Brothers, 1911), p. 7.
③ Siegfried Giedion, *Mechanization Takes Command: A Contribution to Anonymous History* (New York: Oxford University Press, 1948), p. 100.
④ Taylor, *The Principles of Scientific Management*, p. 5.
⑤ 参见 Slavoj Žižek, *Enjoy Your Symptom: Jacques Lacan in Hollywood and Out* (New York: Routledge, 2001)。
⑥ Wilhelm Ostwald, *Der energetische Imperativ* (Leipzig: Akademische Verlagsgesellschaft, 1911).

系统"①(Kraftsparsystem),它在很大程度上归功于热力学时代②,也归功于资本主义的悲观主义,其基于这样的一种观念:无论使用何种系统,不论在系统中投入多少能量,工作过程都会受到削弱③。科学管理的方法包括对人机系统的时间与空间的测量,这些测量的目的在于最优化和标准化各类工具和操作程序。

当泰勒在 1880 年左右开始他的研究时[尽管这种研究自亚当·斯密(Adam Smith)时代就开始了],他对工作的理解仍然强烈地基于个人的历史经验——通过口头传达和模仿、复制传播知识。因此,它不仅具有容易错误传播的特点,而且还具有信息上的变异性。在泰勒的批判性眼光中,成人学习如何工作与孩子们通过玩耍和模仿他人来学习的内在原理其实是一样的。在这种混乱中,人类工效学的本意是创造一种规则清晰的游戏,"就像棋盘上的棋子一样"④。它的首要目标是将经验学习转化为可处理的数据,并将这些数据保存在一个结构恰当的数据库中,最后实现早期形式的数据挖掘。也正是通过这种方式,游戏规则得以产生。用泰勒的话说,从一开始,这个系统化的过程就要求"把所有传统知识汇集起来……然后分类、制表,并将这些知识简化为规则、定律和公式"⑤。与其说这是在创制一部百科全书,不如说是在组装一个程序,可以从中不断调用工作流的例程以进行管理:"科学数据的实际应用还需要一个房间,该房间能存放书籍,记录数据,提供桌子给相关人员使用。"⑥换句话说,这就像战术或战略游戏的经济与运营,玩家需要提前计算各类工作时间、资源和生产力上的短缺⑦。

尽管工作人员和操作系统之间应该存在深度合作⑧,但泰勒的研究表明,即使是最优秀的员工,也永远不会了解他们所做工作背后的科学过程。因为作为受教育程度不高的用户,工人只能使用已经编译好的程序作为他行为的预备选

---

① 这一术语在科学管理原则的德语翻译中有几次被用来表示"科学管理"。参见 Frederick Winslow Taylor, *Die Grundsätze wissenschaftlicher Betriebsführung*, trans. Irene M. Witte (Munich: R. Oldenbourg, 1913), p. 29。

② 参见 Norbert Wiener, "Newtonian and Bergsonian Time," in *Cybernetics, or Control and Communication in the Animal and the Machine* (New York: J. Wiley, 1948), pp. 30-44。

③ Claus Pias, "Wie die Arbeit zum Spiel wird. Zur informatischen Verwindung des thermodynamischen Pessimismus," in *Anthropologie der Arbeit*, ed. Ulrich Bröckling and Eva Horn (Tübingen Narr, 2002), pp. 209-229。

④ Taylor, *The Principles of Scientific Management*, p. 69。

⑤ Ibid., p. 36。

⑥ Ibid., p. 38。

⑦ Irene M. Witte, *Taylor, Gilbreth, Ford. Gegenwartsfragen der amerikanischen und europäischen Arbeitswissenschaft* (Munich: R. Oldenbourg, 1924), p. 28。

⑧ 参见 Taylor, *The Principles of Scientific Management*, p. 36。

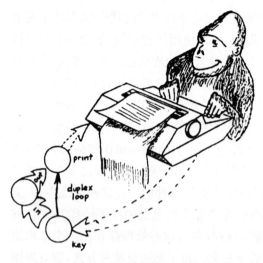

图 4.1 艾伦·凯认为的计算机用户概念图式(1969)

项,他们既没有足够的能力,也没有权限阅读这些决定他行为选项的源代码①。尽管弗里德里希·恩格斯(Friedrich Engels)提出"在从猿到人的进化过程中劳动扮演了重要角色"这一论断,但泰勒经常会用"聪明的大猩猩"来代替工人。也就是说,他更愿意将工人与猿类相提并论,并在这样的前提下建立一种无意识的活动连结其行为主义模型②。因此,艾伦·凯(Alan Kay)在加入施乐公司帕洛阿尔托研究中心(Palo Alto Research Center,简称 PARC)之前完成的论文中(图 4.1),将一只猴子与图形用户界面的起源联系在一起的想法也许就不足为奇了。

尽管泰勒多次提到心理学、动作研究和节奏,但他的主要兴趣在于时间,即物理方程式"功率=(力×距离)/时间"的分母。冯特的实验是测量人在短时间内可以完成的最大工作量。与他不同,泰勒的实验更感兴趣的是用马力来衡量"一个优秀的人在一天内能干什么工作"③。建立可重复实验条件的核心在于工具和工作站的标准化,在这方面,泰勒对"铁锹试验"的标准化和计量只是 20 世纪全球整体趋势的一个小例子而已,对这一趋势仍要进行更详细的研究④。正如尤尔根·林克(Jürgen Link)所建议的,标准化意味着整体的规范和论述,这些规范和论述的功能是将主体对象校准到历史上可接受或正常观念能容忍的水

---

① Friedrich Kittler, "Die Evolution hinter unserem Rücken," in *Kultur und Technik im 21. Jahrhundert*, ed. Gert Kaiser et al. (Frankfurt am Main: Campus, 1993), pp. 221–223.
② Taylor, *The Principles of Scientific Management*, 40. 对士兵来说也是如此,参见 Edwin W. Paxson, "War Gaming," in *The Study of Games*, ed. Elliott M. Avedon and Brian Sutton-Smith (Huntington: R. E. Krieger, 1979), pp. 278–301, at 292。
③ Taylor, *The Principles of Scientific Management*, p. 55.
④ 参见 Walter Prigge, ed., *Ernst Neufert. Normierte Baukultur im 20. Jahrhundert* (Frankfurt am Main: Campus, 1999); Peter Berz, *08/15. Ein Standard des 20. Jahrunderts* (Munich: Fink, 2001)。

平①。为此,制定的技术标准是用来定义什么是"正常的",而不是试图满足自然需求,这样才能保证技术标准的有效性和合法性②。根据泰勒的说法,大部分情况都是"慢一些的人必须不断地被监视和帮助,直到他们能达到适当的速度"③。在这一过程中被揭示的,就像心理工程在教育学领域的应用一样,是一种差异化和规范化的包容策略,而不是一种二元的、受法律约束的排斥策略。泰勒的方法不是残酷地解雇某些员工,而是使每个工人能够个性化④。此外,正如耶克斯在执行他的军队心理测试时,在标准化中避免了歧视,同时开始对个人进行适当定性。泰勒认为个人成就已经成为过去,每个工人都宁愿通过与他人合作并做到"在其特定职能上无可替代"来保持自己的个性⑤。"与普遍认为科学管理会扼杀个性的观点相反,"正如莉莉安·M. 吉尔布雷斯(Lillian M. Gilbreth)所写的那样,"科学管理建立在承认个人的基本原则之上,而非仅仅将人当作一个经济单位,并且每一个人格都有区别于他人的特质"⑥。

动作游戏的一个重要方面,是在标准化工具的基础上可以通过实验分解并分析时限性的部分,从确定数量的可能性中选择一系列个人和时限性的行为来综合评价游戏性。在每个人体工效学研究的测试阶段,在为速度领班(speed boss)收集到足够的数据评选,以及时间记录员(time clerk)投入使用前,工人们就被要求在自测过程中对自己的成就进行评估(表现形式为游戏)。为了将这些数据转换成有用的指令,管理者必须以这样一种方式执行,因为他们不仅要考虑即将到来的 Beta 测试,还要考虑图形用户界面和游戏设计。为了确保受教育程度很低的工人也能遵守科学管理制度,就有必要引入一种界面,它既能发出指令,又能阻止元教育学⑦信息的干扰,即工作参数是可读的,但它又能阻止工人

---

① Jürgen Link, *Versuch über den Normalismus. Wie Normalität produziert wird*, 3rd ed. (Göttingen: Vandenhoeck & Ruprecht, 2006).
② 关于标准化的早期努力参见 Merritt Roe Smith, "The Ordnance and the 'American System' of Manufacturing," in *Military Enterprise and Technological Change: Perspectives on the American Experience*, ed. Merritt Roe Smith (Cambridge, MA: MIT Press, 1985), pp. 39–86; Charles F. O'Connell, "The Corps of Engineers and the Rise of Modern Management, 1815–1861," in ibid., pp. 87–116。
③ Taylor, *The Principles of Scientific Management*, p. 83. 泰勒同样提到了有关标准化方面的工具和方法(Ibid., p. 122)。
④ Ibid., p. 70.
⑤ Ibid., p. 140.
⑥ Lillian M. Gilbreth, *The Psychology of Management: The Functioning of the Mind in Determining, Teaching and Installing Methods of Least Waste* (New York: Sturgis & Walton, 1914), p. 18.
⑦ 有关教育学自身反思的研究意味着一种对教育学更高级的逻辑形式。——译者注

读取生成参数的背后公式。泰勒在金属加工的例子中说明了这一点,为此他设计了一个包含 12 个变量(金属质量、切割深度、切割持续时间等)的方程组①(图 4.2),并且该系统必须简化为一组能让工人易于阅读和理解的指令。

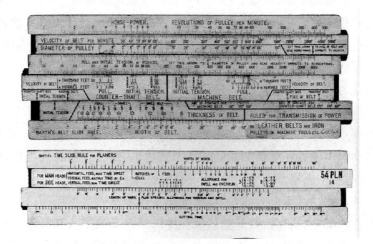

Für die einzelnen Handlungen gelten folgende Beziehungen.
$s =$ Zeit zum Füllen der Schaufel und zum Wurfansetzen,
$t =$ „ „ Werfen einer Schaufelfüllung,
$w =$ „ „ Gehen von 1 m mit gefüllter Schaufel;
$w' =$ „ „ Rückkehren von 1 m mit leerer Schaufel,
$L =$ „ zur Beladung einer Schaufel in Kubikmeter,
$P =$ „ des täglichen Anteils an Ruhe und notwendigen Unterbrechungen,
$T =$ „ für die Schaufelung von 1 cbm.
Es ergibt sich die Formel für Schaufelung gelöster Erde:

$$T = \left([s + t + (w + w') \cdot \text{Weg}]\frac{1}{L}\right)(1 + P).$$

Wenn nur geschaufelt, nicht gegangen wird, bekommt die Formel folgende Gestalt:

$$T = [s + t]\frac{1}{L}(\cdot 1 + P).$$

Wenn Gewichte anstatt der Inhalte eingesetzt werden:
Zeit für die Schaufelung von

$$1000 \text{ kg} = \left([s + t] \cdot \frac{1000}{\text{Gewicht einer Schaufelfüllung}}\right)(1 + P).$$

图 4.2 泰勒用来测量和规范铲土行为的仪器

---

① Taylor, *The Principles of Scientific Management*, pp. 106 – 115.

为了实现这一点,他建议使用一种记忆系统,在理想的情况下,可以用一张非书面的、标志性的指令(图 4.3)来指导工人①。这些指令的执行由各种工程师控制,涉及空间(工头,gang boss)、时间[速度领班、时间记录员和路线记录员(route clerk)]和沟通[督导员(inspector)和纪律检查人员(disciplinarian)]②。

Unterweisung für Arbeitsauftrag Symbol 2. M. V. ⁵/₈. K. D.

| 1 Blätter, Blatt Nr. 1 | | Zeichnung Nr. 4241 Stück Nr. | Maschine Nr. V. 30 | Auftrag Nr. 9300 |
|---|---|---|---|---|
| Material | Klasse Nr. | Anzahl einer Auftragserie: 200 | Gesamtzeit: 730 Min. | Bonus: 35% |

Beschreibung der Bearbeitung
Prüfen der Vibratoren.

| Nr. | Einzelunterweisungen. | Vorschub | Arbeitsgeschwindigkeit | Maschinenzeit Min. | Einrichtungs- und Handhabungszeit Min. |
|---|---|---|---|---|---|
| | I. Vorarbeiten. | | | | |
| 1 | Die Zeitkarte wechseln . . . . . . . . . | | | | 2,50 |
| 2 | Lies die Unterweisungskarte . . . . . . | | | | 2,00 |
| 3 | Luftschlauch befestigen . . . . . . . . | | | | 0,28 |
| 4 | Stelle die Blechbüchse mit den Vibratoren auf die Werkbank . . . . . . . . . . . . . . | | | | 0,28 |
| 5 | Stelle eine zweite Büchse auf die Bank . | | | | 0,10 |
| 6 | Lege einen Holzblock auf die Bank . . . | | | | 0,10 |
| | II. Arbeiten. | | | | 5,26 |
| 7 | Nimm einen Vibrator aus der Büchse . . | | | 0,06 | |
| 8 | Schraub den Vibrator an das Schlauchende | | | 0,08 | |
| 9 | Dreh langsam die Luft an; prüfe das Anlassen in verschiedenen Lagen | | | 0,90 | |
| 10 | Dreh die Luft ganz an; laß den Vibrator 1—2 Minuten laufen und beobachte durch Niederhalten des Deckelendes auf den Holzblock, ob das Vibrieren regelmäßig ist | | | 0,50 | |
| 11 | Stell die Luft so an, daß der Vibrator langsam arbeitet | | | 0,08 | |
| 12 | Laß den Vibrator ¼ Minute langsam laufen und beobachte, ob die Luft nicht hinter dem Kolben bläst und ob die Öffnungen richtig verschlossen sind . . | | | 0,25 | |
| 13 | Stell die Luft ab, nimm den Vibrator vom Schlauchende | | | 0,15 | |
| 14 | Wenn der Vibrator in Ordnung ist, lege ihn in die zweite Büchse | | | 0,14 | |
| 15 | Wiederhole die Unterweisungen 7—14 für jeden Vibrator, ruf den Oberprüfmeister, damit er die schlechten Vibratoren ansieht. Er wird dann bestimmen, an welchen Vibratoren Änderungen zu machen sind. Ein Bericht über nötige Arbeiten muß an das Betriebs-Bureau auf einem Beschädigungsbericht eingesandt werden | | | | |
| 16 | Der Arbeiter hat nach Benachrichtigung des Oberprüfmeisters mit seiner gewöhnlichen Arbeit fortzufahren | | | | |
| 17 | Die guten Vibratoren sind mit richtigem Zettel zu versehen und die Blechbüchsen in das Regal zu stellen | | | | 0,28 |
| 18 | Mach den Luftschlauch los und lege ihn in das Regal zurück | | | | 0,28 |
| 19 | Reinige die Werkzeuge und lege sie an ihren richtigen Platz zurück | | | | 0,30 |
| 20 | Mach die Werkbank in Ordnung | | | | 0,30 |
| | | | | 2,16 | 1,16 |
| 21 | 67% Zuschlag auf Handarbeiten | | | 1,45 | |
| 22 | Zeit für 200 Stück = 728,42 oder 121 Zehntel-Stunden | | | 3,61 | |
| | Wenn die Maschine nicht so laufen kann, wie befohlen, muß der Geschwindigkeitsmeister sofort an den Ausfertiger dieser Karte berichten. | Monat | Tag | Jahr | Ausgefertigt |
| | | | | | Nachgesehen |

图 4.3 泰勒的指示表(所有其他指令都是口头传达的)

---

① Taylor, *The Principles of Scientific Management*, p. 129.
② Ibid., pp. 124-125.

在这种结构简陋和初期的形式中,泰勒主义被冯特的学生雨果·明斯特伯格(Hugo Münsterberg)驳斥为"没用的业余心理癖"①。在后来的几十年中,泰勒主义有了微妙的修改,并产生了很大的影响。在美国,正是泰勒的学生弗兰克·吉尔布雷斯将战前的理论和战争期间获得的知识结合起来并加以完善,从而在与他妻子莉莉安合著的《疲劳研究》一书的"进展摘要"中指出,战争清楚地表明,必须尽可能有效地利用人的因素和材料的因素。这种认识不仅使得"关于这个主题的文献越来越多",而且"整个社区对这个主题的兴趣使'消除疲劳'这一词成为时代性话题"②。

在吉尔布雷斯的作品中,战争似乎代表着疲劳的消失。在和平时期,战争以"战斗疲劳"的名义被唤起,作为一种消除疲劳的解毒剂:"从整体上看,沿着消除疲劳的路线发展可能被认为是战时最令人满意的活动之一。"③他进一步表明:"我们无意回到'战前'的渐进式方法,也无意进行类似的改进。……(消除疲劳)是一个战争问题,是一个和平问题,是最高意义上的建设性。"④吉尔布雷斯对时间测量的兴趣不如他对空间测量的兴趣,他把对动作的研究定义为把工作的各项要素尽可能分成最基本的部分(图 4.4),进而分别研究和测量这些基本单位的变量,并将它们彼此关联。从这些研究中选择单位,以它们为基础来设立方案,以减少浪费。

与泰勒的工作一样,这里的目的是通过提出一个问题来向敌人提供某种形式,特别是为了可视化或发现多余的动作,以便"消灭"它。当然,吉尔布雷斯利用了相当先进的媒体技术。例如,他将一个胶卷相机和一个高分辨率秒表结合在一起,在记录过程中能达到纳秒级的测量精度。当在被屏蔽的背景前操作时,

---

① Hugo Münsterberg, *Psychology and Industrial Efficiency* (Boston: Houghton Mifflin, 1913), p. 56. 也可参见 Hugo Münsterberg, *Grundzüge der Psychotechnik* (Leipzig: Johann Ambrosius Barth, 1914), pp. 358 – 439. 对明斯特伯格来说,泰勒的作品代表了工程、生理学和心理学的相互作用,而忽略了人类与技术之间的界限。根据明斯特伯格的说法,在一种共同进化的反馈回路中,技术不仅出现在人类的环境中,而且人类同样为技术提供了环境:"No machine with which humans are expected to work can survive the struggle for technological *Dasein* if it is not to some extent adapted to its user's muscular and nervous systems, to its user's capacity for perception, attentiveness, memory, and desire."参见 *Grundzüge der Psychotechnik*, p. 380.
② Frank B. Gilbreth and Lillian M. Gilbreth, *Fatigue Study — The Elimination of Humanity's Greatest Unnecessary Waste: A First Step in Motion Study*, 2nd ed. (New York: Macmillan, 1919), pp. 160 – 161.
③ Ibid., p. 162.
④ Ibid., pp. 166 – 169.

图 4.4　关于吉尔布雷斯移动一个 7 磅①重的物体的实验(该实验测量了从人开始拿起重物,到放置重物,以及放置重物后回到站立位置所需的全部时间②)

该设备还能够测量不同的速度。周期图同样具有决定性,它通过长时间曝光工人的手和脚上装有电灯泡的照片,将动作描述为连续的光模式。这种仪器被进一步发展成所谓的计时器(chronocyclegraph,结构上是一个频率可控的中断灯泡的电路)。与连续的光路不同,计时器的曝光显示为圆点,点之间的空间允许测量正负加速度。立体镜可与这些设备一起使用,以产生三维深度的印象。这些记录不仅预想了当今的动作捕捉(motion capturing)和手势识别(gesture recognition),它们还实现了阿波利奈尔(Guillaume Apollinaire)在空中创造雕塑的梦想,并为毕加索著名的动作视觉化奠定了基础,后者为形式(格式塔,gestalt)赋予了无形且无意义的信息片段。

吉尔布雷斯的测量结果随后以 1/1 000 分钟的分辨率记录在所谓的同步动作图表(simo-charts,图 4.5、图 4.6)中。图表中不仅指出了腿部、手臂乃至手指

---

① 1 磅约为 453.6 克。——译者注
② Frank B. Gilbreth and Lillian M. Gilbreth, *Fatigue Study — The Elimination of Humanity's Greatest Unnecessary Waste: A First Step in Motion Study*, 2nd ed. (New York: Macmillan, 1919), p. 11.

的动作,还包括头部和躯干、眼球和瞳孔的动作,同时还描述了姿势和感官的用途。这些图表不仅表明人们可以节省或减少哪些动作,而且还可以分离出不同动作之间恒定的相关性,从而在组合活动时保留有关的、不可减少的要素。

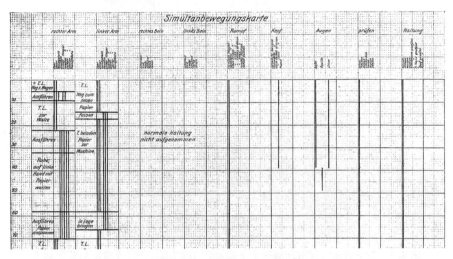

图 4.5　一张同步动作图表

这些元素被称为动素(therblig),在同步动作图表上用一组符号和颜色来表示,动素的类别有搜索、选择、抓取、释放负载等。我们可以在电子游戏中找到类似的清晰布局概念。例如,在游戏《古墓丽影》(图 4.7)中,带有黄色三角形标志的按键意味着拔出武器,当按下它时,虚拟角色劳拉(她比任何训练有素的人都更可靠)将以始终相同的动作和始终相同的速度挥动武器。

然而,对于吉尔布雷斯来说,同步动作图表还有另一个含义。正如 Beta 测试引入了针对低教育程度人群问题的医学创新,同步动作卡片也达到了最高水平的有效性,以应对"战场幸存的残疾或失明士兵,他们也需要在疲劳的角度给予特别关注"这一问题[①]。在一项题为"残疾士兵的动作研究"中,吉尔布雷斯解释说,受伤的士兵不仅仅是一个经济问题,使他们融入劳动队伍对他们的心理健

---

① Frank B. Gilbreth and Lillian M. Gilbreth, *Fatigue Study — The Elimination of Humanity's Greatest Unnecessary Waste: A First Step in Motion Study*, 2nd ed. (New York: Macmillan, 1919), p. 163; Frank B. Gilbreth and Lillian M. Gilbreth, *Applied Motion Study: A Collection of Papers on the Efficient Method to Industrial Preparedness* (New York: Sturgis & Walton, 1917), p. 173: "Work in this line (micro-motion study) has received a great impetus through the work being done for soldiers, crippled in all countries through the great war."

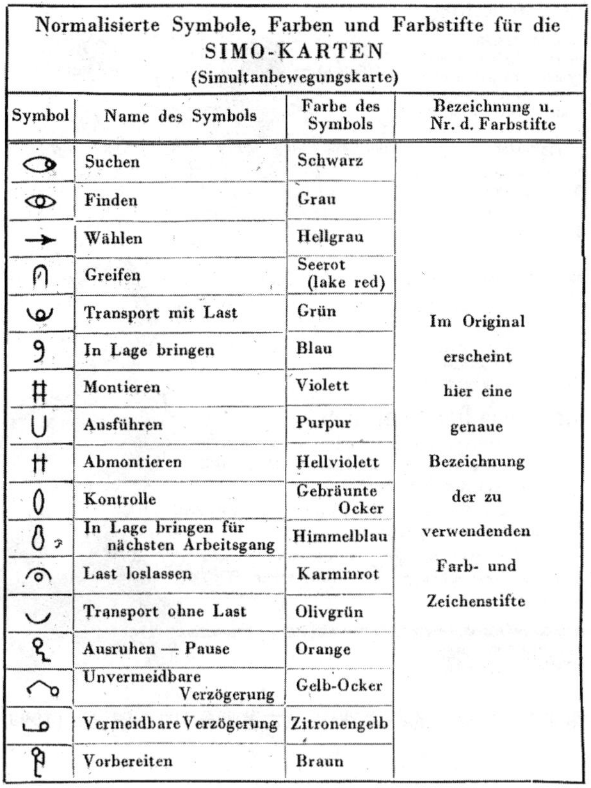

| Symbol | Name des Symbols | Farbe des Symbols | Bezeichnung u. Nr. d. Farbstifte |
|---|---|---|---|
| ⌒ | Suchen | Schwarz | |
| ⊙ | Finden | Grau | |
| → | Wählen | Hellgrau | |
| ∩ | Greifen | Seerot (lake red) | |
| ω | Transport mit Last | Grün | Im Original |
| 9 | In Lage bringen | Blau | erscheint |
| # | Montieren | Violett | hier eine |
| U | Ausführen | Purpur | genaue |
| ## | Abmontieren | Hellviolett | Bezeichnung |
| 0 | Kontrolle | Gebräunte Ocker | der zu |
| 8 | In Lage bringen für nächsten Arbeitsgang | Himmelblau | verwendenden |
| ⌒ | Last loslassen | Karminrot | Farb- und |
| ⌣ | Transport ohne Last | Olivgrün | Zeichenstifte |
| ♀ | Ausruhen — Pause | Orange | |
| ⌒ | Unvermeidbare Verzögerung | Gelb-Ocker | |
| ⌣ | Vermeidbare Verzögerung | Zitronengelb | |
| ႙ | Vorbereiten | Braun | |

图 4.6 吉尔布雷斯工作的基本动作

康也至关重要,尤其是那些只"从事过体力劳动的人,他们的能力和倾向仅限于体力劳动"①。然而,吉尔布雷斯乐观地认为,根据个人的能力、偏好、困难和缺点修改和调整工作,简单地将受伤工人身体的残疾部位在同步动作卡上标记为白色,粗略地看一眼这样的卡片就足以"系统地安置(受伤的)人员"②。

吉尔布雷斯通过与电子游戏相关的另外两项至关重要的方式扩展了泰勒的工作。首先,他从界面的角度探讨了工作问题;其次,他关心的是最初促使工人工作的动机。他对这些问题的回应引发了至今仍在持续的控制论和热力学导向工作的概念化。

---

① Gilbreth and Gilbreth, *Applied Motion Study*, p. 133.
② Ibid.

图4.7 游戏中的基本动作:《古墓丽影》的按键设定(1999)

首先,吉尔布雷斯颠覆了泰勒在不同管理者和工人之间的首选关系。在他看来,不应该再按照军事或传统管理的思路来组织工作①。此外,与其依赖严格的命令结构,不如将工作视为是在最初的计划与执行分离的交叉点上进行的②。在吉尔布雷斯的思想中,工作的各个方面应该从等级制度转向功能性。更具体地说,也许工作本身应该充当两者之间的媒介。因此,环境被认为是工人工作能力的决定性因素也就不足为奇了③。除了其他环境变量,吉尔布雷斯考虑了照明、颜色、服装和音乐④。其中,照明必须是无反射且均匀的,足够明亮但强度也

---

① Gilbreth and Gilbreth, *Applied Motion Study*, p. 21. 参见 Lillian Gilbreth, *The Psychology of Management*, pp. 8 – 10,其中对"军事"的定义有所不同。
② Gilbreth and Gilbreth, *Applied Motion Study*, p. 22.
③ Ibid., pp. 136 – 137.
④ Frank B. Gilbreth, *Motion Study: A Method for Increasing the Efficiency of the Workman* (New York: D. Van Nostram, 1911), p. 4. 明斯特伯格(*Grundzüge der Psychotechnik*, pp. 396 – 407)更进一步地考虑了这一概念。例如,从饮酒中受益的工作的功能性组成部分,即稳定但轻度的陶醉程度可能会导致工人的注意力有所下降,也可能导致工作场所的士气和节奏感增强。

不至于让人眼花缭乱。一方面，工作场所的最佳颜色由工业心理学家确定；另一方面，可以通过指定某些对象(代替书写)或通过总结某些工作过程来将这些颜色用于教学目的(图4.8)。用明斯特伯格的话说，作为一种"心理-生理上的放松"，音乐可以支配工作活动的节奏，并在不知不觉中加快其节奏，最终，唱歌的工头被留声机取代①。所有这些迹象都开始表明，工作与精力的关系不如工作与信息的关系，工作与效率的关系也不如工作与吸引力的关系。

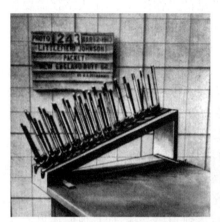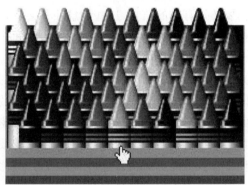

**图4.8　界面：**利特菲尔德-约翰逊(Littlefield-Johnson)书写和绘图用的人类工效学优化装置(左)；在较新的操作系统中选择颜色(Apple, 1999, 右)

因此，被忽视的光学设备内部结构就成为工作场所本身的典范。在某种程度上，工作变成了一部电影而被工人感知。在这一点上，吉尔布雷斯可能胜过瓦尔特·本雅明(Walter Benjamin)，对他来说，电影图像的装配类似于流水线的生产节奏②。相关工具都应被涂成黑色，以消除可能分散视线并使眼睛疲劳的金属反射：

> 为了获得最佳的视觉效果，建议使用与照相机内部相同的饰面处理。③ ……大型工厂机器、打字机或任何其他种类的镀镍机械产生的眩光还有任何其他类型的车间或办公设备，如果眼睛经常在附近工作，则会导致疲劳，但是疲劳的根源尚未被认识。一件沉闷的黑色成品机器

---

① Gilbreth, *Motion Study*, p. 48; Münsterberg, *Grundzüge der Psychotechnik*, p. 381.
② Walter Benjamin, "On Some Motifs in Baudelaire," in *Illuminations: Essays and Reflections*, ed. Hannah Arendt (New York: Random House, 1968), pp. 155–200, at 175.
③ Gilbreth and Gilbreth, *Fatigue Study*, p. 79.

可能对制造商或购买者而言都不如具有相同设计的闪亮的镀镍机那么漂亮,但主要的问题是:"操作员在使用机器时能获得多少舒适度?"①

如果作品的设计不允许个性自由,如果工具的设计是为了消除创造者和使用者的自豪感和审美愉悦感,用亚历山大·克鲁格(Alexander Kluge)的话来说,则必须在另一个源头中找到"线性链中弱化效应"(deadening work in linear chains)的动机。在一个完全标准化且重复劳动的工作流程中,工人不仅需要休息,还可以将包括缺勤在内的状况也纳入工作本身的生产率。此外,工作过程还需要传播有趣的信息,这些信息并不会阻碍工人将要完成的工作,事实上反而会提高其效率。吉尔布雷斯建议,工人在每个工作日开始时都应该收到一张指令卡,这张卡片可以刺激他们的思维:"他(工人)工作时使用的指令卡提供了他感兴趣的相关项目,这些项目引起了他的注意力,并刺激了探索。"②然而,检查当时的指令卡却没有任何类似作用的东西被发现。为了使工人能够进行所需的探索而又不损害科学管理的经济性,他必须扮演自己的科学管理者角色:"我们设计了一种自动微动作研究,其中包括标准微动设备以及自动计时码表设备,从而使操作人员能够对自己进行准确的时间研究。"③这些自我评价被认为具有娱乐价值:"工人不仅对电灯及其各种路径和圆点等轨道感兴趣,而且他们还思考这些路径是否属于最有技巧和最少动作次数的最优解。"④如果将执行的概念替换为一种感知,我们所描述的就是一种电子游戏。在身体动作和使这种动作可见的电子点之间的显示问题,其实就是相机镜头的发展动力——对点和虚线的最佳操控可以带来较高的分数和更高的月收入。就控制论而言,人类工效学无法提供实时反馈;就电子游戏而言,它也无法提供算法上的对应物。因此,if/then分支结构在机械车间中是无法实现的。

根据吉尔布雷斯的观点,这类基于感觉动作技能优化的游戏,不仅是一种娱乐,而且也是"最高程度的教育"⑤。据说工人和观察员们都分享观点,表达了"图形能引起的兴趣,以及教育能反映动作研究数据的结果"⑥。因为它愉快且具有一定的趣味性,吉尔布雷斯还建议员工和雇主在亲切的会议中一起观看电

---

① Gilbreth and Gilbreth, *Fatigue Study*, pp. 78 – 79.
② Gilbreth and Gilbreth, *Applied Motion Study*, p. 183.
③ Ibid., p. 70.
④ Ibid., p. 204.
⑤ Ibid., p. 205.
⑥ Ibid., p. 208.

影和计时录像机;学徒还可以通过创建动作模型(图4.9)来实现晋升①。后者是基于立体计时钟的金属丝线雕塑,其目的是培养工人的美感和成功感:"从笨拙到优雅,从优柔寡断到果断,从不完美的习惯到完美,它似乎在不断增加兴趣和兴趣之间的界限。正是如此,工作、游戏和教育学之间的界限在这里开始消失②。自18世纪以来,游戏确实为生活提供了一些经验教训,但这些经验教训从未以任何荒谬和严肃的定局为名。不过现在,由于人们不再关注自由或空闲时间,而是关注优化,游戏突然变成了工作,而工作也变成了游戏。吉尔布雷斯的努力在很大程度上融合了人类与动物劳工[这个表达方式是汉娜·阿伦特(Hannah Arendt)提出的],形成了一种新的存在形式,一种应该由工人在未来的乌托邦作为"新人"(new man)体现出来。

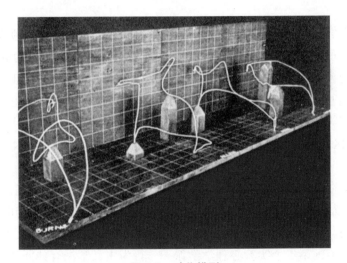

图 4.9 动作模型

吉尔布雷斯建议,传统知识,也就是被优化前的工作历史,是一种单纯基于经验而非纯粹动作的工作类型,应归入文学学科③。考虑到工作和游戏的领域经过融合和置换成为技术媒体的研究对象,形成了运动研究的一般学科,吉尔布雷斯还建议,所有以前的工作形式都应该被记录下来。为此,每家工厂和每所大学都应建立一个"疲劳博物馆"(fatigue museum),一个"存放消除不必要疲劳的

---

① Gilbreth and Gilbreth, *Applied Motion Study*, p. 209.
② Ibid., p. 127.
③ Ibid., p. 209.

设备博物馆"①。

对疲劳研究的普遍关注揭示了消除工作和娱乐之间差异的话语本质：在一个特定的行业中，每个人都应该熟悉要做的工作中的所有细节，每个人都应该对这些细节感兴趣，每个人都应该能够展示与疲劳之间的关系，每个人都应该教其他人如何"保存工作能力"②。人类工效学的研究范围也是无限的（因此，它也是权力的一种伪装）。

> 这种管理的范围（可以真正地被称为是科学的）是潜力无限的，它适用于所有精神和身体活动领域。……其基本目标是减少浪费，以最短的时间和最少的精力来获得有价值的预期结果。③

尽管人们用"能量"这个比喻来讨论这种有希望的效率④，但很明显，体力劳动并不是这里唯一被关心的问题。以前，工作流程被视作"多种行为的结合"，吉尔布雷斯现在把它看成由各种元素组合而成的动作。传统的职业和工作分类长期以来都是基于从事这项工作的工人类型、擅长技能、所需的教育程度、所用材料的"高贵"等。然而，对功能的新关注消除了"比如外科医生、打字员、砌砖工人"之间的区别（图 4.10—图 4.13）。"然而，今天的科学趋势，"吉尔布雷斯继续说，"越来越明显的是，大家惊人地忽视了对相似性的强调。"⑤

相似性在于，所有类型的工作都可以根据时间和空间研究所确立的规则进行优化⑥。从这个角度来看，工作与"思想和身体"的问题无关，而与时间以及运动模式有关。无论人类工效学介入哪里，意识都是不存在的，人类工效学正是在这一方面与美国第二个实验心理学学派——行为主义学派有共同之处，后者同时（针对数据反省的问题）试图放弃对心理活动、意识和经验的研究。取而代之的是，行为主义者专注于生物体在其环境中可观察到的相互作用。在该学科的

---

① Gilbreth and Gilbreth, *Fatigue Study*, pp. 99 - 113. 这些连续编号的博物馆中的第一个于 1913 年在罗得岛州的普罗维登斯开幕，拥有五个展品。吉尔布雷斯拥有巨大影响力的另一个迹象是，他在 20 世纪 20 年代确立了每年 12 月的"抗疲劳日"。
② Ibid., pp. 19 - 20.
③ Gilbreth and Gilbreth, *Applied Motion Study*, p. 4.
④ Ibid., pp. 4, 14.
⑤ Ibid., pp. 100 - 101.
⑥ 在 18 世纪末，经济学家将各种形式的工作统称为生产性活动，从而消除了生产性和无生产性阶级之间的区别。因此，体力劳动不再是被理解为工作的唯一活动。但是，这种新的分类是根据产品（因此是最终性）进行的，而不是以过程的普遍名义进行的。

一本开创性著作中,约翰·华生(John B. Watson)有如下观点。

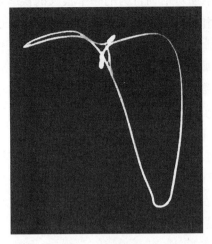

图 4.10　弗兰克·吉尔布雷斯的"完美动作"

图 4.11　舞蹈演员的雕塑

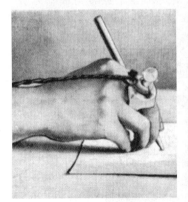

图 4.12　秘书手上的灯泡

图 4.13　外科医生工作时的循环摄影记录

行为主义者认为,心理学是自然科学纯粹客观的实验分支,它的理论目标是对行为的预测和控制。内省并不是这一方法的重要组成部分,其数据的科学价值也不取决于它们是否准备好接受意识方面的解释。……似乎已经到了心理学必须抛弃所有与意识有关的东西的时刻了。[①]

---

[①] John B. Watson, "Psychology as the Behaviorist Views It," *Philosophical Review* 20 (1913), pp. 158 – 77, at 158, 163.

这种方法导致的一个结果是，所谓的脑力劳动被认为是时空有组织的动作，而不与大脑相关。吉尔布雷斯认为，人们早期对培训行为的一个很大的误解是过于关注产品的质量。他认为，特定功能和优化功能的表现更具决定性①。也就是说，以产品的名义完整地执行规则控制的流程，或者以游戏结论的名义执行完整的规则。产品是计算离散动作以及规则控制的单个元素串联后的结果。就像人们可以根据公理无可辩驳的性质宣称数学命题"存在"一样，阑尾切除术、堆砌砖墙或完成文书都取决于基本动作和它们之间无可辩驳的连接。在某种程度上，在工作场所说话的是语言本身，而不是工人。

　　在任何情况下，人类工效学都是根据过程而非结果来定性的。因此，在应用形式中，它是一门使用显示屏的科学，与新行为主义一起，在电子游戏和用户界面的设计中发挥了基础性作用。最早提及台式机科学管理的内容出现在吉尔布雷斯的著作中，他还根据人类工效学原理设计了办公家具（图 4.14）。

> 这张办公桌是横切面的，这样就可以制定工作中经常需要的东西的摆放标准。装有所有永久性材料的唯一抽屉在左侧被拉出，它包含我们标准表格的副本，这样的安排使一个人不会用完办公桌上的用品……现代化的办公桌是平顶的，没有小抽屉或小孔来收集纸张和其

图 4.14　吉尔布雷斯设计的一张横切的桌子

---

① Gilbreth and Gilbreth, *Applied Motion Study*, p. 118.

他杂物,因为这种办公桌最适合当今的办公室管理系统。①

在这里,办公桌被平铺成二维的,最适用于无意识的文件处理管理任务,并且它的物理形状预测了桌面的隐喻在计算机屏幕上会传达什么②(图4.15)。对于吉尔布雷斯而言,案头工作不再意味着使用标准化工具对文件进行输入和输出处理,以执行规定的动作和计算。举例来说,现代管理更需要根据收到的订单制作工人指令卡,将工作划分为标准时间和空闲时间,并以最佳和最有效的方式分配工作量。一个工效学家在他的办公桌上完成的工作只是将过程应用于数据。

图 4.15　由吉尔布雷斯监督的秘书

如果像吉尔布雷斯主张的那样,工作不再有任何类型区分,而且被定义为由各种运动组成的功能,这就意味着教育也不再有任何类型的区别。具体的功能可以在了解的基础上进行学习:"运动研究的一个典型结果是逐渐填补学校与工

---

① Gilbreth and Gilbreth, *Fatigue Study*, p. 80.
② 从信息论角度对文书工作进行的最早处理,参见 R. A. Fairthorne, "Some Clerical Operations and Languages," in *Information Theory: Third London Symposium*, ed. Colin Cherry (London: Butterworths, 1956), pp. 111 – 120. 更多讨论可参见 Claus Pias, "Digitale Sekretäre: 1968, 1978, 1998," in *Europa-Kultur der Sekretäre*, ed. Bernhard Siegert and Joseph Vogl (Berlin: Diaphanes, 2003), pp. 235 – 251.

厂之间的空白。"① 运动研究始于人的童年,此后从未停止。此外,在吉尔布雷斯毫无差别的工作世界之外,我们很容易认识到,动作研究可以很容易地应用于艺术和休闲等领域。吉尔布雷斯在一次关于职场着装的讨论中也暗示过。

> 由于许多工人对这种服装抱有偏见,认为它们存在阶级差异,而使进展缓慢。我们所要做的就是创造一种穿着这类服装的时尚,就像穿着工作室的套装一样。……多年来,我们一直希望能够仿照网球或其他运动服装的样式来设计工人服装,以使它具有合理的时尚感。……②

也许今天无处不在的慢跑服可以被视为该计划成功的证明。无论如何,在心理-生理优化的首要作用下,消除工作、休闲和艺术之间的界限是一个如此丰富的话题,以至于我们需要进行下列三个简短的题外(digression)论述。

## 题外话之一:符号实例

加布里埃尔·布兰德斯特(Gabriele Brandstetter)详细论证了富有表现力的舞蹈应被视为改善生活运动的一个核心因素和治愈文明创伤的一种艺术形式。这些创伤在主体建构与解构之间的张力场域中被体验③。在20世纪20年代,人类工效学的讨论正在进行,几个符号系统被发展并应用于转录舞蹈动作(其中的一些系统至今仍在使用)。从这个"书面舞蹈"(written dance)中,出现了"用书写创造舞蹈的可能性,也就是说,允许舞蹈起源于身体之外以及它在空间中探索性的运动……这种创新使编舞能够通过书面符号被设计出来"④。例如,鲁道夫·拉班(Rudolf Laban)重视有意识的主体的欲望,并将其编舞知识生动地修饰成舞蹈哲学(philosophy of dance)。"生命的活力"(élan vital)以及主体因在工作中受到指令暗示的压抑程度而逐步被削弱。拉班从生理学基础的角度思考了运动,并毫不犹豫地揭示了它的来源(图4.16)。

> 动作的流通是由神经中枢对内部和外部刺激作出的反应控制,它需要一定的时间,这是可以精确测量的。身体各器官的生物热能通过

---

① Gilbreth and Gilbreth, *Applied Motion Study*, p. 51.
② Gilbreth and Gilbreth, *Fatigue Study*, pp. 96–97.
③ Gabriele Brandstetter, *Tanz-Lektüren. Körperbilder und Raumfiguren der Avantgarde* (Frankfurt am Main: Fischer, 1995), pp. 46–47.
④ Ibid., p. 423.

燃烧转化为动作的动能,在这个过程中,消耗的燃料是食物。毫无疑问,能量的产生及其转化为动作的纯粹物理特性……在工人或舞者的行为、动作中可以看到结果……现代作品分析及其符号与描述任何表现性动作的方法没有太大区别……(这种符号)是以观察和分析空间和时间上的动作为基础的。①

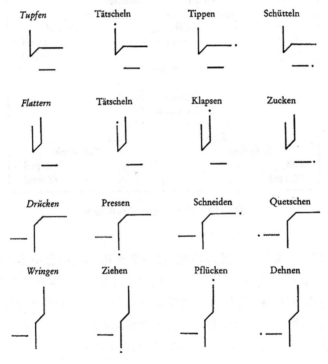

图 4.16　鲁道夫·拉班的符号样本

不同于从伽尔瓦尼②(Galvani)时代开始的青蛙腿抽搐实验,不同于诺雷神父(Abbé Nollet)的惊厥僧侣(莱顿瓶实验),也不同于杜兴(Duchenne)研究的肌肉收缩,在拉班的例子中,从严格意义上说,不是电的索引力而是象征性的写作使身体"程序化"(pro-grammed)。在这个词的双重(或海德格尔)意义上,书写在这里被用来表示位置(Stellung,德语),因为它把身体放在适当的位置,并以此

---

① Rudolf Laban, *The Mastery of Movement*, 3rd ed. (Boston: Plays, 1971), pp. 22-25.
② 意大利医生,动物学家。——译者注

命令它(bestellt ihn,德语)以揭示能量①(zur Entbergung von Energie,德语)。

就像吉尔布雷斯的同步动作卡和动素分析②,拉班也从动作序列中提炼出基本动作或简单的身体动作(图 4.17)。

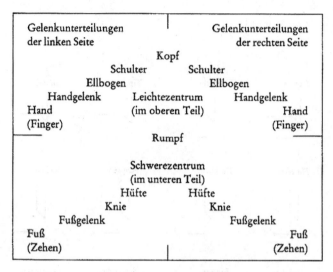

图 4.17 拉班对身体动作的细分

这一努力的结果不仅是描述性地"在一个整体导向的意识形态哲学理论的基础上建立一个秩序系统……"③同时也规定了建立个体身体部位的定位系统④。虽然身体、时间、空间和力量的相关信息与人类工效学的利益一致,但它仍然远远超出人类工效学分析和媒体技术手段的范围。尽管如此,拉班坚持"从运动的角度思考"依旧普遍适用,并明确其旨在"分析运动、游戏、表演、工作和日

---

① 参见 Martin Heidegger, "The Question Concerning Technology," in *The Question Concerning Technology and Other Essays*, trans. William Lovitt (New York: Garland, 1977)。
② 指观察人的操作动作,用动素符号记录和分析动作活动,并加以改善的一种方法。——译者注
③ Brandstetter, *Tanz-Lektüren*, p. 433.
④ 拉班的顺序关系系统认为躯干是身体的中心,这一观点最早是由舞蹈理论家在 1900 年左右确立的。参见 Laurence Louppe, "Der Körper und das Unsichtbare," in *Tanz in der Moderne. Von Matisse bis Schlemmer*, ed. Karin Adelsbachand Andrea Firmenich (Cologne: Wienand, 1996), pp. 269 - 276。不久之后,受雷达技术的影响,威廉·艾文斯(William Ivins)将中心透视图解释为一种关系的韵律系统,不是以符号形式,而是以空间中的明确位置为依据。参见 William Ivins, *On the Rationalization of Sight: With an Examination of Three Renaissance Texts on Perspective* (New York: Metropolitan Museum of Art, 1938)。

常行为中的身体行为"①。吉奥乔·阿甘本(Giorgio Agamben)将其称为手势的丧失,意指动作丧失了某些社会意义,错过使运动可见、可记录、可发现的技术和同步创新的机会②。舞蹈符号并不是简单地描绘动作,而是与其他媒介一样富有成效;制作舞蹈符号时所需的计算将产生不可思议的动作。这些都不是表达的结果,而是一个可获得的游戏元素的组合。

就完全的可计算性而言,时限性的电子游戏可以被视作一种起源于符号的舞蹈。代理理论的前提是虚拟游戏角色的动作只能由十分人性化的玩家来控制,舞蹈符号则表明游戏也可以朝相反的方向进行。该程序指导用户的动作,并验证(如通过碰撞检测)符号指令是否已按照规则执行。无论谁跳出规则都将输掉比赛,因为唯一有效的游戏实例是一个被完全执行的符号③。像卓别林(Chaplin)曾经做过的那样,电子游戏威胁着那些反对机械化程序的人,而这种威胁就是剥夺这些人玩游戏的乐趣。电子游戏的成功与否,是通过程式化乐谱的自动执行来衡量的,换而言之,是由一种能促使玩家的手指在控制器按钮上跳舞的符号执行程度来衡量的(图 4.18)。

图 4.18 舞蹈游戏《快乐桑巴》(*Samba de Amigo*,2000,玩家的动作由超声波传感器控制,只有当玩家保持节奏时,游戏里的世界才会跟着他们跳舞)

---

① Laban, *The Mastery of Movement*, p. 52.
② Giorgio Agamben, "Notes on Gesture," in *Infancy and History*:*Essays on the Destruction of Experience*, trans. Liz Heron (London:Verso, 1993), pp. 133 – 140.
③ 参见 Nelson Goodman, *Languages of Art*:*An Approach to a Theory of Symbols*, 2nd ed. (Indianapolis:Hackett, 1976), pp. 127 – 176 ("The Theory of Notation").

## 题外话之二：工作英雄

> 时间联盟是为新文化、为共产主义而斗争的一个军队。
> ——《时间联盟》(Liga Vremya，1923)

就在吉尔布雷斯进行疲劳研究的同时，所谓的时间联盟在革命后的俄国成立。在几个星期内，这个协会就可以吹嘘它在所有主要城市中有两千多名会员。人类工效学在苏联获得了广泛的成功，在那里有近60家研究所致力于这一学科，并将学科扩展到工作场所之外。例如，戏剧作品尤其受到工效学思想的影响①。诗人，同时也是成立于1920年的中央劳动研究所（the Central Institute of Labor）所长的A. K. 加斯泰夫（A. K. Gastev）曾就科学管理的性质写道：

> 科学的工作安排……不是对人的纯粹直觉的发现，而是一种总结。这是一种已经被机械装置揭示出来的运动公式。成套的机器及其操作方式首先通过它们机械化的组合方式教育我们……技术已融入管理，管理就是重新安排。组织是研究时间和空间的重新安排的一种学说。②

加斯泰夫接着描述了一个锤击工人的姿势，他用人类工效学的支架来调整工人的动作（图4.19），并用节拍器来控制工人活动的节奏。加斯泰夫称之为"打击的生物力学"，目的是实现可以被定义为"在（复杂的）暂时性条件下实现形式"的节奏③。然而，生物力学也是梅耶霍尔德（Vsevolod Meyerhold）用来理解未来演员的术语。梅耶霍尔德认为工作与休闲时间区隔界限的消弥意味着资本主义的结束，社会主义社会正是通过解决疲劳这一主要问题来消除这种差异的。

---

① 参见 Franciska Baumgarten, *Arbeitswissenschaft und Psychotechnik in Rußland* (Munich: R. Oldenbourg, 1924); Wsewolod E. Meyerhold, "Der Schauspieler der Zukunft und die Biomechanik," in *Theaterarbeit 1917 - 1930*, ed. R. Tietze et al. (Munich: Hanser, 1974), pp. 72 - 76; Jörg Bochow, *Das Theater Meyerholds und die Biomechanik* (Berlin: Alexander, 1997); Dieter Hoffmeier and Klaus Völker, eds., *Werkraum Meyerhold. Zur künstlerischen Anwendung seiner Biomechanik* (Berlin: Hentrich, 1995).
② 转引自 Baumgarten, *Arbeitswissenschaft und Psychotechnik in Rußland*, p. 13.
③ Hans Ulrich Gumbrecht, "Rhythm and Meaning," in *Materialities of Communication*, ed. Hans Ulrich Gumbrecht and K. Ludwig Pfeiffer, trans. William Whobrey (Stanford: Stanford University Press, 1994), pp. 170 - 182, at 173.

在未来的劳动社会中,如果演员的活动应该被理解为一种生产活动,高效率的工作者就将成为这些未来演员的榜样。工作者/演员的活动由以下因素区分:"(1)缺乏多余和无效的运动;(2)节奏;(3)正确辨认自己身体的焦点;(4)耐力。"[①]正如吉尔布雷斯期望工人自我拍摄和分析一样,自我指导在梅耶霍尔德的系统中也扮演着不可或缺的角色。该系统根据简单的公式 N = A1 + A2 来定义表演,其中,N = 演员,A1 = 导演,A2 = 执行 A1 指令的人。演员被要求按照导演的指示,自学构成表演工作的一系列基本动作。"剧院的泰勒化将使之成为可能,"梅耶霍尔德自信地设想,"在一小时内完成的任务量就可以与今天需要四个小时完成的任务量一样多。"因此,内在的任何外露都会阻碍控制运动的生物力学。心理学曾是这样,生理学也将如此。

图 4.19 加斯泰夫人类工效学支架辅助下的未来工作者

亚里士多德将计算机理解为一种高度活跃的剧院,这正如前雅达利设计师布兰达·劳雷尔(Brenda Laurel)所宣扬的[②],这似乎让梅耶霍尔德的想法不仅可以预期,而且也在某个层面显得过时了。最多,在电脑显示器的"舞台"上指导

---

① 众所周知,梅耶霍尔德甚至用工作者代替演员,工作者们在工厂工作结束后将在剧院演出。在梅耶霍尔德的设想中,这只意味着从一个动作转换到另一个动作。这类演员当然是在梅耶霍尔德的大型人群场景中使用过的,比如"冬宫风暴"(*Storming of the Winter Palace*, 1920)。

② Brenda Laurel, *Computers as Theatre* (Reading, MA: Addison Wesley, 1991); Brenda Laurel, *Towards the Design of a Computer-Based Interactive Fantasy System* (Doctoral Diss.: The Ohio State University, 1986); Brenda Laurel, ed., *The Art of Human-Computer Interface Design* (Reading, MA: Addison Wesley, 1990)。

"演员"只是议题的一半,更多的情况是电脑(像梅耶霍尔德所说的导演)指导玩家执行一系列基本动作(图4.20)。人类工效学不是在计算机屏幕的显示屏上,而是在屏幕前的空间上演,并通过大量的指令来保证节奏。因此,问题(或担忧)不是我们的身体已经消失,而是它们应该在什么样的新环境中重新显现出来。

图4.20 一辆IFV(infantry fighting vehicle,步兵战车[①])或布拉德利教练机(Bradley Trainer)在尤斯塔斯堡军事基地的雅达利游戏特别展览中展出

这些细节不应使我们偏离这样一个事实,正如1921年托洛斯基(Trotsky)在第一届劳动科学组织会议(the First Conference on the Scientific Organization of Labor)上所宣布的那样:泰勒主义将成为"新人"的乌托邦背后的基础科学[②]。因此,同年,索科洛夫(Sokolov)在一篇关于工业艺术体操的文章中这样写道:

> 如果按照泰勒和吉尔布雷斯的科学劳动组织原则创造一种新的工

---

[①] 这里指机械游戏是IFV的教练机。——译者注
[②] 参见Peter Gorsen and Eberhard Knödler-Bunte, eds., *Proletkult*, 2 vols. (Stuttgart: Frommann-Holzboog, 1974)。

业艺术体操形式,那么艺术和制造业的轨迹将走到一起并相互交叉。剧院导演和手握秒表的工程师将根据工作过程的规律,共同创造出一套新的体操生产体系……或许,在未来的工厂里,从一个或另一个高度发出的响亮音符很可能会增加工人的工作强度。到了 20 世纪中叶,从工厂里听到一种机器制造的音乐的可能性比不定型的噪音的可能性更大,机器以齿轮可以被校准并产生特定音调的方式组装……如果计时和科学主义的原理适用并存在于我们的整个生活,如果我们走路和做手势的方式建立在经济的几何性质和动作合理化的基础上,如两点之间线段最短,那么苏联也将以这种方式建立其几何和纪念风格。①

加斯泰夫在《现代文化的设备》(*The Equipment of Modern Culture*,1923)一书中对生物机械论的表述也同样明确。

> 接受新文化教育的人除了要有训练有素的感觉器官,还必须具备榜样般的观察能力。在任何特定的时间,他们必须警觉,有能力调动眼睛和耳朵付诸行动……良好的性格在人们生命的奋斗中必不可少,工作能力也必不可少,这种能力可以通过适当的培训(根据上述方法)和恰当的生活方式加以改进。最重要的品质是组织能力,即"掌握艺术、材料和时间"的能力。"俄罗斯新文化的传播者既不是传教士也不是演说家,而是技术人员(Monteur)。"②

这些冗长的引语是有道理的,因为技术员形象中不同生活层面的乌托邦式融合会在对电子游戏玩家或儿童乌托邦式的高估中重现。例如,雪莉·特克尔(Sherry Turkle)在《在第二自我:计算机与人类心灵》(*The Second Self*:*Computers and the Human Spirit*)中描述的代沟就是如此。其中,电子游戏玩家被认为引入了一种新的文化,非玩家被一种几乎不可逾越的鸿沟带离③。上文提到的罗纳德·里根招募电子游戏玩家的呼吁,只是 20 世纪 80 年代末虚拟现实泛论(panegyric to virtual reality)所宣扬的"新"个人和集体中的众多逸事之一,这似乎是 20 世纪头几十年的翻版。

---

① 转引自 Baumgarten,*Arbeitswissenschaft und Psychotechnik in Rußland*,pp. 45-46。
② Ibid.,p. 115。
③ Sherry Turkle,*The Second Self*:*Computers and the Human Spirit* (New York:Simon & Schuster,1984),p. 66。

## 题外话之三：有机结构

尽管加斯泰夫承认"士兵是泰勒的学生，他出生在他教书育人之前"[1]，但从"工人形象"(Gestalt des Arbeiters，德语)的角度来看，对士兵的最清晰的表述可以在恩斯特·云格尔(Ernst Jünger)的作品中找到[2]。在云格尔的理解中，工人不是道德或经济意义上的工作者[3]，而是一种及时出现在历史节点的存在："在1/10秒的时间里，我清楚地意识到，我们再次接近了一个形而上学和形而下学完全相同的点。这是寻求工人形象定义的一个几何点。"[4]当然，我们最好将云格尔有争议的文本解读为对第一次世界大战后人类工效学有力主张的回应，而不是作为对第二次世界大战后原法西斯主义者寓言的预期。

> 必须知道，在工人的时代……没有什么不能被视为工作。工作是拳头、思想、心灵的节奏；它是日夜生活、爱情、艺术、宗教和战争。工作是原子的振荡和驱动恒星和太阳系的力量。[5]……工作场所是没有限制的，就像工作日有24个小时一样。工作的反义词不是休息，从这个角度来看，没有什么情况不能被理解为工作。[6]

作品的总体化（即作品的总体特征）以一种语言的形式出现，所以，动作的语言被讨论毫不奇怪。

> 我们这里讨论的动作的多样性……存在于视觉感知范围内……此外，不仅是交通运输——机械的克服距离以期达到子弹般的速度，动作适用于每一项活动……一种既原始又全面的语言努力在动作中被转化为可思考、可感知的表达方式。[7]

在某种程度上，动作语言为工作者和技术提供了能够结合成有机结构的接口。第一次世界大战就是这种"联盟类型"(type of union)的训练场和"最高规

---

[1] 转引自 Baumgarten, *Arbeitswissenschaft und Psychotechnik in Rußland*, p. 17.
[2] Ernst Jünger, *Der Arbeiter. Herrschaft und Gestalt* (Stuttgart: Klett-Cotta, 1982).
[3] Ibid., p. 90.
[4] Ernst Jünger, *Roreword to Blätter und Steine*, in *Sämtliche Werke*, vol. 14 (Stuttgart: Klett-Cotta, 1978), p. 162.
[5] Ernst Jünger, *Der Arbeiter*, p. 68.
[6] Ibid., p. 91.
[7] Ibid., pp. 99–100.

模的例子"(the highest magnitude)。然而,在假定的和平时期简单地将效率和运动的军事概念应用于工作领域的理解是错误的(这有点像吉尔布雷斯想要为了和平而"挽救"战争带来的科学发现)。相反的情况似乎更接近事实,即战争只是工作的一个特定方面,因为"事物的发展方式使军装似乎越来越成为工作中所穿制服的特殊形式"①。技术是这种动员的媒介,因为它对使用者的行为方式并不中立②。无论如何,这是云格尔对开明资产阶级(enlightened-bourgeois)观念的谴责,即无论是在和平时期还是在战争时期,技术的使用总是在主观的控制之下。事实上,技术同时让那些声称自己是研究主体的人成为研究对象。马歇尔·麦克卢汉(Marshall McLuhan)的名言表明,自我延伸的效果是自我延伸所强加的标准造成的。也就是说,媒介即讯息③。如果有机结构必须使每种类型的技术产生特定的生活方式④,那么这必然包含一种媒介理论。第一次世界大战所显露的技术是建立在感知速度、运动效率和寻址路径(Addressierung)的基础上的,是技术重新配置人类的形式。

> 安全帽下的脸变了……它的目光持续且固定,适合观察高速下必须被感知的物体。⑤……建造高楼大厦只是为了让人从上面跌落;交通的意义在于人们会被碾压……这出喜剧是以个体,即那些无法掌握非常精确的空间基本规则和与之相关的自然姿态的人为代价的。⑥……致力于服务能源和运输,新闻似乎是一个领域,其中,个人能被定位到坐标系统的一个点上——可以用手指触摸它(put a finger on it),就像人们触摸自动电话的拨号盘一样。⑦

如果技术从心理-生理学上指导用户,并使他们的媒体网络本地化,那么在技术交流时必须学会的语言(一种在工作场所有效的通用语)将是一种教学用

---

① Ernst Jünger, *Der Arbeiter*, p. 125. 也许军装只是吉尔布雷斯网球服的改编版。
② 用云格尔的话说,技术是"工人的数字动员世界的方式"(Ibid., p. 156)。
③ Marshall McLuhan, *Understanding Media: The Extension of Man* (New York: McGraw-Hill, 1964).
④ Ernst Jünger, *Der Arbeiter*, p. 166. 也可参见 Friedrich Strack, ed., *Titan Technik. Ernst und Friedrich Georg Jünger und das technische Zeitalter* (Würzburg: Königshausen & Neumann, 2000).
⑤ Ernst Jünger, *Der Arbeiter*, pp. 112–113.
⑥ Ibid., p. 135.
⑦ Ibid., pp. 145–146.

语,一种命令的语言①。同时,因为这种语言将个人、国家、艺术等内容融为一体,云格尔认为,从欧洲过去的"文盲"文化中学习这种语言最为容易,因为它脱离了教育传统、验收测试和指令卡等被设计出来的时代②。云格尔值得被引用这么长的篇幅,因为他从人类和技术的角度构想了人类工效学的普遍性——不是作为单个主题和设备的研究课题,而是作为一个在异质元素之间循环和交流的问题。通过这种方式,他在方法论上也作出了与法兰克福学派对晚期资本主义下的劳动延伸的不同诊断。有机结构寻求将形而上学解构为形而下学的内容(或者以海德格尔的理解,扬弃存在与思维之间的差异),准备用媒介技术的先验来描述文化。从这个意义上说,有机结构不是以某种方式使用的机器;相反,它们本身管理着一些实体之间的边界或接口,这些实体可以被称为人与自然、人与装置,也可以被称为主体与客体。

综上所述,以上讨论的观点表明,人类工效学在第一次世界大战后的实践中已经为吉尔·德勒兹(Gilles Deleuze)提到的控制论阈值从纪律社会(disciplinary societies)到控制社会(control societies)的转变铺平了道路。德勒兹将这种转变描述为几个对立面的转变,即封闭与披露、模拟语言与数字语言、工厂与企业、可分割与不可分割的个体、能源与信息。

> 在纪律社会里,一个人总是重新开始(从学校到军营,从军营到工厂),而在控制社会里,任何事情都永远不会结束——公司、教育系统、武装部队是在同一个系统中共存的几个亚稳定系统,类似于一个通用系统的变形……纪律人员是不连续的能源制造者,但在势力范围和连续网络中,控制人员是波动的……但是最近的纪律协会为自己配备了影响能源的机器……控制协会使用了第三种类型的机器,即计算机……③

尽管马克思描述了工人将自己的运动与机器的统一运动进行协调的学习过程,但信息机器要求的条件却不同——电子游戏将学习和适应过程延伸到尽可能长,直至游戏结束。它们的目标不是标准化,而是(该目标基于中断原则,它是

---

① Ernst Jünger, *Der Arbeiter*, pp. 156,169.
② Ibid., p. 213.
③ Gilles Deleuze, "Postscript on the Societies of Control," in *Cultural Theory: An Anthology*, ed. Imre Szeman and Timothy Kaposy (Chichester: Wiley-Blackwell, 2011), pp. 139–142, at 140–141.

所有反馈的有效中心）不断产生新的和意想不到的任务,每一个任务都需要玩家去适应。电子游戏已成为灵活变通者（flexible man）的一套生产体操（production gymnastics）。然而,在控制社会的门槛下,存在着科技两栖动物（technological amphibians）,它们在连续动作和离散步骤之间、测量与计数之间、能源与信息之间、生物与机器之间进行中介调和。

# 5. 计算动作

通过从现实中抽象出动作的路径,并用这些数据建立一种节省时间和精力的方法,人类工效学使计算动作成为可能。不可否认的是,本质上不存在一种计算方法可以使人身体产生的能量在传输过程中一点也不损耗。尽管如此,在经过评估和标准化以后,至少可以达到一种能够用统计平均数的结果来表示的状态,并且这些平均数可以用于进一步的计算。动作指导系统,如办公桌上的标签或电影的高度延迟反馈,它们作为媒介可以将处理和测试过的动力学指令重新(再)刻入动画工人的物理记忆中的媒介。机器通过机械化构造揭示了这样的原理:当动作标志更新时,产生的误差获得了制造公差的状态。毕竟,虚拟机的精确度由其误差最大的部分来决定。数学概念置信度包含机器要求的精确度及其标准化用户的定位。

模拟计算机在人类工效学和数字计算机领域都占有一定的历史地位,用于解决制造公差的问题。利用这种方法的实际结果是,为了得到一个令人信服的统计平均值,必须进行多次计算来中和不确定因素(如摩擦、湿度、温度等)的影响。相比于典型的对工人生产力评估的计算,利用计算机来计算产生的结果实际上只是节省了重复执行同一项工作的时间。最为重要的是,在20世纪20年代,对模拟计算机的定义是基于它们收集动作数据,然后将这些信息处理为动作并最终显示出来。

动作(kinesis)是那个年代的讲法,当时的美国人处理纯粹的动作就像英国人在1600年左右处理语言,法国人在1880年左右处理颜色一样。在那几年的美国人的眼前,牛顿定律构建的宇宙如一朵慵懒的玫瑰般绽放,在它的花瓣凋零之前,展现出它所有错综复杂的动作、反应和平衡。在那魔法般的休战中,人类与机器势均力敌,你可以通过观察来了解事物是如何工作的。……每一个人都能轻易地凭直觉得知动作的轨迹,力的平行四边形法则(the Parallelogram of Forces)就像天使之爱一样照亮了人们的心灵。①

## 微分分析仪

在当时,电气工程的挑战在于计算复杂而广泛的电气和通信网络。最重要的是,用微分方程来表示长传输线。为了解决这些问题,需要手工计算、绘制函数,借助所谓的测面仪进行积分,最后再综合起来,以得到电流强度的图示。迈克尔·威廉姆斯(Michael Williams)描述了一个旨在简化这项工作的简单又聪明的过程:"如果你把函数画在厚度非常均匀的高质量纸张上,然后在X轴和函数值之间切出一块区域,这张纸的重量就与曲线下的面积就成比例。"②

在詹姆斯·汤姆森(James Thomson)制作集成机(integrating machine)的最初尝试失败后,范内瓦·布什和赫伯特·斯图尔特(Herbert Steward)开始通过利用普通的电能表来制作一种功能性产品(图5.1)。计量仪被连接到由伺服电机驱动的笔上,它允许连续记录积分③。哈罗德·海森(Harold Hazen)将这

图5.1 测面仪

---

① Hugh Kenner, *The Counterfeiters: An Historical Comedy* (Bloomington: Indiana University Press, 1968), p. 44.
② Michael R. Williams, *A History of Computing Technology*, 2nd ed. (Los Alamitos: IEEE Computer Society Press, 1997), p. 201.
③ Larry Owens, "Vannevar Bush and the Differential Analyzer: The Text and Context of an Early Computer," *Technology and Culture* 27(1986), pp. 63–95, at 69.

台仪器的最初版本，也就是所谓的产品积分器（product integraph），修改成轮盘积分器（wheel and disc integrator），并用这个新模型进行了大量的计算。然而，他最终证明，机械、电力和电度表的结合非常不精确且不可靠。

因此，布什在后来建构微分分析仪（differential analyzer）时仅利用了机械积分器，在1930年前后，这种分析仪出现在几款不同的设计中。机器（图5.2）的一侧是输入设备，以供操作员在上面绘制曲线；另一侧是绘图仪，以图形的方式显示结果；中间是一个由齿轮和连杆组成的复杂系统，执行加法、减法、除法及整合。积分器（integrator）是由轮盘计件构成的，它们按照规则性 $y = \int_{a}^{b} f(x) dx$ 的关系旋转，以防止轮盘间出现滑脱，产品积分器配备一个伺服电机，通过伺服电机的旋转来减少轮轴的负载。就其本身而言，用一个纯机械元件，即由C. W. 尼曼（C. W. Nieman，他当时在伯利恒钢铁公司工作，该公司是第一家执行泰勒标准化的企业）设计的扭矩放大器，就能得到同样的结果。这个部件根据绞车原理（winch principle）机械地放大了动作。

图5.2 范内瓦·布什的微分分析仪（左侧输入，中间计算，右侧动作输出）

微分分析仪（图5.3）的成就体现在两个方面：首先，在集成硬件的基础上，计算过程被完全转化为动作；其次，基本的数学运算被细分为单个的机械元素。正如吉尔布雷斯将工作的基本动作分离出来，这些动作可以重新组合以编排各种工作过程。范内瓦·布什将基本数学运算分离出来，这些运算可以重新配置为可计算的动作①。因此，方程 $\dfrac{dx}{dt} = -\int [k \dfrac{dx}{dt} + g(x)] dt$ 可以被表示为动作的

---

① 从工程学的历史来看，这一理论的前身是弗朗茨·鲁约的运动学。

集合,其中,水平线代表旋转轴,$k$ 和 $\Sigma$ 表示齿轮的增加和计算值的增加(图 5.4)。

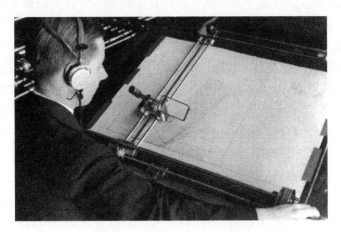

图 5.3　将通过记录得到的数据输入微分分析仪

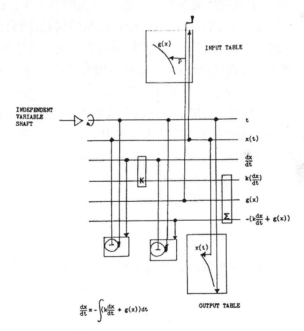

图 5.4　一个可编程微分分析仪的图表

微分分析仪不仅可以进行计算,它同时也是一个微分方程的力学模型。此外,它主要依靠硬件库来解决问题。用欧文的话来说,"微分分析仪的计算能力甚至不如动态的数学方程"①。同人类工效学一样，程序设计也成为研究动作的途径。与此同时，这台微分分析仪或许比其他任何一台计算机都更引人注目地诠释了弗里德里希·基特勒的名言——"软件或许根本不存在"。只是在这种设备的后期版本中加入了穿孔卡片和数字-模拟转换器，因此出现了针对模拟机器设置的数字接口。这是与今天所有的为数字机器设计的模拟接口完全不同的。

尽管众所周知，就大多数工程而言，随着数字计算机的发展，（测量）微分分析仪已经过时，但它不应该被遗忘，因为它拥有（计数）数字计算机最初难以获得的特性，即清晰，或许更准确地说是可视化。微分分析仪和产品标记像后来的威廉姆斯管一样具有指数性。操作人员的手和绘图人员的手臂的动作不仅代表了正在处理的数据，而且实际上是表示处理数据这一事件本身②。

此外，这些装置的另一个更突出的特点是它们的可测性。沃伦·韦弗（Warren Weaver）谈到了它们具有"非常可观的教育价值"，而范内瓦·布什表示，积分器将"让研究它的人掌握微分方程的内在意义"，且"将把形式数学的一部分或者更多变成一个活生生的东西"③。布什在他的自传中自豪地讲述了一件逸事：一个没有经验的机械师可以与教授讨论数学问题，因为他已经将数学内在化——"藏在他的皮肤下面"——在连杆和齿轮的机械术语中，作为基本运动的配置④。拉里·欧文斯（Larry Owens）巧妙地将可见性与 20 世纪初的数学教育改革联系起来，那场改革强调了计算机图形语言词汇与语法的重要性⑤。众所周知，图形语言能帮助工程师更好地理解数学概念，而且布什在逸事中回忆了自我诊断 Beta 测试，即使是不识字的人也能得到公正的评估。不依赖于任何文字符号，布什的机器能根据可视化运动理解数学问题，更惊人的是，它可以在不了解代码语言的情况下编程（图 5.5）。发生于微分分析仪的输入与输出之间的并不是神秘之事，而是相当透明的机械活动。

## "鸽子计划"

在相关问题上，微分分析仪恰恰是与新行为主义（neo-behaviorism）保持一

---

① Larry Owens, "Vannevar Bush and the Differential Analyzer," p. 75. 也可参见 J. L. Moreno, *Psychodrama*, 3rd ed. (Beacon, NY: Beacon House, 1970).
② 回想一下那些在吉尔布雷斯横截面办公桌上工作的人的动作。
③ Vannevar Bush, "Mechanical Solutions of Engineering Problems," *Tech Engineering News* 9(1928); cited in Larry Owens, "Vannevar Bush and the Differential Analyzer," pp. 85 – 86.
④ Vannevar Bush, *Pieces of the Action* (New York: Morrow, 1970), p. 262.
⑤ Larry Owens, "Vannevar Bush and the Differential Analyzer," pp. 89 – 90.

图 5.5　范内瓦·布什在检查他的计算器

致的①,这个概念在 20 世纪 30 年代由弗雷德里克·斯金纳提出,后来被华生提炼出来。从某种意义上讲,斯金纳仅仅是把输入与输出、刺激与行为的神秘中间地带比喻成了机械术语。同时,他驳斥所有基于意识和意向性的相关观点,认为这些观点有些唯心主义。按照他的理解,研究应该是推论,人们显然不能从那些无法观察的心理现象中推断出什么来,毕竟,只有可观察的才是可以被检验的(从波普尔派的意义上说)。我们可以看出,可见性在斯金纳的行为主义中占据相当重要的地位,但有学者不这么想,威廉·冯特仍认为内省式的体验是心理学调查的有效数据来源。

在可见的输入与输出之间,最为重要的是,行为主义就像一门计算齿轮的科学。斯金纳通过实验中的测量和图形化的强化方法研究这门科学,具体实验涉及硬接线的使用甚至微分分析仪的机械计算。丹尼尔·丹内特(Daniel C. Dennett)是后来大脑计算理论的支持者,他提出,在有计算机的情况下,单用可视化模型是不够的。也就是说,当一个人可以简单地阅读程序代码,通过输入不同命令并观察发生的事情,直到所有可能的命令都使用完,然后再来解释计算机的工作原理时,将是极其费力的②。丹内特的观点不仅没有回应诺姆·乔姆斯

---

① 参见 Herbert M. Jenkins, "Animal Learning and Behavior Theory," in *The First Century of Experimental Psychology*, ed. Eliot Hearst (Hillsdale: L. Erlbaum, 1979), pp. 177 - 228。
② Daniel C. Dennet, "Skinner Skinned," in *Brainstorms: Philosophical Essays on Mind and Psychology* (Montgomery, VT: Bradford Books, 1978), pp. 53 - 70. 参见 Curtis Brown, "Behaviorism: Skinner and Dennett" (www.trinity.edu/cbbrown/mind/behaviorism.html)。

基(Noam Chomsky)对20世纪50年代所谓的"认知转向"的批评①,而且也没有历史意义,因为他在假设中提到的是斯金纳早期实验时还不存在的计算机。在斯金纳的研究中,为他提供人类行为模型的并不是现在的数字计算机,而是20世纪30年代的模拟计算机,它具有用于命令和数据的if/then分支和通用地址空间。斯金纳规划的简单命题意味着没有任何事物是不可见的,这对于电子游戏和用户界面的情况来说很有意思,因为恰恰正是这二者并不关心代码是如何读取的。

游戏建立在视听刺激与感觉运动反应的节奏反馈基础上,从某种意义上说,"不识字"反而是玩游戏的前提。用户界面不是通过阅读手册或源代码来理解的,而是通过到处点击试出来的,我们观察哪些刺激导致了屏幕上的特殊反应,然后将其记下。从行为主义者的角度看,电子游戏(或用户界面),忽视机器的内部状态和过程并不是灾难性的(丹内特一定会这么说),这种忽视能让我们专注于享受游戏乐趣或描述内心感受。

斯金纳举了一个关于开车的例子。他认为唯心主义理论暗示了第二驾驶员的存在,这个以意识为名义存在的"小人"以某种方式控制着实际驾驶员的身体。

对于行为主义者,情形来说正相反,驾驶员永远只有一个。换句话说,就是要以身体的形式将输入加工成输出。由此产生的一个根本结果就是斯金纳用动物的身体作为计算输入与输出之间的基本单位,后来他甚至不打算用鸽子了,而是打算用飞行员(也可能是汽车司机)。

> 20世纪30年代末,纳粹证明了飞机是有力的进攻武器。1939年春天,在明尼阿波利斯开往芝加哥的火车上,我无意中想到地空导弹是一种可行的防御手段。怎样才能控制它们呢?当然,我对雷达一无所知,但我知道红外线辐射是可以追踪物体的。那么可见辐射是否一样?看着一群鸟在火车旁边飞来飞去,我灵光一闪,答案可能被我找到了。为什么不教动物如何引导导弹呢?②

---

① 参见 Noam Chomsky, "A Review of B. F. Skinner's Verbal Behavior," *Language* 35(1959), pp. 26-58; reprinted in *Readings in Philosophy of Psychology*: *Volume One*, ed. Ned Block (Cambridge, MA: Harvard University Press, 1980), pp. 48-63。

② B. F. Skinner, "Autobiography," in *A History of Psychology in Autobiography*, ed. Edwin G. Boring and Gardner Lindzey, vol. 5 (New York: Appleton-Century-Crofts, 1967), pp. 387-413, at 402. 参见 Lawrence D. Smith and William R. Woodward, eds., *B. F. Skinner and Behaviorism in American Culture* (Cranbury, NJ: Associated University Presses, 1996); B. F. Skinner, *The Shaping of a Behaviorist*: *Part Two of an Autobiography* (New York: Alfred A. Knopf, 1979)。

后来他在书中写道:"突然间,我看到了它们作为'设备',具有卓越的视觉和非凡的可操作性。"① 当然,这类想法并不是从芝加哥的天上掉下来的,鸽子早就被用来传输数据,甚至在第一次世界大战期间就被武装起来用以拍照② (图5.6)。更有趣的是,斯金纳的鸽子并非用于运输或拍摄,而是用来做研究。顺便说一句,在视频技术的早期阶段,研究团队曾遇到重大难题③。斯金纳提到的他的研究是指著名的斯金纳箱(Skinner box,图5.7),里面有一个拉杆机关,动物必须操纵它才能获得食物。强化反馈(以食物、水等形式)只会在特定的条件下触发,这些条件包括动物必须学会的操纵拉杆等。实验室内有一个外部的盒子作为保护,不受外界噪音干扰,还有一台摄像机用来观察和记录动物的行为。

**图5.6** "摄影师"鸽子(左)和第一次世界大战时期的农家房车(带鸽子舍,右)

范内瓦·布什在第二次世界大战期间组织的跨学科研究团队激励斯金纳将他的研究转化为实际应用,并引导他发展了行为工程学。这些努力的中心是"鸽子计划",斯金纳在整个战争期间和之后都参与其中。也是在这段时间,斯金纳开始构思《瓦尔登湖第二》(*Walden Two*),这是一部虚构的作品,呈现了一个乌

---

① B. F. Skinner, *The Shaping of a Behaviorist*, p. 241.
② Daniel Gethmann, "Unbemannte Kamera. Zur Geschichte der automatischen Fotografie aus der Luft," *Fotogeschichte* 73(1999), pp. 17 – 27.
③ 参见 Thomas Müller and Peter Spangenberg, "Fern-Sehen-Radar-Krieg," in *Hard War/Soft War. Krieg und Medien 1914 bis 1945*, ed. Martin Stingelin and Wolfgang Scherer (Munich: Wilhelm Fink, 1991), pp. 275 – 302. 国防研究委员会已经建立了自己的部门,负责制导导弹的开发,但是在其1 300万美元的预算中,只有2.5万美元分配给斯金纳的团队。参见 Vannevar Bush and James B. Conant, *Guided Missiles and Techniques*, Summary Technical Report of Division 5, NDRC (Washington, DC: NDRC, 1946), p. v.

托邦社会,其中的公民从出生起就受到行为主义的制约。这部小说标志着斯金纳开始迈入社会工程学领域(此前他一直致力于实验心理学的研究)①。

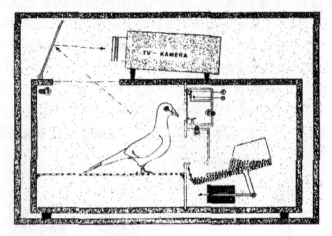

图 5.7　经典的斯金纳箱

他的新实践方向的结果很简单。1941 年,他把斯金纳箱附在炸弹上,向国防研究委员会主席理查德·托尔曼(Richard C. Tolman)提出了他的想法,并写在一份报告中,标题是《让炸弹锁定目标的计划说明书》②(Description for a Plan for Directing a Bomb to a Target)。日本神风敢死队飞行员的新闻在某种程度上或多或少地影响了他的想法③。无论如何,斯金纳不仅制作了一个娱乐短片来配合他的报道,而且他还向读者保证,鸟眼式炸弹(bird's eye bomb,图 5.8)的全新控制仪器将不会比人眼更复杂④。条件反射实验表明,鸽子可以在 3.7 赫兹

---

① B. F. Skinner, *Walden Two* (New York: Hackett, 1948).1967 年,尽管受到批评,《瓦尔登湖第二》仍启发了一个被称为"双橡树"(Twin Oaks)的生活社区的建立,这起码在原则上是基于行为主义的。

② James H. Capshew, "Engineering Behavior: Project Pigeon, World War II, and the Conditioning of B. F. Skinner," in *B. F. Skinner and Behaviorism in American Culture*, ed. Lawrence D. Smith and William R. Woodward (Cranbury, NJ: Associated University Presses, 1996), pp. 128–50, at 132.

③ B. F. Skinner, *The Shaping of a Behaviorist*, pp. 256–257:"[I]t looks as if the Japs were using men rather than birds. Perhaps we can get American morale that high, but if not, I can provide perfectly competent substitutes."技术报告《制导导弹和技术》(*Guided Missile and Techniques*)仅用 4 页(第 198—201 页)来描述"鸽子计划"中提出的"有机目标搜索",尽管他还广泛地提到了神风敢死队飞行员进行的情报识别。

④ 斯金纳在 1943 年发表的演讲中就创造了"鸟眼式炸弹"一词。后来他又引入了代号为"鹈鹕导弹"(Pelican Missite)的炸弹,因为炸弹的锥头上有太多的控制技术,几乎没有放炸药的余地。

的频率下识别图像(比如在 45 分钟内啄 1 000 次)。

图 5.8 鸽子控制的鸟眼式炸弹鼻锥体

这种频率没有改变过。此外,在鸽子的饮食中添加大麻籽有利于在混乱的环境中使鸽子平静下来①。根据一份早期报告,斯金纳的制导系统能够将以前导弹的误差范围从 2 000 英尺②降到 200 英尺。如果仪器的输入和输出是根据目标和伺服机制来定义的,这就提出了一个问题[在约翰·斯特劳德(John Stroud)的著名公式中],即"我们把什么样的机器放在中间?"③斯特劳德在第六届梅西控制论会议(the Sixth Macy Conference)上发表了一篇关于跟踪运动目标问题的演讲,他的观点引发了对控制论条件下经典反应测量实用性的讨论。在跟踪目标时,射手的眼球运动与马克思·弗里德里希的研究结果相同,即通过尽可能缩小视野来进行。在夜空中追踪敌人和在模拟计算机上追踪曲线都需要对可变输入做出持续反应的动作,因此,通过预测可以最有效地解决这些挑战④。斯金纳很快就不得不放弃他的实验,这些实验在当时没有什么价值,接下

---

① B. F. Skinner, *The Shaping of a Behaviorist*, p. 265.
② 1 英尺约为 30.48 厘米。——译者注
③ John Stroud, "The Psychological Moment in Perception," in *Cybernetics: The Macy-Conferences 1946 - 1953*, ed. Claus Pias (Zurich: Diaphanes, 2016), pp. 41 - 65. 参见 Paul N. Edwards, *The Closed World: Computers and the Politics of Discourse in Cold War America* (Cambridge, MA: MIT Press, 1996), pp. 175 - 207 ("The Machine in the Middle: Cybernetic Psychology and World War II").
④ B. F. Skinner, *A Matter of Consequences: Part Three of an Autobiography* (New York: Alfred A. Knopft, 1983), p. 11.

来的几年里控制论得以创立。第二次世界大战后,斯金纳说,随着诺伯特·维纳的工作开展,有机控制(organic control)的研究环境和氛围已大大被改善。

从技术上讲,斯金纳的系统相当直截了当。

> 将塑料屏幕放在导弹鼻锥体中的透镜后面。当炸弹向下指向目标时,它的相关图像向上投射到屏幕。在选定目标时,被训练的那只鸟会啄屏幕上安装在万向轴承上的图像。当鸟啄偏离中心的目标图像时,便激活了电触点,然后产生信号以操作转向控制装置。①

为了提高可靠性和效率,斯金纳后来在一枚导弹上加装了三个这种鸽子控制系统。当然,三只鸽子是达成多数决定所需的最小数目,因此,可以根据置信度来校准三只单独的鸽子应遵循的轨迹:"如果导弹在海上接近两艘船,三只鸽子可能不会选择同一艘船,但至少两只鸽子必须选择其中一艘,而且还可以安排一个机制,使第三只鸽子因其作为少数意见而受到惩罚。"②关于鸽子本身,斯金纳只对控制操作界面所需的几个身体部位感兴趣(吉尔布雷斯对受伤士兵的治疗也是如此,一般的电子游戏玩家也是如此)。为了仅专注于鸽子头部和脖子的活动,抑制鸽子所有的其他身体动作,斯金纳基本上是把他的装置塞进了"旧袜子"里。鸽子就这样被限制在导弹的黑暗圆锥体里,它或多或少像一个电影院,鸽子的飞行路线就像电影一样被播放。不用说,这些电影的主角是德国或日本的战机和战舰。

然而,与电影银幕不同的是,鸽子面前的屏幕是交互式的,它们与测量仪器相连,并对压力作出反应,它很像后来的触摸屏。这些鸽子事先经过"编程"(形成条件反射),渴望得到食物的奖励,于是,它们啄食现实世界中目标的图像。如果敌方物体开始远离屏幕中央,鸽子就会相应地啄它。这一活动可以通过压力或张力的变化进行测量,然后将其传输到引导系统。实验表明,鸽子事实上比人类更擅长飞行,并且可以以高达每小时六百英里③的速度准确地追踪目标(图 5.9),尽管最后的结论可能是它作为一种政治宣传手段而被发明④。虽然进

---

① Capshew, "Engineering Behavior: Project Pigeon," p. 843.
② B. F. Skinner, *The Shaping of a Behaviorist*, p. 264. 参见 John von Neumann, "Probabilistic Logics and the Synthesis of Reliable Organisms from Unreliable Components," in *Collected Works*, ed. A. H. Taub, vol. 5 (Oxford: Pergamon Press, 1963), pp. 329 - 378.
③ 1 英里约为 1.6 千米。——译者注
④ 参见 Glen Fleck, *A Computer Perspective: Background to the Computer Age*, 2nd ed. (Cambridge, MA: Harvard University Press, 1991), p. 31。书中引用的信息和复制的照片都是斯金纳本人提供的。

行了详细的可行性研究,但该系统从未被投入使用①,当这个项目的性质最终被解密时,它遭到了媒体的疯狂嘲笑②。

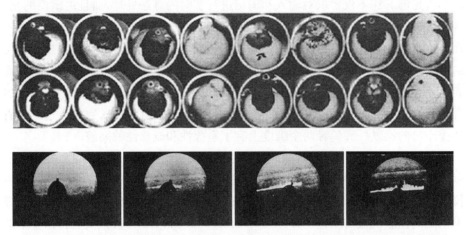

图5.9　鸽子的排列(上)以及鸽子以3.7赫兹的频率朝敌人的目标靠近时的视图(下)

毋庸置疑,斯金纳的鸽子是电子游戏玩家的早期模型,在自己的动作与屏幕上显示的动作之间,玩家建立了反馈循环。斯金纳的实验所代表的是模拟飞行器(但最重要的,它是完全行为主义的)一个粗糙但成功的实现③,尤其是因为它仅仅是实验,因此,使用的是电影而不是现实生活中的物体。事实上,在后来的飞行模拟器中,从用户的角度来看,除了显示屏上显示的(感知)数据,几乎不需

---

① 斯金纳用一个三阶段的计划设想了该系统的原型,即部署大约200枚导弹(需要1 000只鸽子和50个训练模拟器),最后是每天16枚导弹的常规生产计划。这一水平的生产将需要储备近3 000只鸽子,由大约50名训练员组成的工作团队进行训练,以打击特定目标。参见 B. F. Skinner, "Cost of Homing Units, Personnel and Organization Required: Discussion and Analysis" (General Mills Final Report, submitted on February 21, 1944)。斯金纳相信鸽子(在一周以内)可以被用来追踪特定的目标,比如船只、舰桥、铁路线、停在洛里昂的潜水艇等(*The Shaping of a Behaviorist*, p. 262)。

② 参见 Louis N. Ridenour, "Bats in the Bomb Bay," *The Atlantic Monthly* (December 1946), pp. 116 - 120;也可参见 "Doves in the Detonators," *The Atlantic Monthly* (January 1947), pp. 93 - 94。斯金纳以化名"拉姆齐"出现在这些文章中,他是一位科学家,用药物对鸽子进行调理,以打击各种目标:"[N]ot just Tokyo pigeons, but Emperor's-palace pigeons and Mitsubishifactory pigeons [...]. Maybe the aggregate of the operational problems loomed so large that the Air Force decided they'd rather wait for the atomic bomb, which you don't have to be very accurate with." 转引自 B. F. Skinner, *A Matter of Consequences*, p. 11。

③ 路易斯·德·弗洛雷斯(Louis de Florez)将成为中情局第一任技术研究主任,他立刻意识到了这一点,并建议军方不要使用导弹,而应该"在风笛俱乐部中放一个自动驾驶仪,在飞机上装满炸药,并将鸽子的反应输入自动驾驶仪"。转引自 B. F. Skinner, *The Shaping of a Behaviorist*, p. 257。

要更改这个系统(当然还要除去飞行员和鸽子使用不同的身体部位来操控设备这一区别)。对于不再限于仅是模拟目标和改变航向的飞行模拟来说,预制胶片已不再足够。它不仅要求对输入和输出进行实时的算法处理,而且更重要的是,这些数据应以最广义的方式在显示器上可视化。如果一个人真的想谈论"界面",这个概念就应该被更深刻地用来指定过程,具体来说,是那些在数据和显示的索引关系下(在模拟计算机或导弹中)运行的过程。在硬件和软件方面,界面表示处理数据的同时,使所有内容变得不可见,并允许它以另外一种形式重新出现。反过来,界面也允许经过输入生成数据,而不仅仅直接输入数据。这意味着从操作员的操纵杆和鸽喙两个维度上有了系统性和概念性的突破。

因此,也难怪飞行模拟器的原始想法难以在微分分析仪的基础上实现。所以,由杰伊·福里斯特(Jay Forrestor)发起的开发数字"飞机稳定性和控制分析仪"(Airplane Stability and Control Analyzer,简称ASCA)的项目同样在麻省理工学院的伺服机械实验室(MIT's Servomechanisms Lab)进行(负责将斯金纳的鸽子信号转换为伺服电机转向的实验室),也就不足为奇了。

# 6. 可见性和可公度性

> 微电子技术将翻译劳动转化为机器人技术和文字处理技术。
> ——唐娜·哈拉威(Donna Haraway)

## 旋风与中断问题

在第一次世界大战期间,学习驾驶飞机在本质上意味着飞行和坠毁(或者说是游泳和沉没)。在20世纪20年代,有人发展了一种训练方法,因其排除了"真实感"而被恰当地命名为"盲飞"[①](blind flying)。例如,鲁热里(Rougerie)于1928年申请的专利,描述了一种学生和老师坐在两个相同且相连驾驶舱的训练设备。学生通过一组耳机从教练那里接收命令,并在他的驾驶舱执行命令,教练则通过更改学生仪表盘上的读数,以反映学生已执行的操作(图6.1)。1931年,英国的飞行教官约翰逊(W. E. P. Johnson)开发了一种仪表盘与学生输入装置相连的训练设备,这样就不再需要由教官反复操控了。约翰逊的第二个创新是创建了一种名为航迹自绘仪(course plotter)的计数系统,这是一种三轮的、自行推进的设备,可以将模拟飞行的航向记录在图表上。这两个创新使链接训练器(link trainer,也就是我们熟知的模拟器)在20世纪30年代到50年代获得了巨大成功。早在1939年,就有人试图用视觉描述代替模拟器的仪表盘。在特拉维斯(A. E. Travis)的空气结构器(aerostructor)和由美国海军修改的所谓"武装空气结构器"(gunairstructor)中,仪器是由电子设备控制的(而不是靠机械或气动/液压),用户的输入设备与录音设备的投影连接在一起。这类系统中体积最

---

① 参见 Kurt Kracheel, *Flugführungssysteme-Blindfluginstrumente, Autopiloten, Flugsteuerungen* (Bonn: Bernard & Graefe, 1993)。

大的可能是天体导航训练器(celestial navigation trainer),它是由埃德温·林克(Edwin Link)和菲利普·威姆斯(Philip Weems)在1939—1941年开发的,可以同时训练三个人(一名飞行员、一名领航员和一名枪手)。飞行员所处的环境类似于一个链接训练器;枪手练就了在适当时刻引爆炸弹的本领;领航员可以使用无线电信号,他的头顶甚至还有一个微型天文馆,里面至少有十二颗星星按照飞行员选择的路线移动。

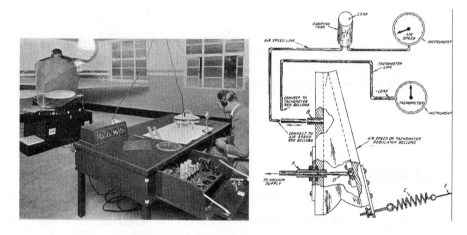

**图 6.1　20 世纪 20 年代的飞行模拟(左)和踏板与仪表盘间的液压反馈(右)**

当像微分分析仪之类的计算器能够处理并解决空气动力学中的数学问题后,模拟计算机对于飞行模拟的作用变得显而易见。1941年,时任美国海军航空局特种设备部主任的路易斯·德·弗洛雷斯撰写了一份颇为形象的《英国综合训练报告》(Report on British Synthetic Training)。受这份报告的鼓动,贝尔实验室和通用电气在接下来的两年里生产了三十多台模拟飞行器,其中的一些能够计算七架不同飞机的空气动力特性。事情在1943年和1944年发生了一些变化,弗洛雷斯提出了通用飞行模拟器的概念,这应该是可编程的各种空气动力学特征的组合①。杰伊·福里斯特在1944年以"旋风"(Whirlwind)的名义接管了 ASCA 项目,他不仅面临着使用模拟(索引)机器实现通用性的任务,更具挑战性的是,他还要重新定义飞行模拟器,将其重新定义为两种测试的结合,即飞

---

① 参见 Kent C. Redmont and Thomas M. Smith, *Project Whirlwind: The History of a Pioneer Computer* (Bedford: Digital Press, 1980); Edwards, *The Closed World*, pp. 75 - 111; Robert R. Everett, "Whirlwind," in *A History of Computing in the Twentieth Century*, ed. Nicholas Metropolis et al. (New York: Academic Press, 1980), pp. 365 - 384。

行员测试和飞机本身的测试,前者以前是连杆训练器的目标,后者以前是通过空气动力学计算和风洞来完成的。因此,ASCA 有一个双向议程,即设备可以测试用户,用户同时也可以测试设备。尽管麻省理工学院的伺服机构实验室是模拟计算的重心(图 6.2),但在 1945 年年底,福里斯特发现,自己确信的数字技术前景是由 ENIAC[①] 和约翰·冯·诺依曼著名的 EDVAC(离散变量自动电子计算机)报告初稿带来的。它们的优势在于速度、可伸缩性、计算精度和普遍性,但数字技术本身仍然存在一些问题,特别是在某些组件的可靠性、功耗和编程方面。然而,关于这一转变特别值得注意的是,高度发达的模拟能见度技术被彻底抛弃,这是一项适用于地面、天空和空气结构的仪器的技术,类似于当今的飞行模拟器。在发展的早期阶段,转向数字技术不外乎意味着以另一次盲目飞行重新开始。最迟到 1948 年,创建一个数字飞行模拟器的目标被彻底放弃,"旋风"项目之后致力于构建一个运行速度快且具备功能性的数字计算机。这种计算机的用途有待发现,而苏联进行的核试验很容易地就提出了它的用途。"旋风机器"(whirlwind machine)随后被用于发展早期预警和防控系统,在这方面,它作为 SAGE(semi-automatic ground environment,半自动地面防空系统)的基础而闻名。

图 6.2　麻省理工学院飞行模拟器的施工现场

1950 年完成的旋风计算机(图 6.3)显而易见地应该与雷达设备连接,而且不久就会安装阴极射线管(cathode-ray tubes),以便科德角的雷达设施中显示输入的信号。控制功能通过数模转换器实现,该转化器在两个计算机寄存器中读

---

[①] 即那台著名的所谓"第一台电子计算机"埃尼阿克。——译者注

取中屏幕上生成点的坐标。尽管福里斯特团队（无意中）设法创造了网球游戏的主要元素，但是福里斯特团队并没有意图用球代表敌人。也就是说，根据一系列抛物线绘制敌人的坐标时，给人的印象是一个缓慢接近的球在电脑屏幕上跳跃。

图 6.3 操作人员在旋风计算机上工作

旋风计算机装备了一个所谓的光枪（lightgun），用它可以在屏幕上选择离散的点，这样就可以在系统运行时区分友军和敌人。这种直接输入的能力促进了计算机与用户之间的交流关系。然而，数据的输入和输出与干扰源相连，这个干扰源用来缓冲涌入计算机的巨量信息。在计算机运行时产生的交互是非常关键的，这取决于模型的切换（toggle）能力，来允许其数据流的永久更改。用户的输入会被计算机感知，这也将导致计算机的输出被用户感知，继而使更多的用户输入被计算机感知，以此类推，不断继续。对于模拟计算机来说，这种触发毫无必要，因为模拟计算机可以连续运行，而且不会造成复杂性的中断和暂时性的变化。不可否认的是，触发机制在数字计算机的批量处理中没有起到任何作用，因为程序可以在不受用户或其他设备干扰的情况下运行。

这种新的中断形式超越了数字计算的基本离散性，它最初并不是人机通信的一个难点，而是机器间通信的一个条件。对于雷达设备上通过电话线流入旋风计算机的信号，需要不间断的关注。它们需要被实时处理，并且需要输入和处理的离散调度。换句话讲，需要几个辅助进程（如用户或雷达传感器）使处理器运行，确定激活序列，并根据公平性、吞吐量、数据保留时间、响应时间等标准来制定最佳通信策略。通过网络或外围设备对外部设备的传输、状态或数据进行主动采样的行为被称为轮询(polling),其目的在于处理异常。宣布异常情况(或紧急情况)的核心力量是一个被称为"中断"的开关,即一种定期进行中断处理的硬件。只有中断信号才可以中断处理并监视环境,盟友、敌人、人类用户和辅助机制在这个环境中都具有相同的逻辑状态,即设备的逻辑状态①。据此,可以区分两种事件,即完全可以预测结果的事件和结果不确定的事件。简单的例子就是时钟和键盘,它们都由中断控制。系统时间寄存器每一秒都会增加1,并且这种情况100%会发生,键盘不会对每个请求都发送返回信号(图6.4)。而且当键盘发出这样一个信号时,系统并不清楚102个键中的哪一个被按下了。因此,时钟完全是多余的,而键盘是高度信息化的。用亚里士多德的话来说,时钟属于自动机(automata)范畴,是没有意志的,而键盘产生了"堤喀"②(tyche)般似是而非的因果关系,两条完全确定的因果链结合却带来了意想不到的结果。

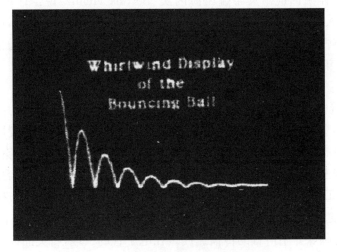

图6.4　一个球跳过了旋风的雷达显示器

这种逻辑给工程师们带来了一系列新问题。还有一种解决方案是使用磁鼓缓冲器(magnetic drum buffer),这是一种用以储存雷达数据的系统,它可以存储数据,直到设备具有处理能力后再读取一部分信息。输入单元、计算机和输出单元之间的通信因此成为一个时限性问题,即一个共同产生但又有区别的系统

---

① 参见 Claus Pias, "Wenn Computer spielen. Ping/Pong als Urszene des Computerspiels," in *Homo Faber Ludens. Geschichten zu Wechselbeziehungen von Technik und Spiel*, ed. Stefan Poser and Karin Zachmann (Frankfurt am Main: Peter Lang, 2003), pp. 255 – 280。
② 希腊神话中的命运女神。——译者注

性节奏问题。实际上,用中断触发通信与中央计算机的脉冲关系不大。对于那些需要处理不同数据量的外围设备来说,它是最经济的通则①。在这样一个系统中,没有一个普遍的节奏,而是有多种节奏的中断。如果某些信息在被请求时没有立即出现,或者在此期间没有被缓冲,这些信息就不存在。比如对移动目标的连续性跟踪只是一个高度复杂但断断续续触发过程的结果,或者回到希腊的概念"ρυθμός"(节奏),这是一种由于限制或中断而使过渡形式出现或消失的流动②。中断因此成为所有互动的一个先验条件。因此,在用户和屏幕的节奏同步于游戏或界面的情况下,即计算机的人类工效学只是在处理器和总线脉冲的主要同步以及中断命令和设备请求之上发生的第三级过程。数字计算机将游戏玩家(homo ludens)或用户设计为需要定期注册的设备,由于这是一个相对缓慢的系统组件,因此需要被定期检查。只有在这些时刻,用户才有机会存在并且就手头的请求作出回应。贝蒂娜·海因茨(Bettina Heintz)说:"计算机的'社会学'应该以人类行为的机器本性(Maschinenhaftigkeit)作为出发点,而不是计算机的人性本性(Menschenhlichkeit)。"③不管怎样,可见性、同步和通信的问题在20世纪50年代的数据存储技术中同样明显。

## 威廉姆斯管中的图像处理

考虑到真空管的尺寸、功耗、不可靠性和慢速度等致命缺陷,发展数字计算机离不开更高效的存储能力。二战后解决这一问题的最初解决方案,在甚至没有考虑到可比性问题的前提下,引入了声音和图像。水银延迟线(例如,在EDSAC、EDVAC,甚至在UNIVAC中使用)由威廉·肖克利(William Shockley)发现,之后被皮斯普·埃克特(Presper Eckert)和阿兰·图灵改进④,它利用了各种媒介中声音的传播速度。在电子管的一端,石英晶体将电脉冲转

---

① 关于ENIAC发展过程中不同脉中频率的处理方法,参见 Arthur W. Burks, "Editor's Introduction," in *Theory of Self-Reproducing Automata*, by John von Neumann (Urbana: University of Illinois Press, 1966), pp. 1 – 28, at 8.
② 参见 Emile Benveniste, "The Notion of Rhythm in Its Linguistic Expression," in *Problems in General Linguistics*, trans. Mary E. Meek (Coral Gables: University of Miami Press, 1971), pp. 281 – 288; Gerhard Kurz, "Notizen zum Rhythmus," *Sprache und Literatur in Wissenschaft und Unterricht* 23 (1992), pp. 41 – 45.
③ Bettina Heintz, *Die Herrschaft der Regel. Zur Grundlagengeschichte des Computers* (Frankfurt am Main: Campus, 1993), p. 297.
④ 参见 Alan M. Turing, "Lecture to the London Mathematical Society on 20 February 1947," in *A. M. Turing's ACE Report and Other Papers*, ed. B. E. Carpenter and R. W. Doran (Cambridge, MA: MIT Press, 1986), pp. 106 – 124.

换为声波,声波以特定的速度向另一端传播,在那里它们会被另一个晶体检测到,并以放大的形式返回水银延迟线的前端(图6.5)。管子里注满了水银(尽管图灵建议使用杜松子酒),它的声阻抗为1.5 mm/ms,这已经足够了。与之对应,2米长的电子管只会产生1微秒的延迟,并可以存储1000比特位。

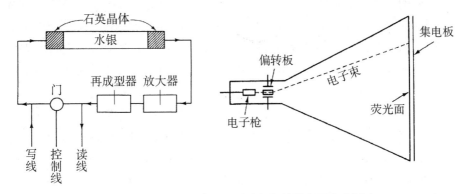

图6.5 水银延迟线(左)和威廉姆斯管的主要电路(右)

如果频率不是很高,并且延迟线不是被放置在100°F[①]的恒温烤箱中,人就有可能听到存储设备的运行情况。安德鲁·唐纳德·布思(A. D. Booth)试图证明这一点,他将一个扬声器和麦克风连接到设备上,只是为了证明现实环境是一个非常强大的干扰源。尽管如此,这似乎是人们第一次将扬声器连接到电脑上的尝试,这在对TX-0的一次破解中会重复出现。布思决定采用彻底的不可通约性,并开发了磁伸缩延迟线。这种延迟线具有电磁功能,并在20世纪70年代被不断改进,用作大型设备与终端间的缓冲器。

正如约翰·冯·诺依曼认识到的,水银延迟线的缺点是不能立即使用,"存储在延迟线中的比特位或字节只有在它到达延迟线末端时才能够被访问"[②]。因此,几个中短周期将在没被使用的情况下流逝。严格意义上来讲,第一个随机存取存储器(random-access memory)的开发是由弗雷德里克·威廉姆斯和他的助手汤姆·基尔伯恩(Tom Kilburn)完成的。直到第二次世界大战结束,威廉姆斯一直在为英国电信研究机构研究雷达设备,而也正是因为雷达,与他同名的威廉姆斯管被设计了出来。在1946年,至少在英国,人们意识到阴极射线管不

---

① 100°F约为37.8℃。——译者注
② Burks, "Editor's Introduction," p. 12.

仅适用于雷达设备,还可以有其他的用途,比如应用于存储技术①。

在申请专利之后,威廉姆斯只做了一个可以存储1000比特位信息的设备雏形。到1948年,技术的改进使它能够存储数千比特位,并能将其保存几个小时。除了利用磷的持久性来代替声波的传输时间,威廉姆斯管在原理上与水银延迟线是一样的。管中的磷图层会产生0.2秒的余辉(afterglow),并且因其每秒至少能刷新5次的特性而可用作存储设备。但是,它们的本质区别在于,数据不再以顺序方式被保存。也就是说,时间点和时间线沿着一条直线寻址,而不是把可寻址的点和线放在坐标系统空间中。之后,可以通过覆盖在管表面的金属丝网检测它们的各种情况②。

威廉姆斯管的关键之处在于,它创造了一种新的可见性和图像处理形式(图6.6)。它的数据处理方式不仅使一些无形或缺失的东西可视化,更确切地说,点图像本身就是存储设备的数据,它们是索引性的而不是代表性的。人的肉眼看不到这些图像,而是由计算机来观察,计算机实际上是根据它们的频率而不是视觉图像来进行观察,只不过这个过程对于我们来说是不可见的。这些图像与我

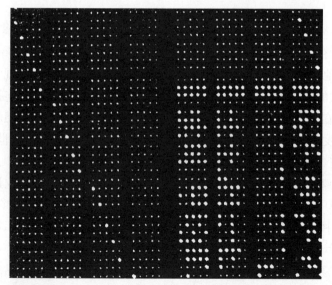

图6.6 数字的可视化:被使用时的威廉姆斯管表面

---

① 参见 Michael R. Williams, *A History of Computing Technology*, p.311。威廉姆斯注意到这种可能性在1946年夏天于美国得到承认,当时,埃克特在一次演讲中提出了这个想法。埃克特建议将阴极射线管命名为"iconoscope",它可以用作光存储设备。
② 最初的"点/虚线"差别对磷光体涂层的制造公差造出了很大挑战,后来被"聚焦/轻微分散"的差别取代。

们现今所知道的计算机图形学的所有原理都矛盾,因为它们的可能性取决于隐藏的条件——读取和刷新必须在相同的脉冲周期内进行。这也就意味着,一旦用户观察到电子管上的图像,反馈就会中断,操作节奏也会被打乱,图像会在一瞬间消失,程序也会崩溃①。当人们努力使威廉姆斯管适应并行机器(parallel machine)时,更多的复杂情况出现了,因为并行机器要求在一瞬间访问整个存储字。例如,由约翰·冯·诺依曼在高等研究院开发的并行计算机有 40 位字(图 6.7),因此需要 40 个不同的阴极射线管来存储数据。这后来在计算机图形学中被称为"像素飞机"(pixel planes),即在附加原色的多个平面的维度中使用字节或字,然后分布在不同的屏幕上,因此、像图灵一样接受过二进制语言训练的观察者再也无法破译它们。从数字计算机的角度来看,威廉姆斯管表明,索引图像在从摄影到模拟计算机的各种仍然可公度(commensurable)的情况下,突然变成了感知上的过度紧张。它不仅触发得太快,在被观察的那一刻也变得不可见。

图 6.7 约翰·冯·诺依曼在高级研究所的电脑前(带着威廉姆斯管)

## 半自动地面防空系统

> 这不是一款任天堂游戏。
> ——诺曼·施瓦茨科普夫将军(General Norman Schwarzkopf)

---

① 一个例外是使用威廉姆斯管(比如 EDSAC 计算机中的威廉姆斯管)来测试其他存储管,通过产生一个高度明亮的点的图案,威廉姆斯管使用户很轻易地知道所有的记忆管是否功能齐全。尽管生成此图像对用户很有价值,但它会导致计算机处于紧急状态,因此必须暂停其活动以进行测试。

然而，显而易见的是，出现在"旋风"及其继任者"旋风 2 号"的阴极射线管上的（不再是索引的）图像，也被称为 IBM AN/FSQ-7，这可能是第二次世界大战后历史上最具影响力的计算机项目，即 SAGE[①]（图 6.8）。中断原理使这台计算机能以每秒 7.5 万次的速度处理 32 位指令，来解决它运转最慢的组件——使用光枪的人。在内部，操作节奏的多样化也被证明是实现实时处理的必要条件。虽然通常有一半时间浪费在等待和传递输入输出指令上，但是即使在这些操作发生时，AN/FSQ-7 也能继续工作。计算机的计算仅在单个核心内存周期中被中断，而在核心内存和 I/O 设备之间传输一个字就需要中断该计算。

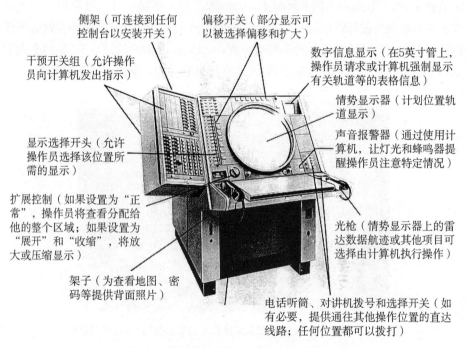

图 6.8　SAGE 控制台

但是，SAGE 最明显的创新在于它考虑到了图像的重要性。与计算机相连

---

① 参见 Robert R. Everett et al., "SAGE — A Data-Processing System for Air Defense," *Annals of the History of Computing* 5(1983), pp. 330 – 339; Claude Baum, *The System Builders: The Story of SDC* (Santa Monica: System Development Co., 1981); Robert L. Chapman and John L. Kennedy, "The Background and Implications of the Systems Research Laboratory Studies," in *Symposium on Air Force Human Engineering, Personnel, and Training Research*, ed. Glen Finch and Frank Cameron (Washington, DC: National Academy of Sciences, 1956), pp. 65 – 73。

的雷达系统通过角坐标确定了物体的位置,这些角坐标再根据雷达的位置转换为笛卡尔坐标,并依次显示在屏幕上。数据与现实的分离给图形表示带来一定程度的随意性,因此不再是屏幕在工作(如威廉姆斯管的情况),而是使用显示屏幕的用户在工作。列夫·马诺维奇(Lev Manovich)恰当地将这种视觉合理化,并称其为"视觉唯名论"[1](visual nominalism)。用这种方法进行处理,像素能够在透明底图上指出位置,就像在后来的奥德赛游戏机中那样。指示固定的混凝土物体(如房屋)的问题也以类似的方式被解决,即利用遮罩过滤器。在光枪的帮助下(图6.9),操作员和用户现在可以通知系统由雷达识别的物体具有某些特征。换句话说,用户可以通过操纵符号来区分敌人和盟友。屏幕上的点不再是索引,而是符号,这个符号甚至可以是字母数字分类(alphanumeric sort),例如,标记为"T"的点表示目标,标记为"F"的点表示战斗机[2]。这个选择过程,在克劳塞维茨(Clausewitz)的意义上,可以被称为战术,同时也是触觉。它们在时

图6.9 SAGE用户使用光枪

---

[1] Lev Manovich, "The Mapping of Space: Perspective, Radar, and 3-D Computer Graphics" (http://manovich.net/TEXT/mapping.html).

[2] "T"和"F"符号是可移动的,由线条组成,在本质上具有某种制图性质。其他符号,如数字、笛卡尔坐标等,则必须用多个点来表示,这导致了矢量字母和像素数字的特殊并列。与此同时,计算机科学家正在努力创造字符生成硬件。麻省理工学院林肯实验室开发了一种被称为"typtron"的字母数字显示管,它能够显示63个字符的任意组合。参见 Claus Pias, "Punkt und Linie zum Raster. Zur Genealogie der Computergraphik," in *Ornament und Abstraktion. Kunst der Kulturen, Moderne und Gegenwart im Dialog*, ed. Ernst Beyeler and Markus Brüderlin (Cologne: DuMont, 2001), pp. 64 – 69。

间上严格依赖于感知、运动和设备,因此,它们表现出显示屏幕的人机工效学问题。这种发展的结果是,研究人员首次对人机系统的操作能力进行了测试,也为后来恩格尔巴特的测试打下了基础。

这个问题特别涉及 SAGE 项目中一个更值得注意但又被忽视的方面。在 IBM 接管旋风计算机并开始认真考虑它的商业应用后,操作的可靠性就成为 IBM 面临的第一个问题。在空军同意订购 24 台 AN/FSQ-7 之前,机器的统计停机时间必须减少到每年 0.043% 的水平(当时的标准)。虽然 IBM 最初解决该问题的对策就是增加显示屏工作站的数量,但它最终采取了一种成本更高的方法,即开发了所谓的双工计算机(duplex computer)。在这种设备上,尽管显示控制台的数量保持不变,但每一个有可能导致系统崩溃的组件(如中央处理器、磁鼓存储器等)都加入了备用组件。一旦计算机的一部分出现故障,备用的部分就会从待机模式(这种概念因此发明而诞生)中被唤醒,并以操作员都不会注意的方式接管工作。与对同一物体进行多次计算并得出平均结果不同,这种设计在紧急情况下会激活物体的分裂部分,以保持系统的运行。因此,当时没有什么比使用在计算机中通常处于休眠状态的那部分资源进行测试程序或攻击模拟更明显的了,特别是在用户不知情的情况下完成从实际操作到培训的过渡[1]。

在其他贡献者中,成立不久的兰德公司的系统研究实验室也参与了 SAGE 项目。事实上,该项目是一个大规模的测试项目,即使用模拟雷达数据训练雷达操作员,使他们掌握 SAGE[2]。负责该计划的讲师艾伦·内维尔(Allen Newell)和赫伯特·A. 西蒙(Herbert A. Simon)从他们的观察中得出一个结论:雷达操作员的信号识别是一种基于现有数据配置的决策形式,也就是属于 if/then 分支的人类思维。尽管与斯金纳的想法不同,但用户其实是作为处理器或设备,即"编程程序的计算机和解决问题的人都是信息处理系统(information processing system)类的物种"[3]。另外,哲学家、神经生理学家沃伦·麦卡洛克(Warren McCulloch)在现代控制论的创立阶段也得出了同样的结论。从媒体历史的角度来看,用户模型从索引运动到符号操纵发生了根本变化。内维尔和西蒙将斯

---

[1] John T. Rowell and Eugene R. Streich, "The SAGE System Training Program for the Air Defense Command," *Human Factor* 6(1964), pp. 537 – 548.

[2] 参见 Douglas D. Noble, "Mental Materiel: The Militarization of Learning and Intelligence in U. S. Education," in *Cyborg Worlds: The Military Information Society*, ed. Les Levidow and Kevin Robins (London: Free Association Books, 1989), pp. 13 – 41。

[3] Allen Newell and Herbert A. Simon, *Human Problem Solving* (Englewood Cliffs: Prentice Hall, 1972), p. 870.

金纳的行为主义模拟模型转换为决定性的认知心理学数字模型。这种转变是无可避免的,如果计算机和用户形成一个媒体网络(Medieverbund),其主要属性是通过技术连接而非自然连接的产物。因此,认知工程于 1956 年左右出现,并站在了人工智能的对立面,它与 SAGE 相吻合,但它之前仅被视作认知模拟[①]。尽管这种技术上的相互联系在原则上取得了成功,并且据说在接下来的几年里导致了硬件与软件的分化,但似乎在事物的语义或形态方面仍然是开放的。在计算机设计好用户之后,现在就轮到用户来设计他们的计算机了。

## TX-0 和黑客的技术逻辑

数据和显示分离出来的第一批受益者是黑客,他们的任务是让当时显现出来的计算机变成可感知的东西。在 20 世纪 50 年代末的麻省理工学院的行话中,"黑客"一词只是部分地与深入设备的功能奥秘联系在一起;在更大程度上,它表示一种从设备本身的功能中所能获得的乐趣。反过来说,从程序员的角度来看,这种感觉可以被描述为"Funktionslust"(英语里的"function",即功能),或者借用卡尔·布勒(Karl Buhler)的一句话——"功能中的快乐"[②]。黑客行为既需要精湛的技术,也需要优雅的计算。总之,这就需要在速度和存储空间方面编写优化的代码,规避高级语言,并通过专有或"非法的"方法来最大限度地利用硬盘的容量。尽管有各种标准化的形式,但这恰恰是游戏程序员今天仍在从事的工作。黑客意味着到处玩耍(play around),而所谓的黑客,用史蒂芬·利维(Stven Levy)的话来说,就是"项目的进行或产品的建造不单单是为了实现某种建设性的目标,而是单纯参与其中就能获得一些乐趣"[③]。

这一新的任务标志着设备环境的转变,也标志着用户时代的转变。从某种意义上来说,麻省理工学院的 TX-0 计算机是一台不复存在的"战争机器",因为它是从军用的林肯实验室借来的,在一个普遍的背景下,所有感兴趣的学生一下子都可以使用它了(如果可以得到严格管理者的允许)。此外,这些学生并不像战争时期的数学家、物理学家和电气工程师那样,仅仅将计算机视为一种"工

---

① 参见 John McCarthy et al., "A Proposal for the Dartmouth Summer Research Project on Artificial Intelligence (August 31, 1955)," *AI Magazine* 27(2006), pp. 12–14。
② 参见 Claus Pias, "Der Hacker," in *Grenzverletzer. Von Schmugglern, Spionen und anderen subversive Gestalten*, ed. Eva Horn et al. (Berlin: Kadmos, 2002), pp. 248–270。
③ Steven Levy, *Hackers: Heroes of the Computer Revolution* (Garden City: Anchor Press, 1984), p. 23。

具"。与之相对,这些学生是用户,在一个新的意义上,是已经存在的硬件的用户[1]。例如,当香农的学生约翰·麦卡锡(John McCarthy)为 IBM 704 研制国际象棋程序时,他自己的一些学生正忙着把同一台设备的控制灯改造成一种发光器(light organ)。

> 令人惊讶的是,其中一些程序员……甚至编写了一个利用其中一排小灯的程序:灯会按照顺序被点亮,看起来就像一个小球从右向左传递;如果操作者在适当的时候按下开关,亮灯的方向就会反过来。[2]

这种一维的网球运动需要运动跟踪,并在运动过程中的特定时限性内作出临界反应。然而,与希金伯泰当时的双人网球不同,它并非源于军事计算。更确切地说,这种不经意间重复对天文反应测量结果的(见"实验心理学"部分)做法,源于设备本身的硬件逻辑。无论如何,它可以被解释为一种对情景滥用(misuse),即计算机的个别部件专门用于按特定顺序照亮控制灯。麻省理工学院恰好是这种"滥用"的中心。可以说,正是从这种行为中,最终促使一个完整的电子游戏产生了。

TX-0(图 6.10)是首批晶体管结构运行下的一种计算机,它是专门为在另一台计算机 TX-2 上运行测试而设计的。TX-2 的内存非常复杂,只能由 TX-0 来诊断。无论如何,TX-0 到达麻省理工学院时没有安装任何软件,它的内存也已经减少到 4 096 个字,每个字有 18 比特位。为它开发的第一个软件包括一个汇编程序[杰克·丹尼斯(Jack Dennis)的 MACRO]和一个调试器[托马斯·斯托克姆(Thomas Stockham)的 FLIT][3]。换句话说,黑客们做的第一件事就是创造自己的生产工具,这创造了在不使用过多代码的情况下编写更精细的程序的可能性。正如豪尔赫·普弗格(Jörg Pflüger)指出的,编程的交互性始于调试[4]。随之而来的是一些黑客的发展,因为这些黑客似乎不恰当地使用了昂贵的计算

---

[1] 本尼迪克特·杜甘(Benedict Dugan)描述了一个关于对象编程起源的类似情况,参见"Simula and Smalltalk: A Social and Political History"(http://www.cebollita.org/dugan/history.html)。

[2] Steven Levy, *Hackers: Heroes of the Computer Revolution*, p. 26. 显然,在麻省理工学院当成绩受到关注时,游戏的空间变小了。《太空大战》的程序员之一艾伦·科托克(Alan Kotok)提交的本科论文与他精美的程序化动作游戏无关。这一切由麦卡锡指挥,它涉及 IBM 7090 上的国际象棋问题。

[3] Ibid., p. 32. 斯托克姆的 FLIT 调试器可以根据助记符系统进行操作,取代了以前笨重的、仅接受基于八进制数字系统代码的调试器。

[4] Jörg Pflüger, "Hören, Sehen, Staunen. Zur Ideengeschichte der Interaktivität," *Sammelpunkt. Elektronisch archivierte Theorie* (http://sammelpunkt.philo.at:8080/48/)。

机,所以,他们被冠以以"昂贵"一词开头的恶作剧头衔①。例如,鲍勃·瓦格纳(Bob Wagner)在他的数值分析课上没有用纸或机电计算器进行计算,而是编写了一个名为"昂贵的桌面计算器"(expensive desk calculator)的程序,并在 TX-0 上完成了所有的家庭作业②;类似的一个程序是"昂贵的打字机"(expensive typewriter),它模仿了另一种常见的办公设备③;最后,彼得·萨姆森使用旋风的矢量检测器制作了一个"昂贵的天文馆"(expensive planetarium),它创造了星空的图像。

**图 6.10　黑客使用的第一台计算机——TX-0**

---

① 据在约翰·冯·诺依曼手下学习的唐纳德·吉尔斯(Donald Gilles)回忆,学生们必须手动将程序汇编成二进制代码,以备 IAS 计算机使用。"他(吉尔斯)花时间构建一个汇编程序,但当冯·诺依曼发现这一点时,他非常生气:'用它来做文书工作是对一个有价值的科学计算工具的浪费。'"(http://ei. cs. vt. edu/~history/VonNeumann. html)康拉德·楚泽则持完全不同的观点,他不认为"活着的、有创造力的人用这种平凡的计算浪费宝贵的生命"有什么意义。参见他的自传,*Der Computer — Mein Lebenswerk* (Munich: Moderne Industrie, 1970), p. 35. 奇怪的是,这段话没有被翻译成英文。参见 *The Computer — My Life*, trans. Patricia McKenna and J. Andrew Ross (Berlin: Springer, 1991)。关于第一个编译器的构造,参见 John Backus, "Programming in America in the 1950s — Some Personal Impressions," in *A History of Computing in the Twentieth Century*, ed. Nicholas Metropolis et al. (New York: Academic Press, 1980), pp. 125–135。

② 正如利维所说,瓦格纳没能通过考试。"他的成绩是零分。'你用过电脑!'教授告诉他。这是不对的!"参见 *Hackers: Heroes of the Computer Revolution*, p. 46。

③ 据格雷茨和利维说,是史蒂夫·皮纳(Steve Piner)为 PDP-1 编写了"昂贵的打字机"程序。参见"The Origin of Spacewar," *Creative Computing* (August 1981)。本文可以线上阅读:http://www. wheels. org/spacewar/creative/SpacewarOrigin. html。

然而，在这种情况下，又出现了另一个程序，它进一步揭示了计算机的共通性。有一次，TX-0被连接到一个音频扬声器上，用于监视当时正在运行的程序。虽然没有音调或振幅的控制，但扬声器会根据计算机18位字中第14位的状态产生声音——如果第14位是1，声音就会打开；如果是0，声音就会关闭。当程序运行时，TX-0会产生一种噪音，它只告诉听众程序是否在运行；如果没有噪音，或者如果音调是恒定的，这就意味着电脑已经坏了或程序已经结束了。只有经验丰富的程序员——就像后来玩储存在音乐磁带上的游戏一样——才能够理解计算机的声音①。

因为没有办法直接控制TX-0扬声器的频率，彼得·萨姆森开始编写程序，其中，第14位将以同样的方式产生可识别的不同音调。程序所做的就是通过累加器发送大量的数据，这些信息负载构成了音乐代码。该程序产生的声音取决于程序循环的长度。据说，萨姆森甚至能够重现约翰·塞巴斯蒂安·巴赫在单声道方波单音中的旋律(尽管这旋律没有和声)②。首先，关于这件逸事，有趣的地方在于，音乐突然接受了一种新的记谱法。这种记谱法排除了演奏的差异，它的设定或调试[通过解释器(interpreter)的实时传输]在任何给定的设备上都能产生相同的效果。音乐乐谱的符号存储和留声机等技术媒体实现的实际存储之间的区别，被计算机弥合了。其次，更值得注意的是，即使是最快的系统也会削弱对用户的友好性，直到今天这也是游戏和应用软件的特点。有效运行的程序的控制声音只会产生噪音，而对冗余部分的累积使用(重复的信号将重复播放足够长的时间以满足人们的缓慢感知速度)会产生类似于音乐的声音。数据与声音的非指数关系是旋律产生的有利条件，必须在减速和冗余部分的帮助下才能避免数字计算机产生的过多需求。

这些黑客的行为表明，技术的使用是一个不稳定的范畴。每一种技术一经出现，就从异质的来源中汲取养分，并收集各种实践，然后再被整合为不显眼和具有假定适当性的常态。然而，计算机的新奇之处在于，它本身、它的理论和它的可能性条件的数学证据中，有关于它的使用方式的不可决定性。因此，黑客只能对进行编程的系统进行攻击，而对传统的机器是不可能做到的。例如，在能量

---

① "当你熟悉了音调之后，你就可以真正听到计算机在处理你程序的哪一部分了。"可以想象，一个威廉姆斯管也会产生类似的情形。参见 Steven Levy, *Hackers：Heroes of the Computer Revolution*, p. 29。

② 故事还有更多内容。萨姆森编写的一个分布良好的程序继续处理着数百条汇编语言指令，除了包含1750号指令的指令。只有一条注释，评论是"RIPJSB"，人们绞尽脑汁研究它的含义，直到有人发现1750年是巴赫去世的那一年，萨姆森制作了一个"安息吧，约翰·塞巴斯蒂安·巴赫"的缩写。参见 Levy, *Hackers：Heroes of the Computer Revolution*, p. 43。

及其存在的世界里,只有在热力学定律比较宽松的情况下,蒸汽机才可能变成冰箱。至少在电磁机器的世界里,电动机可以变成发电机,或者像布莱希特(Brechtian)在他的无线电理论中提到的,一台设备可以"把分发变为通信"①(from distribution to communication)。然而,这些转换是二元或对称的,无线电发射器可以变成无线电接收器,但显然不能变成天文馆或袖珍计算器。将电动打字机作为打印机使用是真正的布莱希特式的重复应用,就像把发射机当接收器一样,但它依然不构成黑客概念。黑客可以将激光打印机的处理器和存储器识别为未使用的第二台计算机,并利用它进行完全不同的计算,比如进行比例转换②。在计算机的世界里,不再有任何简单的转换操作,只有当一个或另一个程序开始运行时,计算机的潜在应用能力才会显现出来。因此,黑客的媒体技术先验性和黑客玩笑的偶然性是图灵机本身普遍性的一部分。计算机的每一个符号操作都是被正确使用的例子,从这个意义上说,没有替代或虚假的应用程序,只有未实现的虚拟机。每个运行程序都是合法的,游戏没有对或错,最多就是游戏冻结或程序崩溃。起初,每个应用程序只能作为在法律或经济的约束下,常规编码或传统机构定义的环境中作为滥用的示例出现。与此同时,每个新的应用程序都会发现和探索合法与违法的边界。黑客破坏了适当应用和不适当应用的概念。在某种程度上,它解构了"滥用"一词,因为黑客证明了技术功能的概念,它在单纯只有计算机的情况下毫无意义,必须与人类意图绑定。

## 《太空大战》

TX-0 不仅配备了扬声器,而且像旋风计算机一样,它还配备了矢量显示器和一把光枪。不言而喻,这两种设备都吸引了黑客的注意。就像两年前布鲁克海文国家实验室向公众开放一样,1960 年,麻省理工学院举行了一年一度的开放日。这是一个需要知名度的活动,格雷茨报道了在这个场合展出的两个突出的应用③。第一个是应用于 TX-0 上的《迷宫里的老鼠》(Mouse in the Maze),玩家将使用光笔在屏幕上设计一个粗糙的长方形迷宫(顺便说一下,伊凡·苏泽兰同时也开始制作 Sketchpad),他们将在上面设置小圆点(代表奶酪),并引导一只

---

① Bertolt Brecht, "The Radio as an Apparatus of Communication," in *Communication for Social Change Anthology: Historical and Contemporary Readings*, ed. Alfonso Gumucio-Dagron and Thomas Tufte (South Orange, NJ: Communication for Social Change Consortium, 2006), pp. 2–3, at 2.

② 科隆媒体艺术学院的乔治·特罗格曼(Georg Trogemann)给我讲了这个例子。

③ Graetz, "The Origin of Spacewar," 参见 Claus Pias, "Spielen für den Weltfrieden," *Frankfurter Allgemeine Zeitung*(August 8, 2001)。

虚拟的饥饿老鼠穿过迷宫。第二个应用程序是 HAX，它在屏幕上幻化出移动的图案(类似于今天的屏幕保护程序)，玩家可以通过改变两个控制台开关寄存器的设置来操作图案，这些图案还伴随着控制台扬声器发出的各种声音。

传奇游戏《太空大战》的程序员们所想的是将这些功能集合在另一个演示程序中，也就是说，他们希望实现三点：(1)展示计算机资源的最大数量；(2)创建各种操作序列；(3)实现实时交互。自埃达·洛夫莱斯(Ada Lovelace)时代起，if/then 的变体就成为算法本身的基本原理，因为实时交互是为飞行模拟而设计的旋风计算机的内在硬件要求，所以，程序员的第二、三条标准被证明从属于第一条。因此，作为《Pong》的直接前身，《太空大战》首先是硬件能力的展示——它是对设备本身的测试。事实上，从那时起，几乎没有什么变化。例如，今天计算机的能力是根据最新游戏的帧率来评估的。

在 1961 年和 1962 年的冬天，丹·爱德华斯(Dan Edwards)、阿兰·柯多克(Alan Kotok)、彼得·萨姆森和史蒂夫·拉塞尔(Steve Russell)在 PDP-1 微型计算机上创建了第一个版本的《太空大战》，这在当时是全新的，而且还为它配备了一个矢量单片机[1]。在游戏中，三个小三角形(代表太空船)可以通过一组控制台开关(实际上是为测试保留的)来控制，并能够相互射击[2]。此外，随机显示的小点在屏幕上形成了一个星空背景。为了简化问题，柯多克制作了一个带有操纵杆(用于加速和旋转)和发射按钮的控制盒。在接下来的几个月里，这个最初的设计经历了多次修改和扩充。本着 TX-0"昂贵"的程序精神，彼得·萨姆森编写了一个"昂贵的天文馆"应用，它基于美国星历表和航海年鉴的信息，忠实地表现了北纬 22½°到南纬 22½°之间的星空，甚至可以通过不同的刷新率直观地显示不同星星的相对亮度。这个"天文馆"很快就被作为游戏的背景。更重要的是，萨姆森在屏幕的中央还设置了一个重力重心(heavy star，重星)，它为游戏引入了一个与玩家无关的变量，对玩家的运动技能提出了更高的要求。玩家可以通过使用所谓的"超空间功能"(hyperspace function)来摆脱困境(最多三次)，该

---

[1] 参见 Steven Levy, *Hackers*: *Heroes of the Computer Revolution*, pp. 50 - 69; Howard Rheingold, *Tools for Thought*: *The History and Future of Mind-Expanding Technology*, 2nd ed. (Cambridge, MA: MIT Press, 2000), pp. 152 - 173; Herz, *Joystick Nation*, pp. 5 - 8; Celia Pearce, "Beyond Shoot Your Friends: A Call to Arms in Battle against Violence," in *Digital Illusion*: *Entertaining the Future with High Technology*, ed. Clark Dodsworth (New York: ACM Press, 1998), pp. 209 - 228, at 219 - 221.

[2] 一种所谓的"电传打字机"(flexowrite)，作为 TX-0 的输入和输出介质，只制作给定程序的纸带，然后将其送入一个单独的高速读卡器。

功能可以让他们的飞船消失,然后在屏幕的另一部分再次出现①。最后,游戏进行了改进,增加了计分设备,可以进行有限博弈(finite games)。因此,在1962年年初,就在麻省理工学院的开放日之前,这个9 000字节的汇编程序已准备就绪。

按照当时的惯例,《太空大战》并没有被商业化,而是作为源代码流传到其他大学,然后被不断地扩展、改写,并在学生比赛中被使用②(图6.11)。然而,游戏中一个更有趣的应用出现在计算机制造商DEC③,《太空战争》在那里被用作一个诊断程序。动作游戏不仅测试了用户感觉运动的极限,也定义了他们所使用的硬件的极限。《太空大战》(图6.12)后来不是作为游戏,而是与PDP-1一起被作为诊断工具发行④。

图6.11　永远年轻——20世纪60年代,黑客在一台DEC PDP-1上玩《太空大战》(1983)

## 虚拟现实机器——Sensorama

电子游戏的意义相较于娱乐本身,最初更像是诊断程序,以(模拟)媒体为基础的测试和指令的实验正在推动其交互性的发展。1962年,曾在芝加哥学习哲

---

① 应该提到的是,超空间函数会留下一个简短的明斯基特隆(Minskytron)签名。
② 参见 Stewart Brand,"Spacewar: Fanatic Life and Symbolic Death among the Computer Bums," *Rolling Stone* (December 7, 1972), pp. 50 - 58. (http://www.wheels.org/spacewar/stone/rolling_stone.html).
③ 即美国数字设备公司(Digital Equipment Corporation,简称DEC)。——译者注
④ Steven Levy, *Hackers: Heroes of the Computer Revolution*, p. 65.

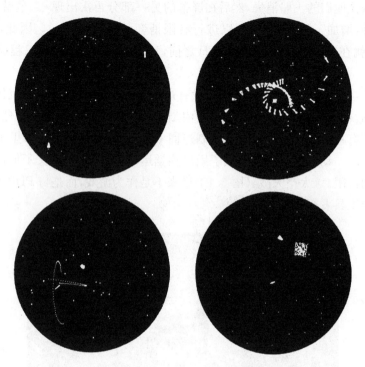

图 6.12 《太空大战》的截图

学并师从维托里奥·德·西卡(Vittoria de Sica)学习电影的莫顿·海利希提交了一份虚拟现实机器——Sensorama(图 6.13)的专利申请[①]。该系统自 1958 年以来一直在开发(正好与第一个游戏程序同时开发),旨在实现电影播放的自动化。它以每 25 美分一次的街机游戏形式提供 2 分钟长的 3D 电影,这些电影是立体、彩色的,并伴随着风吹、气味和振动。除了"异域肚皮舞""与少女约会"和可口可乐广告(就是那种似乎与所有新媒体技术都相联系的情色作品),系统还提供了三种模拟情境,能让人沉浸于虚拟摩托车上的骑行体验、赛车快感和模拟飞行中。

海利希收集、丰富和完善了所有在飞行模拟器数字化之前使用的模拟技术。然而,他并不能被称为"虚拟现实之父",因为这种媒体网络的本质在于将所有的

---

[①] Morton Heilig, "Beginnings: Sensorama and the Telesphere Mask," in *Digital Illusion: Entertaining the Future with High Technology*, ed. Clark Dodsworth (New York: ACM Press, 1998), pp. 343 - 351.

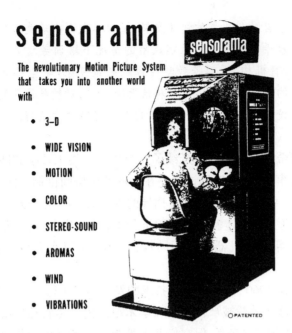

图 6.13 Sensorama(海利希将电影制作成电子游戏的尝试)

感官整合为技术基础①。他所有的努力实际上与电影的危机和电影院的扩展更密切相关,并不完全属于电子游戏谱系的一部分,尽管媒体史学家们倾向于将这两个类别混为一谈。海利希的有趣之处在于,一方面,他的工作基于实验心理学的发现;另一方面,他宣告了电影院作为一种建筑的终结。他对电影院的新设想更像一种人机系统:"我不再把电影院看作建筑的一部分,电影院可以是一台大型机器的一部分,它的设计是为了在心理上对人进行转运,就像喷气式飞机运送旅客一样。"②因此,Sensorama 的专利证明了其要求法律保护的正当性,因为它的测试和指令可以被传统的纪律机构——学校、军队和工厂使用。

今天,一方面,人们开始越来越多地要求采取各种方法和手段来教育或培训个人,而不使个人受到特定情况下实际可能出现的危险。例如,军队必须指导人们如何操作和维护极其复杂且具有潜在危险的装备,而且最好教育士兵如何尽可能地减少对昂贵装备的损害。另一方

---

① Morton Heilig, "Beginnings: Sensorama and the Telesphere Mask," in *Digital Illusion: Entertaining the Future with High Technology*, ed. Clark Dodsworth (New York: ACM Press, 1998), p. 346.
② Ibid., p. 344.

面，由于当今自动化机器的快速发展，工业界也面临着类似的问题。在这里，我们也希望能够在不承担风险的情况下培训劳动力。上述问题也出现在教育机构，原因是教学内容越来越复杂，学生群体越来越庞大，但教师的数量却不足。在这种情况下，人们对教学设备的需求越来越大，这些设备即使不能取代教师，也能减轻教师的负担。①

因此，海利希的 Sensorama 延续了一个始于人类工效学和陆军心理测试的故事，在这个故事中，教学和测试程序在不同的机构间徘徊，并且能够无缝转化为娱乐形式。不可否认的是，技术上诱导的现实效果已经增强了（特别是考虑到海利希对 80% 真实生活体验的不可验证的保证）。然而，就交互性的系统地位而言（这与具有算法的机器完全不同），自 1917 年以来并没有什么本质上的变化。

简而言之，在 1960 年前后，两项技术的发展同时进行。一方面，出现了第一批电子游戏，但这些游戏被严格限制在学术范围内。尽管这些游戏能与数字和可编程的机器进行实时交互，但它们并不被视为有意义的应用，即测试/培训和娱乐的双重意义，而是被视为能够诊断或展示硬件能力的黑客。另一方面，还有一种主要是混合型的模拟媒体技术，在几个机构中具有固定的经济目的。然而，这项技术缺乏合适的硬件基础，以实现计算机所承诺的交互性类型。直到 20 世纪 60 年代，计算机屏幕才开始涉及非军事目的的应用。事实上，这最终导致了电子游戏的出现，而在这些应用中最重要的是计算机辅助设计和文字处理。

---

① United States Patent Office，No. 3,050,870（August 28,1962）.

# 7. 新人类工效学

**Sketchpad**

伊凡·苏泽兰在 1963 年提交给克劳德·香农的博士论文《Sketchpad：人机图形通信系统》，经常被誉为交互性研究的里程碑，尽管阴极射线管和光笔组件早已在旋风计算机和 SAGE 机器中得到了应用。更有趣的是，苏泽兰展示了一些不同类型的任务，由于有了这些设备，计算机可以被高效且经济地（有意义地）应用和配置于这些工作。他的论文将理论付诸实践，即计算机相较于工具更像一种通用机器，能够相互模拟的机器。

> Sketchpad……可以作为许多网络或电路模拟程序的输入应用。如果电路的特性可以通过模拟绘制获得，那么，使用 Sketchpad 系统完全从头开始绘制电路，这样额外所需的工作时间与精力后续会得到很好的补偿。……对于这样做（在子图中递归地包含子图）的巨大兴趣来自记忆开发和微逻辑等领域的人。在这些领域中，大量的元素需要通过摄像过程一次生成。……在这里，重复结构中的单个元素能被改变，并将这种改变立即带入所有子元素中，使得改变数组的元素在不需要重新绘制整个数组的情况下成为可能。[①]

从 Sketchpad 开始，计算机就被用来设计其他计算机，这一点至今仍未改变，尽管今天的设计已经复杂到无法在纸上进行复制。苏泽兰媒体理论所突破的核心并不是军用设备的民用，其革命性在于电路不再简单地被画出来，而且图

---

① Ivan Sutherland，*Sketchpad：A Man-Machine Graphical Communication System*（Doctoral Diss.：MIT, 1963），p. 23.

纸本身也被设计成了操作。与用墨水绘制的电路不同,以这种方式设计出来的机器已经以虚拟的方式运行,设计与模拟变得难以区分。

　　随着计算机结构设计而来的就是连接纽带的静态设计,这个项目是与电子系统实验室的计算机辅助设计组(原伺服机构实验室)合作进行的。苏泽兰很快意识到,编程和调试不再是当前的主要问题,更重要的是开发或发现新的应用,"丰富的可能性……将带来新的系统应用知识体系"[①]。

　　这时,受教育程度较低的用户,也就是能在不懂计算机的情况下在屏幕上工作的人,重新进入研究者的视野。苏泽兰在报告中说,一个秘书能够借助10×10的栅格,设计出一个矢量化的字母表[②]。若如上文所讨论的那样,则数据和显示的分离就使外行进行计算机操作成为可能。使之成为可能的主要条件是软件本身的结构,它提供了一个可操作性的图形组件库以及一组操作命令,如"组合""删除""旋转""缩放"等。在某种程度上,秘书工作的矩阵是转移到屏幕上的吉尔布雷斯的横截桌面。数据输入的工作包括用光笔在 Sketchpad 表面的特定坐标上进行手部运动,而数据处理的工作包括进行手部运动(在屏幕和按钮上),以激活某些子程序,其中包括改变屏幕显示(图 7.1)。

图 7.1　苏泽兰用 Sketchpad 和 TX-2 进行扭转分析

　　因为人类不能画出完美的直线或圆,所以,计算机被要求用来完成这些任

---

① Ivan Sutherland, *Sketchpad*: *A Man-Machine Graphical Communication System* (Doctoral Diss.: MIT, 1963), p. 33.
② Ibid.

务。在 Sketchpad 中,用户不需要用手做圆周运动,而是通过输入一个中心点和圆周点,剩下的由计算机来完成。因此,动作行为只限于使用屏幕界面和选择可用的选项完成所需要的动作。就像在计算辅助制造的过程中一样,在处理这台机器时,所采用的动作由机器自身控制。然而,还有一个保留下来的人类动作,苏泽兰称之为艺术绘画。事实上,这是他论文中最后一个(经常被忽视的)章节的标题,其中描述了一个女性肖像的矢量化。肖像的轮廓选自一张照片,然后用蜡笔转移到展示面上,再用光笔临摹。就像现代的宙克西斯(Zeuxis)一样,苏泽兰不仅可以根据自己的喜好缩放和擦除原人物的生理特征,他还能从个别细节中构建一个理想的女性形象(图 7.2)。

**图 7.2 苏泽兰用 Sketchpad 完成的艺术素描和漫画的组成部分**

检索单个图形元素的能力使苏泽兰进一步提出了基于计算机的以漫画制作形式替换(cartooning by substitution)的思想[①]。如果图像中的某些元素很快地被稍有不同的其他元素替换,这就会给人们反应迟缓的眼睛带来一种运动的错觉(就像电影教给人们的那样)。然而,在那之前,数字只能通过电子束的运动和荧光涂层的持久性才能在矢量显示器上显现出来。不过,苏泽兰的创新使已经存在的高要求难度翻了一番。当时,矢量显示器只是通过人类工效学家的计时仪所采用的过程加速化来生成图像。这种计时仪试图通过长时间的曝光摄影来使运动轨迹可视化,矢量显示器是循环仪的后台。虽然在技术上动画的潜力已经体现在字母数字符号(如"T"和"F")的表现上,但它实现的可能性却几乎没有

---

[①] Ivan Sutherland, *Sketchpad*: *A Man-Machine Graphical Communication System* (Doctoral Diss.: MIT, 1963), p. 132. 顺便说一句,这种类型的第一部电影是由加拿大国家研究委员会资助的,于 1968 年由肯·普尔弗(Ken Pulfer)和格兰·布雷希霍尔特(Grand Brechthold)创作。

得到任何考虑。这是因为需要大约 30 赫兹的刷新率才能使图像（排版或其他）保持静止和可读。在 20 世纪 60 年代，这种情况导致了刷新缓冲区的范围是 8—32 千字节①。看似静止的文字其实是"T"和"F"形状的电子束在以每秒 30 次的速度重复运动。这不仅是用户迟钝的眼睛累积冗余（cumulative redundancy）部分的一个例子，它也已经与电影生理机制类似。苏泽兰用每秒 30 次的编排方式重现"每秒 24 次的真相"的想法，在理论上是独创的，在技术上却是行不通的。直到 20 世纪 70 年代中期，点阵式打印机和光栅显示器取代了绘图仪和矢量显示器的运动模式，计算机屏幕才能够像电视机一样发挥作用②。这样一来，刷新缓冲区将让位给视频存储器，与类似的光栅化威廉姆斯管不同，视频存储器只包含那些用户的能力所能够感知的无意义像素化数据③。

## 作为替代品的人类

1964 年，美国国防部高级研究计划局（简称 ARPA）信息处理技术办公室主任、分时系统创始人之一的心理声学家约瑟夫·利克莱德（Joseph C. R. Licklider）推荐年轻的苏泽兰做他的继承人，但这并不是因为他认识到 Sketchpad 在人类工效学方面的影响④。利克莱德之所以重要，是因为他用共生（symbiosis）的比喻取代了工具的比喻，从而形成了一种适合计算机使用的人类工效学。这一发展的决定性因素是电脑屏幕——利克莱德声称艾德·弗雷德金（Ed Fredkin）用 PDP-1 演示后自己经历了一次"宗教皈依"（弗雷德金受聘于 BBN 公司，即 Bolt Beranek & Newman 公司，该公司是麻省理工学院声学实验室的一个分支）。利克莱德在所谓的演示小组（presentation group）工作，该小组开发了 SAGE 的界面设计，因此他也熟悉大型空军指挥中心的视听性能。所以，他倾向于从策略角度来考虑监督、信息处理和决策速度等问题。

在利克莱德看来，计算机不再仅仅是"人的延伸"的理论（正如诺斯多年前所

---

① 参见 Charles A. Wüthrich, *Discrete Lattices as a Model for Computer Graphics*: *An Evaluation of Their Dispositions on the Plane* (Doctoral Diss.: University of Zurich, 1991), pp. 6 - 8。
② 例如，参见 Ramtek Corporation, *Series Graphic Display System*: *Software Reference Manual*, 1979。
③ 此处将不再讨论栅格图形的开发。有关详细信息参见 Wüthrich, *Discrete Lattices as a Model for Computer Graphics*, pp. 10 - 26; S. M. Eker and J. V. Tucker, "Tools for the Formal Development of Rasterisation Algorithms," in *New Advances in Computer Graphics*: *Proceedings of CG International '89*, ed. Rae A. Earnshaw and B. Wyvill (New York: Springer, 1989), pp. 53 - 89。
④ 关于利克莱德，参见 Rheingold, *Tools for Thought*, pp. 132 - 151; Katie Hafner and Matthew Lyon, *Where Wizards Stay Up Late*: *The Origins of the Internet* (New York: Simon & Schuster, 1996), pp. 24 - 39; Edwards, *The Closed World*, pp. 262 - 271。

说的那样)①。在信息和控制的条件下,也就是在控制论的条件下,这个公式被颠倒过来,以至于人变成了计算机的延伸——"人是延伸的机器"②。与其单纯地或自恋地理解这种关系(从卡普到麦克卢汉都是如此),现在似乎更应该解构这种等级制度,并将这种关系视为"伙伴关系"(诚然,这是一种委婉说法)。与旋风计算机一样,按照早期预警系统的规范,这意味着实时操作,而不是批量处理。

  明天你要与一个程序员一起度过。下周,电脑会用5分钟来组装你的程序,用47秒来计算你问题的答案。你会得到一张20英尺长的纸,上面写满了数字,但它还是没有给出最终的解决方案,而只是提出了一个应该使用模拟探索的策略。显然,战斗在计划的第二步开始前就已经结束了。③ 此外,军事指挥官面临的更大的可能性是必须在很短的时间间隔内作出关键决定。过分夸大10分钟战争的概念很容易,但指望在10分钟以上的时间内作出关键性的决定是很危险的。④

  然而,在涉及时限性的过程问题时,人类工效学就能发挥其作用。利克莱德也许是第一个用科学管理术语来描述计算机智能的人(他关于进行"技术思维的时间和动作分析"的想法不能不让人想起泰勒和吉尔布雷斯),而且他能够在一个有影响力的场所展示他的研究(他的演讲于1961年在国防部举行)。利克莱德分析了自己的思维过程,得出了一个令人不安的结论,即他85%的思考时间都花在了计算、绘制图报、将工作委托给他人和整理文件上——也就是说,花在那些可以由秘书来完成的活动上。他坚持认为,思考"本质上是文书或机械的"⑤,而对于这类活动,信息处理器可以比我们更有效地执行。利克莱德比较了人与计算机之间的基因型差异,并得出了以下结论:

  人类是嘈杂的、窄带的设备,但他们的神经系统有很多平行的、同时活跃的通道。相对于人类而言,计算机的速度非常快并且非常准确,

---

① J. D. North, *The Rational Behavior of Mechanically Extended Man* (Woverhampton: Boulton Paul Aircraft Ltd., 1954).
② J. C. R. Licklider, "Man-Computer Symbiosis," *IRE Transactions on Human Factors in Electronics*, HFE-1(1960), pp. 4-11, at 4.
③ Ibid., p. 5.
④ Ibid., p. 10.
⑤ Ibid., p. 6.

但它们被限制在一次只能执行一个或几个基本操作的情形中。人是灵活的,能够根据新接收的信息"不断给自己编程"。计算机的思维方式单一,受制于它们的预编程(pre-programming)。人们自然会说多余的语言,围绕着统一的对象和连贯的动作组织起来,并采用20—60个基本符号。计算机"自然"地讲着没有冗余的语言,通常只有两个基本符号,而且对单元对象或连贯动作没有固有的认识。……一般来说,它(信息处理设备)将进行程序化的文书操作,以填补决策之间的间隔。①

因此,人类显然应该只承担某些任务。SAGE 的例子(并不是一个牵强的例子)教会了利克莱德,尽管有 IFF(敌我识别系统)信号,但人类还是比较擅长处理不确定的"敌我识别"和其他低概率的情况。这就导致了下面的预测:

当计算机没有适用于特定情况的模式或程序时,人们就会补充问题解决方案或填补计算机程序中的空白。……此外,只要有足够的基础支持正式的统计分析,计算机将作为统计推断、决策或博弈论机器,并对建议的行动方针进行初步评估。②

然而,人类的替代品必须能够说一种适合工作场合的语言。对于利克莱德这位崭露头角的人类工效学专家来说,这不可能是 FORTRAN 和 ALGOL 这样的高级语言能做到的。我们需要的是人类与程序语言之间的约定,人类负责指定目标,而程序语言负责指定流程③。正如利克莱德预期的那样,解决方案在于简化和标准化,他预测了程序库和封装包的发展,在工作过程中,人类操作员将能够以特定的顺序发起特定的动作。

在适当的时候,我们可能会看到人们认真努力地开发计算机程序,这些程序可以像单词和短语一样连接在一起,以执行当前需要的任何

---

① J. C. R. Licklider,"Man-Computer Symbiosis," *IRE Transactions on Human Factors in Electronics*, HFE-1(1960), pp. 6-7.
② Ibid., p. 7.
③ Ibid., p. 8:"In short: instructions directed to computers specify courses; instructions directed to human beings specify goals."

计算和控制。①

因此,在计算机上工作被定义为掌握一种语言,在时限性的条件下,标准化元素的序列产生了。此外,因为这种计算机工作不仅危及思想的本质,而且还会引起甘布雷特(Gumbrecht)对节奏的定义的修改。对利克莱德来说,在时限性的条件下实现的人机交流的节奏就是思想本身的成就。

1968 年,也就是拉尔夫·贝尔(Ralph Baer)为他的奥德赛网球游戏提交专利申请的同一年,利克莱德选择网球游戏作为"成功的互动"的隐喻,这不仅仅是一个可爱的巧合②。下面我转载了利克莱德的两幅插图并引用了泰勒的文章《作为通讯设备的计算机》。第一幅图展示了两个玩家通过一个游戏媒介进行交流(图 7.3),这个媒介包括球拍、球和桌子。也就是说,在所有早期的双人电子游戏中都可以找到这样的场景,因为玩家都是人,所以基本不存在可公度性的问题。另一个例子则相反,图中展示了计算机(图 7.4 中,下面的球输入,上面的球输出)决定游戏的节奏时会出现同步问题。因此,对时间要求严格的游戏是一个交互性的典型例子,它是建立在人与机器之间的兼容性基础上的。由于电脑是可以计算的,所以,人类工效学就必须对人类在控制台的工作进行计算。这种校准被寄予了巨大的希望(尽管具有讽刺意味的是它破灭了),这些希望与早期人类工效学的那些希望非常相似——"网上的个人将使生活更加丰富……而失业将从地球上消失。"③也许(与德勒兹的怀疑有关)这是因为没有人总能完成任何事情。

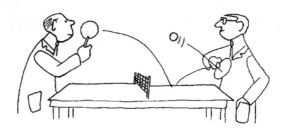

图 7.3 利克莱德:"交互式通信由简短的对话框组成……"

---

① J. C. R. Licklider, "Man-Computer Symbiosis," *IRE Transactions on Human Factors in Electronics*, HFE‐1(1960), p. 9. 众所周知,这种模块化是通过五角大楼的编程语言 ADA 实现的。以保护机密的名义,一个部门不被允许知道另一个部门编写了什么程序,然而,各个程序组件仍然能够一起工作。参见 Dennis Hayes, *Behind the Silicon Curtain: The Seductions of Work in a Lonely Era* (Montreal: Black Rose Books, 1990), pp. 101‐114 ("The Cloistered Workplace").

② J. C. R. Licklider and Robert W. Taylor, "The Computer as a Communication Device," *Science and Technology* 76(1968), pp. 21‐40.

③ Ibid., p. 40.

图 7.4　利克莱德:"……阻挠破坏通信。"

## 作为射击游戏的文字处理

在名为"昂贵的打字机"的程序名称下出现的写字机模型表明,大约在 1960 年,文字处理还没有被视为一种有意义的应用;相反,它处于黑客状态[1]。即使在 20 世纪 60 年代早期的分时系统中,输入设备也不是用来传输文献,而是用来传输数据和程序代码。也就是说,它们的作用是传输对计算机有意义的东西,而非对读者有意义的东西。因此,令人震惊的不是文本的输入本身,而是文字作品的输入。然而,它最初作为一种硬件滥用的形式,正如 TX-0 上的音乐旋律例子一样,文字处理很快就成为整个软件行业的设计目标。

现代发明家的传记都依赖于带有修辞色彩的传统文学主题——宿命论。因此,据报道,在 1945 年的夏天,20 岁的雷达工程师道格拉斯·恩格尔巴特在图书馆等待红十字会的部队将他送到菲律宾时,在《大西洋月刊》(Atlantic Monthly)上读到了范内瓦·布什的著名文章《诚如所思》(As We May Think)。20 年后,恩格尔巴特提出了文字处理的第一个实例[2](图 7.5)。后来,他在 1963 年发表的文章《增强人类智力的概念框架》(A Conceptual Framework for the Augmentation of Man's Intellect)成为第一个区分文字处理与写作的研究。

因此,这种假设的写作机器允许你使用一种新的编写文本过程。例如,试用稿可以快速从旧稿的摘录中重新编排,再加上手写插入的新单词或段落。你的初稿可能代表任何顺序的思想的自由流露,对

---

[1] Rheingold, *Tools for Thought*, p. 192: "It is almost shocking to realize that in 1968 it was a novel experience to see someone use a computer to put words on a screen. [...] ['W]ord processing' fornonprogrammers was still far in the future."

[2] Ibid., p. 174.

图 7.5　道格拉斯·恩格尔巴特的文字处理实验装置

前面思想的检查不断刺激新的考虑和想法的输入。如果初稿所代表的思想由于纠结变得太过复杂,你可以迅速编写一个重新排序的草稿。对你来说,在寻找适合自己路径的过程中,在你可能构建的思想轨迹中适应更复杂的情况是可行的。①

从本质上讲,文字处理是一个构图、排列、编辑的问题,它只需要在"小道"(trail,借用布什的说法)的间隙处插入手写的文本。随着恩格尔巴特的"概念操作阶段""符号操作阶段""手工外部符号操作阶段"三种文化技术序列的出现,计算机进入了崭新的第四个发展阶段,即自动外部符号操作阶段②。

---

① Douglas C. Engelbart, "A Conceptual Framework for the Augmentation of a Man's Intellect," in *Vistas in Information Handling*, ed. Paul W. Howerton and David C. Weeks, vol. 1 (Washington: Cleaver-Hume, 1963), pp. 1 - 29, at 4 - 5. 伴随这一设计出现了各种各样的编辑程序:TVEdit 于 1965 年在斯坦福大学被制作;利用光笔的超文本编辑系统(hypertext editing system)于 1967 年在布朗大学由 IBM 提供资金支持开发;1967 年,TECO 在麻省理工学院被创建;1968 年,基于手势识别和图形板(RAND, 1964),科尔曼(Michael Coleman)开发了一个文本编辑器,可以处理更正标记。参见 Brad Myers, "A Brief History of Human Computer Interaction Technology," *ACM Interactions* 5(1998), pp. 44 - 54.
② 对于这一发展的反思,参见 Manfred Riepe, "Ich computiere, also bin ich. Schreber — Descartes — Computer und virtueller Wahn," in *Künstliche Spiele*, ed. Georg Hartwagner et al. (Munich: Boer, 1993), pp. 219 - 232.

在这一阶段,人类用以表示操纵的概念符号可以在他的眼前排列、移动、储存、回忆,甚至按照机器复杂的规则进行操作。所有这些都是通过特殊的合作性技术装置,对人类提供的最少数量的信息作出非常迅速的反应。……这些显示和过程能提供有用的服务,还可以涉及我们从未想象过的概念(比如,前图形思维者无法预测的条形图、长除法的过程或卡片文件系统)。①

这不是思维自动化的例子。正如恩格尔巴特与他之前的利克莱德强调的那样,这更像是一种自我的增强,因而是人与机器的互动。在1968年秋季联合会议向非程序员介绍文字处理的思想之前,人机交流的节奏首先必须按照成功的、像具有多重值的网球比赛的方式来组织②。计算机辅助文本处理的意思与文字处理的意思一样,通常没有更多含义。也就是说,问题不在于将文本输入程序,甚至不在于可以对文本做什么,而是如何尽可能有效地执行某些功能。文字处理所需要的动作组织在此之前是一个人类工效学的问题,这就是《文本操作的显示选择技术》(Display Selection Techniques for Text Manipulation)一文的主题。该文由恩格尔巴特、威廉·K. 英格利希(William K. English)和梅尔文·L. 贝尔曼(Melvin L. Berman)撰写,他们关注的是用户与屏幕之间的中间装置③。1966年,当作者在斯坦福研究所(Stanford Research Institute,简称 SRI)工作时,他们用一种今天普遍可见的形式进行了实验,即使用屏幕、键盘和指向设备。他们的目标是测量诸如目标选择速度、准确性、获得控制权和疲劳度等因素,"我们想要确定的最佳方法是,用户可以指定文本内容作为不同文本操作中的'操作数'"④。

---

① Engelbart, "A Conceptual Framework," p. 14.
② 当时,道格拉斯·恩格尔巴特和威廉·英格利什的演讲很像科幻小说。恩格尔巴特戴着雷达操作员的耳机,通过无线电连接控制一台隐藏的电脑,电脑上有鼠标和键盘。他身后是一面多媒体墙,这是冷战期间首次在军事指挥中心进行测试。这面墙不仅投射出电脑屏幕的放大版,还能够将恩格尔巴特的脸和手作为图像叠加在屏幕上。就像 PowerPoint 的演示一样,这种安排让恩格尔巴特可以实时地用鼠标点击将演示文稿的要点显示在放大的屏幕上。独特的缩写 NLS(on-line system,代表在线系统)伴随着它平行出现,相对地还有 FLS(off-line system,代表离线系统)。很明显,NLS 后来由国防承包商麦克唐纳·道格拉斯(McDonnell Douglas)以"增强"(augment)的名义进行营销。参见 Douglas C. Engelbart and William K. English, "A Research Center for Augmenting Human Intellect," *AFIPS Proceedings of the Fall Joint Computer Conference* 33(1968), pp. 395 – 410.
③ 就人类工效学而言,最终优化是没有必要的,因为在线系统和分时系统根据用户时间来确定成本。简单来说,它们是"时间关键型"的。
④ William K. English, Douglas C. Engelbart, and Melvyn L. Berman, "Display Selection Techniques for Text Manipulation," *IEEE Transactions on Human Factors in Electronics*, HFE - 8(1966), pp. 5 – 15, at 5.

实验的配置如下：一个由 9 个 X 组成的 3×3 阵列（另一个级别有九组 5 个 X）将出现在一个原本黑暗的屏幕上的随机位置，被试者必须将光标（比如用操纵杆）指向屏幕上的目标实体，然后点击。错误的选择会导致铃声响起，正确的选择会使屏幕上出现"CORRECT"（正确）。计算机还被用来记录被试者正确选择之间的时间延迟，以评估他们的表现，并将这些信息以图表的形式呈现出来。因此，文字处理最初的目的并不是创造文本，而是如阿克塞尔·罗奇（Axel Roch）指出的那样，确定目标的位置。

在 SRI 的比赛中，决定屏幕上错误最少、文本命中率最高的设备，最重要的是操纵杆、光笔和鼠标，这些都可以追溯到军事和战略上的装置（dispositif）。……因此，SRI 研究人员的成就是将用于雷达屏幕、军事控制设备上的定位目标技术从其综合环境中分离出来，并将这种技术用以解决面向屏幕的计算机应用问题。瞄准敌人的目标以普通电脑桌面上鼠标移动的形式重生。……除了武装的眼睛被雷达技术取代，我们还可以把防空中使用的光标看作探照灯在战术指挥层面上的回复：计算机屏幕。①

计算机写作的前期不是基于文字的意义，而是基于交流的物质性。屏幕上并不显示字母，而是以类似书页的矩形排列方式，产生具有特定坐标的图形事件。因此，单词和字母被称为目标②，所有测试的目的是识别目标，然后用可操作的指向装置来指示它们，并通过点击按钮来启动某些计算机程序。屏幕上的实体被当成雷达数据，不过是以罗马字母的形式出现的。顺便说一句，类似于雅达利游戏《来自太空的共产主义变异人》（Communist Mutants from Space）的布局，该过程被简化为一个单一的人类工效学问题③。用户控制的光标之后被叫

---

① Axel Roch, "Fire-Control and Human-Computer Interaction: Towards a History of the Computer Mouse (1945 - 1965)," in Vectorial Elevation, Relational Architecture No. 4, ed. Rafael Lozano-Hemmer (Mexico City: Conaculta, 2000), pp. 115 - 128, at 28.
② English et al., "Display Selection Techniques," p. 5.
③ 大约在同一时间，越南战争证明，准确的点击不仅可以带来字母的象征性出现或消失，还可以决定士兵的实际部署和物资运输。作为"冰屋行动"（Operation Igloo）的一部分，泰国渗透监控中心将胡志明小径沿线隐藏的传感器收集到的数据传送到 IBM/360 电脑的屏幕上。这些信号在屏幕上像蠕虫一样移动，必须点击才能更新巡逻的幻影 F-4 战斗机上的计算机。这些喷气式飞机的飞行员可以像看电影一样监视屏幕上显示的控制技术的结果。参见 Paul Dickson, The Electronic Battlefield (Bloomington: Indiana University Press, 1976), pp. 83 - 97; George L. Weiss, "A Battle for Control of the（转下页）

作"漏洞"(bug)，如果处理速度与用户的错误率成正比，就可以说实验的目的是"调试"(debug)用户。错误的三个基本来源是用户处理输入设备的能力、将光标从起始点移动到目标点的能力以及选择正确目标的能力。在所有这三种情况下，都必须确定什么应被视为正常的容忍限度[①]。几个不同的设备，如操纵杆、光笔、Grafacon(类似于数位板的图形输入板)、鼠标和膝盖控制器等(图7.6)，被用来测量射手的速度和学习曲线。与陆军的智力测试一样，接受测试的对象根据他们是否识字被分为两组(图7.7)。

  共有两组受试者：第一组是八名已经对在线系统有一定了解的"有经验"的受试者，第二组是三名从来没使用过该系统或从未使用过测试设备的"无经验"的受试者。[②]

  这是必要的，因为考虑到作者对过程而非内容的偏爱，设备的"可学习性"与它们的"可控性"同样重要[③]。正如利克莱德展示的那样，"前图形"时代的语言文本无论何时被组装到屏幕上，语言本身就成了一种界面，而语言习得的管理就留给了人类工效学[④]。因此，在麦克卢汉的《媒介即信息》(*The Medium Is the Message*)出现的同一年，第一批用文字处理程序制作的文本实际上是给其他通信设计师的文字处理指令，这也就不足为奇了[⑤]。

## 施乐之星

  图形用户界面和电子游戏在历史上和系统上是相互关联的，因为它们都起源于屏幕的人类工效学。它们组织中间界面的功能远远超过了从用户到操作系统的中间通道。首先，这样的界面产生了用户和玩家本身；其次，它们格式化、限

---

(接上页)Ho Chi Minh Trail," *Armed Forces Journal* 15(1977), pp. 19 - 22; James Gibson, *The Perfect War: Technowar in Vietnam* (New York: Vintage, 1987), pp. 396 - 399。

① English et al., "Display Selection Techniques," p. 5.
② Ibid., p. 9.
③ 顺便说一句，德国标准化协会后来将可学习性和可控性纳入用户界面的拟议标准(DIN-Norm 66234)。推荐的标准有任务适宜性、自我描述性、可控性、符合用户期望、容错性、个性化适宜性和学习适宜性。
④ 尽管测试显示出光笔具有更高的自然度，膝盖控制被证明是更容易学习的工具，但是鼠标却成为最受欢迎的输入设备，因为它减轻了疲劳，并且在长时间内趋向于最精确的使用。
⑤ 参见 Rheingold, *Tools for Thought*, pp. 174 - 203。在麦克卢汉这本书的书名中，"message"这个词被错误(且臭名昭著)地称为按摩(massage)。

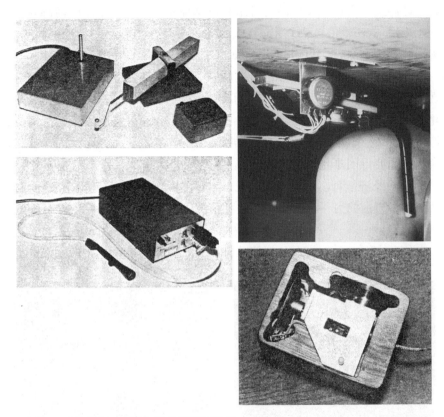

图 7.6　道格拉斯·恩格尔巴特的测试设备：图形输入板、光笔、膝盖控制器和鼠标

图 7.7　显示器选择测试的截图（第 1 级难度和第 2 级难度）

制并因此隐藏了它们假装提供的可用和可见控制。出于这个原因,我们有必要对施乐之星(xerox star)这个具有重大影响的图形用户界面进行一些讨论,它的基本形式沿用至今,在 Windows、Macintosh 和 Linux 桌面上都有应用。

20 世纪 70 年代末,恩格尔巴特在施乐公司进行了一系列实验,这些实验建立在他自己的理论基础上,同时实现了利克莱德设定的目标。这是一个通过格式化或填补非程序员无法理解的操作鸿沟来创建界面可用性的模型①。如果这种鸿沟太大,系统就会提供过多的可能性,并导致潜在的信息量过大,选择过程就会相应地变得困难且费时,而且容易受到熵的影响(图 7.8)。这种巨大的鸿沟昂贵且不经济,因此,用户界面的既定目标是直观性,这只是冗余或部分信息伪装成选择自由的另一种说法。在这种情况下,我们手头的一个主要任务就是让事物消失——"一个重要的设计目标是让'计算机'对用户来说尽可能不可见。"②关于图形界面上的图标,斯特凡·海登赖赫(Stefan Heidenreich)写道:

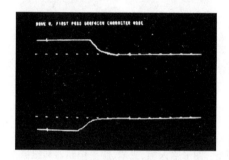 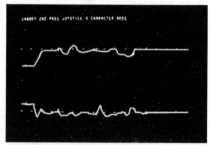

图 7.8　屏幕操作员在努力定位目标时产生的动作痕迹

　　在民用方面,重要的是为用户提供最大而非最小限度的选择,……如果用户声称有自由选择的权利,却不被允许享受这种权利,那么书面文字的媒介会被证明是不合适的。自由组合的字母可以便于输入机器无法识别的命令。为了避免这种彻底的、对用户不友好的挫折感,我们设计了一个图形用户界面,它只提供实际可用的替代方案。……它们

---

① 参见 Lawrence H. Miller and Jeff Johnson, "The Xerox Star: An Influential User Interface Design," in *Human-Computer Interface Design: Success Stories, Emerging Methods, Real-World Context*, ed. Marianne Rudisill et al. (San Francisco: Morgan Kaufmann, 1996), pp. 70 - 100; William L. Bewley et al., "Human Factors Testing in the Design of Xerox's 8010 'Star' Office Workstation," in *Proceedings of the ACM Conference on Human Factors in Computing Systems* (1983), pp. 72 - 77.
② Miller and Johnson, "The Xerox Star," p. 71.

具有无可比拟的优势,即尽管用户对机器的加工过程完全无知,但它们暗示用户享受控制机器的可能性。……然而,所见即所得(WYSIWYG)这个口号不仅仅是说这个。"你看到的就是你得到的"必然结果是"你看不到的,你就得不到"。这就是对操作图形用户界面最好的描述。①

恩格尔巴特通过稳定操纵杆使用者的颤抖效果,对移动硬件的情况进行了优化,但施乐公司则是在形态感知和信息理论选择概率的层面上进行了优化。运动技能的生理优化不再是它的目标;更进一步说,施乐的设计者们对"认知—心理—逻辑"上的感知和决策优化更感兴趣。例如,如何设计打印机图标才能使其立即被识别为打印机而不是投票箱(毕竟,这种 UI 识别错误会浪费宝贵的工作时间)②。恩格尔巴特关注的是单个选择的孤立事件,而施乐公司的目标是对这些选择进行排序,其目的是通过预测任务之间可能的转换,以时限性的方式优化日常办公生活的整个流程。在电子游戏中,恩格尔巴特的单次突发事件对应着敌人出现时的"射击";在电报中,对应着出现了需要处理的意外信号;而在电子游戏中,施乐公司通过点击不同的菜单,创造了一系列可能的程序序列(图 7.9),与游戏过程中可以调用的一系列标准化动作相对应。在电报方面,施乐的创新对应了连通话语(connected discourse)的转移概率。

与之前的恩格尔巴特一样,施乐公司的设计师在最缺乏经验的用户身上进行了实验,即"办公室职员和他们的辅助人员,他们都没有技术背景和技术能力。……测试的对象在系统上执行一项任务,这些被测试者要么是从施乐公司的秘书和行政人员中挑选出来的,要么是受雇作为临时测试对象的文书和秘书"③。那些在今天看来直观和平凡的东西,比如垃圾桶或硬盘图标,首先必须用实验心理学的技术来测试和衡量,即必须确定在秘书的眼里哪些特征拥有最大的冗余度,或者换句话说,哪些特征最符合办公室生活的感性经验,从而需要最少的时间和精力就能够被识别。

然而,与应用软件相比,电子游戏在 1980 年已经开始赢利(例如,就在这一年,《吃豆人》席卷了世界),一个重要的区别已经显现出来。尽管在这两种应用下,主要关注的问题都是对个人和顺序选择的时限性优化,而且这两种类型应用

---

① Stefan Heidenreich, "Icons: Pictures for Users and Idiots," in Icons: Localiser 1.3, ed. Robert Klanten et al. (Berlin: Verlag Die Gestalten, 1997), pp. 82–86, at 84–85.
② 对于它和其他奇怪的测试结果,参见 Miller and Johnson, "The Xerox Star," pp. 83–85.
③ Ibid., pp. 71, 81.

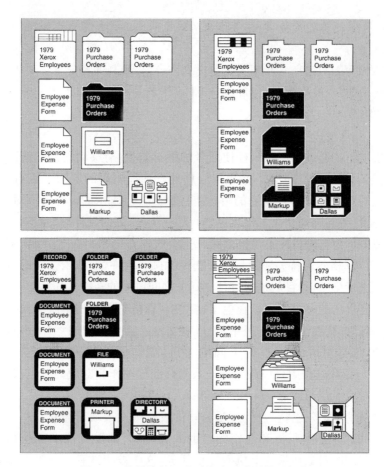

图 7.9　施乐执行开发过程中测试用的图标集

程序的设计都考虑到了受教育程度不高的用户，但是它们各自节省时间的方法却明显不同。用户界面强调最大的可视性，在包装上标榜"用户友好"，并且总是考虑到用户的行为缓慢和容易出错的特性，电子游戏则测量玩家的极限值、感知阈值和反应速度。它们对速度最快的用户进行奖励，对速度慢和出错的用户进行惩罚，并取消他们的游戏资格。诚然，图形用户界面的开发是基于相同的系统元素（感知、反应、潜在错误）的，但在这种情况下，最终的目标将两者开发的动机隐藏在"用户友好"的表面仁慈之下。与其相反，时间限制游戏则把这些隐藏的标准作为它的目标，从某种意义上说，这是一种不友好的设计，它只能通过对玩家不友好的方式来实现玩家的技能提高和享受。从这个角度来看，动作游戏是桌面图形界面的"邪恶孪生兄弟"。

# 8. 电子游戏

与文字处理和其他办公应用软件一样,1966—1974年的电子游戏开发并不完全依赖于技术上的可能性,它还需要一个评估过程。这是因为技术解决方案的实施并不取决于问题(通常是自发产生的)是否"实际"得到解决,而是取决于相关机构是否认为问题已经解决[1]。即便如此,从可靠的实验到仪器的生产,或者从技术解决方案到创建一种不张扬的媒介,其中还有很长的路要走。因此,在这里争论哪些游戏是历史上"第一个"诞生的话题,无论这场争论在法律或经济学领域多么重要,在媒介领域都不会有任何收获。也就是说,最好不要高估"发明"的概念,也不要单纯地将某些环境及其技术发展与文化的实现和形成相混淆。不管怎么说,用刘易斯·芒福德(Lewis Mumford)的话来讲,发明创造总是有趣的。为了阐明这一点,让我们用第一款电子游戏机奥德赛与一款电子游戏《Pong》进行比较[2],前者是一个前卫但商业上并不成功的发明,后者在灵感上平淡无奇却在日后鼎鼎大名。

## 奥德赛

与出生于1943年的诺兰·布什内尔不同,拉尔夫·贝尔是战争年代的一员。他是一名德国犹太人,出生于第一次世界大战时期,中学毕业前为避祸而移

---

[1] Trevor J. Pinch and Wiebe E. Bijker, "The Social Constructions of Facts and Artifacts: Or How the Sociology of Science and the Sociology of Technology Might Benefit Each Other," in *The Social Construction of Technological Systems: New Directions in the Sociology and History of Technology*, ed. Wiebe E. Bijker, 2nd ed. (Cambridge, MA: MIT Press, 2012), pp. 11–44, at 37.

[2] 参见 Scott Cohen, *Zap! The Rise and Fall of Atari* (New York: McGraw-Hill, 1984), pp. 15–24; Shaun Gegan, "Magnavox Odyssey FAQ" (http://www.gamefaqs.com/odyssey/916388-odyssey/faqs/3684); Steven L. Kent, "Electronic Nation" (http://www.videotopia.com/edit2.htm)。

居国外。后来他接受电视工程师的培训,最终在位于芝加哥的美国电视技术学院(American Television Institute of Technology)获得了电视工程学士学位。1955 年,他在新罕布什尔州的一家国防承包商桑德斯联合股份有限公司(Sanders Associates)开始了他 30 年的职业生涯,因此,他有一半的时间都在从事机密军事项目。1966 年,作为设备设计部门的经理(也因这个岗位,他成了 500 多名工程师的主管),这位曾经的双人网球运动员为了训练目的,承担了将电视和电脑连接起来的任务。这一过程并不缺少军事上的资金①,同时还涉及将著名的光笔转换成游戏光枪,就像 20 世纪 20 年代使用光电学设备那样。"我的老板过来玩我们的步枪——其实是一支塑料来复枪。他对射击很在行,曾经用臀部朝着(电视屏幕的)目标射击。这个项目不仅引起了他的注意,还让我们之间的私交变得更好,从而使项目得以延续。"②

该游戏的专利于 1968 年申请,并于 1971 年获得批准,它以一种抽象的方式阐述了训练的概念,并在某种程度上与进行实弹射击的玩家区分开来(图 8.1)。

**图 8.1** 1902 年的光机射击游戏(左)和 20 世纪 80 年代的任天堂 FC 光枪(右)

---

① 在电子游戏市场建立之后,当然没有必要向军方证明这种发展是正当的。事实上,娱乐业和军工业开始携手合作。例如,美国海军陆战队在自己的《末日》(Doom)版本上训练;凯撒光电公司(Kaiser Electro-Optics)在阿帕奇直升机和街机游戏中安装显示器;洛克希德·马丁公司(Lockheed Martin)的子公司,包括模拟器生产商通用航空航天公司(GE Aerospace)和 SIMNET,为世嘉公司(SEGA)制造技术组件。赫兹(J. C. Herz)很好地总结了这一情况:"When you trace back the patents, it's virtually impossible to find an arcade or console component that evolved in the absence of a Defense Department grant."参见 Herz, *Joystick Nation*, p. 105。

② 转引自 Kent,"Electronic Nation"。令人惊讶的是光枪的概念,尽管它完全谈不上成功,但也一直坚持到今天。自 20 世纪 80 年代以来,每一个新的视频游戏系统都配备了这个附件,虽然从来没有人费心为它开发合适的软件类型。

/ 8. 电子游戏 /

本发明的内容是一种装置与单色或彩色电视机接收器的结合,能在电视接收器的屏幕上生成、显示、操作和使用符号或几何图形,以用于训练模拟,甚至多个参与者也可以在该装置上玩游戏或参与其他活动。在实例中,本发明包括控制单元,将控制单元连接到电视接收器的连接设备,以及在某些应用中与标准电视接收器一起使用的电视屏幕覆盖掩模。其中,控制单元包括控制电路、开关和其他电子线路,它们被用于生成、操作和控制在电视屏幕上显示的视频信号。连接设备选择性地将视频信号耦合到接收器的天线端,从而使用接收器内的现有电子电路,在耦合装置的第一状态下,处理和生成显示控制单元的信号,并在耦合的第二状态下接收广播电视信号。根据游戏或模拟的训练的性质需求,覆盖掩模可拆卸地连接到电视屏幕上。控制单元被提供给每个参与者,此外,游戏、训练模拟以及其他活动在商业电视、闭路电视或有线电视于接收器中产生背景和其他图像信息时,它也能够一起进行。

在 1966 年之后的几年里,当计算机和电视首次在技术上成为可能时,却碰巧缺乏对游戏的好策划。例如,贝尔和比尔·哈里森(Bill Harrison)一起完成的第一个设计,基本上是在操纵杆上使用"手淫式"的动作技能,直到屏幕变蓝。"然而,他们的游戏设计缺乏娱乐价值。他们制作的第一个作品是一个杠杆,玩家们拼命通过撸动杠杆,把电视屏幕上的盒子颜色从红色变成蓝色。"① 桑德斯联合股份有限公司的员工不可能忘记蓝色通常用来代表美国,红色则用来代表苏联。

贝尔成功地通过逻辑电路的硬连线,在屏幕上投射出一个移动点,明显宛如重振威廉·希金伯泰关于网球运动的旧观念。然而,在贝尔的演绎中,双人网球那优美可爱的抛物线侧视图被顶视图取代了,因此,点(Punkt,德语)只能沿直线移动。结果,拦网变得毫无意义,这种基本上只剩下"作秀"功能的要素,可以在一个单独的透明度被建立或删除。在这方面,射击比赛和网球比赛并没有太大区别,因为死亡或球体通过的问题不在于击中目标或被击中,而在于玩家对时间的反应(Pünktlichkeit,德语)。一个玩家对子弹和网球的关注包括它在错误的时间出现在正确的地点,或者在正确的时间出现在错误的地点,也就是说,玩家要考虑时间错置(temporal displacement)。在任何情况下这都是一个关键的

---

① 转引自 Kent, "Electronic Nation"。在备受争议的成人电子游戏《卡斯特的复仇》(*Custer's Revenge*,雅达利 1983 年出品)中,当卡斯特将军强奸一名美洲土著妇女时,玩家们不得不迅速按下开火按钮,让他射精(参见 Herz, *Joystick Nation*, pp. 68–70)。20 世纪 80 年代,成功的体育游戏要求玩家对控制器做同样的事情,这表明界面连接和运动模式相对于游戏的"内容"是中立的。

时间问题,即"我是否处于靠近子弹即将到来的地方或球正在靠近的位置"。因此,"我"的对手在网球比赛中的目标不是朝着我打,而是找出"我"无法到达的位置。对手网球玩家在他们的视线中有一种虚拟性,即"我"应该在的地方,但很可能"我"无法及时到达。换句话说,"我"对手的目标是"我"无法达成的现实,他们致力于把"我"操纵到一个无法反应的位置,球的飞行轨迹则是"我"无法提供答案的问题的投影。

在贝尔的游戏中,不论如何,玩家视角(从侧视到俯视)的90度旋转使人们产生一个富有成效的见解,即移动的光点不一定必须代表网球。

> 所以,我们在这里举行了一场值得尊敬的乒乓球比赛,不久我们就会把它称为曲棍球比赛。移出带网的中心杆,现在它变成了曲棍球比赛。为了让游戏看起来更像曲棍球,我们在屏幕上方加了一个蓝色的覆盖物,后来我们又添加了一个铬信号,以电子方式生成蓝色背景。①

米罗华公司(Magnavox)于1971年获得许可证开始生产该设备(图8.2),并于1972年1月以奥德赛家庭娱乐系统的名义将其推向市场。该游戏主机的第一个电视广告在周日晚上的节目中播出,除了弗兰克·辛纳屈(Frank Sinatra),其他人都是主角②。预发行版本的名称和未来主义的包装向斯坦利·库布里克(Stanley Kubrick)的电影致敬,它极简的黑白图形只能代表点和线,缺乏记录分数的能力。游戏机本身由40个晶体管和相同数量的二极管组成,外加300个配件,包括彩色覆盖层、卡片、纸币、骰子和扑克筹码③。这些配件补充了屏幕上无

---

① 转引自 Kent,"Electronic Nation"。1908年,在法兰德·赛尔(Farrand Sayre)于莱文沃思堡进行的一系列讲座的基础上,他出版了《地图演习和战术骑行》(*Map Manoeuvres and Tactical Rides*)。这是美国"免费"战争游戏的衍生工具之一,其独特之处在于,玩家与控制敌方部队的裁判(与后来的计算机一样)作战。该游戏还引入了将透明胶片放置在地图上的概念,然后玩家可以用蜡笔在上面绘制移动轨迹和信息。参见 Andrew Wilson,*The Bomb and the Computer*:*Wargaming from Ancient Chinese Mapboard to Atomic Computer*(New York:Delacorte Press,1968),p. 17。
② Samuel N. Hart,"A Brief History of Home Video Games"(http://www. geekcomix. com/vgh/first/)。
③ 据戈根(Gegan)所言(转引自"Magnavox Odyssey FAQ"),游戏机的标准配件包括1个足球游戏板场/轮盘赌布局板、1个奥德赛体育场记分牌、2枚足球代币(附在奥德赛体育场记分牌上)、2个码数标记(附在奥德赛体育场记分牌上)、20张通行证、20张跑步卡、10张开球卡、10张朋特卡、30张线索卡、13张秘密信息卡、50张带拉链袋的筹码(16张红、16张蓝、18张白)、假币(每张大约100美元,分别是5美元、10美元、50美元和100美元)、28张西蒙说(Simon-Says)的卡、50张州卡、1个州事务回答文件夹、1张州研究地图和1对骰子。

法实现的功能。事实上,多年来,街机游戏都配备了彩色透明胶片(图 8.3),它们被用于游戏的外部显示,以划定某些边界,但它们的存在也模糊了游戏内部的图形。

图 8.2　奥德赛游戏机(包装模式和打开模式)

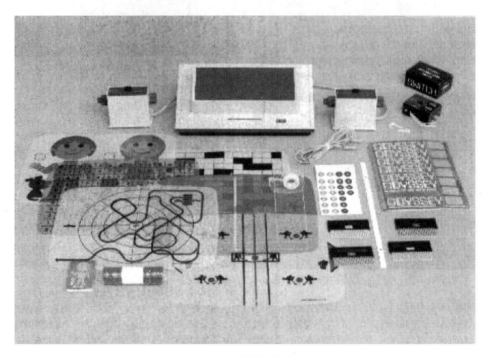

图 8.3　丰富的模拟游戏配件

奥德赛主机的主要缺点是无法使用离散值进行计算,因此,它的所有数值运算(如涉及得分时卡片值和随机数生成的数值运算)都必须在外部进行。然而,这款游戏机最显著的特征来自贝尔对网球游戏或者说"曲棍球游戏"的认识。换言之,他意识到程序与它的语义无关。该系统配备了六种不同的游戏卡,它们是可拆卸的电路板(图8.4)。它们不是程序,起码不是为 Fairchild Channel F[①] 设计的第一款游戏磁碟。它们的作用是激活各种信号发生器以创建六种不同的动作模式,而这些模式对直到屏幕被适当地覆盖层语义化之前都没有太大的意义[②]。就像早期的人类工效学一样,这六个抽象的动作库对于它们的对象或产品而言是中立的,基于此,玩家总共可以玩11款游戏。

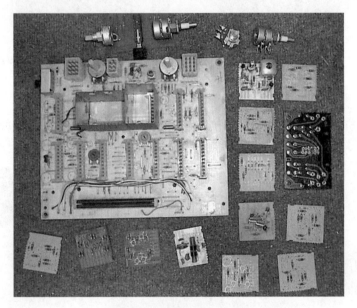

图 8.4 奥德赛的简朴电路

奥德赛仅取得了微不足道的成功有几个原因。米罗华公司暗示该主机仅与自己的电视品牌兼容(这可能是真的,因为硬件结构上的覆盖层必须准确地安装在屏幕上),电玩售卖店也必须努力使货架上的系统环境化。然而,更重要的是,大量配件表明该装置尚未实现任何系统性关闭,玩游戏需要如此高昂的额外媒

---

① 一款由美国仙童半导体公司(Fairchild Semiconductor)于1976年发行的家用游戏机。——译者注
② 下面是游戏卡,但请注意如何使用某些模式(b、c、d、f)玩多个游戏:a. 乒乓球;b. 斯基(Ski)和西蒙说; c. 网球、类比、曲棍球、足球(传球和踢球);d. 猫和老鼠、足球(跑步)、鬼屋;e. 潜艇;f. 轮盘赌。

介管理成本，以至于原始的基于计算机元素的系统都变成了配角背景板。除此之外，当时的公众似乎对一台可以玩多种游戏的机器的普遍性缺乏任何了解。在个人计算机被私有化和普及前，以及在黑客对计算机媒体功能进行公共开发前，人们总是期望一台机器必须与自身"相同"，即一台机器只能因为它要执行并完成的一项特定任务而被设计。简而言之，奥德赛被错误地视为一种工具（或玩具），而不是一种媒介。因此，合乎逻辑的是，电子主机游戏的历史经历了自我认同的弯路，就如同街机游戏背景下的环境下，每台街机只能用来玩一个游戏（至少在传统上如此）[1]。

## 《Pong》

造成这条弯路的主要责任人是诺兰·布什内尔[2]。布什内尔属于无须自己构建硬件就能玩游戏的一代人，他们这代人甚至不需要编写任何软件。在犹他大学，布什内尔接受大卫·埃文斯（David C. Evans）和伊凡·苏泽兰的指导时，他曾在实际的计算机屏幕上而不是在测量仪器上玩过《太空大战》（就像拉尔夫·贝尔玩希金伯泰的《双人网球》那样）。1969年，布什内尔没有在迪士尼乐园找到工作，他在安培公司（Ampex）找到一份工作，尽管迪士尼事后一定很欣赏在浪漫的主题公园背后隐藏的复杂技术[3]。

1970年，布什内尔开始私下里研究一个名为《电脑太空战》（*Computer Space*，图8.5）的游戏原型，这不仅是《太空大战》的一个重新设计的克隆体（尽管后者不受法律版权保护）。第一个区别来自街机和主题公园的游戏背景，即《电脑太空战》是一个必须与计算机AI对抗的游戏，而不是以计算机为渠道与另一个玩家对抗。因此，计算机不再被作为两个玩家之间的游戏媒介；相反，玩家将自己定位为可以直接与设备交互。作为一种力量平衡，玩家的定位在某种意义上是"第二台计算机"，就像当时西方同时代的预警系统也在相互进行讯问和测试。第二个区别同样具有决定性意义，那就是它的商业应用需要投资，而且在

---

[1] 即使是电视，一旦安装在街机游戏中，也不再是电视。在这样的背景下，它不仅仅是一台提供附加功能的电视机，而是一台完全集成的显示器，在上面只能玩一个游戏。

[2] 参见 David Sheff, *Game Over: How Nintendo Zapped an American Industry, Captured Your Dollars, and Enslaved Your Children* (New York: Random House, 1993), pp. 131-157; Cohen, *Zap! The Rise and Fall of Atari*, 25-50; Robert Slater, *Portraits in Silicon* (Cambridge, MA: MIT Press, 1987), pp. 296-307; Herman, *Phoenix: The Fall & Rise of Home Video Games*, pp. 15-23.

[3] 参见 Slater, *Portraits in Silicon*, p. 303; Joyce Gemperlein, "An Interview with Nolan Bushnell" (http://www.thetech.org/exhibits/online/revolution/bushnell/).

游戏中必须实现价格和服务期限的经济性。为了让玩家渴望在给定的时间坐在给定的位置上,同时为了使这种渴望成为训练有素的反射,机器必须将自身的复杂性和速度抑制到一定程度,使玩家体验到纯粹的乐趣,而不是被机器羞辱得令人感到难堪。为了吸引玩家,游戏必须有一个时间框架,就像陆军心理测试一样,既不太长(这会让玩家缺乏挑战,感到厌烦),也不能太短(这会让玩家负担过重,感到沮丧)。当时,游戏测试人员将这种衡量成功的标准称为可玩性,实质上它是玩家和机器之间在节奏上保持一致的连接。同时,游戏的难度必须设置得足够高,以至于玩家必须继续玩(并付费)以使学习曲线达到饱和。因此,《电脑太空战》不仅需要一个正常(在人类工效学意义上)和可计算的难度水平,而且最重要的是,它以得分的形式对输赢进行计算。毕竟,游戏结果是由某个结束的事实来定义的[①]。

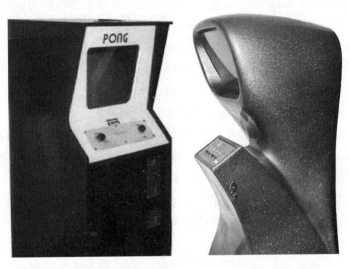

图 8.5 诺兰·布什内尔的游戏机"Pong"(左)和《电脑太空战》(右)

布什内尔在考虑建造自己的小型计算机,在使用经过改进的 PDP-11 之后,他最终决定使用标准组件的专有硬接线型硬件,即通用电气黑白电视机和大约 183 个由德州仪器(TTL)生产的晶体管逻辑芯片。因此,《电脑太空战》就是一台除了玩这款游戏外什么也做不了的计算机。制造商纳丁联合股份有限公司

---

① George H. Mead, "Play, the Game, and the Generalized Other," in *Mind, Self, and Society from the Standpoint of a Social Behaviorist*, ed. Charles W. Morris (Chicago: University of Chicago Press, 1934), pp. 152-164, at 158-159.

(Nutting Associates)虽然同意批量生产这款游戏机器,但最终只售出 1 500 台①。布什内尔认为这款游戏在商业上是失败的,因为它的外部指令太复杂了:"你必须先阅读说明书才能玩,而人们通常不想看说明书。为了获得商业成功,我必须想出一种人们一看就知道如何玩的游戏。这种游戏要非常简单,简单到一个酒吧里的醉汉都可以玩。"②现在,我们可以将醉汉添加到与玩家相关的事物列表中,比如大猩猩(泰勒和凯)、低教育程度人群(陆军智力测试)、女性和残疾人(吉尔布雷斯)以及最缺乏经验的用户(施乐之星设计师),人们认为这样的群体只能理解自我描述的界面所提供的指令。1972 年夏,布什内尔第一次在奥德赛游戏机上看到网球比赛后不久,他就创造了《Pong》(图 8.6),它是一个独立的单元,除了打网球、记分,什么都做不了。另外,最新技术可以使它发出一种特殊的声音,正是这种"砰"的声音,使布什内尔给游戏起了一个拟声的名字,实际上这只不过是一个被放大的滴答声,同时设备的垂直线计数器同样是由 TTL 芯片构成的。当玩家与球类游戏同步时,他也能同步听到设备本身发出的声音(以利克莱德的意识而言)。斯科特·科恩(Scott Cohen)讲述了第一批在公共场所玩这个游戏的人所经历的学习过程。这是 1972 年 8 月在加利福尼亚州森尼韦尔的一家名为安迪·卡普(Andy Capp)的酒吧举办的活动,这场活动生动地展示了自我描述和同步的意义。

  一名常客好奇地接近游戏《Pong》,研究了球在屏幕上像在真空中一样默默反弹的情况。一个朋友加入了他,并看着说明书说:"要避免丢球才能获得高分。"其中一个孩子插了一枚硬币,随着"哔哔"声,游戏开始了。观众目瞪口呆地看着球交替出现在屏幕的一边,然后又消失在另一边。随着游戏的进程和玩家操作,分数不断改变。当一名玩家尝试操纵位于屏幕末端的球拍旋钮时,比分定格为 3∶3。当他的球拍与球接触时,比分是 5∶4,他处于优势。随着一声美妙的"砰",球又弹回到屏幕的另一边。比分为 6∶4。在 8∶4 的时候,第二个玩家指出了如何使用他的球拍。通过第一次简单而直接的抽射,比赛结束了,比分定格在 11∶5。③

---

① Sheff, *Game Over*, p. 169. 另有报告说,有多达 3 000 个游戏被分发(参见 Pierce, "Coin-Op: The Life," p. 449)。
② Cohen, *Zap! The Rise and Fall of Atari*, p. 23.
③ Ibid., p. 29. 布什内尔和他的传记作者们通常没有提到的是,比赛并不局限于"避免大比分丢球",还有一个相当重要的可能,即"投币"(参见 Herz, *Joystick Nation*, p. 14)。

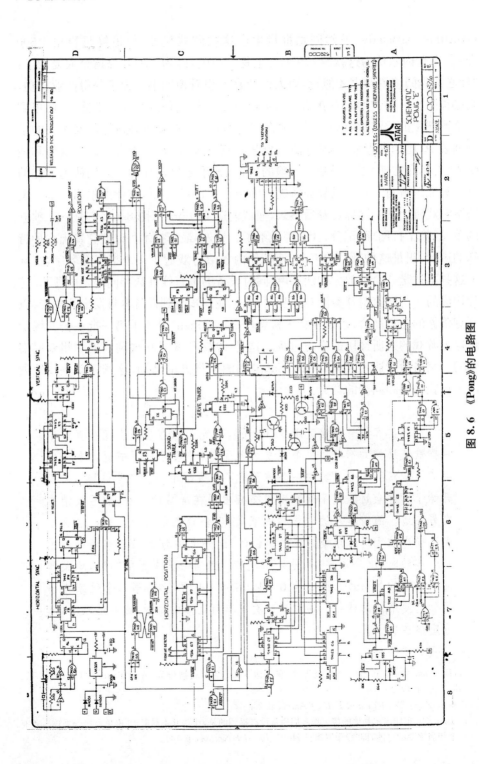

图 8.6 《Pong》的电路图

碰到球后产出的"砰"声似乎是对正确回应的一种奖励,它测量的重复性使玩家可以听到球类游戏的功能。此外,作为一种相互的系统节奏,它也使人们可以听见人与游戏之间联系的操作。这种现象至少在一定程度上也可以解释电子主机游戏玩家失去时间意识的趋势。布什内尔在最早打乒乓球的人中就观察到了这种趋势,他们明显适应了比赛的节奏。正如尼采所言:"节奏是一种强迫,它产生了一种不可克服的冲动,你会屈服并加入其中。不仅我们的脚跟随着节奏跳动,灵魂也一样,也许有人猜测,神的灵魂也一样!"[1]无论如何,玩《Pong》的节奏性工作取得了巨大的成功,以至于一场对客厅和儿童房的全面"入侵"已经准备就绪。这种"入侵"早在1972年,即高度集成的组件首次可用时就已经确定。1974年,艾尔·奥尔康(Al Alcorn)和霍华德·李(Howard Lee)制作了《Pong》的家庭版(图8.7),并以雅达利公司"腰围最纤细"的女员工名字将项目命名为"达琳"[2](Darlene)。这个版本由较少的大规模集成电路(large-scale integration,简称LSI)组成,可以连接到家用电视机上。它本质上是一个街机版本的复制品,因此与奥德赛不同,它是一款只能玩《Pong》的专门游戏机。

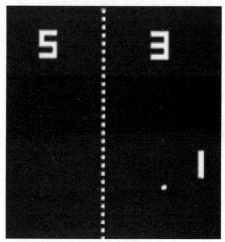

图8.7 《Pong》的家庭版(左)和一张游戏截图(右)

---

[1] Friedrich Nietzsche, *The Gay Science: With a Prelude in Rhymes and an Appendix of Songs*, trans. Walter Kaufmann (New York: Random House, 1974), p. 139. 参见 Friedrich Kittler, "Rockmusik — Ein Mißbrauch von Heeresgerät," in *Appareils et machines à représentation*, ed. Charles Grivel (Mannheim: MANA, 1988), pp. 87 - 102 [reprinted in Friedrich Kittler, *Short Cuts* (Frankfurt am Main: Zweitausendeins, 2002), pp. 7 - 30].

[2] Cohen, *Zap! The Rise and Fall of Atari*, p. 45.

媒介考古学揭示了一个巧合,当时雅达利的工程师并不是唯一对网球节奏感兴趣的人。1974年,蒂莫西·加尔维(Timothy Gallwey)出版了一本书,他曾是国家网球少年队的成员,后来在哈佛大学担任网球教练。由于加尔维在亚洲之旅受到了启发,他发明了所谓的"瑜伽网球"(yoga tennis),后来在加利福尼亚州成立了内部游戏学院(Inner Game Institute)。他以禅宗为灵感的关于网球的书《网球内部比赛》(The Inner Game of Tennis)包含以下段落。

> 我们已经到达了一个关键点:第一自我(自我意识)不断进行"思考"活动,干扰了第二自我的自然过程。……只有当头脑意识还在的时候,人才能达到巅峰状态。网球运动员在比赛中并不会考虑以何种姿势击球,甚至也不会考虑在何时何处击球。运动员没有试着击球,击球后也不会去想他打得有多糟糕或有多好。在这整个过程中他似乎是通过不需要思考的自动进程将球击中的。……第一自我评估了几次击球后,意识可能会开始泛化,他不再把一个事件判断为"另一个糟糕的反手",而是开始思考"你的反手很糟糕"。……结果,通常会发生的是,这些自我判断变成了自我实现的预言。换言之,它们是第一自我关于第二自我的交流,经过足够频繁的重复,第二自我相信了这些信息。然后,第二自我像计算机一样开始履行这些期望。如果你经常告诉自己,自己是一台糟糕的"服务器",就会产生一种催眠过程。好像第二自我扮演了一个"坏服务器"的角色,并且暂时压制了它的真正能力而无法发挥作用。一旦判断思维基于其否定判断建立了自我认同,角色扮演将继续隐藏第二自我的真实潜力,直到这种催眠术被打破。①

尼采否定这种直觉主义就是"动物的幸福",但这并不重要②。第二自我要摆脱批判的反思(图8.8),以便与网球比赛时时刻刻融为一体,它首先显然是由第一自我编程生成的"计算机"(在众多禅宗大师的名言中发现对计算机理论的借鉴,着实令人吃惊)。

鉴于这句话典型地混合了加州嬉皮士风格和高科技,并且考虑到这句话是

---

① W. Timothy Gallwey, *The Inner Game of Tennis* (online draft: http://dc508.4shared.com/doc/uJYbEA_u/preview.html), pp. 31-34. 这部分内容不包含在这本书的出版版本中(*The Inner Game of Tennis*, New York: Random House, 1974)。

② Friedrich Nietzsche, *Thus Spoke Zarathustra*, in *The Portable Nietzsche*, ed. Walter Kaufmann (New York: Penguin, 1982), p. 383.

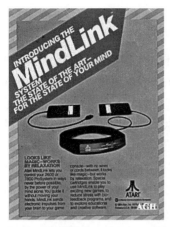

图 8.8 雅达利的 MindLink 项目,但从未投入生产(按照计划,这项游戏将允许玩家用他们的脑电波在没有第一自我的情况下控制网球拍)

在《Pong》出现后不久被创造出来的,那么,当我们的第二个自我"计算机"从程序中解放出来后,它将如何实际运行,这仍然是一个问题。正如加尔维在其他地方所暗示的那样,这个问题的答案并不在于诸如"再次成为孩子"之类的概念;相反,答案在于允许我们用自己意识以外的事物对自己编程,即通过像"Pong"这样的机器(它本身缺乏意识)进行编程,使自己适应游戏的外部节奏。这样的行为或多或少与第二自我从第一自我分离的程度成正比,这样的行为解构了主体的魔咒。

但是,一旦学会了如何操作控制旋钮,这种操作就不会停止并保持继续,以保证游戏不会结束。在新的单人模式下,动作游戏要求玩家长期适应机器。然而,这似乎与让·皮亚杰认为的游戏本质相悖:"必须区分实际调节的同化与纯粹的同化,纯粹的同化对活动本身的真实性没有任何影响或限制,这才是游戏的特征。"①虽然概念思维起源于同化和调节的平衡,但游戏被认为是所有事物对自我的同化,这与当时盛行的游戏理论一致,于是,皮亚杰得出以下结论:

很明显,为了定义游戏与非玩耍活动的关系而提出的所有标准,都不是为了明确区分两者,而是为了强调一个事实,即游戏的调性在比例上的方向是偏玩耍性质的。这相当于说,游戏是依靠修改现实和自我之间平衡条件的不同程度来区分的。因此,我们可以说,如果对活动的调节和思考构成同化与调节之间的平衡,那么只要同化占主导地位,游

---

① Jean Piaget, *Play, Dreams and Imitation in Childhood*, trans. C. Gattegno and F. M. Hodgson (New York: W. W. Norton, 1962), p. 90.

戏就开始了。……因此，它几乎是纯粹的同化。①

在无限同化的情况下，这里称之为"玩法"，被同化的事物往往会失去严肃性：任何事物都可以成为游戏的对象，而游戏只是在一个空间内对物体、符号和运动的杂耍，在这个空间里，万物都互相联系②。但是，这种自由概念在电子主机游戏中不再有效。游玩动作游戏意味着执行永久性的调节行为，这种行为的结束不再是玩家象征性的死亡，也不是在不合理的设定中用一个"崇高的身体"复活③；相反，该过程以超越机器的胜利和机器象征性的死亡为结束。皮亚杰的自由观基于调节的灵活性，而这不适用于动作游戏，这类游戏如果不按预期进行就将彻底结束，动作游戏中没有花招或妥协，必须按照正确的方式进行。此外，游戏中没有让玩家主体超越游戏并施加人类意志的余地。

也许最引人注目的例子是比尔·米切尔（Bill Mitchell，图 8.9），他经过 19

图 8.9　比尔·米切尔在住处放松的样子

---

① Jean Piaget, *Play, Dreams and Imitation in Childhood*, trans. C. Gattegno and F. M. Hodgson (New York: W. W. Norton, 1962), pp. 150, 87.

② 乔治·西斯伦将电子游戏解读为"儿童文化"的无政府潜能（*PacMan & Co.*, p. 28）。另外，他把计算机解释为"思想未经控制的最好的朋友"同样也得益于这种自由的概念，尽管他曾经是一个挑衅者，但他认为这种对计算机的想法是"胡说八道"。

③ Slavoj Žižek, "You Only Die Twice," in *The Sublime Object of Ideology* (New York: Verso, 1989), pp. 131–150.

年的训练,才成为第一个通关 256 级《吃豆人》的玩家,尽管《吃豆人》是一款老掉牙的 8 位街机游戏。

比尔·米切尔和他的朋友们没完没了地尝试着击败电脑,直到他们能够看穿这四个幽灵怪物的程序化行为模式为止。最终他们也学会了这种模式,在有了这些知识的前提下,米切尔就能制定出许多疯狂而费力的举动,使他们从被怪物追击的过程中获得几秒钟的喘息时间。……对于旁观者来说,这纯粹是魔术。米切尔说:"全球只有十几个世界级玩家能够到达这个水平。"[1]

皮亚杰的教学法被动作游戏的条件颠覆了,在这种条件下,调节就是游玩和同化,在游戏中死亡后才是工作。米切尔说:"现在我再也不用碰这该死的游戏了。"于是,他告别了调节游戏的工作。在他成功后,他希望在拉斯维加斯开始一个新的娱乐生涯,因为在那里的调节过程将不费吹灰之力,并且机会无限。

---

[1] Manfred Dworschak, "Gefrabige Scheibe," *Der Spiegel* 29(1999), p. 181.

## 第二部分

# 冒　　险

## 9. 洞穴

1838年,弗兰克·戈林(Frank Gorin)进行了一笔交易,后来被证明,这是冒险游戏史上至关重要的一笔交易。大概130年前,美国国防部高级研究计划署收购了BBN科技公司,以此制造了第一个接口信息处理机(interface message processors,简称IMPs),它们由弗兰克·赫特(Frank Heart)、罗伯特·卡恩(Robert Kahn)、塞韦罗·奥恩斯坦(Severo Ornstein)、威廉·克劳瑟、大卫·沃尔登(David Walden)等人在1970年公之于众[1]。戈林所收购的是被称为猛犸洞的地区,它在肯塔基州的喀斯特地貌延伸了350多英里,是世界上最长的洞[2]。猛犸洞于1799年被猎人发现,为军人提供了制作火药的鸟粪,因此被用于储存弹药的仓库,并最终作为旅游胜地开放。戈林的另一个"财产"是一个名为史蒂芬·毕肖普(Stephen Bishop)的奴隶,托他主人围绕结核病进行慈善活动的福,他不仅可以研究拉丁文和希腊文,还懂得洞穴学。在一年的时间里,毕肖普探索了他主人的洞穴,并让这一地区的地图情报信息量翻了一倍。通过为各个地下飞地(subterranean enclave)命名,他创建了一个半古典、半民俗的地形结构,并赋予它们诸如斯泰克斯河、雪球室、小蝙蝠大道和巨蛋之类的名称。他还整理了

---

[1] Frank E. Heart et al., "The Interface Message Processor of the ARPA Computer Network," in *Spring Joint Computer Conference*: AFIPS Proceedings 36(1970), pp. 551-567. ARPANET 的四个 IMPS 在 1969 年开始运行,它被连接到加州大学洛杉矶分校、圣巴巴拉分校以及斯坦福研究所和犹他大学的计算机上。

[2] 参见 Alexander Clark Bullitt, *Rambles in Mammoth Cave During the Year 1844* (Louisville: Morton & Griswold, 1845; repr. 1985); Roger W. Brucker and Richard A. Watson, *The Longest Cave* (New York: Knopf, 1976); Duane De Paepe, *Gunpowder from Mammoth Cave: The Saga of Saltpetre Mining Before and During the War of 1812* (Hays, KS: Cave Pearl Press, 1985); Joy Medley Lyons and Mary L. Van Camp, *Mammoth Cave: The Story Behind the Scenery* (Las Vegas: KC Publications, 1991); www.mammothcave.com; www.nps.gov/maca/index.htm。

一些自然历史奇观,包括盲鱼、沉默蟋蟀、蝙蝠和印度手工艺品。毕肖普于1856年去世,但他在1842年依靠记忆绘制的洞穴系统地图一直沿用到19世纪80年代。在20世纪初期,毕肖普的侄子爱德华·毕肖普(Ed Bishop)甚至更新了地图,将新发现的地区称为紫罗兰之城和毕肖普之坑。

后来,猛犸洞的所有者约翰·克罗汉(John Croghan)将其发展成旅游胜地,但它与周边社区的关系并不理想,其中的一些社区十分羡慕并决定与它竞争。实际上,在20世纪20年代,附近霍金斯山谷的大玛瑙洞的开通导致了所谓的"肯塔基洞战争"。这种情况是由假警察、不专业的领导者和纵火行为导致的,以至于所有洞穴都在1941年对公众关闭。第二次世界大战后,这些洞穴最终重新开放为国家公园,许多洞穴探险者开始探寻弗林特岭和猛犸洞之间的联系。1972年,一位年轻的物理学家帕特里夏·克劳瑟(Patricia Crowther)取得了突破,他能够识别通往猛犸洞的决定性泥泞通道(图9.1)。

图9.1 巨型穹顶(上左)、地下河(上右)和泥泞通道(下)

帕特里夏·克劳瑟正是前文所述威廉·克劳瑟的妻子,威廉·克劳瑟是接口信息处理机研发组才华横溢的程序员之一(图9.2)。威廉·克劳瑟有时会把他在 BBN 公司涉及军事路由问题的工作搁在一边,将精力和雇主的计算机资源投入到记录妻子的洞穴学数据中,然后处理好这些数据并将它们传送给洞穴研究机构①。然而,克劳瑟夫妇很快就离婚了,很可能是由于这一事件,威廉(在角色扮演游戏中被称为"盗贼威利")不仅尝试在计算机上模拟他的洞穴探险,而且从1973年开始以儿童友好型(也是用户友好型)的方式实施这些模拟②。就像绘画本身一样,冒险游戏似乎从洞穴墙壁的阴影空白中获得了最初的灵感。他编写的游戏程序的第一个版本名为"巨大洞穴",以贝德奎特洞穴(Bedquilt Cave)的模型为基础,深达四层,这款游戏还从这对夫妇非常珍惜的实际洞穴系统中借用了诸如"橙河岩室"(Orange River Rock Room)之类的名称。由于 FORTRAN

**图9.2　接口信息处理机研究组(威廉·克劳瑟跪在右边)**

---

① 克劳瑟开发的一个程序可以通过键盘输入符号数据,并在绘图仪上生成地图(该程序使用了诸如"Y2"之类的洞穴术语,用于指定测量点)。参见 Rick Adams, "A History of *Adventure*" (rickadams.org/adventure/a_history.html); Tracy Kidder, *The Soul of a New Machine* (Boston: Little, Brown, 1981), pp. 87–91; Steven Levy, *Hackers: Heroes of the Computer Revolution* (Garden City: Anchor Press, 1984), pp. 281–302; Katie Hafner and Matthew Lyon, *Where Wizards Stay Up Late: The Origins of the Internet* (New York: Simon & Schuster, 1996), pp. 205–207.

② Adams, "A History of *Adventure*": "[T]he caving had stopped, [...] so I decided I would fool around and write a program that was a re-creation in fantasy of my caving, and also would be a game for the kids [...]. My idea was that it would be a computer game that would not be intimidating to non-computer people."

语言的局限性，这个初级版本以"冒险"为简称被保存了下来，在一小群人中流传，并很快被传到了在斯坦福人工智能实验室（the Stanford Artificial Intelligence Lab，简称 SAIL）的唐·伍兹手上。1977 年，克劳瑟在施乐帕克（Xerox PARC）研究中心担任新职务后，他和伍兹扩大了该项目的地图，在某些位置加上了类似约翰·罗纳德·瑞尔·托尔金（John Ronald Reuel Tolkien）的叙事描写，并为游戏提供了明确的结局。就像小说的结局一样，玩家可以通过发现众多宝藏和物品从而获得最高得分来实现游戏的结局。在同一年，兰德公司的吉姆·吉罗格利（Jim Gillogly）用 C 语言将游戏代码从 FORTRAN 移植到 Unix 系统下，后来又为 IBM 大型机进行了改编。当然，地图环境的精妙处理以及带有物体和拼图的点缀对于纸上游戏《龙与地下城》①（*Dungeons and Dragons*）的玩家来说并不稀罕，然而令人惊奇的是，《冒险》（*Adventure*）游戏把基于现实的地形设计到游戏里，使其能融入玩家的空间记忆。在这种前提下，玩家就算没有地图，也可以在第一次访问现实中的猛犸洞时找到自己的出行方式②。

　　在一次针对贝德奎特洞穴的实地考察中，我的一个组员提到她希望找一天去巨洞游玩，她知道《冒险》里收录了这个地方。我说，这个游戏是基于贝德奎特洞穴的，我们现在正要去那里，她表示十分激动。她根据自己对这个游戏知识的全面了解，在整个参观洞穴的过程中不断地进行着叙述。在"复杂的房间"［Complex Room，在《冒险》中更名为"瑞士奶酪房"（Swiss Cheese Room）］中，她朝我从未去过的方向乱跑。她回来时说："我只想看看'威特的尽头'（Witt's End），这完全符合我的预期。"当我们完成工作时，我让她带领我们出去，她做得十分完美，这是因为她已经记住了游戏中的每一个动作。相信我，这个洞穴是一个真正的迷宫，这对于第一次来的游客来说是一个了不起的成就。③

---

① 在《龙与地下城》开始之前，一个玩家选择游戏中的角色、场景和遭遇（通常是怪物），其他玩家必须通过这些障碍物。据伯尼·科塞尔（Bernie Cosell，克劳瑟的前同事）说，这种游戏体验不应被低估："让我们八个人在同一时间、同一地点，无所事事地待上四个小时左右，这是不平凡的。所以，威尔有一个惊人的想法，他可以拼凑出一个以电脑为媒介的游戏版本（参见 http://www.ifarchive.org/if-archive/info/Colossal-Cave.origin）。

② 我也曾经依靠《刺客信条：枭雄》（*Assassin's Creed Syndicate*）记下了伦敦市中心的地图，之后在没有导航的情况下在市中心独自完成了旅行。——译者注

③ 这个账户是由一位名为梅尔·帕克（Mel Park）的洞穴探险家提供的。转引自 Rick Adams, "The Connection between 'Adventure' and the Real 'Colossal Cave'" (http://rickadams.org/adventure/b_cave.html)。

通过对这种强烈方向感的考察，《冒险》实际上所做的就是成功地让玩家记住一连串指令，游戏会在不论是熟悉还是陌生的世界中同样地"绑架"玩家。库尔特·莱文（Kurt Lewin）的拓扑心理学为我们提供了一种全新的含义，即它可以始终穿越空间中的确定路径，而不必认识甚至伪造有问题的路径。此外，当德里达（Jacques Derrida）将建筑说成是自我"指导"的"空间书写"时，游戏所要求的定向感并不是出于隐喻，而完全是文字冒险的字面意思[①]。反复键入命令（例如左、右或上）以将化身引导到符号空间中，实际上是作为对一组指向自己身体的命令产生的回应。玩家穿过洞穴的路线不再是最初激发空间的海德格尔式的唤醒（Bewecken，德语），而只是沿着划定的路线以"似曾相识"（déjà vu，法语）的感觉进行移动（bewegen，德语），玩家通过的空间已经被绘制了。

除了真实洞穴、奇幻文学、角色扮演和开发者不幸的婚姻，冒险游戏的出现也在很大程度上归因于技术问题。克劳瑟与伯尼·科塞尔、大卫·沃尔登同属于 IMP 组的编程团队，团队成员是从林肯实验室的工程师中招募的，其主要目的是解决被称为阿帕网（Arpanet）的原始网络的路由问题[②]（图 9.3）。克劳瑟面临的第一个（也是最突出的）问题来自 ARPA 的规范，它要求所谓的自适应或动态路由，即如果网络上两点之间的连接失败，则动态路由将允许该消息通过备用节点到达目的地（而且最好是尽可能少地出现这种状况）。因此，必须将一条消息拆分为数据包，每个数据包都包含发件人的地址和目标收件人的地址。但是，第一个问题是数据包应采用的路径未被指定，它依靠系统的邮递算法自行解决。第二个问题是透明度，因为这个过程实际上对用户隐藏了子网及其路由决策。

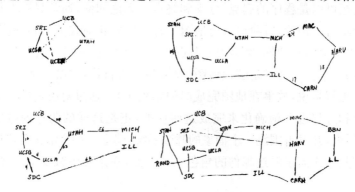

图 9.3　一些关于阿帕网的早期路由设计

---

① Jacques Derrida, "Point de la folie — maintenant l'architecture," in *La case vide．La Villette*，1985，ed. Bernard Tschumi (London：Architectural Association，1986), pp. 3–18.
② 参见 Hafner and Lyon, *Where Wizards Stay Up Late*, pp. 83–136。

网络设计的中心思想是 IMP 的子网应该以不可见的方式运行。例如,如果某个人坐在加州大学洛杉矶分校的主机前想要登录犹他大学的计算机,则该连接过程应该看起来是直接的,用户不必为存在子网而感到困扰,其效果就类似于电话系统中的直接拨号,能使呼叫者免于等待接线员转接的烦恼。就像电话公司的自动交换设备那迷宫般的图一样,IMP 对用户应是透明的。正如罗伯茨在提案征集中描述的那样:"主机通过其相邻的 IMP 查找网络,并发现自身已连接到接收主机。"[1]

这就是说,透明化的目的不是使一条消息的路径可见,而是使其消失,这有助于使用户不必访问和理解管理决策[2]。

克劳瑟以惊人的速度和黑客般的方式解决了这两个问题,即通过使用机器语言程序。据目击者称,他只需要在办公桌上方放一个大流程图就能生成霍尼韦尔 DDP-516 的纸带。只需 150 条指令,根据阿帕网的规范,中央数据包交换程序能够完成十倍于原本需求的任务[3]。此外,克劳瑟通过创建动态路由表系统解决了备用节点的问题,该系统不仅几乎可以不间断地更新,而且考虑了线路故障和拥塞等网络状况,因此能够尽可能有效地重新发送路由数据包。

从第一个冒险游戏的发展阶段,我们可以得出至少三个结论。首先,冒险游戏基于地图,或更确切地说,基于地图的位置和连接路径。这些位置可以是洞穴内的"房间",也可以是网络的节点,在这种情况下,它们之间的路径以特定的方式被隐藏。其次,冒险游戏从简单的意义上讲就是叙事,它们具有开始、发展和结束三个阶段。这些阶段可以由几个通信地址组成,也可以是英雄的出发、行动和返程,甚至可以是程序的起点、分支和终点。无论如何,通常只有点是可寻址的,而路径不行。最后,冒险包含与地图上各个位置相对应的一系列决策,它们可以是流程图上的椭圆形、网络中的节点或英雄所面临的"十字路口"。

玩家的三个主要任务是解锁地图、决策和达成目标,这既是地形终点,也是叙事终点(也就是说,故事在地图完成时便结束了)。通过对决定性变量、例程、位置、对象和过程进行精确化来完成这些任务,正是这样的萌芽创造了游戏世界。换句话说,开发者围绕一个抽象的邮政系统,建立了一个语义游戏世界的模型,玩家在其中扮演了派送邮件的角色。一方面,在系统中减少了一些智能性,

---

[1] 参见 Hafner and Lyon, *Where Wizards Stay Up Late*, p. 99。

[2] 进一步讨论透明度的概念参见 Sherry Turkle, *The Second Self: Computers and the Human Spirit* (New York: Simon & Schuster, 1984)。

[3] 用戴夫·沃尔顿(Dave Walden)的话来说:"Most of the rest of us made our livings handling the details resulting from Will's use of his brain." 参见 Hafner and Lyon, *Where Wizards Stay Up Late*, p. 129。

以便为玩家提供需要被完成的任务；另一方面，叙事或情节结构被引入作为（充满谜团的）引导系统。因此，每个冒险游戏都是一个被设计出来的可玩的世界，即一个完全可理解的世界，所以，引导系统也是完全必要的。与我对动作游戏的处理方式不同，以下讨论将不关注历史谱系，而更倾向于关注地形、叙事和世界建构之间的系统联系，也就是网络与冒险之间的联系。

# 10. 人造世界的建构

克劳瑟和伍兹的《冒险》被翻译成多种编程语言并移植到几乎每个计算机系统中,玩家要想玩它,首先要面对下面的名句(图 10.1)。

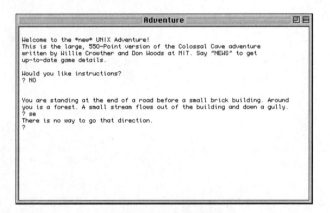

图 10.1 《冒险》的截屏

你正站在由砖砌成的小建筑前的路的尽头。在你周围是一片森林。一条小溪从建筑物中流出,向下形成一条沟渠。
？

同时,从计算机的角度来看,游戏从完全不同的句子开始,即从代表玩家指令启用条件的那些不可见指令开始。当然,这些内容不适合编译器翻译[①]。正

---

① 参见 Sybille Krämer, "Geist ohne Bewußtsein? Über ein Wandel in den Theorien vom Geist," in *Geist — Gehirn — künstliche Intelligenz. Zeitgenössische Modelle des Denkens*, ed. Sybille Krämer (Berlin: Walter de Gruyter, 1994), pp. 71 - 87。

如沃尔夫冈·哈根（Wolfgang Hagen）说的"现代资源库"（library of modern sources）的含义所暗示的那样①，如果代码不被翻译成机器语言并最终转化为硬件实体，那么根本就不会有任何游戏被创造。游戏核心的另一个要素是允许玩家听到文本，并将其转换为实时动作，虽然就其本身而言，这些动作无法追溯到原始文本。尽管长期以来，以文学学术圈将冒险游戏作为一种"互动小说"（interactive fiction）进行讨论，但这种定义对于无形文字（程序代码）并不适用，这实际上是全世界所讨论的文学设计背后的可能性条件。每当将饼干浸泡到一杯茶中时，人们就会默默地假定不仅有饼干和茶水，还有可以拿住饼干的手，以及可以将茶倒入其中的杯子。显而易见的是，茶是液态的，并且饼干会穿过茶杯周围这一块区域。冒险游戏也有类似的预设，因此，这种情况需要一定程度的本体论澄清。首先，应将术语"互动小说"反过来，因为我们正在处理的实际上是交互性的小说。这种小说需要一个与玩家的世界能充分兼容的程序化和技术性设计，并且在此基础上可以用罗曼·英伽登（Roman Ingarden）的话来叠加"文学作品的客观层次"②。其次，作为"可以被某种形式或既定边界包含"的世界③，冒险需要程序员恰当地称其为数据库本体。

## 存在

在最早的 FORTRAN 语言版本中，游戏《冒险》从以下几行开始：

```
DIMENSION LINES(9650)
DIMENSION TRAVEL(750)
DIMENSION KTAB(300),ATAB(300)
DIMENSION LTEXT(150),STEXT(150),KEY(150),COND(150),ABB(150),
1 ATLOC(150)
DIMENSION PLAC(100),PLACE(100),FIXD(100),FIXED(100),LINK(200),
1 PTEXT(100),PROP(100)
DIMENSION ACTSPK(35)
DIMENSION RTEXT(205)
DIMENSION CTEXT(12),CVAL(12)
DIMENSION HINTLC(20),HINTED(20),HINTS(20,4)
DIMENSION MTEXT(35)
```

---

① Wolfgang Hagen, "The Style of Sources: Remarks on the Theory and History of Programming Languages," in *New Media, Old Media: A History and Theory Reader*, ed. Wendy Hui Kyong Chun and Thomas Keenan (New York: Routledge, 2005), pp. 157–175.

② Roman Ingarden, *The Cognition of the Literary Work of Art*, trans. Ruth Ann Crowley and Kenneth R. Olson (Evanston: Northwestern University Press, 1973), p. 52.

③ Peter Sloterdijk, "Die Scheidung der Mauern. Stichworte zur Kritik der Container-Vernunft," in *Telenoia. Kritik der virtuellen Bilder*, ed. Elisabeth van Samsonow and Éric Alliez (Vienna: Turia und Kant, 1999), pp. 158–181, at 158–159.

后来这些行中又添加了以下边注：

```
C   CURRENT LIMITS:
C   9650 WORDS OF MESSAGE TEXT (LINES, LINSIZ).
C   750 TRAVEL OPTIONS (TRAVEL, TRVSIZ).
C   300 VOCABULARY WORDS (KTAB, ATAB, TABSIZ).
C   150 LOCATIONS (LTEXT, STEXT, KEY, COND, ABB, ATLOC, LOCSIZ).
C   100 OBJECTS (PLAC, PLACE, FIXD, FIXED, LINK (TWICE), PTEXT, PROP).
C   35 "ACTION" VERBS (ACTSPK, VRBSIZ).
C   205 RANDOM MESSAGES (RTEXT, RTXSIZ).
C   12 DIFFERENT PLAYER CLASSIFICATIONS (CTEXT, CVAL, CLSMAX).
C   20 HINTS, LESS 3 (HINTLC, HINTED, HINTS, HNTSIZ).
C   35 MAGIC MESSAGES (MTEXT, MAGSIZ).
```

正如命令明确说明的那样，正在发生的事情是对世界变量的大小进行确定。这个世界可以用 9650 个单词来描述，包含 150 个位置和上百个对象，并允许 35 个可能的操作。构建世界所使用的语言由 300 个单词组成。这些变量的配置是通过从外部数据库中读取描述来进行的。

```
1   YOU ARE STANDING AT THE END OF A ROAD BEFORE A SMALL BRICK BUILDING.
1   AROUND YOU IS A FOREST. A SMALL STREAM FLOWS OUT OF THE BUILDING AND
1   DOWN A GULLY.
```

只有配置了所有变量后，游戏才会从第一个 LTEXT 记录的任务开始，并且从这时起，程序仅对在特定条件、特定时间、特定位置和特定情况下可能执行的操作与特定的对象进行管理。因此，人们可以说冒险游戏由记录及相应的管理规则组成，根据这些记录和过程，可以处理给定游戏的进程。

1977—1979 年出现的一款叫《魔域帝国》[①]（Zork）的游戏是《冒险》的著名"后裔"，并且是这个类型中第一款商业发行的游戏[②]。我们可以很容易地详细分析在新游戏开始时给定数组的情况：设置尺寸、参数和读取字符串，即很容易看到冒险游戏生成世界时会发生什么（welten，德语）。《魔域帝国》是在 1970 年左右基于编程语言 MUDDLE（后来的 MDL）开发的。MUDDLE 是 LISP 语言

---

① 参见 David Lebling, Marc S. Blank, and Timothy A. Anderson, "Zork: A Computerized Fantasy Simulation Game," *IEEE Computer* 4 (1979), pp. 51 – 59; Tim Anderson and Stu Galley, "The History of Zork," *The New Zork Times* (1985), pp. 1 – 10 (ftp. gmd. de/if-archive).

② 1980 年，它被用于 Apple II 和 TRS-80；1982—1985 年，它被用于 Atari 400/800、CP/M、IBM PC、TRS-80(Model III)、NEC APC、DEC Rainbow、Commodore 64、TI Professional、DECmate、Tandy-2000、Kaypro II、Osborne 1、TI 99/4a、Apple Macintosh、Epson QX-10、Apricot、Atari ST 和 Amiga。

的后继者,首先被麻省理工学院中正在研究 MAC 的动态建模小组使用①。在《魔域帝国》出现前不久,动态建模小组制作了一款名为《迷宫》(*Maze*)的游戏,被广泛地在阿帕网上传播,它允许多个联网用户浏览以图形表示的迷宫,并且互相射击[因此可以预见《毁灭战士》(*Doom*)和类似的射击游戏]。蒂姆·安德森(Tim Anderson)回忆说:"《迷宫》实际上是该小组用于研究项目的数据库系统。"②《魔域帝国》的第一个版本于 1977 年在 MDL 中实现(与《冒险》一样,使用的计算机是 DEC PDP-10),由于内存限制,设计人员从 MDL 中删除了一些冒险时不需要的功能。修改后的编程语言被称为 ZIL(zork implementation language),但它仍然需要相当全面的 MDL 环境。解决这个问题的方法是由被称为 ZIP 的概念程序(z-machine interpreter program)提出的,该程序只处理所谓的 Z 代码,而在 Z 代码中可以以非常紧凑的方式编写冒险世界。就玩游戏本身而言,只需要依赖硬件的实时解释器或编译器,因此自那以后,Z 代码成了编写文字冒险游戏的通用语言③。

## 存在者

为了清晰起见,而且由于文字冒险游戏是一种特殊的纸上游戏,这里面的"玩家成就"(res gestae,德语)与"玩家行为的历史记录"(historia rerum gestarum,德语)容易混为一谈,因此,我将《魔域帝国》开头的全文复制如下:

魔域:地下大帝国,第 1 部分,发行版 1

(c) Copyright 1980 Infocom, Inc. All rights reserved. Zork is a trademark of Info-com, Inc.

房子西边

你正站在一个白色房子西侧的空旷地面,前门是关上的。

---

① 参见 Stuart W. Galley and Greg Pfister, *MDL Primer and Manual* (Cambridge, MA: MIT Laboratory for Computer Science, 1977); P. David Lebling, *The MDL Programming Environment* (Cambridge, MA: MIT Laboratory for Computer Science, 1979)。

② Anderson and Galley, "The History of *Zork*," p. 1.

③ 参见 Graham Nelson, "Inform 6.15: Technical Manual" (revised March 22, 1998; www.gnelson.demon.co.uk/TechMan.txt); Graham Nelson, "The Z-Machine Standards Document: Version 1.0" (revised September 30, 1997; www.gnelson.demon.co.uk); David P. Lebling, "Zork and the Future of Computerized Fantasy Simulations," *Byte* 12(1980), pp. 172–182; Marc S. Blank and Stuart W. Galley, "How to Fit a Large Program into a Small Machine," *Creative Computing* 7 (1980), pp. 80–87。

门口放着一个橡胶垫,上面写着"欢迎来到魔域!"

这里有一个小邮箱。

>打开小邮箱

打开邮箱会显示一个传单。

>阅读传单

欢迎来到魔域:地下大帝国

魔域:地下大帝国是冒险、危险和狡猾的游戏。

其中,你将探索凡人有史以来最令人惊叹的领域。

每一台电脑都应该安装一款《魔域帝国》!

原始版本的《魔域帝国》是由蒂姆·安德森、马克·布兰克(Marc Blank)、布鲁斯·丹尼尔斯(Bruce Daniels)和戴夫·莱布林(Dave Lebling)开发的。它的灵感来自克劳瑟和伍德的《冒险》游戏。该版本由马克·布兰克、戴夫·莱布林、乔尔·贝雷兹(Joel Berez)和斯科特·卡特勒(Scott Cutler)开发。

>在房子周围漫步

房子北边

你面向白色房子的北侧,这里没有门,所有的窗户都关闭了。向北,有一条狭窄的小径蜿蜒穿过树林。

>再来一次

房子后面

你在房子后面,有一条小路通向东方的森林。在房子的一个角落里有一扇小窗户,半开着。

>向窗内看去

你可以看到似乎是厨房的房间。

>进入

厨房窗户是关闭的。

>打开它

你费劲地将窗口打开到足以允许进入的位置。

>进入

厨房

你在白色房子的厨房里,一张桌子似乎在最近被用于准备食物。有一条通道通向西方,可以看到一节黑色的楼梯向上延伸。黑暗的烟囱通向东边的一扇敞开的小窗户。

桌子上有一个细长的棕色麻袋,可以闻到辣椒味,桌上放着一个玻璃瓶子。

玻璃瓶里装着一定量的水。

＞拾取

拾取什么?

＞除麻袋之外的所有东西

厨房桌子:一个有趣的主意……

玻璃瓶:已获取。

一定量的水:我碰不到它。

＞去西边

客厅

你在客厅,东边有一扇门,西边有一扇木门,门上有奇怪的哥特式字母,似乎被钉牢了,房间中央有一大块东方地毯。

这里有一个奖杯陈列柜,上面有一个电池供电的黄铜灯笼。奖杯陈列柜的上方悬挂着一把古老的精灵之剑。

  这种(近乎最佳的)游戏进程很好地说明了程序员们对"模拟无所不知"(mimic omniscience)的理解:"我们的意思是游戏应该充分模拟现实世界,这样玩家就可以把大部分时间花在解决问题上,而不是解决程序。"[1]为了游戏的可玩性,程序不得不退到后台。文字冒险游戏里 AI 的具体图灵测试包括模仿理解(1968 年在 ELIZA 程序中已经被尝试过[2]),并创建一个一致的、模拟的世界,它的基本参数类似真实世界。邮箱可以被打开,窗户是透明的,瓶子里装着水。从

---

[1] Lebling et al., "*Zork*: A Computerized Fantasy Simulation Game," p. 51.
[2] 众所周知,约瑟夫·魏森鲍姆的 ELIZA 模仿了罗杰的心理治疗学家,从而以软件的形式实现了图灵的性别猜测游戏。参见 Joseph Wizenbaum, "ELIZA: A Computer Program for the Study of Natural Language Communication Between Man and Machine," *Communications of the ACM* 26(1983), 23 - 28 (originally published in 1966); Howard Rheingold, *Tools for Thought: The History and Future of Mind-Expanding Technology*, 2nd ed. (Cambridge, MA: MIT Press, 2000), 152 - 173; www.ai.ijs.si/eliza.html. Among other unrealized plans from the 1980s, a famous team of adventure programmers hoped to design a sort of psychoanalytic adventure: "PSYCHOANALYSIS. Even the highly publicized Racter can't parse English as well as we can. This game would involve exploring a character's mind (obviously an interesting character; most likely a terrorist) to find the key to converting/curing him, or as a more conventional adventure [...] where you can literally explore his mind via some clever SF gimmick." This passage is quoted from Infocom's CD-ROM *Classic Text Adventure Masterpieces* ("Very Lost Treasures of Infocom/ABORTED")。

编程的技术角度来看，系统地处理这些经验知识似乎需要对亚里士多德的范畴进行某种"逆向工程"（reverse engineering）。亚里士多德认为：

> 在没有组合的情况下，所说的事物中每一个都表示物质、数量、质量、相对、地点、时间、位置、作用或受影响。为了概括地描述这些，下面是一些例子。
> 物质：人、马
> 数量：两英尺长、三英尺长
> 质量：白色、语法
> 相对：双倍、一半、更大
> 地点：在大讲堂、在市场上
> 时间：去年、什么时候
> 处于一个位置：在说谎、坐着
> 行动：穿上鞋子、穿上盔甲
> 作用于：切割、燃烧
> 受到影响：被割伤、被烧伤[1]

亚里士多德起初反对柏拉图本体论中谓词"to be"的歧义，并试图区分使用谓词的不同方式，但后来他似乎希望分出十个类别，足以涵盖"是"的所有不同功能[2]。但是，这种面向完全证明的方向不适用于电子游戏类别，他们的分类并不涉及繁杂的现有事物，而是涉及基于数据库结构多样性的分类基础，这些数据库结构只说明事物的存在。冒险游戏的世界是由一种特殊类别来定义的，这些类别的完整性是由世界自己创造的。

在《魔域帝国》的例子中，有 211 个（也可能是 255 个）对象起作用。作为对象，它们（英雄和敌人、武器和宝藏、邮箱和窗口）都具有相同的地位，因此，在上

---

[1] *Categories* 4. 1b - 2a, in Terence Irwin and Gail Fine, eds., *Aristotle*: *Selections* (Indianapolis: Hackett, 1995), pp. 3 - 4.

[2] Ernst Kapp, "Die Kategorienlehre in der aristotelischen Topik," in *Ausgewählte Schriften*, ed. Hans Diller and Inez Diller (Berlin: Walter de Gruyter, 1968), pp. 215 - 253; Günther Patzig, "Bermerkungen zu den Kategorien des Aristoteles," in *Einheit und Vielheit. Festschrift für Carl Friedrich von Weizsäcker zum 60. Geburtstag*, ed. Erhard Scheibe and Georg Süssmann (Göttingen: Vandenhoeck & Ruprecht, 1973), pp. 60 - 76.

帝或程序员统治的世界里，万物皆相关①。人工游戏世界通过其所有存在的熟悉地址空间而变得完全连贯，例如，"房子西边"是"你"的父对象，"小邮箱"和"门"是兄弟对象，"传单"是"邮箱"的子对象。在某种程度上，这种指针结构终结了无处可寻的先验节点，从逻辑上讲，万物皆有去处。作为分层清单（或缩写为LISP语言包含的"列表"）编写，如下所示：

```
[ 41] ""
. [ 68] "West of House"
. . [ 21] "you"
. . [239] "small mailbox"
. . . [ 80] "leaflet"
. . [127] "door"
```

在这里，[41]是一个不可见但同时又无处不在的编程虚拟对象，这是因为它是所有其他对象的逻辑启动器，每个对象在层次结构中都有自己的位置。每一个对象都是放置其自身位置的空白对象，所以，在实现对象之前的位置，[41]可以被称为"拉康小对象"(Lacan's "objet petit a")的编程等价物。

每个对象都有特性(attributes)和属性(properties)，前者是可以启用或禁用的简单"标志"。因此，诸如"易燃"之类的亚里士多德质量(Aristotelian quality)可以被简单地表示为：在 Z 为每个对象管理的 32 个状态位中，其中一个代表"易燃性"并被启用。在这种情况下，仍然有必要区分诸如"房子"之类的永久属性（在"房子西边"的情况下被启用，即使在亚里士多德的意义上，也将始终保持"定位"(location)或"位置"(where)）以及临时属性，如打开或关闭的窗口（在结构上类似于全局或局部变量）。举例而言，上面提到的瓶子有一个容器比特位和一个开闭比特位，但是"房子西边"也有一个容器比特位，因此，作为"位置"，它可以容纳播放器、邮箱和门②。根据对象的特性和属性对对象进行排序，从而发现不同的事物顺序，这无疑是一个非常有趣的冒险③。

与特性不同，属性的数值也可以是字符串地址。属性包括对象的名称、大小或重量，还包括特殊例程的地址以及成功使用某个对象所获得的分数。以下是

---

① 冒险程序员使用的术语"对象"不应与同时出现的面向对象编程混淆。这里的"对象"只是表示关系数据库的数据记录。

② "表面"也是一种特殊的容器，为了使一个物体可以放在另一个物体的上面，需要一个容器位和"表面性"属性。

③ 参见 Horst Bredekamp, *The Lure of Antiquity and the Cult of the Machine : The Kunstkammer and the Evolution of Nature, Art, and Technology*, trans. Allison Brown (Princeton: M. Wiener, 1995).

对邮箱的描述：

```
239. Attributes: 30, 34
     Parent object: 68  Sibling object: 127  Child object: 80
     Property address: 2b53
     Description: „small mailbox"
     Properties:
        [49] 00 0a
        [46] 54 bf 4a c3
        [45] 3e c1
        [44] 5b 1c
```

由于游戏世界必然是一个关系数据库，并且内存数量有限，所以，不存在没有数据记录的数据库。尽管如此简单，但这种视角对于文学与游戏之间的联系至关重要。"向北，一条狭窄的小径蜿蜒穿过树林"是公认的，这条路径是可以穿越的，但这并不意味着路径会存在那么长时间，直到树木倒下。只要它们不是对象，它们就不会受到玩家的支配。借用阿多诺（Theodor Wiesengrund Adorno）的名言，相较于可玩的冒险世界"本身"的意义，更重要的是它一直"为我们而存在"(nicht an sich, sondern immer schon für uns)。文学属于中间文本，只能是虚幻的，而游戏属于对象数据库的世界，可以被引用。更准确地说，不是文本中的每个单词都针对对象，而是只有具有地址的对象才可以被游戏。因此，所谓玩游戏，就是接受等待感知，并把感知作为可交易或可谈判的东西，或者，玩弄文字[Spielen heißt folglich: nehmen, was auf seine (Wahr)Nehmung wartet und wahrgenommen als (Ver)Handelbares genommen wird]。冒险对自由的幻想在于模糊文学与数据库之间的界线，并指示玩家仅感知对象。

　　有一张桌子，它最近似乎被用于放置食物。有一条通道通向西方，可以看到一节黑色的楼梯向上延伸。黑暗的烟囱通向东边的一扇敞开的小窗户。桌子上有一个细长的棕色麻袋，可以闻到辣椒味。桌子上放着一个玻璃瓶。玻璃瓶里装着一定量的水。①

---

① 顺便说一句，这段引文说明了与引用文本冒险有关的问题。例如，根据游戏中此时发生的情况，窗口可以打开或关闭，瓶子可以在那里或不在那里，或空或满。一个完整的引用可能包括用于特定文本版本的字符串和变量以及它们的当前配置。文本的不稳定形式也使任何试图"重述"给定游戏中发生的事情的尝试变得复杂。也就是说，一个游戏的过程完全可以通过一系列 if/then 分支来定义（很像数字猜谜游戏，人们可以用它来确定信息内容）。如果这些决定无论是由用户还是由脚本记录下来并应用到一个兼容的游戏中，游戏过程将再次自我更新。因此，先前叙述、重述和准确引用的不适用术语可以被虚拟性、执行符号和现实性（或"最新性"）取代。例如，范内瓦·布什文章中"trails"的概念，参见"As We May Think," *The Atlantic Monthly* (July 1945), pp. 112 – 124。

人们甚至无法开始枚举诸如此类的画面或静物中所缺少的内容,读者必须仔细阅读以了解下一个可行的操作。例如,没有提及诸如雾或光之类的大气现象,缺少有关植被或总体景观的细节,关于前景或地平线更是什么也没说。因此,冒险总是在洞穴中展开就不足为奇了。封闭空间不仅具有使物体间距离标准化的优点,而且能使物体间的距离均匀化,像网络的节点一样,它们也通过离散的通道相连。更不用说游戏中类似物体的角色思想和角色感觉受到了严重限制。冒险中的"演员"只是幽灵,更恰当的称呼是"恶魔",它们管理有限时间下的无形环境(比如火柴燃烧或定时炸弹滴答作响所需的时间)或控制特殊词汇(再次重复之前的命令)。反改革(counter-reformation)结合了虚幻成像技术和改良的印刷技术,默读文学作品能唤起视觉图像,因此这一行为可以在公众内心播下文化和浪漫主义的种子,而阅读冒险游戏的行为,用罗兰·巴特(Roland Barthes)的话来说,则相当于是一种"线人"。在某种程度上,游戏的故事根据素材(dinglicher,德语)谜题的画面展开,实质上是要重建它丢失的用户指令。

这种外在化(Veräußerlichung,德语)是冒险游戏特有的特征,近似于新罗马风格的诗学形态。例如,阿兰·罗布-格里耶(Alain Robbe-Grillet)的小说读起来就像是对冒险文本的空间描述。

> 因此,从窗户开始向左(逆时针方向)看,有一把椅子、另一把椅子、(在角落的)梳妆台、第三把椅子、一张樱桃木的床(纵向靠墙放置)、一张带底座的小桌子,桌前有第四把椅子、一个便桶(在第三个角落)、走廊的门、一张带翻板的桌子(当桌子的两边都展开时,它可以用作书桌)。最后是第三个柜子,斜放在第四个角落,旁边放着第五把和第六把椅子。就是在这最后一个、最气派的柜子里(总是锁着的),装着他收藏线绳的鞋盒,被放在最下面架子的右手边。①

这个旅馆房间里的物品可以组织成一个对象树(an object tree),并为它们分配特性(如可容纳性)和属性(第三个橱柜>鞋盒>字符串集合),从而对其进行歧义消除(第一、第二、第三……椅子)。《偷窥狂》(*Voyeur*,1955)是一部"事物小说"(novel of things),它讲述的不是主人公的故事,而是一个可以从中重构出可能的故事的对象。除了这些对象的存在,似乎没有什么是确定的。罗伯·格里耶认为,把事物仅仅表现为外在的和表面的并不意味着否定人,而是否定了

---

① Alain Robbe-Grillet, *The Voyeur*, trans. Richard Howard (New York: Grove Press, 1958), p. 149.

"超人类"(pananthropic)的观念。这种"距离理论"也就是冒险游戏的基本条件,根据这种理论,只有在人与物体重合的地方才能了解其含义。活着的物体(如敌人或商人)与椅子或柜子具有相同的本体论地位,只是它们被赋予可战斗或可说话等属性,即赋予它们可量化的生命力或有限数量的句子。

在罗布-格里耶的小说《迷宫》(In the Labyrinth)中,事物似乎已经被确立:合理的位置描述并定义了家具、立面、煤气灯或雪中的脚印;左、右、上和下控制着静物的出现次序和排列,并邀请观看者解决上下文之谜。就像在冒险游戏中一样,浪费时间的想法通常不起作用——"外面正在下雪,外面下过雪了,外面以前在下雪,外面正在下雪。"[1]因为冒险只"知道"不连续的段落,而且它们的经济不是时间的经济,而是决策的经济,所以,它们的对象没有过去这一状态。它们始终保持原样,并且仅在玩家使用它们的那一刻(在玩家输入特定实例使它们的配置发生变化的那一刻)生成一个故事。

## ……与技术语言

"新小说"(nouveau roman,法语)和冒险游戏似乎正在等待观众、读者、用户或玩家将其编程的虚拟化转变为实际玩法,但电子游戏与开放式作品(open works)这两个经常被视为类似的事物,至少在两个方面上完全不同。首先,它们几乎有且仅有一个通关路径。翁贝托·艾柯(Umberto Eco)认为开放式作品是"增加其元素分布的形式可能性"的集合[2],应该是所有可能的解释和叙述的总和,因为这类作品依赖于观众的权威,所以它们的物质状况是不确定的。这与冒险完全不同,因为游戏的结尾(考虑到它是字面意思上的编程的)总是已经写好了。游戏中全部的可行策略都是消除程序中编码的明确信息或因指令歧义而失败的尝试,因此,它们与艾柯强调的自由概念相矛盾(他后来承认修改了这一概念)。其次,开放式作品的功能仅仅是增加了实质性和解释性,冒险游戏则是在程序和用户的交叉点上运行的。冒险游戏的文字界面和命令行并不解释世界,它们改变世界。正如弗里德里希·基特勒在 Unix 的 KILL 命令中如此有说服力地证明的那样,存在和写作是一体的。

数据库和命令行之间的语篇管理器被称为解析器,在《魔域帝国》这个例子中,它是由大卫·莱布林开发的。作为动态建模小组的一员,莱布林的主要任务

---

[1] Alain Robbe-Grillet, *In the Labyrinth*, in *Two Novels by Robbe-Grillet: Jealously & In the Labyrinth*, trans. Richard Howard (New York: Grove Press, 1965), p. 144.
[2] Umberto Eco, *The Open Work*, trans. Anna Cancogni (London: Hutchinson Radius, 1989), p. 3.

是对摩尔斯电码的转录和理解进行自动化处理。更详细地讨论解释器似乎是恰当的,因为它组织游戏的知识。也就是说,它组织"一个人可以在话语实践中说话的知识……在这个空间里,主体可以占据一个位置,谈论他在论述中所涉及的对象"①。一经解包,《魔域帝国》就如下所示:

```
[ 14] @ $28bc again   [04 ff 00] <special>    […]
[ 28] @ $291e attach  [41 dc 00] <verb>
[ 29] @ $2925 attack  [41 d3 00] <verb>
[ 30] @ $292c awake   [41 b1 00] <verb>
[ 31] @ $2933 away    [08 f7 00] <prep>
[ 32] @ $293a ax      [80 01 00] <noun>
[ 33] @ $2941 axe     [80 01 00] <noun>
[ 34] @ $2948 bag     [80 01 00] <noun>
[ 35] @ $294f banish  [41 c4 00] <verb>
[ 36] @ $2956 bare    [22 f6 00] <adj>
[ 37] @ $295d basket  [80 01 00] <noun>
```

这使这款游戏可以"说出"带有 908 个单词的 211 个对象,其中有 71 个是动词。因此,冒险游戏的话语分析可能应该从结构主义分类学概念起源的地方开始。解释器在所有这一切中的基本功能是按照海德格尔的说法,沿着传统与技术语言的边界组织游戏:

> 要使这种报告成为可能,每个符号都必须被明确界定。同时,它的每一个符号组合都必须清晰地表示一个明确的陈述……因此,对符号和公式的清晰度要求确保了通信的安全和快速。大规模计算规划的结构和性能取决于技术计算准则,即人类语言转化为机器语言,机器语言作为信号传输的报告。我们对于"思考"这个行为的决定性因素在于,正是从机器的技术可能性出发,才说明了语言以当前形式存在下去的必然性。语言的种类和特征取决于正式信号传输的技术可能性……语言的种类由技术决定……因为这种权力分散在形式化的报告和信号系统中。所以,技术语言是对人类语言特有内容的最严厉和最具威胁的攻击——从最广泛的意义上来说,它会同时显现存在和不存在的内容。②

---

① Michel Foucault, *The Archaeology of Knowledge* & *The Discourse on Language*, trans. A. M. Sheridan Smith (New York: Pantheon Books, 1972), p. 182.
② Martin Heidegger, "Traditional Language and Technological Language," trans. Wanda T. Gregory, *Journal of Philosophical Research* 23(1998), pp. 129–145, at 140–141.

解释器产生的理解错觉是基于这样一个事实,即它可以将传统语言转换为可处理的技术语言。或者换句话说,解释器以命令行格式创建一种形式语言,使它的词汇和句法尽可能类似于传统语言格式。当然,每个单词都必须有清楚且明确的定义,并且输入的语法必须正确,这样才可以确保游戏可进行,并且玩家只能使用程序允许的单词。然而,更值得注意的是,人们可以通过在命令行中同时编写设定指令来制作游戏的进程。在创制(ποίησις,希腊语)的意义上,他"让……出现时不加掩饰"①。通过文字冒险的接口,技术语言确实可以成为一种揭示的媒介(Entbergung,德语),一种现实的展示与放任,海德格尔对"对人类自身本质的威胁"的忧虑成为日常的游戏体验②。因为就像在动作游戏中展示的那样,计算机将它的用户建模为设备,就其接口的控制论基础而言,所谓的"存在者"计算机(Seiende,德语)以及围绕它的人类存在之间就不再有任何差异。

冒险游戏的核心是行为,即选择一条路径,使用一个物品,杀死一个敌人。然而,道路不会变得杂草丛生,物体不会年久失修,敌人也不会真的死亡,它们更愿意在无尽的状态下存在并等待玩家的决定性输入。大卫·柯南伯格(David Cronenberg)在他的电影《感官游戏》(eXistenZ)中描述了这种令人印象深刻的矛盾状况,即在决策的周期性时间内,在作出既定选择之前,这种周期性时间是永恒轮回的。在主角们提出了正确的问题或使用了正确的物体之前,这部电影的故事一直处于(程序)循环中。每一个错误的决定都会导致一种似曾相识的经历,在这种经历中,前一个场景被重复,并在同一个令人费解的地方结束。玩家在那里又一次试图推进局势,如果解决了难题并作出了正确的决定,则时间循环中断,线性流程恢复,世界的等待状态结束了。电影的新片段开始了,故事又向前走了一步,只是重新出现并停滞在另一个决策节点。为了摆脱这种决策关键(decision-critical)条件,需要一种主要由名词和动词组成的语言。另外,形容词有助于消除歧义(黄色或红色椅子),副词代表冒险的黑暗大陆。

语言数据库与对象数据库紧密连接,对象的特性或属性显示了它是否可以与给定的动词结合使用。武器的属性为"武器",可以由 ATTACK 命令引用,而报纸则不能(否则,会引发错误消息:"用报纸袭击巨魔很不安全")。就像在对象世界中一样,每个与游戏世界相关的现实世界假设都必须进行建模。例如,输入的指令"ATTACK"基于一个子程序,该子程序将测试是否为玩家对象分配了武

---

① Martin Heidegger, "The Question Concerning Technology," in *The Question Concerning Technology and Other Essays*, trans. William Lovitt (New York: Garland, 1977), pp. 3 - 35, at 21.
② Heidegger, "Traditional Language and Technological Language," p. 141.

器,同时测试敌人是否恰好与玩家位于游戏的同一区域。此类假设被视为所谓的"衍型"[verb frame,或更恰当地称为"模式化构造块"(stereotype)],它的运作方式与人工智能这种旨在解决经验知识问题的运作方式相同。对于马文·明斯基(Marvin Minsky)来说,他提出了这一概念,即"框架是一种数据结构,用来表示一种构造化的情况……每个框架附带有几种信息。其中一些信息是关于如何使用框架的,有些则是关于人们接下来可能发生的事情"①。明斯基预设,日常世界可以被分解成典型的情况(typable situation)或微观世界(micro-world),而这些情况可以被隔离和形式化为稳定的知识基础。这一希望因欧文·戈夫曼(Erving Goffmann)几乎同时代的思想而变得不稳定②。分析中的 ATTACK 框架被读取为 ATTACK⟨X⟩[WITH⟨Y⟩],其中的⟨X⟩表示"可攻击",⟨Y⟩表示可以用作武器的(可选)对象。然后,只要具有这些属性的⟨X⟩和⟨Y⟩在同一个"父系"空间中以"兄弟"的形式出现,解释器将默默地结束该短语。如下所示(形式有所简化):

```
<CAVE>
    <TROLL> (fightable=1) (alive=1) ...
    <TREASURE> (fightable=0) (alive=0)...
    <YOU>
        <SWORD> (weapon=1) (readable=0) ...
        <NEWSPAPER> (weapon=0) (readable=1) ...
        <KNIFE> (weapon=1) (readable=0) ...,
```

在这里,武器必须通过额外的询问来消除歧义(消息:"用什么来攻击巨魔?")。在最初的过程中,设计者将用户命令与游戏的词汇(lexicon)进行比较,以便仅保留拼写正确且可以引用的内容,即对象和活动。例如,命令"快用生锈的旧刀攻击可怕的巨魔",将被读取为"攻击巨魔刀"。尽管副词无关紧要(事物发生的准确方式并不重要),但介词很重要(如"look under"与"look at")③。然后,程序将进行语法检查以确定活动与对象间的联系,这将导向⟨action ATTACK⟩

---

① Marvin A. Minsky, "A Framework for Representing Knowledge," in *The Psychology of Computer Vision*, ed. Patrick H. Winston et al. (New York: McGraw-Hill, 1975), pp. 211–277, at 212.

② Erving Goffmann, *Frame Analysis: An Essay on the Organization of Experience* (New York: Harper & Row, 1974). 参见 Bettina Heintz, *Die Herrschaft der Regel. Zur Grundlagengeschichte des Computers* (Frankfurt am Main: Campus, 1993), pp. 286–288.

③ 最重要的是,副词会导致"时钟恶魔"的倍增,要长时间地看一个物体需要更多的时间。然而,这只有在时间是游戏的关键因素的情况下才有意义。也就是说,如果对一个物体的密集观察会允许某些属性在一瞥中被忽略。如果是这样的话,整个游戏将不得不暂时化(temporalize),以保持世界的一致性,而这反过来又会导致管理问题,因为不同的玩家输入命令的速度不一致。

〈object TROLL〉〈object KNIFE〉等指令。如果事实证明该命令可以执行,将设置相应的参数,则游戏中的巨魔死亡。

不难发现,这种语言处理行为实际上正在实施乔姆斯基的转换生成式语法(当然,事实也可能与此相反)①。每个游戏的词汇都可以是构成句子的元素之和,解释器除了通过转换规则分析用户输入的句法成分外什么也不做。乔姆斯基的语法允许程序生成语言的所有语法语句,解释器则确保句子正确地遵循语法。在乔姆斯基的例子中,众所周知,意义是独立于语法条件的,一个称职的母语者对非语法句子的可能含义拥有最终决定权。然而,解释器只理解遵循语法的句子,不论这些句子是否有意义,但它们无法理解不合语法的句子。从程序的技术角度来看,冒险游戏的可修改活动是由数据库决定的,因此,只有当用户输入语法正确的程序命令时,才有可能进行这种活动。

如果考虑到冒险游戏的表演,这种命令式结构就变得特别清晰了。在约翰·L. 奥斯汀(John L. Austin)那颇具影响力的著作中,他对言语行为、言外行为和言后行为进行了区分,其中,言外行为是指话语的表现(无论是语音的、情态的还是流变的),言外行为表示特定言语行为的语用力,言后行为表示话语本身的实际(和不可控制的)效果②。以相同的示例为例,命令"ATTACK"(在用语上)由六个字母组成,这些字母构成一个单词,该单词存在于程序数据库(也包含英语)并具有常规含义。然而,从言外的角度来看,玩家进入游戏的所有语法句子都可以是命令③,它们是指令性言语,一旦按了RETURN键,就会产生言语效果。奥斯汀保留了取效行为(perlocution)概念的一些松散定义,并在论点中将它作为常规言外行为的非常规对应物。然而,冒险游戏简化了这个问题——如果言后行为仅仅是前两种行为的结果,剩下的就是对命令的接受或拒绝。

如果解释器接受语法句子的输入,则它始终显示成功的言语行为。然而,真实世界与冒险游戏的区别在于,游戏的进程取决于哪种言后行为被选择,而这个决定又追溯性地定义了言语行为的方式。例如,如果一个命令导致一个错误消息("你不能用报纸攻击一个巨魔"),则此命令可追溯地将言语行为定义为一个指令性话语。然而,如果一个命令被成功执行("你杀死了巨魔"),它就被追溯性地定义为一个明确的执行性言语行为。在这种行为中,它的言语及效果是一致

---

① Noam Chomsky, *Syntactic Structures* (The Hague: Mouton & Co., 1957).
② John L. Austin, *How to Do Things with Words* (Cambridge, MA: Harvard University Press, 1962).
③ 例如,"?"不是一个问号,而是一个启动实用程序的命令。

的(如履行婚礼誓言、就职典礼等)①。

让-弗朗索瓦·利奥塔(Jean-François Lyotard)指出,言语行为理论的行为性方面也有经济的一面。一个系统的性能是它输入输出比的可测量效率,"奥斯汀的性能实现了最佳性能"②。还可以推测,玩家从游戏中获得的快乐取决于他可以产生一系列明确表演行为的效率,而游戏的兴奋性在于给定的言外行为结果的不确定性。这是在正确的情况下、正确地输入符合规范的命令的问题。因此,游戏玩得好(玩法有效率)就是指做出了"好的"动作(或符合设计者精心设计的方式),这意味着左拉说的"用一个恰当的词语是一个好动作"(une phrase bien faite est une bonne action,法语)被转化成可度量和可评判的表现。

## 软现代性

总而言之,如果人们考虑用对象构建世界,使其具备特性和参数,具备引入它们的上下文以及可以引用它们的衍型,那么冒险游戏的世界似乎会因此成为维特根斯坦式的一种逻辑。对数组的维度标定会创建一个实例(Fall,德语),而它的配置会通过产生初始状态(Sachverhalte,德语)来创建现实(Tatsachen,德语)。特性与属性会影响事物在事态中的存在,这在游戏之外是不可想象的。玩家的成功介入改变了事态的结构,从而为世界提供了新的条件。考虑到它们是预先写好的程序,玩家执行的每一个成功的、明确的表演性言语行为都是先验正确的,语言与对象数据库的界限和边界自然与可玩的世界相同,在这个世界中,上帝不会显露自己③。

这一点在世俗的语境中似乎显而易见,或许需要从文字游戏的角度,即游戏的表现角度进行更广泛的讨论。1979年,在《魔域帝国》处于开发中时,利奥塔发表了关于"计算机社会中的知识"的报告。在报告中,他认为教育的概念不再指智力与人,而是指知识的传播与使用。利奥塔在研究知识的合法化,即决定知识或非知识地位的文化权威时,借鉴了维特根斯坦的文字游戏概念,这一事件非常有名。就它的规则而言,文字游戏具有三个值得注意的特征。首先,它们的规

---

① Jean-François Lyotard, *The Postmodern Condition: A Report on Knowledge*, trans. Geoff Bennington and Brian Massumi (Minneapolis: University of Minnesota Press, 1984), pp. 9 – 12.
② Ibid., p. 88.
③ 维特根斯坦的《逻辑哲学》中的几个命题(1、2、2.012、2.04、3.04、7)可以重新被表述为与冒险游戏有关的命题。据我所知,以这种方式接近这个主题的唯一其他研究是 Heinz Herbert Mann, "Text-Adventures. Ein Aspect literarischer Softmoderne," in *Besichtigung der Moderne. Bildende Kunst, Architektur, Musik, Literatur, Religion. Aspekte und Perspektiven*, ed. Hans Holländer et al. (Cologne: DuMont, 1987), pp. 371 – 378.

则来自玩家间的契约;其次,如果没有规则,就没有游戏;最后,每一句话都构成游戏中的一个动作。因此,用利奥塔的话说,"从游戏的意义上考虑,说话就是战斗"①。由于言语行为的竞争性,主体"总是位于传递各种信息的岗位上"②,主体的权力被剥夺,玩家的权力则与主体的权力相对,玩家的权力是"由主体构成的、组成它的各个领域的能力"③。玩家在各种文字游戏中的出色表现成为他们克服主体无力感的能力。之所以需要这种多元化,是因为机构(学校、军事、科学等)为了定义可接受的叙述创建了各种框架,也因为机构对不同种类的叙述享有特权。根据利奥塔的著名论断,现在已经没有一个宏大叙事可以涵盖所有类型的叙述了。事实上,现代倾向使叙事不再是"合法化过程中的失误……科学知识如果不借助另一种叙述性的知识来表述,就不能知道它是否属于真正的知识。从利奥塔的观点来看,这种知识根本就不是知识"④。利奥塔对于建构在竞争性文字游戏上的文化抱有两个期望:首先,游戏是异质的;其次,就定下游戏规则而达成的任何共识都必须在本地层面,也就是玩家之间达成。

关于电子游戏,有趣的是,利奥塔用媒介史的术语定义了后现代主义的认识论条件,特别是在以下领域:"传播和控制论问题、现代理论代数和信息学、计算机及其语言的翻译问题,以及计算机语言之间兼容性领域的探索、信息存储和数据库问题、远程信息处理和智能终端的完善。"⑤文字游戏与后工业社会或计算机化社会的新交流形式相结合,形成了控制论、信息论和数字计算机。这揭示了两个特点:一方面,上述文字游戏的"本地共识"(利奥塔所指的意思是"涉及元描述的论点,并且在时空上受到限制"⑥)可以简单地被称为计算机程序或软现代性;另一方面,利奥塔本人也看到了其中的"恐怖"之处——任何媒介的接触都可能抵制宏大叙事,这种接触尽管具有特殊性,却有着共同的利益,即效率。虽然文字游戏是一种竞争性游戏,因此可能不受普遍性的影响,但这种游戏是技术性的,因为玩家需要有效的战术——"技术性的'动作'在做得更好和/或消耗的能量少于其他人时才是'好的'。"⑦所以,在文字游戏中,真理和效率在表演性的原则之下融合,而表演性实际上是计算机化的。在"教授时代"(age of the

---

① Lyotard, *The Postmodern Condition*, p. 10.
② Ibid., p. 15.
③ Ibid., p. 19.
④ Ibid., pp. 30, 29.
⑤ Ibid., pp. 3–4.
⑥ Ibid., p. 66.
⑦ Ibid., p. 44.

professor)听到了它的丧钟之后①,"知识分子之墓"旁边出现的是一个全新的形象——"他们智力的专业运用并不是为了在他们的能力范围内尽可能充分地体现普遍学科,而是为了在这个领域取得最好的成绩。"②教育的目的是"为系统提供参与者,该参与者能够在其机构所需的实用主义岗位上,令人满意地履行其职责"③。在信息化或计算机化的条件下,教育不仅是永无止境的,而且服务于使过程与所谓的内容脱钩。因此,与成长小说不同,冒险游戏并非以受到良好教育的主题结尾,而是以学会说解释器准备好的语言结尾。正是通过这种可循环使用的用户知识形式的语言,可以解决对象分散的情况(或者用更专业的术语来说,可以优化地重新配置数据)。利奥塔也提出了同样的观点,他指出"学习是可以被转换成计算机语言的,传统教师可以被记忆库取代",因此"教学可以委托给机器去完成"。他补充道:

> 仍然必须由人来教给学生一些东西——不是内容,而是教学生如何使用终端。一方面,这意味着要教他们新的语言;另一方面,这是一种更精确地处理文字游戏中问题的能力——这个问题应该在哪里才能找到解决方法,换句话说,是面临"需要知道哪些相关记忆库",又应该如何向终端提出问题以避免误解"等之类的问题。④

因为在冒险游戏的世界里,学习总是无所不在,所以我们仍要问:那是真的吗?但是,玩真正的电子游戏并没有错误的方法。玩家反复面对的问题是某个事物(一个物体、一个命令)服务于什么目的?尽管出现了所有相反的情况,冒险游戏并不是真正地与寻找事物(刺客、宝藏、公主等)有关,它的核心在于弄清楚事物之间的关系,弄清事物如何有意义地结合在一起,从而推动游戏的发展,以及玩家需要在游戏的哪个节点发出哪些命令才可能实现最佳表现。冒险游戏之间的问题是相关的,玩家的操作能力取决于他的效率,一种能够连接数据库中存在的特定数据记录的效率。在这个方面,有趣的概念并不属于不完全信息,而是典型的完全信息。也就是说,专利与可随时使用的对象之间存在某种联系。

---

① Lyotard, *The Postmodern Condition*, p. 53.
② Jean-François Lyotard, "Tomb of the Intellectual," in *Political Writings*, trans. Bill Readings and Kevin P. Geiman (Minneapolis: University of Minnesota Press, 1993), pp. 3–7, at 4.
③ Lyotard, *The Postmodern Condition*, p. 48.
④ Ibid., p. 50.

只要是不完全信息博弈,优势就属于拥有更多知识并能获得信息的玩家。顾名思义,与之类似的是,对于一个处于学习环境中的学生,当他面临完全信息博弈时,最好的表现不是以这种方式获得额外的信息,而是要寻构成移动的最优解。这种新的安排通常是通过将以前被认为是独立的一系列数据连接在一起来实现。①

利奥塔从中得出的积极结论是,建立联系的行为不仅是一种取之不尽的储备,而且这种行为可以不合逻辑②。除了混乱、灾难和不连续性,他还命名了信息冗余值(informatic surplus value),信息冗余值是在一定程度的复杂性下,有序过程(遵循的游戏规则)陷入混乱状态并带来不确定结果时产生的。同时,不合逻辑的悖谬对整体效率而言是"恐怖"的结果和补救措施③。

然而,这个选项在冒险游戏中并不存在,它们所有的联系都是经过编程的,玩家无法独自升级,冒险游戏的逻辑错乱状态相当于系统崩溃。虽然程序是后设语言规则(metaprescriptive)的,但游戏的展开方式仅仅是规定性(prescriptive)的,动作游戏在设计用户时已经证明了这一点,尝试从规定级别转换到元规定级别通常会遭到暂停游戏的惩罚。利奥塔指出:

> 这种行为是恐怖的,正如卢曼(Luhmann)描述的系统行为一样。我所说的恐怖,是指通过消灭或威胁消灭一个与他分享的文字游戏玩家而获得的效率……但是,这一进程对他们有吸引力的是,它将在玩家环境中造成新的紧张局势,并导致玩家执行能力的提高。④

后一点在1980年后的冒险游戏历史中尤为明显⑤。但是,利奥塔对恐怖行为的诊断就不太具体了,因为自从将程序出售给一般人之后,它们就已经存在,只是等着被使用。也就是说,一般人不再希望绕过这些规则,也不希望改变既定

---

① Lyotard, *The Postmodern Condition*, pp. 51 – 52.
② Ibid., p. 67.
③ Ibid., p. 66.
④ Ibid., pp. 63 – 64.
⑤ 例如,图形冒险的用户界面和图像就属于这段历史,它很快取代了基于文本的冒险,而且它广受赞誉的改进在某种意义上比命令行更可怕,因为命令行至少允许低效的诗歌输入。相反,也有游戏,如《真实神秘岛》(*realMyst*)、《触手也疯狂》(*Day of the Tentacle*)、《夺宝奇兵3:亚特兰蒂斯之谜》(*Indiana Jones III: The Fate of Atlantis*),它们强化了玩家的行动自由,并引入了平行的叙事或替代的游戏过程。

的游戏规则。源代码级别的干预取决于两个因素,第一个因素是游戏玩家需要拥有通过元描述表达自己的能力,即玩家必须精通编程语言。"从这个角度来看,信息学特别是远程信息处理的基础培训普及应该是大学的基本要求,就像学生要学会流利的外语一样"①。[大约在同一时间,艾伦·凯和西摩·派珀特(Seymour Papert)在他们的"个人计算动作"(personal computing movement)中提出了相同的建议。]第二个因素涉及市场条件,由于经济原因阻止了用户干预源代码,最早的电子游戏,如《太空大战》和《冒险》,它们的源代码能在DECUS这样的用户群中流传,并能够被修改、重新编译和翻译。然而,首批商用电子游戏(如《Pong》或《魔域帝国》)的用户界面基本上无法访问程序代码,它们最多可以被黑客破解,并获得作弊器(cheat)和补丁(patch)。

---

① Lyotard, *The Postmodern Condition*, p. 51.

## 11. 叙事

从技术实现层面转向语义或叙事设计层面,我们发现冒险游戏呈现出叙事性。不论是哪种类型,奇幻小说、科幻小说,还是侦探小说,游戏的开始与叙事的开始是一致的,它的游戏过程是体验无法改变的与逻辑相关的事件的结果,这些事件导致一个整洁的结局。事后看来,叙事结构分析似乎已经被写在冒险游戏的实例中了。换言之,这种分析似乎本身就是一种媒介技术话语条件的事件,因此可以与冒险游戏放在同等水平。例如,罗兰·巴特的叙事理论可以像软件理论一样易于理解[1]。

**核心与催化**

结构分析将叙事分解为单元,由于这些片段具有功能性特征,故事或意义能从它们的多方位关联中显现出来[2]。参与关联的每一个片段都可以被视为一个单元,"任何功能的'灵魂'都有它种子般的品质,这品质使得功能可以在叙事中

---

[1] Roland Barthes, "An Introduction to the Structural Analysis of Narrative," trans. Lionel Duisit, *New Literary History* 6(1975), pp. 237 – 272. 其他关于叙事逻辑的讨论,参见 Claude Bremond, *Logique du récit* (Paris: Seuil, 1973); Claude Bremond, "The Logic of Narrative Possibilities," trans. Elaine D. Cancalon, *New Literary History* 11(1980), pp. 387 – 411; Arthur C. Danto, *Narrative and Knowledge: Including the Integral Text of Analytical Philosophy of History* (New York: Columbia University Press, 1985); WolfDieter Stempel, "Erzählung, Beschreibung und der historische Diskurs," in *Geschichte — Ereignis und Erzählung*, ed. Reinhart Kosselleck and Wolf-Dieter Stempel (Munich: W. Fink, 1973), pp. 325 – 346。

[2] Roland Barthes, "The Structural Analysis of Narrative: Apropos Acts 10 – 11," in *The Semiotic Challenge*, trans. Richard Howard (New York: Hill and Wang, 1988), pp. 217 – 245, at 225: "We call 'meaning' any type of intratextual or extratextual correlation, i. e., any feature of a narrative that refers to another moment of the narrative or to another site of the culture necessary in order to read the narrative."

注入一种元素,而这些元素将在同一层面或其他层面逐渐成熟"①。因此,叙事中的每个内容都有一个功能,并且这种功能可以分为不同的类别和等级。罗兰·巴特将此称为分布式和集成式。"分布式"一词严格意义上指的就是功能。买枪与某人被枪击或与某人犹豫不决有关,电话铃响则与接听或忽视的那一刻有关。或者:

> 这里有一个小邮箱。
> ＞打开小邮箱
> 打开邮箱,里面有一张传单。
> ＞阅读传单
> 欢迎来到《魔域帝国》。

在极少数情况下,相关性才会形成一个直接的序列,而在通常情况下,只有在游戏后期,目标才会变得清晰。因此,玩家会尽可能地随身携带所有物品,因为他们从经验中学到,任何可以拾取的物体都将在某个时刻发挥特定的功能。"整合"一词表示"索引"或"指示符",即指人物的性格特征和对故事气氛的观察等。几个整合单元通常会引用相同的关联,然而,它们对动作顺序没有影响,其意义相当于一般类型的角色层次②。因此,分布元素是水平的、组合的、转喻的,并组织了行动的功能。就其本身而言,整合元素是垂直的、范式的、隐喻的,并组织了存在的功能。冒险游戏几乎完全是由分布式单元构建而成的,因此在本质上更接近以功能为主的童话,而不是以指示性为主的心理小说。

在分配单位内部,基本功能或核心需要与催化剂区分开。核心是指在叙述中导致相应选择的动作:

> ＞背包
> 剑、刀、报纸
> ＞攻击
> 用什么攻击巨魔?
> ＞报纸　　　　　　　　(或)＞刀
> 用报纸攻击巨魔是很困难的　你杀死了巨魔

---

① Barthes, "An Introduction to the Structural Analysis of Narrative," p. 244.
② Ibid., p. 247.

核心具有时间顺序和逻辑功能，因此，核心对游戏故事或进程很重要，而催化剂仅具有时间顺序功能。在某种程度上，它们是寄生于核心逻辑结构的"寄生虫"，其功能是描述故事中瞬间分开的两个事物。例如，由于缺乏存储空间，对小冲突的描述往往在冒险前期缺席。但是，此后经常会出现这种描述，以使游戏中的某些过渡变得模糊和短暂。也就是说，文字将写为"花了很大的力气，你把窗户开得足够大，可以进入"，而不是"窗户打开了"①。仅仅用 VERBOSE[ON, OFF]命令就可以打开或关闭它们，这一事实表明它们没有任何逻辑意义。因此，基本功能是叙事中具有风险的时刻，是玩家必须作出关键决定的地方。相反，催化剂预示着休息和平静的时刻，在这一时刻，游戏是丰富多彩的，玩家可以平静地观看游戏进程。尽管玩家承认这一成果是由自己带来的，但玩家不能在事态发展时介入。

对于整合单位，需要将索引与信息比特位区分开。索引始终具有隐含的相关性，以指向人格特质、感觉或氛围，信息片段则用于识别和确定时空中的某些元素。少量信息或信息提供者并不是一种暗示，而只是为叙述提供一种现成的知识。在冒险游戏中，空间描述（至少在"VERBOSE OFF"的条件下）几乎完全由信息提供者组成。

> 你在客厅，东边有一扇门，西边有一扇木门，门上有奇怪的哥特式字母，似乎被钉牢了，房间中央有一块大东方地毯。这里有一个奖杯陈列柜，上面有一个电池供电的黄铜灯笼。奖杯陈列柜的上方悬挂着一把古老的精灵之剑。

因此，冒险游戏由三方面组成，分别是故事核心、少量信息，以及基于当前数据的风险情况。在叙事层面上，这意味着用通过浏览给定数量的数据时所作出的决策来创建故事："叙事中功能安排的广泛性强加了一个基于中继的组织，其基本单位只能是一小部分功能，这将被称为序列……序列由团结关系连接在一起的逻辑核心串构成。"②因此，当可以确定没有风险时，一个序列就完成了（这并不意味着一个序列的终点不能作为新序列的起点），因为冒险游戏中没有无意义的对象。也就是说，由于玩家使用的每个对象都有指定的用途，所以，冒险包

---

① 在某些图形冒险游戏，如《龙穴历险记》(*Dragon's Lair*)中，预制的动画后来被用来使动作形象化，同样可以被视为一个催化的例子。
② Barthes, "An Introduction to the Structural Analysis of Narrative," p. 253.

含的序列大约是对象的一半——钥匙只能用来解锁永远等着它的那扇门,一封信只能寄给玩家,魔咒只能用来附魔各种物品。因此,许多游戏都有所谓的"库存保护"(inventory demon),当物品在一个可以使用的地方被使用(并因此关闭了一个打开的序列)后,它们会自动将物品归档。序列允许重叠,但它们通常不会相互干扰——在游戏开始时找到的钥匙,甚至可能只会在游戏结束之后,或者在出现许多其他序列之后才变得有用,然而,钥匙是否是玩家库存的一部分却对间歇序列的结束没有影响。虽然就文学而言,对文本进行风险分析可能会遇到很大问题,但在电子游戏中,此问题始终会通过源代码来预先解决。电子游戏是一种虚拟合成,不过在玩家成功地玩游戏的过程中能够将这种虚拟合成转化为实际合成。游戏的故事是通过(预先)存在于其程序代码文件中的所有事件产生的。

如果不同风险情况的可能后果被相同角色消除了歧义,这就被称为史诗叙事,即"史诗叙事在功能层面上被打破,但在行动层面上仍保持不变"①。因此,冒险游戏的状况似乎代表着一种荷马叙事技巧的回归②,英雄仅仅是某种活动背后的一个名字或代理,正如亚里士多德所言,主人公的概念完全从属于行动的概念③。小说中诸如个性或心理一致性之类的概念已不再从属于动作,而是从属于组织这些概念的心理本质,这种心理本质在冒险游戏中却没有地位。与这些概念不同,罗兰·巴特更喜欢主体参与某行动所定义的叙事主体。通过这样一个代理,给定的序列获得一个"名字"[克劳德·布雷蒙德(Claude Bremond)的术语]。"人"的概念包含在代理的概念中,因为只有通过对代理的引用,某些行为才能被理解。对于计算机而言,这种合理化策略以参数化方式进行,即设定将代理人的参与限制在预定活动特性和属性范围内。根据这个概念,"序列的'真实性'不在于构成它的'自然'行动顺序,而在于在序列中间展开、暴露和最终确认的逻辑"④。因此,序列的主体是此逻辑的一部分。然而,在冒险游戏出现的历史时刻,代理的概念不仅出现在结构主义的分析过程中,而且代理也是人工智能和军方正在开发的某些类型软件不可或缺的一部分。

---

① Barthes,"An Introduction to the Structural Analysis of Narrative," p. 256.
② 关于史诗中的时间观念,参见 Ernst Hirt, *Das Formgesetz der epischen, dramatischen und lyrischen Dichtung* (Hildesheim: H. A. Gerstenberg, 1972); Erich Auerbach, *Mimesis: The Representation of Reality in Western Literature*, trans. Willard R. Trask (Princeton: Princeton University Press, 1953).
③ 正是出于同样的原因,顺便说一句,布兰达·劳雷尔对计算机戏剧本质的分析显然是亚里士多德式的。参见 Brenela Laurel, *Computers as Theatre* (Reading, MA: Addison Wesley, 1991).
④ Barthes,"An Introduction to the Structural Analysis of Narrative," p. 271.

/ 电子游戏世界 /

### 考虑"红队"

在这一点上,对战略游戏的简短尝试是有序的。政治战略游戏自从20世纪50年代后期发源以来,就如同数量众多的战争游戏一样不计其数。《国际模拟》(*Inter-Nation Simulation*)的游戏世界是由西北大学的哈罗德·格茨科夫(Harold Guetzkow)和理查德·斯奈德(Richard Snyder)于1957年创建的,由5—9个虚构的国家组成,国家的名字有 Algo、Erga、Ingo、Omne 和 Ultro 等。各国根据自身人口数量、军事实力、国民生产总值和各种生产数据等信息进行建模。参加比赛的团队由国家元首、财政部长和外交部长等角色组成,他们根据一套固定的规则,包括可使用的变量、组成的联盟、签署的条约等要素进行计算①。这一时期的其他游戏也以类似的方式运行,包括《简单外交游戏》[*Sivnple Diplomatic Game*,1959年由俄克拉荷马大学的奥利弗·本森(Oliver Benson)和理查德·布罗迪(Richard Brody)开发]、《模拟对象》[*Simuland*,由北卡罗来纳大学的安德鲁·斯科特(Andrew Scott)开发]和更著名的《POLEX》(麻省理工学院于1958年创建的一款政治策略游戏)。尽管后来越南战争的不可预测性证明了早期模型的缺陷,但从量化资源来看,通过游戏的"政治军事演习"来模拟战争和政治确实很容易。比如《Agile-Coin》和《Temper》两款游戏,模拟中考虑了游击战的影响。还有很多游戏案例,其中可以推测出诸如文化、传统、态度、宣传和恐怖活动等潜在影响。这种所谓的"合成历史"(synthetic history),与其说是对事件序列的关注,不如说与可能影响这些序列的参数有关②。在宏观层面上,将历史作为一系列序列进行分析会产生某些参数,比如国民性(national character),这些参数既有助于合理化过去发生的序列,也有助于预测未来可能出现的序列。游戏设计者面临的问题是,如何在现有序列的基础上推算出对方会如何思考和行动(图11.1)。答案是对另一方的个人或意识形态数量进行数学建模(兰德公司的内部人士称之为"伊万"或"他"),因为只有在个体化的形式下,另一方才会有可预测的行为,也只有这样,某些行为才能被分离、测试、播放、模拟和优化,因此衍生出一个定义敌人身份的问题——如何思考红队?

正是这个问题定义了政治电脑辅助游戏与政治电子游戏间的边界(根据军方的定义,那些游戏是由计算机来玩,而不是由坐在计算机前的人来玩),而且第一批冒险游戏的软件设计师也试图回答"如何思考红队"这个问题(图11.2)。

---

① 这个例子再一次强调了冒险游戏与(旧的)角色扮演游戏的相似性,这一点在我的威廉·克劳瑟的传记速写中已经有所暗示。在某些方面(当然不是所有方面),冒险可以被理解为单人角色扮演游戏。
② 参见 Claus Pias, "Synthetic History," *Archiv für Mediengeschichte* 1(2001), pp. 171–184.

在正式邀请承包商开发新的分析方法时，五角大楼从以下几个方面讨论了计算机的使用。

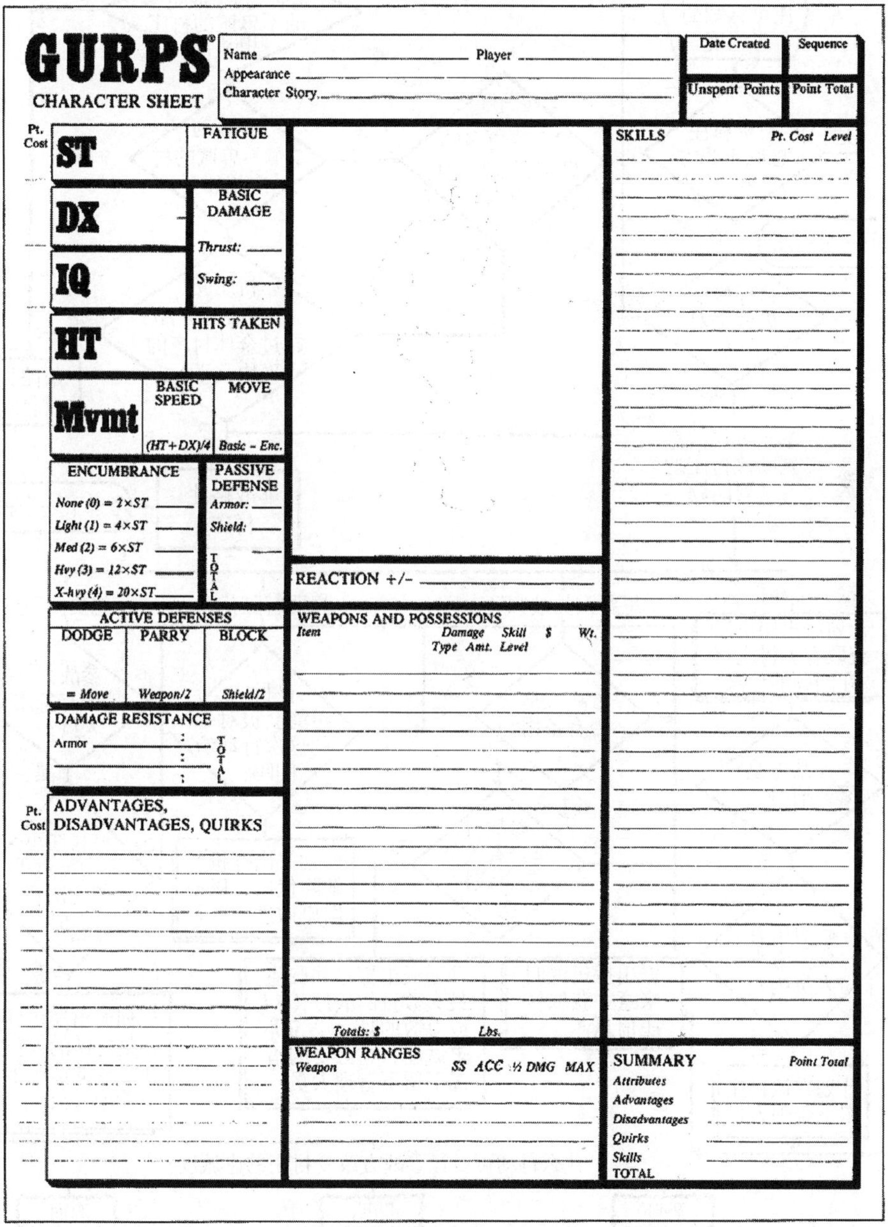
GURPS®
CHARACTER SHEET

Name ______ Player ______
Appearance ______
Character Story ______

Date Created | Sequence
Unspent Points | Point Total

Pt. Cost

ST | FATIGUE

DX | BASIC DAMAGE
Thrust: ____
Swing: ____

IQ

HT | HITS TAKEN

Mvmt | BASIC SPEED (HT+DX)/4 | MOVE Basic - Enc.

ENCUMBRANCE
None (0) = 2×ST ____
Light (1) = 4×ST ____
Med (2) = 6×ST ____
Hvy (3) = 12×ST ____
X-hvy (4) = 20×ST ____

PASSIVE DEFENSE
Armor: ____
Shield: ____
TOTAL ____

REACTION +/- ____

ACTIVE DEFENSES
DODGE = Move | PARRY Weapon/2 | BLOCK Shield/2

DAMAGE RESISTANCE
Armor ____ : ____ : ____ : TOTAL

Pt. Cost
ADVANTAGES, DISADVANTAGES, QUIRKS

WEAPONS AND POSSESSIONS
Item | Damage Type Amt. | Skill Level | $ | Wt.
Totals: $ ____ Lbs. ____

WEAPON RANGES
Weapon | SS | ACC | ½ DMG | MAX

SKILLS | Pt. Cost | Level

SUMMARY | Point Total
Attributes ____
Advantages ____
Disadvantages ____
Quirks ____
Skills ____
TOTAL ____

图 11.1　一种用于在纸质角色扮演游戏中定义角色的表格——泛用无界角色扮演系统（generic universal roleplaying system，即 GURPS），可以用于详列冒险的各个方面

/ 电子游戏世界 /

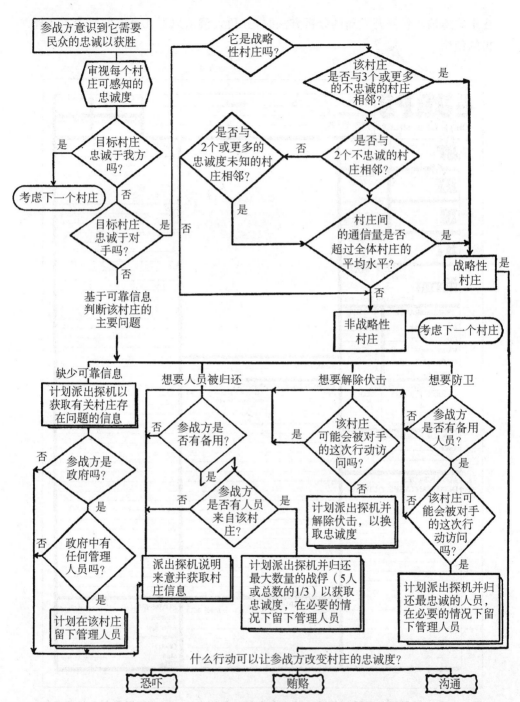

图 11.2 "红队思维"的各个方向——计算机模拟游戏《Agile-Coin》中具有越南特色的代理流程图

在我们看来,为了允许探索复杂的场景,需要一种作战模拟风格的分析,该风格分析不仅将人类的判断与计算机模型相结合,而且还需要记录。但无论选择何种方法,它都必须系统地提供处理许多复杂场景的不同分支的机会。①

当然,美国军官用"红队思维"(thinking Red)已经有一段时间了,尽管这些"红队思维"基于人类的战略博弈,但这些博弈存在相当大的问题。一方面,高级官员很少同时出现在同一地点;另一方面,更重要的是,这些官员的决策存在太多的变数,由于多种原因,这些变数在不同条件下并不能重现。科学应用公司(Scientific Applications Incorporated,简称 SAI)和兰德公司两家一起受邀来解决这些问题。科学应用公司的方法是将人工智能与人类玩家结合起来,其概念被称为"循环中的人"(people-in-the-loop)。在这种情况下,循环由计算机实现,这些计算机向玩家(人)提供数据。而兰德公司意识到循环比人更重要,一旦他们的系统被建模,人的因素很快就完全从模拟中消失了。"兰德完全自动化了。兰德的红队是一个计算机程序,兰德的蓝队也一样……人类玩家将被'代理'取代……'代理'们还有角色,红队有各种各样的伊万,蓝队有好几种山姆。"②1981年年初,兰德公司展示了一款既能控制变量,又不受人类队伍变化和矛盾影响的游戏③。然而,兰德公司的开发人员无法在截止日期前完成全部任务,因此在演示时,计算机只能玩红队,而蓝队由人控制。无论如何,值得注意的是,敌人只是一个计算机控制的代理,与其他代理并驾齐驱,比如场景代理(根据政治信息创建了一个世界模型)和部队代理(由有关全世界军事力量的预测、供应和加强的数据库组成)。兰德战略评估中心(Rand Strategy Assessment Center,简称 RSAC)因此将定量和定性博弈、政治评估和逻辑计算结合在一起。某种程度上,它也将客观的"红队思维"方式与有效的武器和运输系统相结合。兰德战略评估中心使用的编程语言被称为 ROSIE(rule-oriented system for implementing expertise,即用于实施专业知识面向规则的系统),该语言很快演

---

① 转引自 1979 年 11 月 7 日国防核机构(the Defense Nuclear Agency)的一封信(DNA001-8-R-0002)。参见 Thomas B. Allen, *War Games: The Secret World of the Creators, Players, and Policy Makers Rehearsing World War III Today* (New York: McGraw-Hill, 1987), p.323。
② Ibid., p.328.
③ Ibid., p.329.

变为名为"RAND-ABEL"的语言①。ABEL 以大型矩阵和冗长的 if/then 链而闻名,它以一种高谈阔论但又略显友好的英语形式"说话"。与 Z 代码一样,ABEL 也与平台无关②。

```
If the actor is a conflict location,
 let the actor's threat be grave and
  record grave [threat] as »being a conflict location«.
If the actor's Ally = [is] USSR and the
 actor's superpower-presence = [is] Redmajor,
 let the actor's threat be grave and record
 grave [threat] as »major Red force in its territory«.
If the actor's Ally ~ [isn't] US and the
 actor's superpower-presence = [is] Bluemajor,
 let the actor's threat be grave and record
 grave [threat] as »major Blue force in its territory«.
If the actor is a follower of (some leader
  such that that leader's threat = [is] grave),
 let the actor's threat be indirectly-grave
 and record indirectly-grave as the string
 {»grave threat to«, that leader.}
```

在技术或算法层面上,红队和蓝队(伊万和山姆)必不可少,它们仅在参数方面有所不同。当然,它们也可以实现某些子模型,并且这些子模型还能相互竞争。例如,"伊万 1 号有点大胆,喜欢冒险,蔑视美国;伊万 2 号通常更加谨慎、保守,并担心美国的反应和能力"③。简单回顾一下这个程序就足以揭示各种各样的伊万是以与冒险游戏中的对象相同的方式构建的,即在特性和属性方面(表 11.1)。

游戏后来以相互假设的形式增加了进一步的复杂性:蓝队可以作出关于红队的假设,红队可以作出关于蓝队的假设,它们两者都可以作出(也许不同)对第三国行为的假设,所有这些假设当然可能是错误的;甚至在更高的版本中,红队和蓝队也可以在保持运行的情况下更改这些假设。最重要的是,脚本代理得到

---

① 参见 Jill Fain et al., *The ROSIE Language Reference Manual* (Santa Monica: Rand, 1981); Norman Z. Shapiro et al., *The RAND-ABEL Programming Language* (Santa Monica: Rand, 1985); Norman Z. Shapiro et al., *The RAND-ABEL Programming Language: Reference Manual* (Santa Monica: Rand, 1988)。

② 关于人工智能建模的各种方法,参见 William Schwabe and Lewis M. Jamison, *A Rule-Based Policy-Level Model of Nonsuperpower Behavior in Strategic Conflicts* (Santa Monica: Rand, 1982); Paul K. Davis, "Applying Artificial Intelligence Techniques to Strategic Level Gaming and Simulations," in *Modelling and Simulation Methodology in the Artificial Intelligence Era*, ed. Maurice S. Elzas et al. (New York: Elsevier Science, 1986), pp. 315–338。

③ Allen, *War Games*, p. 336.

表 11.1　兰德战略评估中心描述符

| 描述符 | 特性 |
| --- | --- |
| 有扩张主义者的野心 | 冒险主义、机会主义、保守 |
| 愿意冒险 | 低、中、高 |
| 评估对手意图 | 乐观、中立、危言耸听 |
| 坚持维护帝国控制 | 中度、坚定 |
| 对历史决定论的耐心与乐观 | 低、中、高 |
| 为了实现目标的灵活性 | 低、中、高 |
| 为了实现目标愿意接受重大损失 | 低、中、高 |
| 前瞻性倾向 | 简单的一步到位，乐观而狭隘的博弈，保守而宽泛的博弈 |

了改进，并变得更加复杂，以反映可以与第三国结盟的事实。因此，游戏有必要知道这些国家在某些情况下能够作出多快或多慢的反应，这就要求程序了解一些知识，比如这些国家的政府系统及其作为潜在联盟伙伴的可靠性。

每个国家都会得到一个性格评估，如可信赖的、反抗的、最初可信赖的、最初反抗的、中立，并被评为"领导者"或"追随者"，即"机会主义"或"坚定自信"。这具有特殊的含义："如果有核能力，就行使独立的核威慑力；如果受到严重威胁，则要求盟军对敌对的超级大国本土发动核打击；如果被己方超级大国盟友抛弃，则转变为非战斗状态；如果得到己方超级大国盟友的帮助，则变得信赖盟友。"[1]

程序员和战略家可以通过这些代理参数来完成"冷战"和"热战"的冒险，代理参数的定义似乎是巴洛克式人物表的重复和扩展，即"国籍表"，这些也是试图构造具有不同民族特征的知识的尝试。

自 16 世纪以来，书籍和木刻版画中就存在用表格表示社会和职业地位的方法，在 18 世纪早期被类似种族或民族主义的形式取代。人物表格将传统的地形和性格特征（从古典或中世纪的游记作品和民族学研究中提取）组织成定型观念（图 11.3）。例如，西班牙人"聪明睿智"，法国人"反复无常"，土耳其人或希腊人"精致柔软的物品"过多，瑞典人的宗教信仰"敏锐"，波兰人"相信各种事物"。这

---

[1] Allen, *War Games*, p.338.

种表格形式组织不仅允许而且还要求人们系统地认识和填补知识空白,虽然这只是一种表示形式,但其中暗含了一种特定而有针对性的知识意愿。

图 11.3 欧洲人及其特征的简短描述——施蒂里亚人的民族表(18 世纪初)

当各国忙于形成定型观念以合理化自身军事决定的宏观努力时,个人在微观上似乎已变成编程问题。这个问题在 1980 年左右开始得到认真解决,通过示例,以下将重点介绍由迈克尔·莱博维茨(Michael Lebowitz)开发的程序 UNIVERSE[①]。

## 肥皂剧

无论是电影、电视,还是角色扮演游戏的编剧,都需要一个能够组织各种人

---

[①] Michael Lebowitz, "Creating Characters in a Story-Telling Universe," *Poetics* 13(1984), pp. 173 - 194.

际关系,如婚姻、友谊、仇恨、浪漫等的管理结构。由于它或多或少地要根据一系列组合和重新配置的原理对封闭世界进行操作,因此需要一种不仅能控制当前条件,而且还可以基于当前条件来设计将来可能发生之事的软件解决方案。尽管 TALE-SPIN 和 AUTHOR 之类的程序已经显示出开发具有最少字符数的简单故事的能力①,但是 UNIVERSE 超越了 TALE-SPIN,AUTHOR 则包含一致性和连贯性的概念。这反过来又要求程序有一个"过去"的概念,即要求程序保存有关以前情况的记忆。连续剧中的人物必须以与其先前行为一致的方式行事;故事的进展必须与先前的事件轮回形成一个逻辑序列;事件本身必须像真的,但又不能太容易被猜到。也就是说,它们必须具有适度的不可能性②。正如在罗兰·巴特的理论中,起决定性作用的是节点的逻辑连接——"我们相信,这种结构在很大程度上是对材料的逻辑概念表达需要的附带现象学结果。"③

因此,连续剧故事的算法生成依赖于人工智能和认知心理学领域已经解决的问题,即可理解的故事需要什么样的知识结构,以及将文本映射到这些结构中需要什么方法④。某种程度上,这可以看作海登·怀特(Hayden White)的历史知识诗学的一个平行项目,通过发现特定的情节单元需要哪些信息,如恋爱、离婚、人际冲突、配偶缺席等,以确定必要的知识结构问题可以得到解决⑤,然后可以将此信息安排到标准化的因果链中。一组约束条件通过确定单个角色在叙事的特定点上可以做什么来建立一致性,也就是说,通过确定什么样合理和可能的事件可以与给定角色的名字产生关联。例如,如果程序决定引入情节单元"约翰爱上玛丽",那么典型的一连串事件可能是这样的:他们两人是亲密的朋友,然

---

① 参见 James R. Meehan, *The Metanovel*: *Writing Stories by Computer* (New York: Garland, 1980); Natalie Dehn, "Memory in Story Invention," in *Proceedings of the Third Annual Conference of the Cognitive Science Society* (Berkeley: Cognitive Science Society, 1981), pp. 213–215。

② 关于 UNIVERSE,参见 Masoud Yazdani, *Generating Events in a Fictional World of Stories* (Exeter: University of Exeter Computer Science Department, 1983)。

③ Lebowitz, "Creating Characters," p. 175.

④ Ibid., 174. 参见 R. C. Schank, "The Structure of Episodes in Memory," in *Representation and Understanding*: *Studies in Cognitive Science*, ed. Daniel G. Bobrow and Allan Collins (New York: Academic Press, 1975), pp. 237–272; Bertram C. Bruce and Denis Newman, "Interacting Plans," *Cognitive Science* 2(1978), pp. 195–233; James G. Carbonell, *Subjective Understanding*: *Computer Models of Belief Systems* (Ann Arbor: UMI Research Press, 1981); Michael G. Dyer, *In-Depth Understanding*: *A Computer Model of Integrated Processing for Narrative Comprehension* (Cambridge, MA: MIT Press, 1983); Michael Lebowitz, "Memory-Based Parsing," *Artificial Intelligence* 21(1983), pp. 285–326。

⑤ 参见 Wendy G. Lehnert, "Plot Units and Narrative Summarization," *Cognitive Science* 7(1983), pp. 293–332。

后其中的一个角色遭遇了不幸的事情，另一个角色进行安慰，最终两人间产生爱的感觉。对这种情况的一个似是而非的测试可以是这样的：他们是否有孩子可能被绑架，是否可能有伴侣、最好的朋友或父母失散、患癌或留下遗产，等等。

连贯性和一致性的主要标准是故事及其角色都不应有任何矛盾。故事看起来像一个图形，其顶点是节点，而边缘是催化剂。与"冒险"和"伊万"的情况一样，角色是通过人物框架被控制的，人物框架通过描述他（她）的特性和属性的特征表来确定（表11.2）。以此方式，人可以根据其适应的动作顺序来构思，而不是非要根据人性化的人格概念来构思。角色名称的区分是根据角色人格中包含的细节来加以考虑的，由此可以推算出角色潜在的动作顺序。例如，如果在一个序列中要举行婚礼，已婚特性（开/关）就是必须的，并且这个特性将相应地在处理孩子的序列时被省略（因为孩子不会结婚）。

表 11.2 UNIVERSE 中的角色特征[①]

| 特征 | 可能值 |
| --- | --- |
| 类型 | 职业、工作组、爱好、习惯、特点 |
| 性别 | 男/女 |
| 年龄 | 孩子、青少年、青年、中年、老年 |
| 身体素质 | -10—10 |
| 外貌 | — |
| 智力 | 0—10 |
| 情绪 | 0—10 |
| 计谋 | -10—10 |
| 自信 | -10—10 |
| 友善 | -10—10 |
| 能力 | -10—10 |
| 浪荡 | 0—10 |
| 财富 | 0—10 |
| 宗教 | 天主教徒、犹太教徒等 |
| 人种 | 黑人、白人等 |

① Lebowitz, "Creating Characters," p. 181.

续 表

| 特征 | 可能值 |
| --- | --- |
| 国籍 | 爱尔兰、波兰等 |
| 社会背景 | 预科生、码头等 |
| 占用的时间 | 白天、晚上、深夜、周末等 |

因此,人物框架的概念非常类似于冒险游戏中使用的动词框架概念。与动词框架一样,一组不同的缺省信息以框架的形式创建连贯性。攻击者需要有人攻击,或者医生是聪明人(ATTACK⟨X⟩或 INTELLIGENCE = 9)这一事实,使程序可以依靠明显的确定性来解决不确定性的部分。为此,莱博维茨设计了以下类型的表(表 11.3)。

表 11.3 原型框架示例①

| | 律师 | 浪荡者 | 侍者 |
| --- | --- | --- | --- |
| 类型 | 职业 | 特质 | 工作 |
| 性别 | — | — | — |
| 身体素质与外貌 | — | 7 | — |
| 智力 | 6 | — | — |
| 情绪 | — | 6 | — |
| 计谋 | 7 | — | 8 |
| 自信 | 6 | 6 | — |
| 友善 | 0 | 5 | — |
| 能力 | — | — | 6 |
| 浪荡 | — | 9 | — |
| 财富 | 6 | 2 | — |
| 宗教 | — | — | — |
| 人种 | — | — | — |
| 国籍 | — | — | — |
| 社会背景 | — | — | — |
| 占用的时间 | 白天 | 深夜 | 晚上 |

① Lebouitz, "Creating Characters," p. 182.

UNIVERSE 利用了一系列类似定义的角色类型,包括黑帮、赌徒、瘾君子、保龄球手、酒鬼、官僚、政客、出租车司机、高中教师和纽约客等。此外,人际关系的性质是根据三个主要的量表来控制的,即积极/消极、亲密/疏远和支配/顺从,它们也以图形或表格的形式被组织起来(图 11.4)。

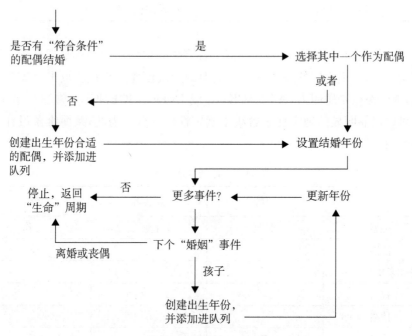

图 11.4　UNIVERSE 中关于婚姻周期的流程图

各种控制周期,比如上面显示的婚姻控制周期,都依赖于这种空想宇宙的数据库结构。从结构上讲,肥皂剧的婚礼、冒险游戏中与巨魔的战斗,以及政治和军事模拟游戏中对伊拉克的入侵基本上没有什么不同。正如罗兰·巴特所写:"叙述的复杂性可以与能够整合回溯和向前跳跃的组织图(organigramme)相提并论。"[①]在 1980 年前后,至少从程序员的角度来看,几乎无法区分肥皂剧、军事综合历史游戏和冒险游戏。

---

① Barthes, "An Introduction to the Structural Analysis of Narrative," p. 269.

# 12. 程序、迷宫、图表

我对于动作类游戏的探讨是希望说明,玩家其实是通过不同层次的接口连接到计算机的设备,而且,我还试图证明,一款成功的游戏(互动)需要某种调节,这种调节能够使动作类游戏实现一系列关键时间点的输入和输出。那么,冒险游戏的玩家是怎样的?冒险游戏又是由什么构成的呢?

## 流程图

正如上面讨论的,冒险游戏的叙事结构似乎是一个可以按需打开功能或关闭功能的系统,是一种目的性的接力赛。在此过程中,借助于玩家,每个(游戏中的)物体都能实现预期的目的。表面上看,玩家的目标是启动催化剂,冒险的故事则被划分为独立的房间。这些都是承担风险的环境,因此它们代表了催化的起点。通过解决问题和执行叙事封闭,玩家可以同时穿越冒险世界的地形。或者换一种说法,如果一场冒险的开始和结束都是地点(通常情况下如此,但不一定是两个不同的地点),然后游戏的意义(可能是唯一"有意义"地玩游戏的方式)是通过从第一个位置移动到最后一个位置。因此,在这个过程中,为了诱导进行所有必要的催化作用,玩家需要推进游戏进程(从起点到终点,即从游戏开始到游戏结束)。

尽管可以在给定的地点停止和保存游戏,也可以简单地关闭游戏,但是打个比方,它是一个未完成的游戏,即一个未被决定的游戏。因此,它立刻让人想起了丘奇(Church)、戈德尔、克林(Kleene)和图灵在20世纪30年代提出的不完备定理[①]。戈德尔的不完备定理指出,每个完整和一致的公理系统都将包含那些在系统内部既不能被证明也不能被证伪的命题,因此,需要将正确的命题与可证

---

[①] 关于历史背景,参见 Bettina Heintz, *Die Herrschaft der Regel*,第一部分。

明的命题区分开来。也正是因为这个原因，大卫·希尔伯特（David Hilbert）未能证明纯数论的一致性。令人津津乐道的是，图灵将这个问题简化为一个简单的机器，即在给定的数学语句中是否可以解决这个问题。结果表明，给定一个有限数量的程序输入后，机器要么结束运行，要么永远运行。因此，这个问题被证明是不可判定的。可判定性的命题变成了机器的问题，这也使得可判定性或可计算性的概念第一次得到了精确的定义。根据丘奇-图灵（Church-Turing）的论点，图灵机是可计算性的等价形式，它表现为可以由机器编写东西。

这不仅意味着停机问题（halting problem）在原则上不可判定，最重要的是，这意味着所有可访问的问题（也就是说，像 P 类问题，可以通过强制搜索或完全枚举之外的方法来解决①）都可以根据编写它们所需的工作量进行量化。这种对问题的难度判定，即根据它们数量的复杂性进行分类的方式，是通过解决问题所需的资源数量来衡量的，如计算时间、算法步骤数、内存空间等。如果需要对一个问题进行编码，它的大小就是它的代码长度$|x|$。人造冒险世界的问题必须由玩家来解决，这与编程或编写工作的数量复杂性是成比例的。

回顾一下图灵机编程的历史［尤其是戈德斯坦（Herman H. Goldstine）和冯·诺依曼为 ENIAC 绘制的图表］，我们会发现决策问题（Entscheidungsprobleme，德语）和关键决策类冒险游戏之间的相似性实际上比最初看起来的要深刻得多②。最近，沃尔夫冈·哈根在对 ENIAC 的架构进行逐个单元的分析后得出以下结论：

> 它的逻辑和硬件……相互交织在一起，形成一个历史的统一体、一种不可分割的话语以及一种同时代的交流。它的内部规则以这样一种

---

① P 类问题以及对应的 NP 类问题属于计算机学科术语。简单来说，P 类问题可以较快地被解决。——译者注

② 关于以下讨论，参见 Herman H. Goldstine and John von Neumann, "Planning and Coding Problems for an Electronic Computing Instrument," in *Collected Works*, ed. Abraham H. Taub, vol. 5 (New York: Pergamon, 1963), pp. 81–233; Herman H. Goldstine, *The Computer from Pascal to von Neumann*, 2nd ed. (Princeton: Princeton University Press, 1993); David Allison, "Presper Eckert Interview" (http://americanhistory.si.edu/comphist/eckert.htm); "ENIAC: Celebrating Penn Engineering History" (http://www.seas.upenn.edu/about-seas/eniac/); Wolfgang Hagen, "Von No-Source zu FORTRAN" (http://www.whagen.de/vortraege/FromNoSourceToFortran/NoSource-Fortran/sld001.htm); Arthur W. Burks and Alice R. Burks, "The ENIAC: First General-Purpose Electronic Computer," *Annals of Computing* 3/4 (1981), pp. 310–389; Arthur W. Burks, "From ENIAC to the Stored-Program Computer: Two Revolutions in Computers," in *A History of Computing in the Twentieth Century*, ed. Nicholas Metropolis et al. (New York: Academic Press, 1980), pp. 311–344。

方式发展，即从来不是完全基于硬件，也从来不是完全基于逻辑。从这个意义上说，在这种相互纠缠的程度上，双方对眼前问题的了解几乎一样。①

ENIAC 的各个单元沿着 U 型房间的墙壁排列（图 12.1）：左下方是启动单元和循环单元，它们与其他单元同步；然后是 20 个累加器中的前四个和一个分压器/平方单位；沿着后墙有几个专门的累加器，能够进行最多十位数的计算；沿着右侧墙壁是 4 个附加的累加器、3 个函数表形式的只读存储器设备，还有另外 2 个累加器用于处理穿孔卡片的最终结果；最后 3 个单元用于保存常量，输出设备是 IBM 卡片穿孔机。根据哈根的说法，"ENIAC 是电子形式的逻辑……。如果需要任何证据来证明电子硬件逻辑已经为所有软件逻辑提供了可能的历史条件，就可以清楚地在 ENIAC 中看到这个证明"②。事实上，冯·诺依曼并不关心算法解决问题的语言概念，而是关心算法运算的设计和硬件形式的交换。正如戈德斯坦和冯·诺依曼在《电子计算设备的规划和编码问题》中所写的那样，编程就是评估一种处理特定问题的操作方法③。为此，尽管以简单、紧凑和高效为指导原则，ENIAC 的硬件由 17 480 个易失效的真空管组成，它们依然具有不

图 12.1　ENIAC 的 U 型排列（左上），一个正在连接的循环单元（右）和两个 "ENIAC 女孩"用电缆工作（左下）

① Hagen, "Von No-Source zu FORTRAN," p. 9.
② Ibid., p. 25.
③ Goldstine and von Neumann, "Planning and Coding Problems," p. 81.

同程度的耐用性[1]。凡是很少损耗的东西，就很少出故障。然而，就冒险游戏而言，用术语"管弦乐"（哈根语）来描述并不完全合适。这个术语更适合描述所谓的"ENIAC女孩"必须完成的任务，即建立或编写系统以执行计算任务。

　　相反，流程图关注的是拓扑问题，其目的不仅是引导（或经由）数据流通过实际可见的和全尺寸的计算机架构，而且还通过被称为操作箱和备选箱的节点排列。从图论的角度来看，这些方框和线表现为顶点和边；在冒险游戏中，它们以房间和通道的形式出现；就罗兰·巴特的理论而言，它们以原子核和催化剂的形式出现。这幅图像也强调了一个事实，即冯·诺依曼对问题的算法解决方式并不感兴趣，而是对解决数字问题的常用方法的有效性感兴趣。编写冒险游戏需要以特定的方式（通过将其分解为功能序列）编排情节，引入必须作出决策的点，并将这些点安排到地形上（在这种情况下，排列成以南北/东西为轴线的顺序关系系统）。简而言之，冒险游戏的编程需要将情节组织成空间和叙事点。冯·诺依曼的流程图完成了同样的事情，那就是在决策地点的地形上绘制了一幅数值图（图12.2）。

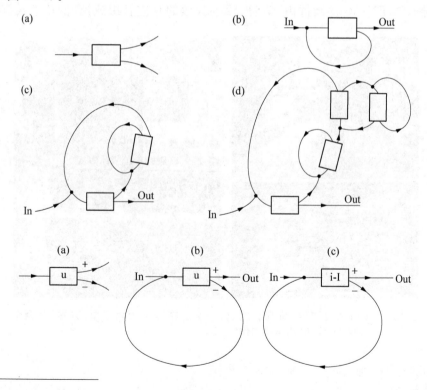

---

[1] Goldstine and von Neumann, "Planning and Coding Problems," p. 80.

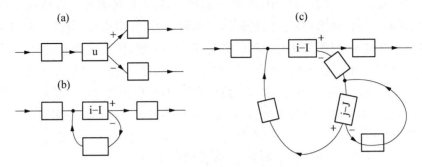

图 12.2　约翰·冯·诺依曼图表的发展历程

举个例子,假设冒险的情节现在发展到玩家必须打开一扇锁着的门的关键点。这种情况就需要一把钥匙和一扇门,只有钥匙插进门锁时,门才能被打开,而这扇门被打开之后就变得毫无用处了。玩家可以通过这扇门,并且只有他(她)才能通过,因此这个简短情节的开头是 1 号房间,结尾是 3 号房间,情节所需要的工具已经完成了它们的任务。如果用冯·诺依曼的符号来表示,这个序列看起来就如图 12.3 展示的那样[1]。

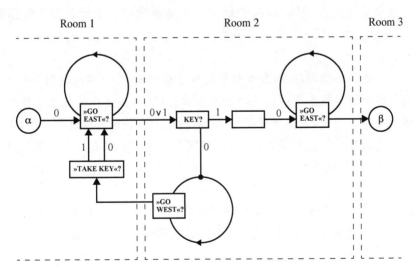

图 12.3　典型的冒险情节(用约翰·冯·诺依曼的符号表示)

---

[1] 单独的"向东走/向西走"循环当然是不现实的(甚至在逻辑上也是有缺陷的,因为当面对一扇打开的门时,人们通常可以折回向西走)。在这里,它们服务的目的是更清晰地使"在空间中安排决策"的问题可视化。出于这个原因,"使用钥匙和门"这一必要的输入并没有被明确表示。

在玩家的对象属性清单中,关键钥匙被设置为0,玩家将一直待在1号房间,直到输入"向东(循环)"。门是钥匙的查询选项(备用箱)。当设置为"0"时,它将只允许输入"向西"(此时正确的命令,即 Take 键,将允许拾取该钥匙)。当设置为"1"时,钥匙的属性将变为"0"(钥匙已经完成了它的工作,现在被卡在门锁中),这时允许玩家输入"向东"。当然,在游戏中,门和钥匙通常是几个分开的房间,但这并不能改变逻辑结构,只能以不同的方式排列成不同的房间。

显然,游戏包含一个与程序本身的效率相对应的效率概念。在编程术语中,这是一个广泛的组合问题,举例而言,所有的命令(如 TAKE KEY、GO EAST 等)可以访问相同的解释器程序。然而,与"程序经常不必要地运行循环"这一事实并行的是,玩家也经常这样做,谁要是愚蠢到不带钥匙向东出发,就只能在门口停下,再回到西边去。也就是说,这个玩家至少输入了两次,其付出的努力将超过游戏实际所需。因此,对1号房间的描述必须包含对钥匙的引用,且这个引用应该足够清晰,以免被误解。

在一个完全必要的冒险世界里,最好的玩家会正确地解析所有的标志,拿起钥匙,打开门;一个仅仅是"好"的玩家将不得不两次通过同一个房间。那些作出更低效率决策的玩家,将会以越来越低的水平(以完美为标准)在游戏中前进。

从这个角度来看,冒险游戏的玩家似乎是在通过一个流程图。根据赫尔曼·H. 戈德斯坦和冯·诺依曼的说法:

> 似乎同样清晰的是,结合其控制的过程的演变,可在控制"C"通过编码序列的过程中看到代码功能的基本特征,并且该特征与该过程的演变并行。因此,我们建议在编码序列的规划开始时先通过该序列,即通过选数管存储器所需的区域,绘制"C"的过程示意图。这个示意图就是"C"的流程图。①

在这里,"C"只是指定沿图处理路径处理的存储内容②,这些检索和定向记忆内容的总和代表了玩家的对象(带有属性和属性的数据记录)。然后它化身

---

① Goldstine and von Neumann, "Planning and Coding Problems," p. 84.
② 冯·诺依曼还将机器的输入和输出要素作为其"记忆体系"的一部分。John von Neumann, *The Computer and the Brain*, 2nd ed. (New Haven: Yale University Press, 2000), p. 36: "The very last stage of memory hierarchy is necessarily the outside world — that is, the outside world as far as the machine is concerned, i. e., that part of it with which the machine can directly communicate, in other words the input and output organs of the machine."

为"水流"(flow)(就像文书工作通过官僚渠道)根据流程的规定流动一样,在到达下一个决策点之前,需要有一些输入和删除。就冒险游戏而言,它依赖于玩家对未来进程的不确定性,需要为每一种情况确定一个正确的过程。因此,玩家忙于处理数据记录,而这些数据以这样的方式进行操作,记录在微观世界的战术层面上,使其符合流程。如果一个密钥被成功使用,则该比特位会被删除,而整个事情就会被遗忘。每一个在这个世界上游学的人,在游学的过程中都不会学到什么东西,即使学到了什么的东西,一旦作出下一个决定,它也会被遗忘①。冒险游戏不发展图形(Gestalten,德语),游戏只配置不同但同样有效的序列,所以最好将它们看作生活故事,其修辞成就是通过反复整合不自明的情况而获得的②。从这个角度来看,冒险游戏与成长小说的区别就更大了,它的特征在于"在个人生活像法律般的发展中……","生活中的不和谐与冲突似乎是个人在走向成熟和幸福的道路上所必须承受的转变"③。

一个冒险(游戏)功能的备用箱或过渡点,仅仅是为了数据在所处的条件下流过时能控制数据记录的可行性。玩家的任务是操纵这些数据记录,即通过决策来改变其属性和特性,并使其能够在游戏中滑行(glide through)。通过在各种情况下的滑行(比如门),数据记录将自己从潜在的无尽循环中解放出来。然而,循环的连续(DO/LOOP/UNTIL)不是一个渐进的或等级制的序列[其中一个循环被另一个循环降级(sublate),直到达到成熟和谐的状态]。更确切地说,它是一个连续的序列,需要留下一定数量的循环之后才可以结束,即在游戏中完成某些任务后游戏才会结束。此外,因为总是存在"不断试错直到作出正确选择"的可能性,我们或许也可以这么说:冒险游戏的玩家是被一系列决策指定了以自己名字为主角而编程的,就像《冒险》成功地为后来的洞穴探险者编程一样。

当面临多种选择时,通过有目的地仔细阅读游戏文本,玩家可以获得关于"哪些决定可能是正确"的提示。只有用特别的洞察力去阅读,冒险世界的地形才会展现出自身存在的某种规则:钥匙是用来打开门的,门是用来通过的,而不

---

① J. C. Herz, *Joystick Nation: How Videogames Gobbled Our Money, Won Our Hearts, and Rewired Our Minds* (London: Abacus, 1997), p. 150:"You interacted with the puzzles. You didn't interact with the story."

② Niklas Luhmann, "Erziehung als Formung des Lebenslaufs," in *Bildung und Weiterbildung im Erziehungssystem. Lebenslauf und Humanontogenese als Medium und Form*, ed. Dieter Lenzen and Niklas Luhmann (Frankfurt am Main: Suhrkamp, 1997), pp. 11–29, at 18.

③ Wilhelm Dilthey, *Poetry and Experience*, trans. Joseph Ross et al. (Princeton: Princeton University Press, 1985), p. 336.

是为了让玩家在一个个循环中集齐钥匙数量或者计算逃跑路线。玩这种游戏时不必惊叹它所创造的环境,而要注意控制其中的信号。或者,正如瓦尔特·本雅明所言:"爱伦·坡的过客朝着四面八方扫视,仍然显得漫无目的,而今天的行人为了跟上交通信号不得不这样做。"[1]玩家在游戏中阅读时要注意寻找关键词,这有点类似于阅读用蓝色下划线标出的超链接。最终,每个连接都是一个节点,通过点击它,读者启动了催化过程,而这正是威廉·克劳瑟所做的。这个观察把我们带回冒险游戏的空间组织问题上。

## 穿越迷宫

每个玩家都很清楚,冒险游戏主要由地图标志组成,因为每个决定都是在特定的地点作出的。玩家经常需要依靠地图作为记忆工具,因为一个故事的叙事结构通常需要冗长的闭环以及冗余曲折的地形。此外,由于玩家可以选择的所有路径——所有可能的死角和必要的循环——都是程序规定的,所以,玩家循序渐进地跟踪合适路径的过程也是一种(反复抑制)在程序路径和通道中流动的行为,这一活动的结果将始终对应于一个已存在的映射。冒险游戏包含叙事和地图制作的双重活动,或者说是对先前叙述和先前地图的双重建设。在游戏的过程中,玩家可以越来越多地观察到游戏世界中的各个部分,但直到游戏结束时,玩家的视角才会从特定部分转向全面(上帝视角)。在这方面,冒险遵循迷宫的原则,至少从圣维克多的修伊(Hugh of Saint Victor)与他对发明的解释开始,作为一种修辞学的建构手段,话语与叙事原则有着密不可分的联系[2]。

我们至少可以区分两种基本类型的迷宫:单行迷宫和多行迷宫[3](图 12.4)。

---

[1] Walter Benjamin, "On Some Motifs in Baudelaire," in *Illuminations: Essays and Reflections*, ed. Hannah Arendt (New York: Random House, 1968), pp. 155 – 200, at 175.

[2] 有人认为,这种联系早就隐含在维吉尔的作品中。Penelope R. Doob, *The Idea of the Labyrinth from Classical Antiquity through the Middle Ages* (Ithaca, NY: Cornell University Press, 1990), p. 228: "[T]he idea of the labyrinth constitutes a major if sometimes covert thread in the elaborate textus of the Aeneid, providing structural pattern and thematic leitmotif."

[3] 参见 Hermann Kern, *Through the Labyrinth: Designs and Meanings over 5 000 Years*, trans. Abigail Clay (New York: Prestel, 2000); Doob, *The Idea of the Labyrinth*; Manfred Schmeling, *Der labyrinthische Discurs. Vom Mythos zum Erzählmodell* (Frankfurt am Main: Athenäum, 1987); Umberto Eco, "The Encyclopedia as Labyrinth," in *Semiotics and the Philosophy of Language*, by Eco (Bloomington: Indiana University Press, 1984), pp. 80 – 83; Abraham Moles et al., "Of Mazes and Men: Psychology of Labyrinths," in *Semiotics of the Environment: Eighth Annual Meeting of the Environmental Design Research Association* (Stroudsburg, PA: Dowden, Hutchinson & Ross, 1977), pp. 1 – 25; Max Bense, "Über Labyrinthe," in *Artistik und Engagement. Präsentation ästhetischer Objekte*, by Bense (Cologne: Kiepenheuer & Witsch, 1970), pp. 139 – 142; Wolf-(转下页)

单行迷宫只有一条路线[可能弥诺陶洛斯①(Minotaur)正在中间等着]，而多行迷宫会有不同的路径和死角，它们会形成回路或者迫使参与者返回。阿里阿德涅之线(Ariadne's thread)对防止在这样的迷宫中重复移动方面非常有帮助："迷宫(一个多行迷宫)不需要弥诺陶洛斯，它就是自己的弥诺陶洛斯。换句话说，弥诺陶洛斯代表参与者试错的过程。"②佩内洛普·杜布(Penelope Doob)指出这两种类型之间确实存在相似性。首先，这两种类型的特征都是对当时混乱之间所产生的紧张关系和秩序的潜在顿悟。

图 12.4　在沙特尔大教堂(Chartres Cathedral)发现的单行迷宫(左)和从 1551 年开始兴起的多行迷宫(右)

一旦你了解了迷宫或是看到了迷宫的整体，复杂混乱的状况就会转化成模式。这种从混乱到有序、从复杂过程到可喜成果的潜在转换，在后来的著作中，特别是那些涉及认识论或蕴含隐性迷宫的文学作品中，是一个常见的主题。③

---

(接上页) gang Haubrichs, "Error inextricabilis. Form und Funktion der Labyrinthabbildung in mittelalterlichen Handschriften," in *Text und Bild. Aspekte des Zusammenwirkens zweier Künste in Mittelalter und früher Neuzeit*, ed. Christel Meier and Uwe Ruberg (Wiesbaden: L. Reichert, 1980), pp. 63 - 174; Helmut Birkhan, "Laborintus — labor intus. Zum Symbolwert des Labyrinths im Mittelalter," in *Festschrift für Richard Pittioni zum siebzigsten Geburtstag*, ed. Herbert Mitscha-Märheim et al. (Vienna: Deuticke, 1976), pp. 423 - 454; Karl Kerényi, "Labyrinth-Studien," in *Humanistische Seelenforschung*, by Kerényi (Wiesbaden: VMA-Verlag, 1978), pp. 226 - 273; Gustav René Hocke, *Die Welt als Labyrinth. Manier und Manie in der europäischen Kunst* (Hamburg: Rowohlt, 1978); Peter Berz, "Bau, Ort, Weg — Labyrinthe" (unpublished presentation delivered in Berlin in 1998).

① 古希腊神话中的牛头人。——译者注
② Eco, "The Encyclopedia as Labyrinth," p. 81 也许玩家和他们的数据记录就可以被视为"弥诺陶洛斯"。
③ Doob, *The Idea of the Labyrinth*, p. 24.

其次,双岔路口(bivium,拉丁语)是两种迷宫类型的基本要素。以单行迷宫为例,问题在于一个人——就像是站在十字路口的赫拉克勒斯(Hercules)那样——到底应该选择哪条路,即根据一个人是否进入迷宫而决定一个特定的、不可避免的行动路线。然而,在多行迷宫中,这种情况会重复好几次,因此,多行迷宫是单行迷宫的重复。也正是出于这个原因,"迷宫"一词直到现代才得以同时适用于这两种情况。这是真实的,尽管作家与视觉艺术家对它们的处理一直是不同的。早在柏拉图(Plato)、普林尼(Pliny)和希罗多德(Herodotus)时代的文献中就有对多行迷宫的描述,但这种迷宫的形象直到15世纪初才出现(在此之前,只有单行迷宫被直观地表现出来)①。

将迷宫理解为一种过渡状态是合理的,也就是说,迷宫本身作为一种超自然状态存在,进入迷宫是一种分离仪式,而走出迷宫是一种聚集仪式[分离、过渡并以伊利亚德(Eliade)的名义成立]②。这种理解阐释了冒险游戏中的许多主题,如门、门槛以及与敌人的斗争或旅程。游戏开始意味着一种过渡(你正站在……),即进入一个纯粹的决策关键的人工世界,一个没有时间概念的世界(单一特征)。然后,游戏的过程由这第一个过渡的重复组成:向北走是与先前位置的分离,以及到达另一个同样没有时间观念的位置的转换(尽管在到达地点之前有一段计算时间)。从1号房间到2号房间的转换是一种"传输"——思考一下接口信息处理组的工作——这个过程就像传输的数据包一样,在这样短暂的时刻,玩家基本上是无处可去的。催化并没有解决问题,而这一现实再次强调了问题的本质:每当冒险游戏中出现决策树时,它们缺乏构成叙事的时间性,这违背了莱辛(Gotthold Ephraim Lessing)的观点,即单一媒介不应该具有相互冲突的美学标志。冒险游戏是以编年史的方式展开的,它们的(游戏)记录是由一个"历史恶魔"书写的,充其量不过是"偶然性的记录"③。

中世纪对迷宫的解释也涉及过渡的概念,尽管这种解释被公认为带有生命短暂、条件艰苦的色彩。从词源上看,"迷宫"一词被理解为"在其中工作"(labor intus,拉丁语)。由此,工作具有多重含义:当被用作动词时,可以表示为"我在

---

① 参见柏拉图的《欧绪德谟篇》(Euthydemus, 291b)或普林尼对埃及迷宫的描述,该迷宫包含误导性路径和环路。另外,关于古典文学中对迷宫的讨论,参见 Kern, *Through the Labyrinth*, pp. 23 - 39。

② Mircea Eliade, *Rites and Symbols of Initiation: The Mysteries of Birth and Rebirth*, trans. Willard R. Trask (New York: Harper & Row, 1958). 参见 Schmeling, *Der labyrinthische Discurs*, pp. 135 - 137。

③ 参见 Hayden White, "The Value of Narrativity in the Representation of Reality," *Critical Inquiry* 7(1980), pp. 5 - 27。

内部(或进入的时候)跌倒、死亡、犯错";当被用作名词时,它可以表示"困难、努力、疲劳或努力地在内部工作"①。因此,对于这种必须作出决策的单路径情况的多路径递归,可以将它理解为信任与学习之间的关系。基于双岔路口(bivium)作出的每一个决定都可能有不同的正确价值,它可以是一个错误,也可以使人更接近上帝②。模棱两可的情况是具有教育意义的,因为它们可以带来(假设已经作出了正确的决定)卓越的解决方案,从而提供一个全景视野。与此同时,它们会显得很迂回,即要求一个人足够信任自己,去遵循自己选择的道路。在某种程度上,人生的道路就是一场"从尘世的开始到天堂的结束",充满蜿蜒曲折道路的游戏[图 12.5,不断在困难地离开房子和困难地再次进入房间之间重复(laborius exorius domus, laboriosa ad entrandum,拉丁语)]。

图 12.5　正义之路就像一场文本冒险(通过一个单行迷宫的可读路径)

　　中世纪则试图把决策减少到最小值 1(即跟随神的指引,不管这条路看起来是否要穿越最迂回和密集的迷宫),而这种情况在 15 世纪初开始发生变化。也许是由于早期现代制图技术的革新,在 1420 年,涉及一系列决定的多行迷宫开始被直观地表达出来,并产生一系列神学含义。阿里阿德涅之线在单行迷宫中

---

① Doob, *The Idea of the Labyrinth*, p. 97.
② 相关讨论可以参见 Doob, *The Idea of the Labyrinth*, pp. 227-339。

是多余的,但它以图形化的方式表现了多行迷宫,类似于现代图形理论的边缘。这条线以路径的形式连接了量化地图上的位置,这些地图后来被称为边缘加权图(edge-wgighted graph)。需要注意的是,所谓"基督教旅行者"(Christian Wayfarer)的第一次视觉表现,是与约翰·阿莫斯·夸美纽斯(John Amos Comenius)的寓言式游记《世界的迷宫和心灵的天堂》(*The Labyrinth of the World and the Paradise of the Heart*)同时出现的,它提出了一个记忆导航系统[就像托马索·康帕内拉(Tommaso Campanella)的《太阳之城》(*City of the Sun*)和约翰内斯·瓦伦蒂诺斯·安德烈(Johannes Valentinus Andreae)的《基督教共和国》(*Republicae Christianopolitanae Descriptio*)中描述的那样]①,因为生命的可能路径是根据多曲面地形来考虑的,夸美纽斯的书中描述了必须作出决定的地点(node),如"生命之门""职业选择之门"等(图 12.6、图 12.7),以及两个被称为"无处不在的搜索"(Searchall Ubiquitous)和"错觉"(Delusion)的导航系统。1683 年的《纽伦堡教义问答》(*Nuremberg Catechism*)也表达了类似的观点。

> 在世界中心的是那些被上帝和人类抛弃的敌人。这条线准确无误地穿过迷宫,神的话语为世人提供了正确的指引。谁要是背离了这一救援警告的指导原则,那就完了!②

巴洛克时期有精心设计的多迷宫花园和莱布尼茨的无限可能世界的无限金字塔(所有迷宫中的迷宫)。也正是在这一时期,莱布尼茨提出的"方法组合游戏"(ars combinatoria,拉丁语)概念使迷宫被看作知识的组合游戏。例如,夸美纽斯正是基于迷宫这个概念,编写了他的词典《全真迷宫》(*Lexion Reale Pansophicum*)。由于它错综复杂的交叉参考网络可以引导读者阅读理解作品,夸美纽斯称他的词典为"没有错误的迷宫"③。这样的迷宫是一种游戏,其中,离散元素的不同组合总是会产生不同的整体,因此也就会产生不同的意义。

---

① 关于夸美纽斯作品的全面讨论,参见 Bernhard Dotzler, *Papiermaschinen. Versuch über Communication & Control in Literatur und Technik* (Berlin: Akademie Verlag, 1996).
② 转引自 Kern, *Through the Labyrinth*, p. 207.
③ Ibid., p. 237.

图 12.6　摇摇晃晃地走过迷宫[波伊提乌斯·范·博斯沃特(Boethius van Bolswart),《世界迷宫中的基督教灵魂》(*The Christian Soul in the Labyrinth of the World*),1632]

图 12.7　一个关于学生处境的寓言,[灵感来自科米尼乌斯(Comenius)的《职业选择之门》(*Emblemata Politica*, 1632)]

例如,在所谓的"圣伯纳德迷宫"(Labyrinth of St. Bernard,图 12.8、图 12.9)

| LABYRINTHUS A DIVO BERNARDO COMPOSITUS QUO BENE VIVIT HOMO | | | | | | |
|---|---|---|---|---|---|---|
| DICERE | SCIS | DICIT | SCIT | AUDIT | NON | VULT |
| FACERE | POTES | FACIT | POTEST | INCURRIT | NON | CREDIT |
| CREDERE | AUDIS | CREDIT | AUDIT | CREDIT | NON | EST |
| DARE | HABES | DAT | HABET | MISERE QUAERIT | NON | HABET |
| JUDICARE | VIDES | JUDICAT | VIDET | CON-TEMNIT | NON | DEBET |
| NOLI | OMNIA QUAE | QUIA QUI | OMNIA QUAE | SAEPE | QUOD | |

图 12.8　圣伯纳德迷宫

中,有一幅六行六列的拓扑图,它是由 36 个单词或短语排列而成的。这个游戏的目标是在矩阵中建立一条路径,使所选择的节点序列产生一条道德准则,如"Noli→dicere→omnea quae→scis→quia qui→dicit→omnia quae→scit→saepe→audid→quod→non vult",意为"不要把知道的一切都说出来,因为把知道的一切都说出来的人往往会听到他(她)不想听到的"。

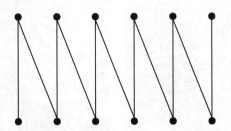

图 12.9　通过圣伯纳德迷宫的路线

如果把产生这个数据的过程描绘出来,结果就是一条锯齿线。如果把这些视为转换概率(正如克劳德·香农在对英语语言分析中所想象的那样[1]),那么很明显,这个相当简单的迷宫的最下面一排是具有决定性作用的。因为正是从这里开始,才能制作出最多的可理解的组合。也就是说,有五个可能的等概率选择,即 Dicere、Facere、Credere、Dare 和 Judicare,但从这五个节点中的任何一个开始,都只能进行一次转换——转换到邻柱底部的 Omnia Quae。

另一个值得注意的例子是凡尔赛迷宫。它根据皇家园林建筑师安德烈·勒诺特尔(André le Nôtre)的设计建造而成,于 1674 年完工,贯穿这个迷宫的是一系列描绘《伊索寓言》(Aesop's Fables)中场景的雕塑和喷泉。迷宫建成后不久,查尔斯·佩罗(Charles Perrault)在一本名为《凡尔赛迷宫》(Labyrinte de Versailles)的导游手册中详细描述了迷宫的各个要素。迷宫的入口两侧有两尊雕像,一尊是伊索(Aesop),另一尊是爱神丘比特(Cupid)。迷宫内部含有 39 个寓言主题,人们可以在不同的道路上遇到它们。几年前,拉·封丹(La Fontaine)在他的《寓言》(Fables)前六部中对寓言的选择和排列进行了推广,但在这里,这种选择和排列并不是十分有趣。更重要的是,塞巴斯蒂安·勒克莱尔(Sébastian Leclerc)的迷宫铜板雕刻展示了阿里阿德涅穿过迷宫的线(图 12.10)。他不仅向游客展示了如何走出迷宫,还描绘了最短的(几乎没有

---

[1] Claude E. Shannon and Warren Weaver, *The Mathematical Theory of Communication* (Urbana: University of Illinois Press, 1949), pp. 39 - 43.

环)路径——可以沿着这条路欣赏所有的 39 座雕塑。如果迷宫以图形的形式表示,这揭示了它三分之二的节点都伴有雕塑。诚然,有些节点不只有一座雕塑(16/17、2/3),有一个死角(28),有些雕塑沿着弯曲的边缘坐落,只是简单地与节点类似(19、20、38)[①]。然而,佩罗的手册中提出的路线规划类似于现代意义上路线规划,尽管它不是用数学方法生成的。它将电流(访问者)从入口点(输入、发送者)通过优化的决策路径引导到出口点(输入、接收者)。这只是一个额外的好处,即选择的节点或雕塑序列可能会产生意义,并以故事的形式呈现出来。尽管有这些共同点,但迷宫的路径选择与流程图或冒险游戏的区别在于,用由雕塑和树篱组成的硬件系统打开或关闭路径是非常困难的事。然而,对变量的查询可以被语义化为开门的钥匙,并可以在特定条件下打开和关闭虚拟存在的(尽管仍然是关闭的)路径。

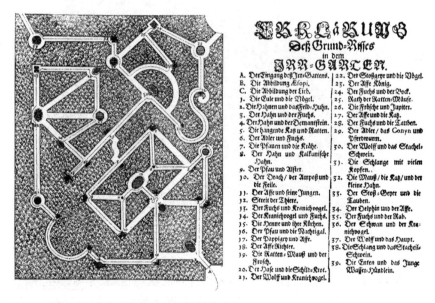

图 12.10　穿过凡尔赛迷宫的最佳路线,以及一系列装饰迷宫的雕塑

## 图表和网络

克劳瑟为错综复杂的阿帕网设计动态路由表的目的,是使它能够经受住核辐射产生的电磁脉冲。每一个中断的链接都会使可用节点的数量降低至少一倍,因此需要智能软件来找到替代路径。

---

① 括号里的数字对应图 12.10 右图中的信息。——译者注

此后，可以通过数学建模和算法解决这些图论领域的问题，使艺术家和导游不再需要理会它们[①]。但不该忘记的是，在某种意义上，图论(graph theory)也起源于旅游业，甚至该领域的现代教科书也相当依赖旅行者和旅行的例子。莱昂哈德·欧拉(Leonhard Euler)提出的跨越普雷格尔河的路线，是为了带领人们一次且仅在这一次穿过哥尼斯堡的七座桥梁（图12.11）。也就是说，这既不会浪费任何时间，也不会增加不必要的旅行费用，尽管这样的任务似乎需要数量为偶数的桥梁[②]。在冒险游戏中，单纯的旅游景点变成了需要被看到的东西，而这就涉及两种应该被区别的图形的合并，即地图和叙事。因为地图可以用图表来表示(克劳瑟正是通过在他的程序中输入洞穴数据做到这一点的)，叙事同样可以用图表来表示(假设它们的功能基础是 if/then 的分支)。

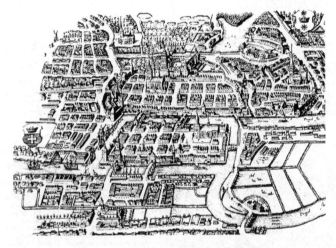

图 12.11　欧拉的哥尼斯堡七桥问题

从图论的角度看，冒险游戏的叙事是"树"，也就是说，它是至少有两片叶子（为了不显得琐碎）的无循环的连接图。树的非循环性质在逻辑上保证了它所有的边都代表了两个节点之间可能的最短路径，这对叙事有重要的意义。如果一

---

[①] 参见 Reinhard Diestel, *Graph Theory*, 3rd ed. (Berlin: Springer, 2006); Thomas Emden-Weinert et al., *Einführung in Graphen und Algorithmen* (1996; unpublished manuscript available at http://www.or.uni-bonn.de/~hougardy/paper/ga.pdf); Dieter Jungnickel, *Graphs, Networks and Algorithms*, 4th ed. (Berlin: Springer, 2013)。

[②] 正是由于这个原因，如果一个图标可以精确地遍历所有边一次，它就可以被称为"欧拉图"。参见 Leonhard Euler, "Solutio problematis ad geometriam situs pertinentis," *Commentarii Academicae Scientiarum Imperialis Petropolitanae* 8(1736), pp. 128–140。

个图的大小|E|是由它的边数决定的,并且冒险的叙事是一棵树,正确的叙事(玩家应该通过玩游戏来尝试产生的叙事)就是最接近|E|的叙事。假设冒险的叙事有十二条边(或用罗兰·巴特的术语来说——催化),其中的六条边指向叶子节点,即结局可能会以玩家死亡的形式出现,这就意味着正确的或成功完成的游戏有六条边,并且至少有五个错误的决定等待着玩家。

图 12.12 展示了这样一棵树,在这种情况下,最下面的节点 S(source)是游戏的开始,最上面的节点 T(target)是游戏的成功结束。因此,该图是有方向的[①],虚线表示将导致玩家死亡的错误决定[②]。很明显,一个成功的游戏就是走过了最多的边,但不是所有的边。玩这样的游戏似乎是为了尽可能地延长结束时间,并不是让游戏变得冗长。事实上,只要执行所有的功能性闭包(functional closure),即把叙事的所有松散部分都捆起来,其花费的时间就可以用来精确地推迟结局。在这个意义上,冒险游戏是详尽(exhaustive),它们关注的是最大概率数的有效穷举。每一片不是 T 的叶子的死亡都会留下一份遗产,而这种死亡会在"困难"的游戏中频繁发生,因此,困难可以被理解为一个概率问题。不言而喻的是,用香蕉打开一扇门的功能概率很低,而用它打

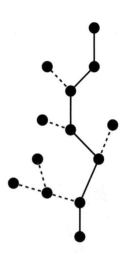

图 12.12　一棵树

败敌人推进游戏叙事的概率很高。在每种风险情况下(在每个节点上)出现在屏幕上的文本字符串都意味着(如果阅读正确的话)某些概率。也许可以说,像"诗意的必然性"(poetic necessity)这样的东西引导着玩家转喻的形成。在游戏过程中作出的决定是基于玩家识别某种特定的叙事可信度的能力,正如连贯的话语增强了电报操作员的表现力。冒险叙事倾向于严格遵循一般惯例,可能是为了模拟这些跃迁概率。换句话说,这种倾向可能有助于减少不可能性和令人沮丧的情况发生。海登·怀特借鉴了诺思罗普·弗莱(Northrop Frye)的研究成果,从意义模式(patterns of meaning)的角度探讨了这一问题。他认为"对一系列事件的情节结构的规定,使得它们作为一个特殊故事的比喻,显现出可被理解

---

[①] 它是定向的,因为在叙事层面上,一条已经被遍历的边将不能在相反的方向再次被穿过(除非玩家已经离开游戏并返回他先前保存的位置)。虽然在冒险游戏中没有撤销命令,但这在逻辑上是可能的,因为树的非循环特性允许"流"的确定是可逆的,即它允许每条路径都被回溯。

[②] 倒数第二个节点不会导致任何进一步的分支,但这是典型的叙述性图形(因为即使还有另一个房间,也需要命令才能到达)。

的过程"①,因此,一个特殊类型的故事是通过图表的边来度量的。虽然我们已经意识到命令输入与文本输出间的模糊区别,以及逻辑与时间结果间的区别,但现在不应忽视的是,冒险游戏的叙事模糊了文学与界面设计之间的边界。在"事件与计数"(event and counting)的游戏中,叙事是程序事件在过程中不必计数就能实现的,因为在缺乏叙事的条件下仅在数据库层面玩冒险游戏是没有意义的。这不仅是浪费时间,它还将超出人类玩家的想象能力,让他们不得不通过一个命令将诸如数据记录的 47 和 73 联系起来。这是因为在冒险游戏中作出决定的位置类似于在虚拟世界中踱步的移动技术拓扑。这种架构由可读写、可删除的内存地址组成,数据保存于内存,通过在无意义的地址空间中读写使内存地址产生意义。然而,当玩家站在门前时,没有什么比输入"使用钥匙"命令更简单的了。这是一种叙事,一种特殊类型的故事,作为对规定的数据库操作进行重构和回调的接口。一定程度上,叙事只能通过档案工作来实现,并通过该方式揭示事物"过去"和"将来"是怎样的。

此外,冒险的地形组成部分是由一个附加的图表来表示的。为了提高游戏的可玩性,每个故事都被安排或映射在一个迷宫中。这意味着在游戏中的特定点读取特定的字符串,其依次对应于游戏地图上的特定位置,并显示在屏幕上。这些信息由游戏中的玩家读取,然后作为文献去阅读(而不是特定的数字和签名的序列,它们是由程序内部管理的),并产生一种叙述形式,在完成下一次输入之后,再一次转换成数字②。LTEXT(47)后面可以是 LTEXT(48)或 LTEXT(60),这个决定是根据管理逻辑作出的,但是两个字符串必须以这样一种方式分配,即它们同时产生一个叙事逻辑③。在网络中,点击链接所产生的行为,即从一个文档到另一个文档的离散转换在冒险游戏中被语义化为诗意的必然。浏览文档所产生的毫无意义的鼠标点击序列(行为)被范内瓦·布什称为轨迹,即通过游戏文档的本质在冒险游戏中获得一种有意义的形式——叙事。相反,这些文档的特质也决定了随后的点击,从而决定了轨迹本身。

如果我们检查一次冒险地图并重建一个路径,那么很明显,问题不在于树,

---

① Hayden White, *Tropics of Discourse*: *Essays in Cultural Criticism* (Baltimore: The Johns Hopkins University Press, 1978), p. 58.

② 参见 Wolfgang Ernst, "Bauformen des Zählens. Distante Blicke auf Buchstaben in der Computer-Zeit," in *Literaturforschung heute*, ed. Eckart Goebel and Wolfgang Klein (Berlin: Akademie, 1999), pp. 86–97.

③ 例如,从 LTEXT(48)开始,如果玩家通过"向西走"的命令打开 LTEXT(48),LTEXT(48)的逻辑就会指示玩家正位于一间朝西的房间,而不是一艘(可能朝西的)潜艇上。就程序而言,后者的信息可能在地形上是正确和合法的,但就叙述而言,它可能显得过于突然和出乎意料。

而在于具有两个不同节点的连接图,即第一个房间 S 和最后一个房间 T。因此,叙事树和空间图必须在这两点上达到一致。此外,从图论的角度来看,这种叙事的空间化仅仅意味着叙事是空间的块状图。如果需要在冒险世界中进行多个动作来催化沿着边缘的叙述[比如在游戏《魔域帝国》(图 12.3)中走迷宫],这些动作可以总结为一个叙述块(图 12.14)。

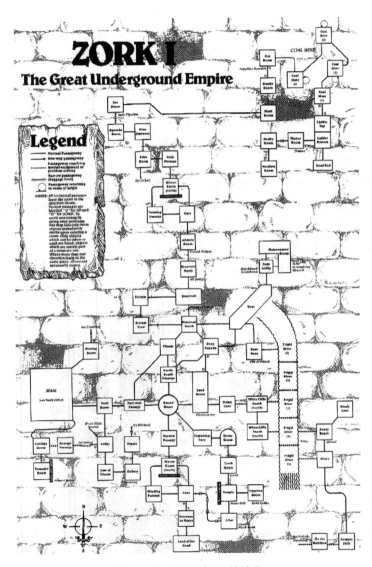

图 12.13 《魔域帝国》的地图

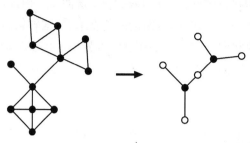

图 12.14 一幅图和一幅块状图

更值得注意的是,这种空间图(如果接受非负函数的标准)被称为网络。众所周知,网络是用来传递商品的(比如电子邮件或冯·诺依曼流程图中"C"的概念)。从 S 到 T,由此所讨论的货物可能不会从除 S 之外的节点离开,并且可能不会到达除 T 之外的节点,否则就会有安全漏洞。如此一来,阿帕网的设计者所面临的路由问题的范围就缩小了。毕竟,利克莱德在 1968 年的设计只是描述了如何在节点和通道(或边)组成的网络中以尽可能最佳的方式将数据包从 S 传输到 T 的图论问题(图 12.15)。信息处理器在其中的作用是充当"交通指挥者、控制者和纠正者"[1]。

尽管冒险游戏只有一个源地址 S 和一个目标地址 T,但是网络中的每个节点都可以被当作 S 或 T,因此,每个节点都可以用作入口或出口。例如,正是出于这个原因,翁贝托·艾柯在讨论网络时更喜欢地下茎(rhizome)的比喻,而不是迷宫的比喻。然而,如果将视角转移到单个电子邮件或甚至单个数据包的级别,冒险与网络的区别就消失了。从这个角度来看,网络就像一个多重迷宫,玩家在其中主要关注的问题是发现最经济有效的方式路径(图 12.16)。由于它的复杂性,这只能通过智能软件来实现,结果是算法和图论的结合[2]。

---

[1] J. C. R. Licklider and Robert W. Taylor, "The Computer as a Communication Device," *Science and Technology* 76(1968), pp. 21-40, at 33. 1960 年,在越南战争期间使用的网络创建了类似的标准化海运集装箱形式的"分包结构"(packet structure)。这种容器本质上是标准化大小的数据包,拥有发送方和接收方地址。正在交付的货物被分装在不同的集装箱中,并通过不同的路线运输,以便在战区被接收和重新组装。参见 David F. Noble, "Command Performance: A Perspective on the Social and Economic Consequences of Military Enterprises," in *Military Enterprise and Technological Change: Perspectives on the American Experience*, ed. Merritt Roe Smith (Cambridge, MA: MIT Press, 1985), pp. 329-346, at 338-340.

[2] 以图论中著名的四色定理为例,这是第一个需要借助计算机来解决的主要定理(它证明了依赖于所谓的"不可避免的"配置集概念)。参见 Kenneth Appel and Wolfgang Haken, "The Solution of the Four-Color Map Problem," *Scientific American* 237(1977), pp. 108-122; Tommy R. Jensen and Bjarne Toft, *Graph Coloring Problems* (New York: Wiley, 1995).

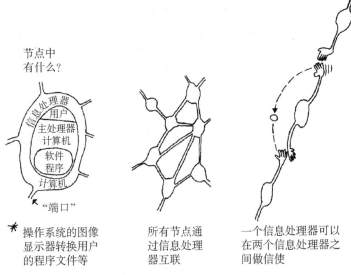

图 12.15　约瑟夫·利克莱德的网络节点组织示意图

图 12.16　早期的分时系统

克劳瑟的路由表或多或少都是邻接表,用于对网络中的相应的图进行编码,期初的规模并不大①。在这方面值得注意的是,迷宫或网络被赋予了一种记忆(这可能与冒险游戏所需的持续绘制地图的活动有关)。甚至电报工程师最初使

---

① 邻接表是图的一种表示法,图中的每一个节点都与其所有的邻接节点和边关联。

用的方法对证明图形问题也不那么感兴趣,因为他们的核心在于解决问题。为了做到这一点,工程师必须标记所有访问过的位置(节点)。在 20 世纪 20 年代和 30 年代,出现了大量关于这一主题的出版物,这些研究的主要目的是在行为主义的框架内探究如何在老鼠和其他实验动物的身上以条件反射的方式实施寻路算法①。克劳德·香农关于人工老鼠的著名研究是人工智能领域的开创性工作之一,尽管香农的老鼠并不在行为学意义上起作用,而是作为一种生物力学装置,但它在很大程度上仍然要归功于许多早期的实验②。正如彼得·贝茨(Peter Berz)指出的:

> (香农的老鼠)必须识别它所处的位置,即为了写入或读取一个正方形(方块)的内存,它必须明确地定位该正方形。在香农的解迷宫机器中,拥有记忆功能的是迷宫,而不是老鼠,老鼠只是寻址并重新配置这个内存。然而,正方形的明确可寻址性的前提是在所讨论的正方形上方有一个映射。也就是说,在二维列表(或矩阵)中的明确位置上每行有五个元素,每列也有五个元素。因此,位置不再是体系结构所在的位置,而是地址所在的位置。③

在冒险游戏的迷宫中,玩家就像一只老鼠,只能借助外部地图的记忆来四处移动。

---

① 参见 Helen Lois Koch, *The Influence of Mechanical Guidance upon Maze Learning* (Princeton: Psychological Review Co., 1923); Katherine Eva Ludgate, *The Effect of Mechanical Guidance upon Maze Learning* (Princeton: Psychological Review Co., 1923); William T. Heron, *Individual Differences in Ability Versus Chance in the Learning of the Stylus Maze* (Baltimore: Williams & Wilkins, 1924); Norman Cameron, *Cerebral Destruction in Its Relation to Maze Learning* (Princeton: Psychological Review Co., 1928); Donald A. MacFarlane, *The Rôle of Kinesthesis in Maze Learning* (Berkeley: University of California Press, 1930); Edward Chace Tolman and Charles H. Honzik, *Degrees of Hunger, Reward and Non-Reward, and Maze Learning in Rats* (Berkeley: University of California Press, 1930); Frederick Hillis Lumley, *An Investigation of the Responses Made in Learning a Multiple Choice Maze* (Princeton: Psychological Review Co., 1931); Warner Brown, *Auditory and Visual Cues in Maze Learning* (Berkeley: University of California Press, 1932); Charles H. Honzik, *Maze Learning in Rats in the Absence of Specific Intra-and Extra-Maze Stimuli* (Berkeley: University of California Press, 1933); Charles H. Honzik, *The Sensory Basis of Maze Learning in Rats* (Baltimore: The Johns Hopkins University Press, 1936); William C. Biel, *The Effect of Early Inanition upon Maze Learning in the Albino Rat* (Baltimore: The Johns Hopkins University Press, 1938).

② Claude E. Shannon, "Presentation of a Maze-Solving Machine," in *Cybernetics: The Macy-Conferences 1946 - 1953*, ed. Claus Pias, (Zurich: Diaphanes, 2016), pp. 474 - 479.

③ 转引自 Berz, "Bau, Ort, Weg — Labyrinthe"。

关于广度和深度搜索的基本算法起源于 20 世纪 60 年代,是用于解决自动电话交换机在发展过程中面临的问题①。广度优先搜索(breaelth-first search,简称 BFS)是一种在图中搜索或移动以获得有关图的结构信息的方法②。在给定的初始节点处,BFS 算法从球体 $S_i(u)$ 的 $i = 0$ 开始,通过检查 $S_i$ 中的邻近节点来计算 $S_i + 1(u)$,直到访问了所有节点。通过这种方式可以确定图的顺序(节点数)。对于阿帕网来说这是一个关键因素,因为军方要求阿帕网能够随时确定还有多少个节点仍在运行,并能够执行替代路由。此外,利用 BFS 算法可以测试树的非循环性,从而识别树(图 12.17、图 12.18)。

BFS 算法与遍历图的节点和枝干的精确顺序无关,它们唯一的标准是完整性,即所有节点都被访问。然而,在深度优先搜索(depth-first search,简称 DFS)中使用的算法与 BFS 算法在选择要访问的节点的策略上有所不同③。在 DFS 过程中,节点被标记并记录在表中,在搜索结束时,该表将包含有关节点访问顺序的信息。

这两个过程(深度搜索可以合并到广度搜索)都对寻找最短路径的问题感兴趣。为此,自理查德·贝尔曼(Richard Bellman)时代以来,广度或深度搜索被应用于边缘加权图,这些问题已经通过所谓的"动态规划"解决了,其中的"规划"一词在一定程度上与"优化"同义④。在一个加权图中,它的每条边都被赋予一个特定的权重,这个概念根据成本有不同的解释。因此,路径的长度与它所遍历的边的成本之和成比例。顾名思义,最优性的基本原理规定,一个最优策略也必须由唯一最优的部分策略组成。例如,如果 U-V 是最便宜的路径,那么它的每个分量路径也是最便宜的。这种技术被称为"动态",因为它通过组合较小的优化解决方案来生成较大的优化解决方案,这个过程通常需要使用表。从初始节点

---

① 参见 Gaston Tarry, "Le problème des labyrinthes," *Nouvelles annales de mathématiques* 14(1895), pp. 187 - 190。在这里,塔里演示了一种深度优先搜索算法,人们可以找到走出迷宫的路,而不必两次穿过同一条边。尽管这一议题在近代引起了极大的关注,摩尔(Abraham Moles)和他的同事们似乎是唯一将迷宫和图表联系起来的社会科学家: "The labyrinth is nothing more than the expression in simple words of a behavioural graph of movements of being, an application of Graph Theory to real space." 参见"Of Mazes and Men," p. 3。这个过程涉及决策的情况,如加权边,把迷宫变成游客心理上的问题: "anxiety linked to the ignorance of the solution paths", "pleasure of solitude", "pleasures linked to the sum of successive microdiscoveries"(Ibid., pp. 11 - 12)。
② 参见 C. Y. Lee, "An Algorithm for Path Connections and Its Applications," *IRE Transactions on Electronic Computers*, EC - 10(1961), pp. 346 - 365; Edward F. Moore, "The Shortest Path through a Maze," in *Proceedings of an International Symposium on the Theory of Switching* (Cambridge, MA: Harvard University Press, 1959), pp. 285 - 292。
③ 参见 Robert E. Tarjan, "Depth-First Search and Linear Graph Algorithms," *SIAM Journal on Computing* 1(1972), pp. 146 - 160。
④ Richard Bellman, *Dynamic Programming* (Princeton: Princeton University Press, 1957)。

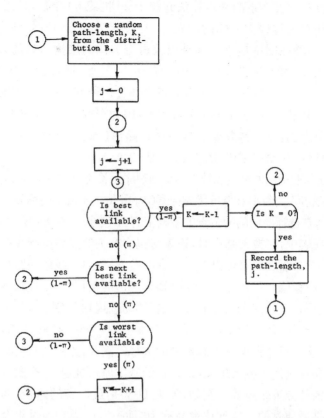

图 12.17 使用机器而不是向导来寻找最佳路径[一个路由模型的流程图(上)和一个由兰德公司在 1964 年进行的最佳路径的统计评估(下)]

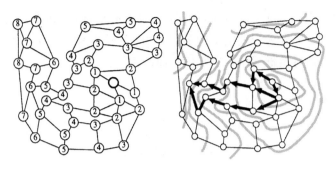

**图 12.18　建立分区**

开始，在刚刚访问的节点和尚未发现的节点之间会建立边界层或分区（Grenzschicht，德语）。

选择最短的边，然后它的最终节点成为下一个分区的初始节点。我们期望最好的局部解决方案同时也是最好的全局解决方案，这一期望（并不总是能够实现）被形象地称为"贪婪原则"。当然，在实践中还有许多其他因素发挥作用，包括网络内的负载平衡，即数据包、同时用户、节点和信道容量之间的比率。早在 1964 年，兰德公司就开始通过在 IBM 7090 型计算机上进行的几种 FORTRAN 模拟来探索数据网络在各种条件下运行的行为[1]。

### "记忆的延伸"——麦克斯

从赞同的角度来看，这种寻求最经济途径的贪婪将我们带回了范内瓦·布什的著名幻想，即建立一个类似网络的知识组织，他称之为"麦克斯"（Memex，它是"memory"和"extender"这两个单词词首的组合，即"记忆的延伸"）[2]。布什把浏览麦克斯数据库比作自动电话交换机的路由策略不是没有道理的。上面曾提到过，阅读冒险文本的特定行为包括扫描关键词，而这正是想象中的麦克斯用户应该做的。在这里，正如布什所写的那样，阅读的工作在于找到事物之间的联

---

[1] 参见 Paul Baran, *Introduction to Distributed Communications Networks*（Santa Monica：Rand，1964）；Sharla P. Boehm and Paul Baran, *Digital Simulation of the Hot-Potato Routing in a Broadband-Distributed Communications Network*（Santa Monica：Rand，1964）；J. W. Smith, *Determination of Path-Lengths in a Distributed Network*（Santa Monica：Rand，1964）。

[2] Bush, "As We May Think"（在线提供的版本有时与印刷文章不同，参见 http://web.mit.edu/sts.035/www/PDFs/think.pdf）。尽管布什充分信任这一开创性的想法，但不应忘记的是，它的灵感来自伊士曼柯达公司自 1936 年以来一直赞助的一个研究项目。该项目包括运行所谓的"快速选择器"（rapid selector），即以光电方式自动扫描和检索 35 毫米缩微胶片。

系,并将它们作为联想加以实现,即"通过联想进行选择,而不是通过索引"①。布什曾在第二次世界大战期间协调了约 6 000 名科学家的工作,根据他的说法,知识是通过结合特定框架下的已知信息而产生的。

> 一项记录,如果要对科学有用,就必须不断扩充,必须储存,最重要的是必须查阅。……事实上,每当人们按照既定的逻辑过程组合和记录事实时,思维的创造性方面只涉及数据的选择和采用的过程。②

这些组合的逻辑是人类化的,因为它们看起来是不可能的。因此,能计算的东西最好留给机器,而不能计算的东西至少应该体现为一种便于使用的形式。

> 一种新的符号(可能是位置上的)显然必须先于将数学的变换简化为机器处理。然而,在数学家的严格逻辑之外,还存在着日常事务中的逻辑应用。在未来的某一天,我们能在机器上点击参数,就像我们现在在收银机上输入销售额一样。③

因此,数据记录、文档或话语元素会被分配到不同的位置,以节点的形式存在于空间化知识的地形图中,而它们正是通过麦克斯用户碰巧点击的任何边连接起来的。引发此类活动不断重复的场景看起来是这样的:"在他(用户)面前的是两个处于相邻位置且需要连接的物体(即邻接列表)"④;然后,读取文档节点的编码,并通过知识的地形组织创建路径。这种类型的组织被布什形象地称为迷宫,"因此,他(用户)在迷宫中用所能找到的材料建立了一条自己感兴趣的线索,并且他的轨迹不会消失"⑤。轨迹不会消失,因为就像冒险游戏中被完成的阶段一样,它们可以被保存下来。显而易见的是,自古代以来,迷宫的生成规则就不同于在书写中使用的非常令人难忘的符号,而是提供记忆路径运动(舞蹈)结构的档案技术。因此,麦克斯的路由操作是一个持续的生产过程,由特定的规则控制,在结束时(也就是在经过特定的路径之后)可能存在无序的排序。由于布什只掌握了他那个时代的媒体隐喻,所以他称这个产品为一本书:"这就好像

---

① Bush, "As We May Think," p. 121.
② Ibid., p. 113.
③ Ibid., p. 121.
④ Ibid., p. 123.
⑤ Ibid.

是把不同来源的实物收集并装订在一起,形成了一本新书。"①

从另一种隐喻的角度来看,冒险游戏就像一本书(尽管不太精确),因此,一个完整的游戏可以被认为是几本可能的书中最为全面的一本。游戏世界的网络和麦克斯概念的本质区别在于,在游戏中,从 S 到 T 只有一条路径,这条路径被遍历和理解后,将不可避免地在 T 处结束。然而,在麦克斯的情况下,有可能找到多条路径,T 可以作为一条路径的出发点,甚至可以与其他路径相交叉。最重要的是,使用麦克斯本身就在生成路径②。除了相似之处,这种区别对于我们理解冒险游戏也是至关重要的,这与树和根茎之间的区别是一样的,它是在第一个冒险游戏诞生的同一时间形成的③。根茎的特点是连通性、异质性、多样性和显著的裂隙,它在既没有系谱也没有生成的情况下,同时具有多个出入口。相反,"树和根激发了一种悲哀的思想形象,那就是在一个有中心或分割的更高统一体的基础上永远模仿多元"④。或者用米歇尔·塞尔(Michel Serres)的话说:

> 在一种情况的两个要点或要素之间,即在两个高峰之间,辩证论证认为有且只有一条路可以从一个方向走到另一个方向。这种方式在逻辑上是必要的,并且经过一个特定的点,即对立或相反。就此而言,辩证论证是单线性的,它的特点是只有一条路,这条路很简单,并且它传输的确定流程是明确的。与此相反,上述(表格)模式的特点是它中介路径的多元性和复杂性。正如可以立刻看到的那样,只要峰顶的数量有限,那么就有大量路径可以从一个峰顶到另一个峰顶。很明显,这条路可以通过任意数量的点,甚至在极少数情况下可以穿过所有的点。这些路径都不是逻辑上必须的,事实上,可能发生的状况是所讨论的两个点之间的最短路径最终可能比另一条路径更困难或更无聊(更不实用),而另一条路径可能更长但可以传递更高程度的决定,或由于某种原因暂时更容易到达。……从线性到表格的转变导致了可能的中介数量的增加,而这些中介也相当灵活,即不再只有一条唯一的路径,而是

---

① Bush, "As We May Think," p. 123.
② 在利奥塔的术语中,这被称为"关于异质语言的论证"(*The Postmodern Condition*, p. 66)。
③ 吉尔·德勒兹和费利克斯·瓜塔里的两卷《资本主义和精神分裂症计划》(*Capitalisme et schizophrénie*)分别于 1972 年和 1977 年出版。参见 Gilles Deleuze and Félix Guattari, *Anti-Oedipus*: *Capitalism and Schizophrenia*, trans. Robert Hurley et al. (New York: Viking, 1977); *A Thousand Plateaus*: *Capitalism and Schizophrenia*, trans. Brian Massumi (Minneapolis: University of Minnesota Press, 1987)。
④ Deleuze and Guattari, *A Thousand Plateaus*, p. 16.

任何给定数量的路径或可能的分布。①

显然，冒险游戏的路径属于辩证推论（dialectical argumentation）模式，即在无冗余和最大事件性的博弈条件下，寻找从 S 到 T 的最优路径，显然，这在逻辑上是必要的。最重要的是，所有的中间点只能以一种特定的顺序被遍历。最后，冒险游戏违背了"开放映射"（open mapping）的原则。相反，麦克斯是一个网络，显然与表格模型有关。尽管它很少被执行，冒险的叙述图属于一个可逆的顺序，在这个顺序中有可能从任何给定的节点重构回到开始的路径。然而，在非循环以外的网络中，到节点的路径具有若干可能的确定流程，它是不可逆的，也是无法重建的，游戏的地图中偶尔也会出现这种情况。在已经被发现的地区漫无目的地漫游同样是不可能重建的，它们也不会在游戏中带来任何进步，因此具有双重意义的非历史意义。充其量，网络游戏是网络中的一种特殊的经济行为，正如对塞尔来说，辩证运动可以是一种特殊的表格运动一样。

由此，一种可预测但不寻常的情况产生了，即冒险游戏提供给用户的自由度比麦克斯少得多。在所谓的"游戏"中可能出现的组合活动，其本身并不像利奥塔和塞尔的"取之不尽的储备"那样（也可能与布什类似网络的概念相关）拥有可能的联系和决定。因此，冒险游戏的玩家再次出现在流程图中，并且他/她的比赛有助于以战术和经济的方式促进这一流程。相反，网络或麦克斯的用户作为他自己的关联流的编程者而向前发展。创造性的游戏理论经常涉及的自由及缺乏自由的概念似乎已经有所转变——追求效率、追求最优（也是最贪婪）的决策压力不断压迫着游戏，令人难以置信的窗口（或房间）替代了机会，突然在一个人的桌面上打开。

## 最好的世界

冒险游戏剥夺了自由，因为在游戏中的每一个有意义的时刻，也就是说在"玩"发生的每一个时刻，玩家都必须作出一个决定。这就意味着，由这些决定导致的所有时间虽然是连续决定的，但同时具有一种"假设的必然性"（hypothetical necessity）。一切都可能完全不同（如果目标不是效率），但与此同时，任何有效或无效发生的事情仍然只是游戏程序中已经存在的一种可能性的实现。在所有的冒险游戏中，一个正确的决定既不会结束游戏，也不会重复游戏，而是通过推迟结局来让游戏继续进行，从而保留剩余可能性的最大数量。基

---

① Michel Serres, *Hermès I — La communication* (Paris: Minuit, 1968), pp. 12 - 13.

于冒险游戏的数据库、解释器和管理指南的虚拟现实,这也使得整个经济包含所有可能或不可能的、可能发生或正在发生的事件,这些事件在游戏结束时已经成为现实。

这种分支结构最突出的模型,即介于虚拟领域和现实经济之间的可能世界(possible worlds)的分支结构,可能是莱布尼茨对"命运之宫"(palace of fates)的描述,它出现在他的《神义论》(*Theodicy*)的结尾。根据这则寓言,这座宫殿"不仅代表着已经发生的事情,也代表着一切可能的事情"①。它的房间代表了塞克斯塔斯(Sextus Tarquinius)生命中的不同可能性,主角西奥多罗斯(Theodorus)在女神帕拉斯·雅典娜(Pallas Athena)的带领下参观了这些房间。

> 我会向你展示,其中将会出现的塞克斯塔斯并不完全是你见过的那个塞克斯塔斯(其实这是不可能的,因为他总是拥有他未来形态的固定特性),而是几个与他相似的塞克斯塔斯。他们拥有你所知道的真正的塞克斯塔斯的一切,但不是在不知不觉中已经存在的全部,也不是在不知不觉中将要发生在他身上的全部。在一个世界里,你会看到一个非常快乐且高尚的塞克斯塔斯;而在另一个世界里,你会看到一个甘于平庸的塞克斯塔斯,即一个种类繁多、形式多样的塞克斯塔斯。②

这些潜在的塞克斯塔斯的每一段生命历程都可以用叙事的形式表现出来(一个塞克斯塔斯去了科林斯,一个塞克斯塔斯去了色雷斯,一个塞克斯塔斯去了罗马),但使这些不同的叙事成为可能的条件却不能用叙事来表现。它的表现更需要一个具有决策节点的图,在这个图中,各种生命历程和各种叙事历程是重合的。就像冒险游戏的洞穴一样,图中的节点组织了各个房间之间的过渡。对玩家来说,这些边代表一个房间里纯粹以时间为顺序的叙事片段。这些叙事的组成部分不涉及任何分支或决定,而是催化故事到下一个节点。因此,西奥多罗斯对这幅图的观察主要集中在节点或决定性的情况上。

在雅典娜的命令下,多多纳(Dodona)和朱庇特(Jupiter)神庙映入

---

① Gottfried Wilhelm Leibniz, *Theodicy: Essays on the Goodness of God, the Freedom of Man, and the Origin of Evil*, trans. E. M. Huggard (London: Routledge, 1952), p. 370;"Joseph Vogl, Mögliche Welt" in *Kalkül und Leidenschaft. Poetik des ökonomischen Menschen*, 3rd ed. (Zurich: Diaphanes, 2008), pp. 139 – 169.

② Leibniz, *Theodicy*, p. 371.

眼帘，塞克斯塔斯从那里出发，可以听到他说：他将服从于神［选项：不服从］；瞧！他去了一座位于两海之间的城市，类似于科林斯［选项：色雷斯］；他在那里买了一个小花园［选项：什么也没买］；培养它，他发现了宝藏［选项：什么也没发现］；他成了一个富有的人，享受着爱和尊重；他去世时年纪很大，全城的人都喜爱他。①

通过对现在时的持续和强调的使用，这篇文章关注的显然是一个关键决策而不是关键时间的游戏。按照冒险游戏和洞穴学的术语，每一个决定都意味着一个瞬间和各自过渡到另外一个空间或房间。因为这个宇宙是由朱庇特编程的，它不受记忆的限制和编程者死亡的影响，房间的金字塔状分支结构可以向下延伸到无限的可能性和选择。正如阿帕网的邮政系统显示的那样，第一个冒险游戏就是从这个系统衍生出来的，两个决策之间的边缘或催化本身并没有一个地址。相反，只有风险的节点或时刻是可处理的，也就是指那些超越了《神义论》这本书的时间顺序的点。莱布尼茨对这一问题的解决方案，即对文本和超文本的解决方案，与布什的建议惊人地相似。

大厅里有大量的著作，西奥多罗斯不禁要问这是什么意思。"我们现在正在参观的就是这个世界的历史，它就是命运之书，"雅典娜告诉他，"你在塞克斯塔斯的额头上看到过一个数字，在这本书里找找它所指的地方。"西奥多罗斯去找，发现塞克斯塔斯的历史比他所看到的轮廓更加丰富。"随便把你的手指放在哪条线上，"雅典娜对他说，"你就会看到这条线上概括的全部细节。"他照办了，并且看到了塞克斯塔斯的一部分生活的全部特征。②

在布什的案例中，每一个决定（每一次点击链接）都会导致另一段文字。两个链接之间的文本片段，即两个本身不涉及任何分支的可能决策之间的文本片段，可以（按照遇到它们的顺序）被表示出来并汇集成一本新书。在这方面，一场游戏的可能进程，或者说布什希望能够保存的路径，只能参考某些决策的结果。只有已单击的链接列表被注册后才可以应用于任何兼容的数据库。可以说，麦克斯数据库中的所有书籍都已经存在，用户可以通过跟踪已保存为路径的链接

---

① Leibniz, *Theodicy*, p. 371.
② Ibid., pp. 371 – 372.

来找到它们。这种地址、文本和表现之间的震荡同样可以在莱布尼茨的上述思想中找到。在那里,一个"数字"表示一个"地点",点击("把你的手指放在上面")触发了一场表演("他看到了")。不同的塞克斯塔斯的前额上都有编号,这个编号是一个链接,指向数据库中的一个位置,即"命运之书"。如果点击或引用那个数字,读者或用户将被传送到相应的执行地点。冒险游戏的复述(Nacherzählungen,德语)也正是如此,它们储存决策或节点的结果,这些结果反过来又通过特定的叙述导向特定的地点(游戏的当前阶段)。无论何时,只要世界是由对象、主体和事件组成的数字链,计数和叙述之间的区别就消失了[①]。

众所周知,在莱布尼茨金字塔的顶端是"最好的世界",如果你允许我继续这么类比的话,它说明了冒险的一些经济情况。

> 这就是塞克斯塔斯,他现在是这样,将来也会是这样。他愤怒地从神殿中出来,并且蔑视众神的忠告。你看到他去罗马,到处制造混乱,侵犯他朋友的妻子。他和父亲一起被赶出去,被殴打,终日郁郁寡欢。如果朱庇特在这里安置了一位快乐的科林斯国王或色雷斯国王,那就不再是这个世界了。然而,他不可能不选择这个世界,因为这个世界完美地超越了其他所有世界,形成了金字塔的顶端。否则,朱庇特就会放弃他的智慧,他就会放逐我,他的女儿。你看,我的父亲并没有使塞克斯塔斯变得邪恶,他是如此的永恒且自由。我的父亲只是给了他以他的智慧无法拒绝的存在——让他从可能的世界进入实际存在的世界。[②]

由于必然和可能之间的矛盾关系,一个幸运的塞克斯塔斯和一个不幸的塞克斯塔斯都被公认为是可能的或可以并存的,尽管不是在同一个人身上。相反,他们必须占据空间和时间上截然不同的世界,因此出现了可能世界之间的竞争局面。对于一个好的游戏(或者更准确地说,一个尽可能好玩的游戏),我们关注的是避免冗长、循环或关闭游戏。换一种说法,我们关注的是通过收集最大量的信息来尽可能长时间地推迟游戏的结束,并且通过作出这样的决定,使游戏中的所有这些可能性都是最大数量的附加可能性。如果玩得好包括选择最有价值、

---

① 这篇文章或许可以进一步说明,计算机程序已经解决了莱布尼茨的表现问题,因为它们能够整合文本、数字、图表和戏剧元素。
② Leibniz, *Theodicy*, pp. 372-373.

最短的可能路径,那么在近乎数学的意义上,"玩得好"就相当于玩得"优雅"。这也是莱布尼茨"最好的世界"背后的经济原则,其现实的驱动力是追求最高效率,以最少的努力实现最大可能的成果。

> 存在的优化和最大化的另一部分是组合博弈。这个游戏的目标是实现最大数量的可能性,并在所有可组合的情况下产生最集中的潜在关系,以及将它们组合在一起的最大能力。在一系列的可能性中,这样一个组合就会被选出来,它本身包含最多的可能性,从而可以产生最简单和最丰富的世界,一个容纳最大的"统一中的多样性"的世界,就像一个球体,在最少的空间中包含最大的体积。无论如何,这都是一个"其中每个组成部分都与其他组成部分无缝地结合在一起"的世界……它的特点是以最佳方式实现可能的目标。①

同样,要玩好游戏,需要集成对象数据库中要集成的所有元素。在莱布尼茨看来,玩一个好游戏就等于做好事,因为这样的行为带来一个神圣程序的实现。"最好的世界"中的神圣组织需要在现实世界中得以实现,正如游戏的程序化解决方案需要在游戏过程中得以实现,并通过完整的表现而完全形成。此外,如果朱庇特在考虑到所有可能的世界之后选择最好的世界,这意味着在软件层面,游戏不包含任何在其过程中不能展开的内容,游戏中的一切都可以无缝地结合在一起,即可能实现一个没有漏洞的世界。算法和玩家是时间的工具,通过它们,组合物已经包含所有已经存在、现在和将要发生的一切。

毫不奇怪的是,程序员"神一样"(god-like)的本质已经成为一个普遍的主题,其中最普遍的隐喻就是数字白板(tabula rasa,拉丁语):"程序员—上帝创造世界不是一劳永逸的,而是反复多次的……宇宙像程序一样运行,直到它崩溃或失控,然后记录被清除干净,新的游戏开始。"②虽然上帝不必遵循任何既定的法则,也有无限的隐喻性自由来创造游戏规则,但程序员充其量只是一个受制于他/她编程语言的话语条件的次要神。然而,程序员世界的居民却无能为力,至少在某种程度上,他们对编程语言一无所知,也没有人像雅典娜一样,让他们对编程语言的内部工作原理有一个梦幻般的视角。"根据莱布尼茨的说法,世界是

---

① Vogl, *Kalkül und Leidenschaft*, p. 154.
② J. David Bolter, Turing's *Man*: *Western Culture in the Computer Age* (Chapel Hill: University of North Carolina Press, 1984), pp. 187 – 188.

在上帝的计算之内创造的。因此,现有世界是所有可能世界中最好的,这并不排除这样一个现实,即被造物不可能理解造物主的意图。"①

在《魔域帝国》的程序员在 Infocom 公司构想的"未实现的计划"中,有两个关于该主题的具有启发性的片段(图 12.19)。第一个片段与一个游戏有关,其目标是将《创世记》(The Book of Genesis)作为一场冒险。

**互动《圣经》**

类型:幻想? TOA?　　　　　评级:可能的标准

系统:两种情况都可能发生　　预计开发时间:8—10 个月

　　想象一下这样的广告宣传:"你有没有想过是上帝搞砸了?自己试试吧!"开放的房间:虚空。建议的第一行:让那里有光,创造世界。想象一下对光的反应:你觉得它很棒。随着故事的发展,你会变成其他角色。作为亚当(Adam),你可能会决定避开蛇的苹果,待在伊甸园无聊地死去;作为诺亚(Noah),你可以拒绝建造诺亚方舟而被洪水淹没,或者忘记带两匹马,从而改变整个人类历史的形态。写作自然都是杂乱无章的。②

尽管他们只是在开玩笑,但程序员们还是提出了一个技术问题,这个问题很难让人不感兴趣。

　　一款由玩家创造地理位置和物体的游戏怎么样?所有东西一开始都是空白的,玩家有一堆标签,比如"出口""剑"等,可以用来识别事物。我想知道这是否可以用现在的《魔域帝国》技术来做?请注意,词汇表已经存在,它只是为新的对象更改了各种表。这在其他游戏中也可能是个问题——你必须正确地填满空白区域(也许用魔法?)来解决特定的问题。一种可行的方法是,使用一个名为"无形体对象"(formless-object)的对象,然后交换(与玩家给出的名称相关联的)真实对象。③

这里的目标是创造一款游戏,其目的是促进游戏的创造,这相当于在神圣的

---

① Friedrich Kittler, "Ein Tigertier, das Zeichen setzte. Gottfried Wilhelm Leibniz zum 350. Geburtstag" (http://hydra.humanities.uci.edu/kittler/tiger.html).

② 转引自 Classic Text Adventure Masterpieces。我非常感谢拉尔夫(Ralf Höppel)提供的参考。

③ Ibid.

```
THE CREATION                              >EARTH, BRING FORTH GRASS AND HERB AND
Infocom interactive fiction - a very old story    FRUIT TREE
Copyright (c) 1985 by Infocom, Inc. All rights    grass: It is so.
reserved.                                  herb: It is so.
THE CREATION is a trademark of Infocom     fruit tree: It is so.
Release 42/Serial number 271828            >EXAMINE ALL
                                           It is good.
Void                                       >TIME
All is unformed and void; and darkness is upon  It is the third day.
the face of the deep.                      [...]
>VERSION                                   >CREATURES, BE FRUITFUL AND MULTIPLY AND
This is the Authorized Version of King James.   FILL THE WATERS IN THE SEAS
>TIME                                      "Okay."
It is the beginning.                       >TIME
>WHO AM I                                  It is the fifth day.
You are that you are.                      >MAKE THE BEAST OF THE EARTH AND CATTLE
>EXAMINE DARKNESS                          AND ALL CREEPING THINGS
You can't see the darkness without a light!   beast: Made.
>LET THERE BE LIGHT                        cattle: Made.
Okay, there is light.                      zebras: Made.
>EXAMINE THE LIGHT                         yaks: Made.
It is good.                                platypuses: Made.
>DIVIDE THE LIGHT FROM THE DARKNESS        ...
It is so.                                  cockroaches: Made.
>CALL THE LIGHT "DAY" THEN CALL THE        >EXAMINE ALL
DARKNESS "NIGHT"                           It is good.
Called.                                    >CREATE MAN AND WOMAN IN MY OWN IMAGE
Called.                                    man: Made.
>EXAMINE NIGHT AND DAY                     woman: Made.
night: There is evening.                   >BLESS THEM
day: There is morning.                     Blessed.
>TIME                                      >THEM, BE FRUITFUL AND MULTIPLY AND
It is the first day.                       REPLENISH THE EARTH AND SUBDUE IT
>LET THERE BE A FIRMAMENT                  "No problem."
Okay, there is a firmament.                >THEM, HAVE DOMINION OVER THE FISH AND
>FIRMAMENT, DIVIDE THE WATERS FROM THE     THE FOWL AND ALL LIVING THINGS
WATERS                                     "You got it."
[Which waters do you mean, the lower waters   >EXAMINE ALL
or the upper waters?]                      Behold, it is very good.
>LOWER                                     >TIME
[Which waters do you mean, the lower waters   It is the sixth day.
or the upper waters?]                      >REST
>UPPER                                     Time passes...
It is so.                                  >TIME
>CALL THE FIRMAMENT "HEAVEN"               It is the seventh day.
Called.                                    >BLESS THE SEVENTH DAY
>TIME                                      Blessed.
It is the second day.                      >SANCTIFY IT
>GATHER TOGETHER THE LOWER WATERS UNTO     [Be specific: what object do you want to
ONE PLACE                                  sanctify?]
Gathered.                                  >THE SEVENTH DAY
>LET THERE BE DRY LAND                     Sanctified.
It is so.                                  >QUIT
>CALL THE DRY LAND "EARTH" THEN CALL THE   Your score is 350 (total of 350 points), in 47
GATHERED WATERS "SEAS"                     moves.
Called.                                    This gives you the rank of God.
Called.                                    Do you wish to leave the game? (Y is affirma-
>EXAMINE ALL                               tive):
It is good.                                >Y
```

图 12.19 这可能是 Infocom 公司最终放弃开发的名为《创造》(*The Creation*,1985)的游戏的开端

金字塔层级中增加了另一个层次,或者延长了西奥多罗斯的梦想。关于组成这个世界的对象的决定,不仅仅是(任何人)可以在其中玩什么游戏的决定①。相反,游戏的焦点将从战术层面的决策转移到战略层面的配置,这些配置将反过来构成决策可能性的条件。"做好事"(或者说玩一个好的游戏)不再根据特定的经济来实现虚拟,它更应该是组织这种虚拟本身。这是形而上学派的学者莱布尼茨和德国哈尔茨地区矿山工程师之间的历史桥梁。例如,这些工程师面临的任务是构建一个功能性的、模型般的世界,其中的每一个组件都必须无缝地结合在一起,这项任务需要高度多样化的事件、知识和活动的整合。同时,这也是冒险游戏和策略游戏的系统边界,这涉及创建各种类型的事件和知识形式的软件模型。他们的确切目标是生成同样合理的虚拟世界,并确定其中哪个世界是最佳的。

---

① 事实上,在 20 世纪 80 年代,人们可以购买所谓的"冒险构造集"(adventure construction sets),这使玩家能够设计、编译和分发冒险游戏,而不需要了解任何编程语言。

# 第三部分

# 策 略

# 13. "原始的实用主义概念"——博弈论

　　动作游戏和冒险游戏都涉及计算机历史上的一些标志性问题。对于前者，主要的问题是节奏和人与机器的协调性，后者的发展则依赖于网络和导航系统的改良。同时，前者涉及玩家对游戏内容的感知以及运动技巧这类的时间考量，后者则涉及决策和定向这类的逻辑考量，其中就已经涉及策略游戏的概念。一方面，这个概念(我将在后面讨论它)很大程度上源自克劳塞维茨的著名定义，根据该定义，策略指"为战争目的发起的进攻"，也就是说，策略包含单场战斗中的战术与组织工作[1]。当然，另一方面，策略与约翰·冯·诺依曼和奥斯卡·摩根斯坦的经济博弈论有很大关系，其中最突出的焦点就是所谓的零和博弈或战略博弈[2]。冯·诺依曼和摩根斯坦区分了游戏与单局游戏的概念，即前者描述一类游戏的整体规则，后者则指这些规则的实例。这种区分进一步对应了游戏中的回合与行动，前者是游戏中提供的各种选项(这可以由一个玩家或一个装置作出)，后者则指玩家的特定选择。最后，作者对规则和策略进行了区分，规则是指在非特殊情况下不能违反的，策略则表示游戏中限制玩家决策的一般性原则[3]。

　　上述概念可以简写为以下形式：一个游戏 $\Gamma$ 中共有 $n$ 名玩家 $(1, \cdots, n)$，这个游戏一共有 $v$ 个回合 $(M_1, \cdots, M_v)$。每一个回合 $M_\kappa$ 有特定数量的选项 $\alpha_\kappa$，这些选项共同构成这一回合。这些选项用 $A_\kappa(1), \cdots, A_\kappa(\alpha_\kappa)$ 表示。如果回合 $M_\kappa$ 用概率的方式表示，这种情况下它将被表示为 $p_\kappa(1), \cdots, p_\kappa(\alpha_\kappa)$。如果这一回合是某一个具体的行动，$k_\kappa = 1, \cdots, n$ 则表示在这一回合作出这一选择的

---

[1] Carl von Clausewitz, *On War*, trans. Michael Howard and Peter Paret (Princeton: Princeton University Press, 1984), p. 128.

[2] John von Neumann and Oskar Morgenstern, *Theory of Games and Economic Behavior*, 3rd ed. (Princeton: Princeton University Press, 1953), pp. 46–84.

[3] Ibid., p. 49.

玩家。这种情况下，这一回合将被表示为 $\sigma_\kappa$（有 $1, \cdots, \alpha_\kappa$ 这些选择）。同时，一局完整的游戏($\pi$)则是由 $\sigma_1, \cdots, \sigma_\nu$ 组成的序列。因此，每名玩家都将获得的游戏奖励 $F_k(k=1, \cdots, n)$ 便是这一序列 $(\sigma_1, \cdots, \sigma_\nu)$ 有关的函数 $F_k = F_k(\sigma_1, \cdots, \sigma_\nu)$。在这个过程中，游戏规则限定游戏的奖励只依赖于序列 $(\sigma_1, \cdots, \sigma_\nu)$。然而，每一个具体的选择 $\sigma_\kappa$ 并不是游戏的一部分，而更贴近单局游戏的概念。最后，冯·诺依曼和摩根斯坦还强调了每位玩家在进行选择之前所处理的信息，这就是玩家在进行决策 $\sigma_\kappa$ 之前，基于 $\sigma_1, \cdots, \sigma_{\kappa-1}$ 拥有的信息 $\sigma_\kappa$。

我们可以从上述描述中总结出策略的定义：

> 对于每一个玩家 $k=1, \cdots, n$，他们并不在游戏开始前确定每一步的选择，而是对每一回合中每一个可能的偶然事件做好准备。换言之，玩家遵循一个完备的计划进行游戏，这个计划对于每一时刻和每一种可能的信息都有相应的对应方法。我们将这种计划叫作策略。①

好消息是，在三十页的证明中，冯·诺依曼和摩根斯坦一个接一个地删除了他们定义的变量，最后留下了针对零和博弈的简单公式：

$$\sum_{k=1}^{n} F_k(\pi) = 0$$

这个公式看起来没什么用，因为似乎每一个回合都要重新进行计算②。同时，这个过程需要相当数量的对于玩家选择的信息，也就是到达这一回合的玩家之前的行为以及他们对这一回合的预测。作者使用"观察"这一说法推翻了他们关于策略的定义，"在这种情况下，玩家已经无暇顾及策略了，每个玩家有且只有一次行动机会，他必须在无视任何其他条件的情况下作出选择。……在这局游戏中，一个玩家 k 有且只有一次属于他的行动，同时这一行动也是独立于游戏过程本身的……。并且他必须作出在几乎没有其他信息时他在 $M_k$ 的选择"③。

摩根斯坦和冯·诺依曼对博弈论数学方法认识的特别之处在于，个人的选择被简单地看作"偶然选择"的反义词，而不是严格意义上的人的走法④。个性

---

① John von Neumann and Oskar Morgenstern, *Theory of Games and Economic Behavior*, 3rd ed. (Princeton: Princeton University Press, 1953), p. 79.
② 参见 John von Neumann, "Zur Theorie der Gesllschaftsspielen," *Mathematische Annalen* 100(1928), pp. 295 – 320。
③ Morgenstern and von Neumann, *Theory of Games*, p. 84.
④ 关于理论的公理化制定，参见 Morgenstern and von Neumann, *Theory of Games*, p. 75。

似乎只表示信息的缺失——人类玩家不是最好的概率计算器。游戏过程总是产生多余的部分，在传统意义上，它被称为策略。同时，由于这种冗余，它们的行动迟早会被推测出来。

雅克·拉康（Jacques Lacan）以猜奇偶游戏为例描述了这种情况。这个游戏在爱伦·坡的小说《失窃的信》(The Purloined Letter)和克劳德·香农的作品中都出现过。在游戏中，一名玩家在手中握住一些弹珠，另一名玩家要猜弹珠的数量是奇数还是偶数。如果猜对了，猜测的玩家可以保留其中的一个弹珠。当然，玩家只有在第一轮之后才能开始施展他们的背叛和狡诈。例如，在下一轮中，一个"愚蠢"的玩家会简单地将弹珠的数目从偶数改为奇数，而一个"聪明"的玩家会精明地预测这一思路并坚持猜偶数。但我的对手认为我能有多狡猾呢？于是就出现了一个交替暗示的游戏，使双方的推理在奇偶之间振荡。

> 整个问题可以归结为一个问题：知道对方是否足够狡猾，能考虑到博弈的第二层以上。如果我假设他与我水平相当，我就会认为他会主动作出与我原本预期相反的决策。这就是一个简单的振荡。仅从这个事实来看，一切都与心理有关的因素都被完全消除了。①

拉康这个游戏的精巧之处在于，事实上，对于每种情况，都有一种机器可以在没有任何主体间意识甚至任何想象能力的情况下，经常在这种比赛中获胜。按照阿内特·比奇（Annette Bitsch）的说法，这台机器"既不能评估它对手的智力水平，也不能评估他们的情绪状态……相反，它只是记录了对手的决定，进行计数和存储游戏局面"②。

这台机器的运行效果在统计意义上越来越好，可以得到的数据也越来越多，一个人与它对抗的次数越多，他输的次数就越多，机器的战略知识将不断增长，并最终战胜人类心理的欺骗性操作。在某一时刻，机器将能够强迫每个玩家重复自己与自己的博弈，在某一时刻，它将能够破译潜意识思维的每一个算法。正是出于这样的原因，拉康曾希望将电脑应用于精神分析。

---

① Jacques Lacan, *The Seminar of Jacques Lacan. Book II: The Ego in Freud's Theory and in the Technique of Psychoanalysis*, 1954 - 1955, trans. Sylvana Tomaselli (New York: W. W. Norton, 1988), p. 184.

② Annette Bitsch, "Always Crashing in the Same Car," *Jacques Lacans Mathematik des Unbewußten* (Weimar: VDG, 2001), p. 270. 参见 Simon Schaffer, "OK Computer," in *Ecce Cortex. Beiträge zur Geschichte des modernen Gehirns*, ed. Michael Hagner (Darmstadt: Wallstein, 1999), pp. 254 - 285.

为了让摩根斯坦和冯·诺依曼将游戏中的个人走法简化为对策略的数学抽象,他们必须预先假设他们的玩家没有记忆,他们没有任何账户,因此,他们没有忠诚度。他们只能在情况需要的时候根据即时和最大收益的贪婪原则(这个假设在后来对博弈论的批评中很突出)作出决定。唯一被接受的冗余或可靠性形式是,玩家可能总是会选择支持最大可能的局部优势,因此,他们的行动将容易计算和预测。在摩根斯坦和冯·诺依曼的国际象棋(纯粹是针对个人而不涉及概率计算)例子中,很明显,作者的模型不同于某一特定棋手的棋路;相反,它只需要一组规则和给定的棋子配置。象棋比赛的开始位置只是一种特殊的配置,可以从每个其他配置(排除直接将死对方)开始匹配,并在每次后续移动之后都创建一个新的开始配置①。然而,就国际象棋而言,这种方法在当时似乎并不可行,根据香农的估计,所有可能的步数接近 $10^{120}$ 。然而,摩根斯坦和冯·诺依曼对提出的完整、粗暴地解决技术问题的方案不感兴趣。就他们所关心的内容而言,策略可能在实际上是完整的,但它们只能在玩家的行动中才会成为现实。战略只有在战术中才能表现出来,它只能通过在战术层面上的观察来确定,也就是说,只有在某一特定时刻可以获得的信息的基础上才能确定。可以说,摩根斯坦和冯·诺依曼的战略概念是指对游戏中可能发生的事件的决定和评估,尽管它被抽象为一个回合。这是一种有洞察力的想法,因为他们的"玩家"是一个数学抽象,是一个没有任何潜在的概念的个体。对于一个成功的"对局"来说,在每一步行动之后,玩家是保持不变或交换新的玩家并不重要。例如,如果象棋游戏的玩家在每走一步之后都改变了,就不会有玩家思考下一步以后的棋。因此,游戏的目标成为获取当前回合最大的收益,在此规则下,一名玩家可以争取快速完成游戏。如摩根斯坦和冯·诺依曼所言,玩家必须排除"所有精致的'期望'〔比如伯努利(Bernoulli)提到的'普通人的期望'〕,这些是对于原始的'实用主义'概念的提升"②。

无论冯·诺依曼的博弈论是多么冷漠和不近人情,它都以多种方式与策略游戏的历史联系在一起。尽管它的第一次迭代(出现在 1928 年)是基于扑克牌玩家的简单、抽象的个人玩法,但博弈论实际上是一种计算理论。或者,更精确地说,它是一种理论,其中包含计算机的参与,它基于离散时间点上的可用数据进行计算。这个配置遵循一组特定的规则,可以被处理为产生各种反馈的矩阵。一个算法或一个玩家(两者的结合)决定了执行下一个单步在棋面上可能获得的

---

① Morgenstern and von Neumann, *Theory of Games*, p. 79.
② Ibid., p. 83.

最大收益。移动的执行本身并不是计算的一部分,它会结束游戏,因为玩家或算法会被重置,并创建一个新的起点(或配置)。从这个意义上说,博弈论为即将到来的冷战提供了理论基础,虽然冷战是由一个并不合理的行动开始的,但它在扑克玩家的游戏中不断被优化。

在这方面,查尔斯·巴贝奇和约翰·冯诺依曼之间的区别在于,巴贝奇的想法只是创建一种可以在游戏中自动做出正确动作的设备,冯·诺依曼则希望在控制论的基础上发展数学形式主义,以及控制人和机器的最佳动作,从而模糊它们之间的界限。博弈论为决策过程的去人格化和客观化提供了可能。就像吉尔布雷斯乐于优化他的成果一样,博弈论的可验证数学形式总是在被尝试做到最好,这是毋庸置疑的。该理论不仅使个人免于承担个人责任,还为管理者提供了更好的工具。正如马克斯·韦伯(Max Weber)观察到的那样,机构通过确保其工作过程独立于具体的个人来提高工作的稳定性,工人则依附于这些过程本身生成并发展为管理范畴的对象。直到20世纪50年代,博弈论才首先被军事和政治领域用作咨询工具(图13.1)。至此,不难看出,每一个回合都可能涉及不同的参与者,并且可以假定存在一个由不同参与者组成的更大整体,可以存在于任何一个动作并对其负责。冯·诺依曼的理论将这种身份与普遍的利己主义联系起来,有点像亚当·斯密想象的那样,每个参与者都将努力追求瞬间和最大收益。从这个角度而言,博弈论是保守的,或者说是静态的——它假设所有的玩家与对手都是保守的并且完全理性的。

图 13.1 塞尔维亚巴塔杰尼卡空军基地遭轰炸的航拍照片(1999)

下文讨论的每个策略游戏（图 13.2）实际上都以尽可能高的回报为目标（或者说尽可能地减少损失），但是它们的本质问题在于寻找实现此目标的（可再现的）途径。换句话说，它们着重于调节策略与行动的顺序，并且关注这一调节产生的结果。动作游戏涉及当前瞬时的同步，冒险游戏则随着过去的重现或前瞻性的预言展开，策略游戏则是面向未来、面向假设情况。冒险游戏由预制的"最好的世界"组成，并且"永远且自由地"交由玩家（莱布尼兹语），战略游戏则关注游戏世界中可能产生的组织与产品，目的是评估其中可能是"最好"的世界[对于计算参与者而言，这通常是（但并非总是）最有益的]。策略游戏涉及通过一系列战术进行游戏，从而确定最佳世界。这就很容易理解为什么许多最早的商业战略游戏都以无标记的风景或空白地图开始，然后玩家从上帝视角观察，以用建筑和运输系统、河流和山脉装饰他们的世界，并且有了人与动物、战争与自然灾害、瘟疫和科学发现。玩家使用一种背景设定于幻想纪元（uchronic）的或乌托邦式的方式操纵时间轴并平衡游戏条件。由于他们专注于生产制造，同时对产生的组织进行评估，策略游戏并不像动作游戏一样对于时间有严格要求，同时也不像冒险游戏一样严格依附于决策，而更侧重于结构性的内容。

图 13.2　即时战略游戏《命令与征服》（*Command & Conquer*，1998）的截图

尽管我对动作游戏的讨论是不合时宜的，但我对冒险游戏的处理是合适的，在这两种情况下，第一个商业游戏的出现就代表着电子游戏的独立和不成文历史的起点。不过，策略游戏的情况有所不同。就动作和冒险游戏而言，"游戏"的

概念出现得相对较晚,是对"严肃"概念的补充或衍生。这些概念之间的区别或多或少是由市场力量造成的,这就意味着"游戏"的定义在这一条件下并不严格。策略游戏在这方面是例外的,因为这种游戏的概念,从 17 世纪发明的国际象棋的变化到普鲁士总参谋部的战争游戏,从后勤游戏到经济游戏理论,再到模拟冷战和越南战争,似乎一直存在。它总是带有一种符号外的实际危机感。实际上,从历史上看,这种严肃性和游戏概念可以说是以信息战的形式出现的①。由于策略游戏就像电子游戏,因此,问题不仅仅在于游戏的概念,还在于计算机正在逐渐模糊游戏与严肃事件,模拟与现实之间的历史悠久的关系。换句话说,当前的主要问题涉及由这种技术变革带来的质变。

---

① 参见 Roger C. Molander et al., *Strategic Information Warfare: A New Face of War* (Santa Monica: Rand, 1996)。

## 14. 棋类游戏与电子游戏

在解决这个问题之前,需要讨论与冯·诺依曼的"计算"博弈论类似的另一件事。西比尔·克拉默(Sybille Krämer)最近建议,对计算机的理解应更重视它的游戏性,而不是工具性。尤其是,根据克拉默的说法,如果(1)可以认为游戏是在象征性地"按原样"进行的;(2)认为它是规律的,尽管不是遵循日常世界的道德和法律标准的规律;并且(3)这是一个互动事件,其中个别动作是偶然的(也就是说,每个动作都是无限种可能行为的特定实现)①。然而,本文的独创性完全取决于人类学上被低估且过于人性化的游戏概念,尽管与之类似,但这种概念似乎与战争期间计算机的严肃和决定性使用(如密码分析等)不兼容,虽然这些用途也从游戏的角度被讨论过。粗略地看一下象棋游戏就可以发现,计算机的历史与游戏的概念紧密相关。查尔斯·巴贝奇、康拉德·楚泽、克劳德·香农、阿兰·图灵和诺伯特·维纳都沉迷于国际象棋,这既不是传记中的巧合,也不是随后为了玩游戏而"使用"或"滥用"计算机的事实(图 14.1)。这是计算机本身的本雅明式《思想形象》(*Denkbild*,本雅明的著作)。

早就提出了"下棋是否需要理由"的问题的巴贝奇坚信,可以使用分析引擎(analytical engine)来实现游戏。他提出了七个命题,甚至描述了一种相应的算法②。但是,为了减少无数的组合的问题出现,并避免问题的难度超过 19 世纪

---

① Sybille Krämer, "Zentralperspektive, Kalkül, Virtuelle Realität. Sieben Thesen über die Weltbildimplikation symbolischer Formen," in *Medien — Welten — Wirklichkeiten*, ed. Gianni Vattimo and Wolfgang Welsch (Munich: Fink, 1998), pp. 27 – 38. 也可参见"Spielerische Interaktion. Überlegungen zu unserem Umgang mit Instrumenten," in *Schöne neue Welten? Auf dem Weg zu einer neuen Spielkultur*, ed. Florian Rötzer (Munich: Klaus Boer, 1995), pp. 225 – 237。

② Charles Babbage, *Passages from the Life of a Philosopher* (London: Longman, Green, Longman, Roberts & Green, 1864), pp. 466 – 467。

/ 14. 棋类游戏与电子游戏 /

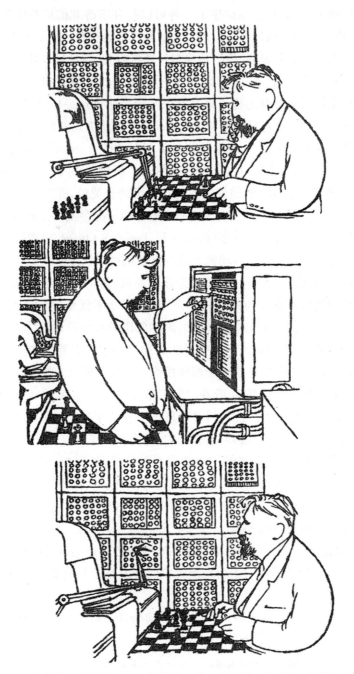

图 14.1　克劳德·香农关于国际象棋的一篇文章中的一幅漫画,转载于《星期六晚报》(*Saturday Evening Post*),他与诺伯特·维纳在电脑编程时的相似之处很难被忽视

机械技术所能解决的范畴,他构想了一种可以打井字游戏的机器作为代替。就像《太空大战》和《双人网球》一样,巴贝奇的假想机器将是一个演示程序,旨在测试其自身的性能。也就是说,该游戏将与计算机有关,并且最多只能在非常流行且有利可图的展览会上展示,以期为下一代硬件的开发提供资金[1]。就像威廉·希金伯泰随后将导弹的弹道研究抽象并应用于网球一样,巴贝奇想用沃康松式(Vaucansonian)或肯佩伦式(Kempelenian)自动机式熟悉的怀旧韵味来装饰他的机器。作为一个公众议题,他想象了两个像孩子一样的自动化人物,一个带着公鸡,另一个带着小羊,他们会互相对抗。"我想象赢得比赛的那个孩子可能会鼓掌,同时公鸡会啼叫;输掉比赛的孩子可能会哭泣,并在羊羔开始流血时扭动他的手。"[2]遗憾的是,他没有提到遇到相反的情况会发生什么事情。

莱昂纳多·托雷斯·奎维多(Leonardo Torres y Quevedo)在第一次世界大战开始前就建造了国际象棋自动机。这种自动机可以从任何位置自动地对着人类扮演的国王扮演国王和车。它还可连接留声机,留声机会在适当的时候发出西班牙语单词的"吃"和相应的"将军"声[3]。托雷斯不仅是这款在1951年巴黎控制论会议上为诺伯特·维纳所喜爱的国际象棋游戏的设计者(图14.2),他还是遥控系统的创建者,该系统用于引导船只通过毕尔巴鄂港口并从事流水线的自动化工作。或许他的留声机对于那些拒绝一切机械模拟人类行为的工程师来说是一种极大的讽刺,托雷斯在1915年接受《科学美国人》(*Scientific American*)的采访时说道:"古代的自动机……模仿了生物的外观和运动,但这并没有太大的实际意义。人们真正想要的,是能够流露出微表情,并且能够达成活人所能达成的成就,从而能够彻底替代人类的机器。"[4]托雷斯对于为他第二款象棋自动机设计拟人外观并不感兴趣,他希望能够模拟人类在作决定时的逻辑过程。他进一步得出结论:如果机器能够表现出类似于人类思考的行为,它们就能够取代任何数量的人类。

在20世纪20年代,希尔伯特对这一游戏的数学证明本身也被认为是一种游戏设计。这一数学证明对于后来图灵机的开发是十分重要的,赫尔曼·外尔

---

[1] Charles Babbage, *Passages from the Life of a Philosopher* (London: Longman, Green, Longman, Roberts & Green, 1864), p. 468.

[2] Ibid.

[3] 参见 Wolfang Coy, "Matt in 1060 Rechenschritten," in *Künstliche Spiele*, ed. Georg Hartwagner et al. (Munich: Klaus Boer, 1993), pp. 202–218.

[4] "Torres and His Remarkable Automatic Devices: He Would Substitute Machinery for the Human Mind," *Scientific American Supplement* 80 (November 6, 1915), pp. 296–298, at 296.

图 14.2　冈萨洛·托雷斯·奎维多(Gonzalo Torres y Quevedo)在 1951 年的巴黎控制论会议上准备用他父亲的象棋自动机与诺伯特·维纳对决

(Hermann Weyl)就将这种数学过程与棋类游戏进行了比较。

  每个数学陈述都能转化为由符号构成的毫无意义的公式,数学本身则转化为具有受某些规则控制的公式的游戏,这与国际象棋是相似的。棋手对应数学中有限或无限的符号存储,棋盘上棋子的任意布局则对应公式中符号的组合。一个或几个公式可算作公理,它们的对手是固定的排列或者比赛开始时的棋手。棋局中的场面都是由已经走过的棋子形成的,公式也是在已经推导出的公式基础上诞生的,即从之前的公式中演绎出来的。在国际象棋中,我理解一种合理的场面是根据游戏规则在游戏过程中从开始的排列方式产生的。与之类似,数学中可证明的(或更好地被证明的)公式通常是基于三段论规则的公理而产生的。某些表达清晰的公式被认为存在争议,比如在国际象棋中,当出现八个以上同色的兵时,我们就认为存在问题。那些在数学中获得快乐的人,就像通过许多步巧妙的棋着后将军能够刺激棋手一样,也被一些其他类型的公式刺激。数学家们尝试着使用技巧将各种步骤连接起来,从而能够在这一场证明数学公式的游戏中获得胜利。[1]

---

[1] Hermann Weyl, "Levels of Infinity," in *Levels of Infinity*: *Selected Writings on Mathematics and Philosophy*, ed. Peter Pesic (New York: Dover, 2012), pp. 17-32, at 26-27.

因此,可以说希尔伯特的方法体现了从依照规则进行游戏向反思规则本身的行为的质变。元数学关注形式化的数学游戏,它们的符号和符号序列之间存在逻辑关系。阿兰·图灵用外尔的思维方式延续了他对谜题的想法。在一类游戏中,特定的部件只能按照特定的方式移动。对这一类游戏而言,"例如,用公理系统证明给定数学定理,这就是一个是非常好的'谜题'的例子",其中涉及"重新排列符号或重置计数器"①。顺便一提,图灵也分析过那个著名的在 16 格空间中滑动 15 个滑块的游戏(图 14.3),这个图板一直被作为苹果的系统游戏。直到 20 世纪 90 年代中期,一个对历史毫无概念的家伙才将它替换掉。然而,游戏的传统可以追溯到 19 世纪,那时人们举行了竞赛,并为能够解决谜题的人提供了奖金。早在 1879 年,威廉·约翰逊(William Johnson)和威廉·斯托里(William Story)就在《美国数学杂志》(American Journal of Mathematics)上证明,只有一半的起始状态可以通过有限步操作解决这个游戏。因此,可以说只有一半的配置可以产生所谓的"自然安排"②,只有那些有解决结局的(或用外尔的术语"可证明"的)顺序恰好是偶数。

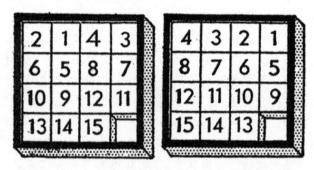

图 14.3  一个有解的拼图(左)和一个无解的拼图(右)

就像图灵对具有可计算性和可写性的机器的基本特性的再现一样,他也为谜题设计了一个类似的模型:"对于每一个给定的谜题,我们都能找到一个等效的谜题。也就是说,只要给出其中一个谜题的解,我们就能轻易地找到类似问题

---

① Alan M. Turing, "Solvable and Unsolvable Problems," in The Essential Turing: Seminal Writings in Computing, Logic, Philosophy, Artificial Intelligence, and Artificial Life, ed. B. Jack Copeland (New York: Oxford University Press, 2004), pp. 576–595, at 587.
② William Woolsey Johnson and William E. Story, "Notes on the '15' Puzzle," American Journal of Mathematics 2(1879), pp. 397–404.

的解。"①为了回答离散机器是否也可以模仿人类的问题,图灵不仅发明了他著名的模仿游戏(imitation game),还在他的文章《计算机与智能计算》②(Computing Machinery and Intelligence)中介绍了这一方法,并且他大量借鉴了国际象棋的例子。

> 即使在目前的认知阶段,我们也可以做一些简单的实验,设计一台象棋水平不太差的造纸机(paper machine)并不难。现在让 A、B、C 三个人作为实验的对象。A 和 C 是相当差劲的棋手,B 是操作造纸机的操作员(为了使他能够相当快地工作,建议他既是数学家又是国际象棋棋手)。现在有两个房间,棋局通过某种方式在两个房间之间传递。我们让 C 与 A 或造纸机进行一局游戏。这种情况下,C 可能很难判断他的对手是谁。这是我已经实现的一个实验的相当理想的形式。③

最后提到的实验很可能指的是图灵和大卫·钱伯努恩(David Champernowe)于 1948 年开发的国际象棋程序"Turochamp"。这个程序只能手动实现,并且需要一个程序员作为造纸机④(因为对两方局势的计算耗时都太长了,所以对局似乎永远不会结束)。

根据希尔伯特的纯符号游戏数学,象棋为图灵机提供了概念上的启发。换句话说,随后的计算设备只要达到一定程度的电路技术严谨性⑤,或许就可以说它为国际象棋提供了最突出的应用。根据 G. H. 哈代(G. H. Hardy)所言,与国

---

① Turing, "Solvable and Unsolvable Problems," p. 588. 也就是说,国际象棋并不是唯一一种可以与数学相比较的游戏。例如,在 20 世纪 60 年代,纸牌和其他游戏也进入了讨论。Hao Wang, "Games, Logic and Computers," *Scientific American* 213(1965), pp. 98 – 106, at 106: "We can justifiably say that all mathematics can be reduced, by means of Turing machines, to a game of solitaire with dominoes."
② Alan M. Turing, "Computing Machinery and Intelligence," in *The Essential Turing*, pp. 433 – 464.
③ Alan M. Turing, "Intelligent Machinery," *in The Essential Turing*, pp. 395 – 432, at 431.
④ 然而,对于一台真正的智能机器,图灵向他的读者保证:"[i]t will occupy its time mostly in playing games such as chess."参见 Alan M. Turing et al., "Can Automatic Calculating Machines Be Said to Think?" 参见 *The Esseutial Turing*, pp. 487 – 506, at 487.
⑤ Friedrich Kittler, "Nachwort," in Alan M. Turing, *Intelligence Service. Schriften*, ed. Bernhard Dotzler and Friedrich Kittler (Berlin: Brinkmann & Bose, 1987), pp. 209 – 233, at 219 (schaltungstechischer Ernst). 关于作为玩具的图灵机,参见 Florian Rötzer, "Aspekte der Spielkultur in der Informationsgesellschaft," in *Medien — Welten — Wirklichkeiten*, ed. Gianni Vattimo and Wolfgang Welsch (Munich: Fink, 1998), pp. 149 – 172.

际象棋相关的问题是数学的赞美诗①,而不仅仅是纯粹的乐趣②。因此,它们特别适合提供对编程问题的洞察。根据图灵的说法,为了确定游戏的状态,玩家检查棋盘的行为与(一个人)查看商业文件几乎相同,所以,他认为通过编程解决棋盘问题的行为将促进经济学和战争理论的进步③。而且,由于他像所有后来的国际象棋算法程序员一样,对产生一种可能性的完整计数不感兴趣,而是对仅几步动作创建加权算法感兴趣,因此,他的基本素材评估方式同样适用于经济和军事游戏。该评估考虑了所谓的重要步骤,即位置值(value of position,通过将棋盘上棋子的值相加而获得)和评估函数(position-play value,通过将多个与每个棋子的可能动作和脆弱性有关的因素相加而获得)④。换句话说,玩家对情况的评估是基于位置、资源和可能的移动,而这些因素对于评估经济和战场而言也是必须的。因此,从计算机科学的角度来看,难怪专门用于电子游戏的奖学金几乎都与国际象棋有关。简而言之,经济学家艾伦·纽厄尔(Allen Newell)和希尔伯特·亚历山大·西蒙(Herbert A. Simon)也根据冯·诺依曼的博弈论计算国际象棋问题(当然,这表明他们希望可以通过国际象棋算法解决经济问题)。在20世纪60年代,阿兰·柯多克通过图论解决了国际象棋问题,即在可变深度搜索算法的基础上对决策树的枝干进行加权处理。尽管各个机构的计算机都将冷战当作一种严肃的电子游戏来处理,但超级大国实际上是在积极地进行象棋游戏。随着故事的发展,约翰·麦卡锡将柯多克的程序从麻省理工学院带到了斯坦福的人工智能实验室,麻省理工学院在军事游戏和计算机模拟的开发中发挥了领导作用。1966年,斯坦福(人工智能实验室当时有将近 1 400 名员工忙于"反导导弹防御、防空、海战"的研究,尤其是"非常规战争"问题⑤)与莫斯科的理

---

① G. H. Hardy, *A Mathematician's Apology* (Cambridge: Cambridge University Press, 1992), p. 87.
② Alan M. Turing, "Digital Computers Applied to Games," in *Faster than Thought: A Symposium on Digital Computing Machines*, ed. B. V. Bowden (New York: Pitman, 1953), pp. 286 - 310, at 287. 恰巧,位于布莱奇利公园的英国政府代码和网络学校被员工称为高尔夫俱乐部和国际象棋协会。参见 B. Randell, "The COLOSSUS," in *A History of Computing in the Twentieth Century*, ed. Nicholas Metropolis et al. (New York: Academic Press, 1980), pp. 47 - 92, at 53。
③ Turing, "Digital Computers Applied to Games," p. 287. 香农在他的论文["Programming a Computer for Playing Chess," *Philosophical Magazine* 41(1950), pp. 256 - 275]中表达了类似观点。研究象棋似乎是研究算法策略的一种催化剂,它提出了一个"没有现实世界复杂性的真实形式"的问题。参见 Claude E. Shannon, "A Chess-Playing Machine," in *The World of Mathematics: Volume IV*, ed. James Newman (New York: Simon and Schuster, 1956), pp. 2124 - 2133。
④ Turing, "Digital Computers Applied to Games," pp. 291 - 293.
⑤ Andrew Wilson, *The Bomb and the Computer: Wargaming from Ancient Chinese Mapboard to Atomic Computer* (New York: Delacorte Press, 1968), p. xi.

论与实验物理研究所(the Institute of Theoretical and Experimental Physics)进行了四场国际象棋比赛。代表美国方面的是柯多克和麦卡锡在 IBM 7090 上进行的人工智能程序,而苏联方面则采用了香农启发式的 M-20 计划(运行速度稍慢)。最终,苏联获得了四场比赛中的三场胜利①。

---

① 参见 David Levy and Monroe Newborn, *All About Chess and Computers*, 2nd ed. (Berlin: Springer, 1982), p. 118。关于 M-20 的性能,参见 Andrei P. Ershov and Mikhail R. Shura-Bura, "The Early Development of Programming in the USSR," in *A History of Computing in the Twentieth Century*, pp. 137 – 196, at 171。

## 15. 策略兵棋游戏与兵棋推演

当兵棋推演通过 1983 年的电影《战争游戏》(*War Game*)为人知晓时,美国政府已经在尝试将自己与"战争"这一概念分离。在 20 世纪 80 年代初期,五角大楼研究分析和对抗模拟局(Studies, Analysis, and Gaming Agency,简称 SAGA)被重新命名为联合分析局(Joint Analysis Directorate,简称 JAD)。同时,与"游戏"一词相比,"模拟"和"建模"更受青睐①。因此,一个持续了两个世纪的轮回到此完成了,毕竟,在 1800 年战争模拟就首次被设计为游戏,并且那时这种游戏就被称为兵棋推演。按照基特勒的说法,1780—1820 年,国际象棋经历了"从艺术形式到模拟媒体形式的转变,即从虚构到模拟"②。本章讨论的游戏重新定义了国际象棋,它们展示了如何将现实整合到游戏中的尝试,包括它面临的某些限制,以及自 1811 年起兵棋推演如何作为独立实体而产生的示例③。这些游戏已经被大量学者进行了研究,毕竟它们在各自诞生的时期并没有受到足够的关注。这多少应该是弗里德里希·席勒导致的,当他在 1793 年尝试进行人类学游戏研究并以博弈论为幌子拟定一种后革命社会理论来解决一个社会上功能日益分化的问题时,他认为游戏的概念是从属于娱乐的。尽管具有康德的

---

① 参见 Thomas B. Allen, *War Games: The Secret World of the Creators, Players, and Policy Makers Rehearsing World War III Today* (New York: McGraw-Hill, 1987), p. 7.
② Friedrich Kittler, "Fiktion und Simulation," in *Philosophien der neuen Technologie*, ed. Hannes Böhringer et al. (Berlin: Merve, 1989), pp. 57–80, at 73.
③ 我之所以选择这些例子,是因为它们代表了明确的历史转折点。一些影响较小的游戏不会进入我的讨论,包括克里斯托夫魏克曼的国际象棋游戏和一些 18 世纪早期的纸牌游戏,如《战争游戏》(*Jeu de la Guerre*)和《防御游戏》(*Jeu de la Defension*),以及维恩里纳斯的几乎无法玩的《新战争游戏》(*Neues Kriegspiel*)。关于其他类似的游戏,参见 H. J. R. Murray, *A History of Board-Games Other Than Chess* (Oxford: Oxford University Press, 1952); H. J. R. Murrag, *A History of Chess* (Oxford: Oxford University Press, 1913).

哲学背景，席勒还是不得不捍卫自己选择的用词。他问，这是否会降低美学水平，使其被"降低到无聊的水平，成为每一个时期的无聊的代名词（诚然已经如此），并且不具有其他任何意义"。"当然，"他回答道，"我们在这里绝对不能忘记那些在现实生活中很流行的游戏，而这些游戏通常只涉及非常物质的对象。"①因此，席勒并不关心法罗（Faro）或惠斯特（Whist）等当时的"愚蠢的游戏"，也不关心象棋这样的无意义的尝试。他对游戏的概念非常感兴趣，因为它定义了"人"的荒诞行为。在过去的两个世纪中，大多数（即使不是大多数）游戏理论很大程度上依赖于将物质性排除在游戏之外，它更依赖游戏的"原始"或"一般"原则与单个游戏的虚幻和历史偶然性之间的层次关系。席勒对游戏的偏爱固然开创了人类学和社会学研究的新领域，但研究游戏本身的特殊性同样会富有成果。通常，游戏会发展成实验性的计算空间，可以应用于各种知识领域。

## 黑尔维希的策略兵棋游戏

早在席勒的审美教育出现的十二年前，约翰·克里斯蒂安·路德维希·黑尔维希（Johann Christian Ludwig Hellwig）就尝试设计了一款基于象棋的兵棋游戏，并且在莱比锡出版了它的"说明书"②。这本书的六页订阅者名单读起来就像是当时的政府和军事领导人的名人录。黑尔维希是布伦瑞克亲王威廉·阿道夫（Wilhelm Adolf）属下的一名数学家和"页面大师"，他的游戏手册长约两百页，其语气朴实无华，描述清晰客观，并且尽量避免了歌颂式的废话。整本书中带编号的段落的使用，大量的交叉引用和递归以及频繁重复并同比例使用的数字，有时使人想到具有全局和局部变量、逻辑分支和子例程的计算机程序。

他对于游戏目标的解释就是一个例子："（策略兵棋游戏的）最终目的是使战争中最宏伟，最重要的方面栩栩如生［或有感染力（sinnlich machen，德语）］。"这需要持续的相互掩护和"沟通"，组织进退，建立地形优势，打败敌人，并在最佳时刻占据最有效的位置③。因此，如果这不再是一种象征主义（Sinnbildhaftigkeit，德语），而是一种感官化的或"栩栩如生"（Versinnlichung，德语）的体验，寻求游戏中发生的事情与游戏外发生的事情之间的关系的问题就不再一种诗意的品

---

① Friedrich Schiller, *On the Aesthetic Education of Man*, trans. Reginald Snell (New York: F. Ungar, 1965), pp. 78–79.

② Johann Christian Ludwig Hellwig, *Versuch eines aufs Schachspiel gebaueten taktischen Spiels von zwey und mehreren Personen zu spielen* (Leipzig: Crusius, 1780). 翻译过来就是"两人或两人以上下棋的战术游戏的尝试"。

③ Ibid., pp. 1, xi-xii.

质,而是一种可测量的指标(Abbildungsmaßstäben,德语)。模仿质量是在信息抽象和代表性技术分辨率的水平上进行衡量的。黑尔维希在设计游戏时的标准是对战争本质进行模仿①。例如,主教不仅可以被解释为大炮,而且还可以被用来重现真正的大炮的行为,这使黑尔维希在心中制定了一套拥有表征模型的规则。例如,炮兵本身的打击距离设定为4∶3,这与炮兵一日行军的距离是一致的。黑尔维希指出,要实现自然比例,该游戏必须至少比目前大16倍才能证明这一抽象的合理性,也就是说"战场"必须为176平方英尺②而不是11平方英尺,但这也将影响游戏的可玩性③。除了要确保玩家可以观察整个战场,也要保证玩家能够理解规则。为了使游戏易于学习,并且在玩家可接受的程度范围内,设计游戏时必须将基本规则的数量保持在最低限度。由于该游戏具有逼真的性质,因此,黑尔维希似乎认为可以通过观察来了解其大部分细节:"布伦瑞克公爵们的孩子中,有一半以上都仅仅通过观察就学会了游戏规则,并且现在他们都具有了相当高的水平,而这些孩子大多只有十三到十五岁。人们可以由此得出进一步的结论。"④如他所料,两个世纪后,艾伦·凯得出结论,他建议通过孩子们观察他人并模仿学习使用计算机的情况来评估他们的人际交往能力以及成长情况。

法罗、二十一点(Vingt-Un)和十五点(Quinze)之类的运气游戏可能适合没头脑的人,而黑尔维希的战术游戏则基于一种涉及现实模型运作的心理过程,它的玩家需要了解部队的性质、运输路线、设备和任何其余的部队需求。研究分析公司军事游戏部前董事长阿尔弗雷德·豪斯拉特(Alfred Hausrath)这样定义模型:

> 模型是系统或要研究的活动的简化表示。模型提供了基本要素和影响,它们的交互作用和功能与现实系统中这些要素的相互作用几乎相同。模型可以是实物,例如简单的玩具气球或风洞中喷气飞机的比例模型,以研究其在风中的行为。模型也可以是由一组数据、规则和数学公式组成的理论构造,比如可以用它来模拟一个完备的企业运作模式、一场外交危机或军事对抗,以及用经济模型研究一个国家的经济发

---

① Johann Christian Ludwig Hellwig, *Versuch eines aufs Schachspiel gebaueten taktischen Spiels von zwey und mehreren Personen zu spielen* (Leipzig: Crusius, 1780), p.1.
② 1平方英尺约为929平方厘米。——译者注
③ Johann Christian Ludwig Hellwig, *Versuch eines aufs Schachspiel gebaueten taktischen Spiels von zwey und mehreren Personen zu spielen* (Leipzig: Crusius, 1780), p. xiv. 因此,游戏板将由25 872个方块组成,而不是1 617个方块。
④ Ibid., pp. xvi-xvii.

展状况。①

像数据收集、信息抽象、模型与模型之间的相互影响以及创建模型所需的特定知识形式这样的内容,我们将在其他章节进行讨论。现在,我们简单地研究一下黑尔维希如何将模型的概念应用于国际象棋这样的传统游戏中。

第一,他分别设计了步兵、骑兵和大炮这三种对象。步兵行动缓慢,骑兵行动非常迅速,并且两者都在其所在地造成破坏;相反,炮兵由专门设计的用于远距离操作的机器组成。步兵和骑兵可以通过移动部件来表示,表示炮兵则存在一定的困难,因为在这种情况下,它的行为和影响在空间上是分开的。第二,国际象棋的棋盘上是不存在障碍的(没有需要翻越或改造的地形),战场则包含某些不可克服的情况和不可克服的障碍,影响了部队和机器的行动和效果。第三,机器不是自己移动,而是依靠生物(Geschöpfe,德语)进行操作的。第四,这些生物(人或动物)同时具有自己的需求,如通信线路、仓库等②。第五,在象棋中,每一步只能移动一个棋子,而战争是一种涉及同时运动的活动,多个部队需要同时行动,并且必须一举击落多个敌人③。第六,也是最后一点,由于兵棋推演的目标模仿的是战斗胜利,这样一局游戏的胜利条件是不自然的④。更确切地说,获胜条件取决于军队占领敌人领土以及同时保卫自身领土的能力。根据黑尔维希的逻辑,国王反而是无关紧要的东西,应该将其从游戏中删除⑤。换句话说,在他的游戏当中,国王应该是第一个(而不是最后一个)被放弃的。为了尽可能贴近自然情况,黑尔维希认为应该对每一个棋子"不抛弃、不放弃"。在他看来,传统象棋并不是一个战争模拟场景,而最多是一个阅兵场⑥。

考虑到这一点,他着手重新设计游戏作品和棋子的功能(图 15.1)。在传统的棋子中,他决定保留皇后、战车、主教、骑士和士兵(根据它们的德语名称,在游戏中分别缩写为"K""T""L""S"和"b")⑦。尽管保留了原始名称,但这些棋子的

---

① Alfred H. Hausrath, *Venture Simulation in War, Business, and Politics* (New York: McGraw-Hill, 1972), p. xvi.
② Hellwig, *Versuch eines aufs Schachspiel gebaueten taktischen Spiels*, pp. 3–4.
③ Ibid., pp. 10–11.
④ Ibid., p. 6.
⑤ Ibid., p. 11. 当其中一个玩家成功占领了敌人的据点并且无视对手的剩余力量,在一个移动周期内保持对它的控制时,他就赢得了游戏。
⑥ Ibid., pp. 6, 13.
⑦ 德语术语如下:Königin 对应英文中的 queen(现在使用 Dame),Turm 对应英文中的 rook,Läufer 对应英文中的 bishop,Springer 对应英文中的 knight,Bauer 对应英文中的 pawn。

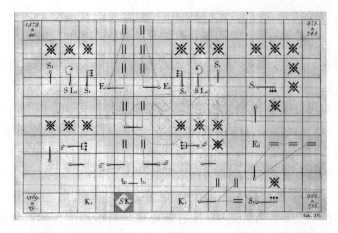

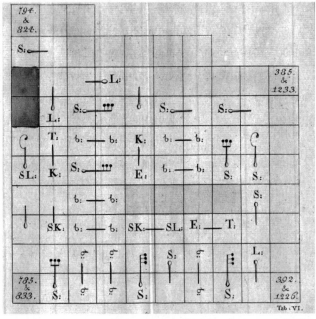

图 15.1　黑尔维希游戏桌面上可能的配置

行为被重新进行了设计。皇后、战车和主教被视为骑兵,士兵和骑士则构成步兵。由于自由度高,皇后被设计为战车(左、右、前进、后退)和主教(对角线)的组合。通过其他组合,例如骑士皇后区(SK)、骑士主教(SL)和骑士车队("大象"缩写为"E"),可以表示骑兵和步兵组成的部队[1]。士兵(步兵)也可以向后和向侧面

---

[1] Hellwig, *Versuch eines aufs Schachspiel gebaueten taktischen Spiels*, pp. 16–24.

行进,并且作为区分,它们都被用墨点进行了标记,其每一轮行动(Schwenkungen,德语)都算作一个动作。就它们本身而言,骑兵只能吃掉同一条直线上没有其他遮挡的棋子①。

为了表示地形这一最重要的特征,棋盘上的方格被赋予不同的颜色,并偶尔配有其他符号。黑白方块表示无阻碍的平地;绿色方块表示一般障碍物,比如沼泽,攻击可以穿透但棋子无法通过;红色方块表示难以逾越的障碍,比如山;蓝色方块代表深水,生物无法穿越;一半红色和一半白色的方块表示建筑物,如果聚集在一起,就可以形成城市和乡村②。

设计炮兵的棋子需要一些技巧③。炮兵占用两个方格,用一个三叉戟形的标记表示,并涂上所属阵营的颜色。在这个单位的旁边是炮兵站,没有它,大炮既不能移动也不能发射。火炮有一个进攻范围,即三叉戟方向所对的三个方格,玩家必须在不改变其位置的情况下决定进攻范围是否会影响到其中两个或三个方格④。炮兵单位可以合并,以便同时发射或移动,这导致将敌人从其占领的方格驱赶出去的火力数量翻了一番。红色方格能够阻碍火炮射击,绿色和蓝色方格则不行⑤。玩家可以通过瓦解敌人的防御来缴获敌人的大炮,也可以在它落入敌方手中之前对其进行破坏。一个弹弓式的设计(带有弯曲的金属丝和一个红色的球)就起到了这样的作用,此外,它还能向建筑物和桥梁开火。这个时候,用红色纸条可以指定受影响的建筑物,玩家必须立即将他们的部队从火中撤出,然后在后续行动中将部队安排进附近的建筑物中。确切来说,建筑物将连续燃烧六个回合,部队才有可能穿过受影响的区域。

黑尔维希将大炮和弹射器的结合非常清晰地展示了对棋子进行重新设计的可能性,游戏中可以同时使用多个炮兵部队,这需要玩家进行某种并行处理。由

---

① Hellwig, *Versuch eines aufs Schachspiel gebaueten taktischen Spiels*, p. 18.

② Ibid., pp. 14 - 16.

③ 说明书的历史值得我们对其进行全面的研究。例如,像黑尔维希设计的战争游戏完全是以书籍的形式出现的,书中不仅描述了游戏规则,还描述了如何组装游戏组件。在整个黑尔维希的手册中,有关于绘画、木制品、胶合和其他一切的说明。很可能是因为这个原因,不幸的是,幸存下来的游戏板和棋子太少了。相反,莱斯维茨后来的战争游戏是作为一个完整的、组件齐全的集合交付的,包含游戏的所有必要组件,因此,当然没有必要在手册中涉及任何构建说明。游戏的软件(根据游戏规则处理输入和输出)被委托给第三方(裁判员),玩家最终不需要电路图或源代码,而只需要一本薄薄的说明手册,在没有真正理解的情况下玩游戏是可能的。这种区别在随后的 19 世纪和 20 世纪的许多复杂机器上仍然是相关的,并在今天体现于软件手册和技术参考指南的区别中,前者是为用户编写的,后者是为了解硬件的人编写的。

④ Hellwig, *Versuch eines aufs Schachspiel gebaueten taktischen Spiels*, p. 27.

⑤ Ibid., pp. 38 - 39.

于大炮的操作范围最大为三个方格,这意味着因果关系在空间上是不相关的,并且由于建筑物可以持续燃烧六个回合,这意味着因果关系在时间上也可以是不相关的。要简单地跟踪多个燃烧区域,就需要一定程度的多线程操作,这是传统的国际象棋中完全没有的。然而,考虑到游戏效果,游戏中明显缺乏偶然性。机会和概率在游戏中丝毫不起作用,也不会干扰因果关系的转化。一旦被发射,子弹就永远不会错过目标;一旦开始燃烧,火势就会像被石头激起的水中涟漪一样不可阻挡地蔓延开来。在黑尔维希的游戏中,因果关系是如同时钟一样严格且透明化的,由此可以看出他的设计受到了启蒙运动的影响。当前的情况仅仅是先前情况的结果以及即将发生的事情的原因。作为一种占主导地位的科学意识形态,将物理学简化为力学似乎避免了黑尔维希(尽管他几乎毫不犹豫地无视国际象棋的所有规则)的确定性游戏世界被随机性破坏,因为如果上帝不掷骰子,游戏设计师也不应该这么做。

  同样令人印象深刻的是,黑尔维希设计了烧毁村庄和防御工事等使象棋时态化的行为,即燃烧六个回合。这要求玩家对游戏中每个受影响的部分进行短期记忆,从而大大增加了玩家对游戏内容管理的工作量。游戏的方形棋盘仅为 $5\times 5$,玩家最多需要记住发生在所有 25 个方格上的 8—10 步的内容。令人惊讶的是,黑尔维希未能采用任何减轻这种困难的方法,因为实际上,他在建立路障的规则时也尝试将游戏复杂化。路障的设计被他定义为为防止敌人前进而用位置固定的物体进行的预防措施[1],根据玩家选择的不同,它们被标记为绿色、黄色或绿色、红色。建造护墙是唯一简单的路障形式,这一行为将消耗一次行动,并需要将三块硬纸板彼此堆叠。可以通过牺牲额外的行动次数来堆叠另一块硬纸板以增加护墙板的高度;相反,只要给定的护墙位于敌方加农炮的进攻范围内,它的高度就会降低一个单位。书中详细描述了进攻和防御的各种方式[2],并用条件结构进行表示(图 15.2),在此不展开介绍。但不难得出两个有趣的结论,一方面,游戏包含一组全局变量,即几乎在每次计算中都会起作用的某些数字。其中,最重要的是火炮的射击距离,它同样可以用来测量子弹弹射和许多其他行动的距离。射击距离似乎成为游戏的通用标准。另一方面,几乎不需要关注物资、弹药和粮食的后勤,修建路障的材料无处不在,弹药储量无限,只有在采取防御工事后,运送物资才成为问题[3]。此外,虽然信息交流在书中被数次提到,但似乎并没有被设计进游戏中。

---

[1] Hellwig, *Versuch eines aufs Schachspiel gebaueten taktischen Spiels*, p. 67.
[2] Ibid., pp. 77-82.
[3] 如果没有碎片能够离开它五十步,则认为是要塞。但是,如果通信线路中断六步,规模较小的部队将被饿死(Ibid., p. 116)。

63

§. 97. a.

Das auf 585, 586, 607, 608, 629, 630, 651 und 652 in der zweyten Tafel stehende Corps, kann daher in einem Zuge nur folgende Stellungen nehmen:

I. Vorwärts.

  1 das ganze Corps rückt bis auf 563 und 564 vor
  2 — — — — — 541 — 542 —
  3 — — — — — 519 — 520 —
  4 — — — — — 497 — 498 —

II. Rechts zur Seite.

  1 es rückt bis auf 587, 609, 631 und 653
  2 — — — 588, 610, 632 — 654
  3 — — — 589, 611, 633 — 655
  4 — — — 590, 612, 634 — 656

III. Links zur Seite.

  1 es rückt bis auf 584, 606, 628 und 650
  2 — — — 583, 605, 627 — 649
  3 — — — 582, 604, 626 — 648
  4 — — — 581, 603, 625 — 647

IV. Rückwärts.

  1 das ganze Corps rückt bis auf 673 und 674 zurück
  2 — — — — — 695 — 696 —

und so ferner in die dritte und vierte Stellung.

§. 98.

Man ist nicht gezwungen, ein aus verschiedenen Teilen bestehendes Rektangel in einem Zuge ganz zu bewegen; es ist genug, wenn der bewegte Teil ein Rektangel ist. So hat man z. B. nicht nötig, das über

图 15.2　黑尔维希游戏规则的示例书页

与游戏的其他设计不同,部队的运输和桥梁的相关使用确实需要一定程度的设计。运输车(Transporteur,法语)是一块长度为两个方格的木头,这也是黑尔维希最杰出的创新之一。从本质上讲,它改变了游戏的空间结构,就像燃烧建筑物的设计改变了游戏的时间设计一样[1]。当运输车被至少一个游戏棋子控制时,它们就可以像炮兵一样移动。如果被骑兵占领,它们可以移动九个方格;如果被火炮或步兵占领,它们可以移动七个方格。也许最有趣的事实是运输车的使用是可以嵌套的,即它们不仅可以容纳另一种单位,而且还可以容纳另一个运输车,此时,它们就成了运输运输车的运输车。而且,单个运输车或运输车组可以容纳单个大炮或大炮组,并将它们整体移动。作为可以将部队、火炮等从一个地方带到另一个地方的机器,运输车通过组织多名士兵、武器和其他对象的运输,打破了国际象棋一次行动只能移动一个单位的原则。运输车的设计中存在一个限制,即只能通过所谓的桥梁运输工具来移动桥梁。更重要的是,桥梁及其运输车已经被编号,桥梁只能由具有相应编号的运输车移动,此外,还必须确保它们的载荷分布均匀[2]。

在黑尔维希用全书四分之三的篇幅对整个游戏的细节设计以及超过九百种游戏情况进行介绍后,他提出了该游戏的另一个更复杂版本。这个游戏的一些设计影响了后来的兵棋推演,并且不以国际象棋作为基础。作为一款兵棋推演游戏,它结合了垂直地形设计以及相当复杂的后勤设计[3]。

在游戏的第一个版本中,黑尔维希只设计了水平位置上的不同障碍物;在第二个版本中,他则通过引入高度或山丘概念提出了战场的三维空间模型。但是,这一设计有一个明显的问题,即当目标方格被棋子占据时,用来代表山丘的方格所具有的标记就被挡住了。然而,如果通过增加方格的高度来解决这个问题,运输车的单位就可能会无法放置。鉴于这些复杂性,黑尔维希建议使用一块大小为4×4的正方形平板来实现特殊地形的可视化。他进一步建议,这一平板上应有标记,应用不同数量的圆圈包围(这让人联想到使用等高线的制图技术),这些圆圈表示离散的标高。这一高度设计为游戏增加了许多有趣的变化,例如,关于位置优势的规则被修改如下:

> 水平地面上的火炮单位如果只比山上的火炮高一个等级,将无法

---

[1] Hellwig, *Versuch eines aufs Schachspiel gebaueten taktischen Spiels*, pp. 54–66.
[2] Ibid., p. 55. 因此,只有在有相同数量的运输工具的情况下才能拆除桥梁;否则,也有可能用炮火摧毁自己的桥梁(Ibid., pp. 93, 99)。
[3] Ibid., p. 152.

摧毁山上的火炮单位。但是，如果比它高两个等级，则可以完成此操作。因此，地面上的火炮单位至少需要达到三级才能对山上的火炮单位造成伤害。①

在游戏的第一个版本中，黑尔维希默认军队的物资是无限的，即不用考虑补给问题，第二个版本则要求玩家考虑资源调度的问题②。每局游戏都有一个带有通行路线的主仓库，沿该通行路线可以向部队运送必要的物资。在每个单位战斗的地点，玩家都需要建立较小的仓库并保证它与主仓库的联通。在这一点上，黑尔维希提到了他关于兵棋推演中部队的供给和维持理论，然后他以粗略的形式概述了这一理论。有意向的读者可以对这一理论进行拓展③。根据黑尔维希的设计，主仓库应位于军队的要塞，较小的仓库则可以覆盖 9×9 范围内的补给。每个仓库都应被火炮保护，因此，应该位于至少一门火炮的射击范围内。为了便于运输车或桥梁运输车推进，部队要么必须位于仓库的服务区内，要么至少能够在三步之内到达该区域④。在仓库范围三格外的单位会失去战斗力，与主仓库的联通可以在陆地和河流之间进行，河流从而突然变得具有新意义，桥梁反而成了障碍。可以理解的是，黑尔维希不愿再引入其他的单位，尽管他本来可以再增加单位表明从主仓库到其他仓库的物资运输正在进行中⑤。毕竟，如果我们要真正考虑这个问题，就意味着在一个有 2640 格的棋盘上，每个玩家需要管理多达 15 个仓库才能在整个游戏中维持部队的补给。战争（以及游戏）很快就会充斥着非核心的决策，并因此陷入停顿，而这仅仅是因为玩家必须将其所有的精力用于维持供应链。

总之，黑尔维希尝试在国际象棋的基础上实现部队、地形、机器、通信、同步性和收益等特征。首先，他的这一尝试显示，国际象棋的设计很大程度上并不适合用于单一单位对一系列命令的执行，也不适合用于重现单点机械结构的因果关系以及对大量单位的处理。其次，他的尝试也表明，在兵棋推演中，即使只增加几个参数，游戏也会变得十分复杂。当然，其他游戏设计师可以通过将此类计算和记录委托给外部机构来解决这一问题。

---

① Hellwig, *Versuch eines aufs Schachspiel gebaueten taktischen Spiels*, p. 154.
② Ibid., p. 155.
③ Ibid., p. 156.
④ Ibid., p. 158.
⑤ Ibid., pp. 160 – 161.

## 哈弗贝克和尚布朗克

在接下来的几十年中,黑尔维希基于国际象棋设计的游戏被不断地补充和修改,最终使兵棋推演独立出来成为一个类别。1806 年,普鲁士濒临灭亡,冯·哈弗贝克怀着对军队的无限热爱,以及对普鲁士人的忠贞不渝的忠实奉献,发布了他的普鲁士国家象棋(Prussian National Chess)。他这样做是为了表现他的深刻敬意和奉献[1]。哈弗贝克仔细观察了构成现代战争的所有现象(如大规模军队、线性战术的终结、征服系统、电报等),并重新引入了被黑尔维希从他的设计中删除的国王形象。"他代表军队的主人——国王是比赛中最重要的人物,他的名字和动作都不需要更改。"[2]黑尔维希的棋子仅在几何行为上有区别,而他游戏中的皇后只是能够以三种不同轨迹移动的普通棋子,但哈弗贝克引入了关于性别的刻板印象。他认为,妇女为战争的"软性方面"(softer side)作出了贡献。她们通过给予男性爱与温暖,为他们提供了重新加入战斗的力量并抚慰了他们的伤口。对于国家来说可能是决定性的,但与兵棋推演的设计无关。

> 这场战斗可能会让许多男人丧命,但是夏娃的女儿们决心作出更多的奉献,并增加自己的工作!普鲁士,如果您的人民具有如此的爱国心态并且可以坚定地说:"我们已经为国家留下了男丁,并将他们抚养成人,他们愿意为祖国服务而流血,并愿意誓死捍卫国王的荣誉!!!"那将是多么幸运的一件事啊![3]

除了游戏中不再存在的皇后角色,其他棋子必须按照适当的军事术语重新命名。国王当然可以继续担任国王,但是皇后成了"保镖"(Leibgarde,德语),主教被称为胸甲骑兵和龙骑兵,骑士被称为轻骑兵[4],战车被称为大炮,士兵被称为步兵(图 15.3)。除此以外,哈弗贝克还将棋盘的尺寸变为 11×11(这一变化对专家有意义,仅仅是因为它比普通象棋多了 57 格)[5]。设计这款游戏的初衷是锻炼玩家的思维能力、判断力、快速决策能力以及对军队的坚定意志[6]。作者

---

[1] C. E. B. von Hoverbeck, *Das preußische National-Schach* (Breslau: Stadt-und Universitäts-Buchdruckerey, 1806). 这本书是献给弗里德里希·威廉(Prince Friedrich Wilhelm)王子的。

[2] Ibid., p. 2.

[3] Ibid., p. 3.

[4] 哈弗贝克从巴黎的一所骑术学院获得了骑士的德国名字,即 Springer "leaper", "where, for money, talented riders would put on displays of their skill" (Ibid., p. 5).

[5] Ibid., p. 9.

[6] Ibid., p. 7.

认为,对个人而言,这款游戏的价值在于培养了玩家冷静、谨慎的思考方式,深思熟虑的反应以及源于耐心与沉着的坚毅品格①。这样的说明就像哈弗贝克引用的无数理论和历史事件一样具体,尽管这些引用大多是一些陈词滥调,但他仅仅是用它们来说明游戏中的一些具体情况②。

图 15.3 哈弗贝克的游戏建议(1806)

1828 年,在黑尔维希把国际象棋的规则用到极致,甚至有所超越,但随后哈弗贝克取消了游戏中的模拟概念,弗朗茨·多米尼克·尚布朗克随后提出一个折中方案③。尚布朗克认为,哈弗贝克的游戏太肤浅了,但黑尔维希的游戏又太复杂了④。他妥协的目的是保留尽可能多的自然设计,这种设计并不是黑尔维希基于对真实战争的建模而进行的算法化设计,而是更贴近传统象棋的自然设计。根据尚布朗克的说法,人们不应该偏离"游戏只是一种娱乐手段"的观点⑤。基于此,他设计了一种轻型战术游戏(light tactical game),游戏的棋盘明显更小(460 格),棋子和规则也要简单得多。新元素包括石笼、缩放梯子,每次行动可以完成两个动作,同时保留了在哈弗贝克的设计中回归的国王⑥。尽管哈弗贝克完全放弃了模拟自然的想法,但尚布朗克设法在他的游戏中保留了一定程度的自然建模(图 15.4、图 15.5)。诚然,他的模型远不及后拿破仑战争时期的复

---

① C. E. B. von Hoverbeck, *Das preußische National-Schach* (Breslau: Stadt-und Universitäts-Buchdruckerey, 1806), p. 37.
② Ibid., p. 147.
③ Franz Dominik Chamblanc, *Das Kriegsspiel, oder das Schachspiel im Großen. Nach einer leicht faßlichen Methode dargestellt* (Vienna: H. F. Müller, 1828).
④ Ibid., p. iii.
⑤ Ibid., p. iv.
⑥ Idid., pp. 3 - 23.

杂程度，但这正是尚布朗克想要的。因为如果游戏太过复杂，就和他坚信的"游戏仅仅是一场游戏"这一观念相悖了。

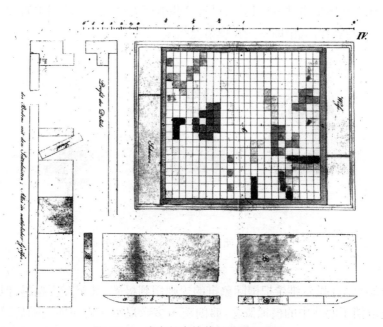

图 15.4　尚布朗克的装配说明(1828)

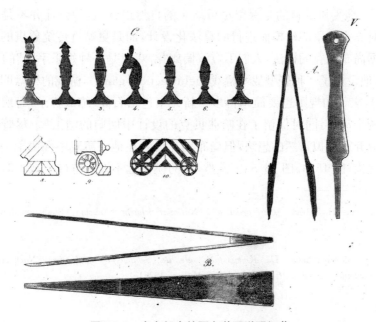

图 15.5　尚布朗克的更多装配说明细节

**莱斯维茨的兵棋……**

1828年,也就是尚布朗克对流行娱乐作出贡献的同一年,柏林兵棋推演协会发布了《兵棋规则补充》(Supplement to the Kriegsspiel Rules by the Birlin War Game Association)这一形式完全不同的出版物。这本书最重要的贡献在于纠正了游戏系统中的问题,"补充"则意味着它描述并完善了一种完全不同于传统国际象棋的兵棋游戏。同时,他也成为普鲁士总参谋部进行战争模拟的主要手段①。

1811年,国防参议员格奥尔·利奥波德·冯·莱斯维茨男爵(Georg Leopold Baron von Reisswitz)首次向威廉王子展示了他的机械装置(图15.6),这个装置以惊人的1∶2373比例描绘了地形。根据莱斯维茨的Beta测试人员恩斯特·丹豪尔(Ernst Dannhauer)中尉的说法,"(这个装置)在带有山丘的木制沙盒中建模,……再现了山谷、河流、村庄和路线"。腓特烈·威廉三世(Friedrich Wilhelm III)对此表现出浓厚的兴趣,因此也制作了一个更加奢华的版本。它的底部由一个基座组成,顶部被划分为3—4英寸的正方形网格,通过不同的颜色和轮廓,可以在上面制作不同的地形以模拟战场。顺便说一句,在模块化网格上创建风景的步骤仍然是当今策略游戏的一个基本流程(图15.7)。箱子本身有许多抽屉,其中,装有瓷质骰子、各种部队徽章以及游戏中的许多其他道具。游戏完整且优雅,并在波茨坦的路易斯沙龙进行了展出。到了1816年,不仅是腓特烈·威廉三世,甚至俄罗斯尼古拉大公(Grand Duke Nicholas)都在玩这款游戏。因此,在1817年,这款游戏流传到了莫斯科,在莫斯科进行了

---

① 关于战争游戏的综合研究,参见 Philipp von Hilgers, *War Games: A History of War on Paper*, trans. Ross Benjamin (Cambridge, MA: MIT Press, 2012)。本节的部分引用参见 *Militair-Wochenblatt* 402(1824), pp. 2973-2974; Ernst Heinrich Dannhauer, "Das Reißwitzsche Kriegsspiel von seinem Beginn bis zum Tode des Erfinders 1827," *Militair-Wochenblatt* 56(1874), pp. 527-532; "Zur Vorgeschichte des v. Reißwitz'schen Kriegsspiels," *Militair-Wochenblatt* 73(1874), pp. 693-694; Georg Heinrich Rudolf Johann Baron von Reißwitz, *Anleitung zur Darstellung militärischer Manöver mit dem Apparat des Krieges-Spieles* (Berlin, 1824),比尔·利森(Bill Leeson)将它译为英文,*Kriegsspiel: Instructions for the Representation of Military Manoeuvres with the Kriegsspiel Apparatus*, 2nd ed. (Hemel Hempstead: Leeson, 1989); Georg Leopold Baron von Reißwitz, *Taktisches Kriegs-Spiel oder Anleitung zu einer mechanischen Vorrichtung um taktische Manoeuvres sinnlich darzustellen* (Berlin, 1812); Wilson, *The Bomb and the Computer*, pp. 4-8; John P. Young, *A Survey of Historical Development in War Games* (Baltimore: Operations Research Office of the Johns Hopkins University, 1959); Rudolf Hofmann, *War Games* (Washington, DC: Office of the Chief of Military History, 1952)。

彻底的修改。棋盘与其他几张游戏桌放在一起形成更大的平面,随后用一块绿色的桌布覆盖战场,并在上面用粉笔标记各种地形。

图15.6 格奥尔·利奥波德·莱斯维茨的游戏箱(1811)

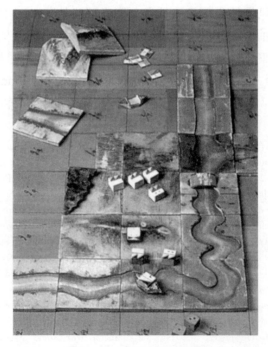

图15.7 为兵棋设置风景

然而，直到格奥尔·利奥波德的儿子格奥尔·海因里希·冯·莱斯维茨(Georg Heinrich von Reisswitz)对它进行了修订，这个游戏才算正式问世。年轻的莱斯维茨将游戏的比例更改为1∶8 000，他认为这是能够实现精确的火力交互以及操纵多个部队……的最佳比例。莱斯维茨的项目并非与纸牌游戏或棋盘游戏遵循相同的法则，反而是与它们完全不同。在1824年年初为威廉王子演示之际，他完全避免使用"游戏"一词，并特别着重于建模方面，即如何以合适的方式来实现时间和空间的概念。游戏的目标是重现那些只有在真实战役中才能够实现的战略目标。与之前的所有基于战棋的游戏相比，莱斯维茨的兵棋推演至少需要三个参与者，即两个对抗的玩家和一个被称为裁判员的中立权威。有人认为，如果每方各由4—6名玩家组成，这场比赛就可以以最高效地进行。然后，玩家在适当考虑时间和空间的情况下，在游戏板上操纵小的由金属制成的平行六面体(代表部队)。同时，玩家在每一个回合并不只能进行一项行动，而是可以在两分钟内尽可能地进行需要的行动。正是这样的一系列修改，使得每个玩家都可以模拟出现实中可能发生的事情，无论是在运动方面，还是在大炮射击和近身交战的效果方面，都能够充分运用他们在实践和经验中学到的东西。这里提到的经验大概是拿破仑战争的经验，而这些实践可能是在沙恩霍斯特炮兵学院(Scharnhorst's Artillery Academy)进行的训练。因此，游戏的重点是根据实际情况进行计算，即通过模拟外界的测量结果来创建合理的场景。与以前的所有基于国际象棋的游戏不同，这也要求将机械的因果关系替换为概率。举一个最基本的例子，即关于火炮射击效果的经验判断应由骰子决定。与基于象棋的兵棋推演的另一个主要区别在于它也包含盲目情况，即在战场上可能会产生一些不可预见的情况(图15.8)。这些由裁判员决定，裁判员是游戏的控制者，他可以将这种情况传达给玩家，而不必通过游戏道具来表示。

只要比例尺在1∶8 000—1∶32 000并且描绘了渐变过程，就可以使用真实而非虚拟的地图。当然，这激起了博学的官员卡尔·冯·穆弗林(Karl von Müffling)的兴趣，他鼓励用基于平面表和经纬仪的三角函数制图代替原始的传统手绘地图[①]。由于这款游戏是在真实的环境下而不是在棋盘上进行，穆弗林对它表达出极大的热情："这款游戏根本不是……游戏，而是针对战争的训练。我必须向军队强烈推荐它。"他在《军事周刊》(*Militair-Wochenblatt*)中亲自提

---

① Friedrich Kittler, "Goethe II: Ottilie Hauptmann," in *Dichter — Mutter — Kind* (Munich: Fink, 1991), pp. 119 – 148, at 138. 最初发表于 *Goethes Wahlverwandtschaften. Kritische Modelle und Diskursanalysen zum Mythos Literatur*, ed. Norbert W. Bolz (Hildesheim: Gerstenberg, 1981), pp. 260 – 275。

/ 电子游戏世界 /

图15.8 《帝国时代1》(*Age of Empires*)的截图(微软,1998)

出了建议,并指出人们经常试图以一种既有教育意义又令人愉悦的方式来模拟战争,但这种尝试总是受到一个问题的困扰,即在战争的严肃性与游戏的轻松性之间仍将存在巨大的鸿沟。或许事实的确是这样,也有可能只是由于穆弗林认为这种游戏以前是由平民设计的而产生偏见。穆弗林认为,年轻的莱斯维茨凭借其敏锐、洞察力和毅力,首次以简单而生动的方式模拟了战争。

至少从表面上看,这个游戏对玩家非常友好,这是因为只有裁判员才需要熟悉所有的复杂规则,玩家不必了解它的操作。他们只需要对战争有一定的了解,"只要是能理解战争的人……都无疑可以在这个游戏中担任指挥官的职位,即使他对这款游戏不熟悉或者他之前从未玩过或看过别人玩"。裁判员充当了游戏与非全知玩家间的"黑匣子"(black box)。莱斯维茨曾在柏林和彼得斯堡的比赛中担任裁判,他的表现甚至遭到了批评。例如,他的模拟被认为是腐败的年轻军官在指挥部队的时候过高地估计了自己的才能(当然,在电子游戏时代对于不公平的控诉仍然存在)。随后,由于被流放到托尔高而感到羞耻,莱斯维茨于1827年自杀,因此,他没能亲眼看到他的游戏在教育界的成功与引起的广泛关注。

简单地看一下《兵棋规则补充》,就会发现书中完全没有提到莱斯维茨的名字,却提到了他为游戏带来的一些创新。比如,关于"骑兵运动"的规定如下:

(1) 在发动进攻前或完成进攻后，以及到达战线的侧面时，可以立即进行突进。最重要的是，在狭窄地形中可以将最多四个中队列成一列通过，但每四次行动只能进行一次这样的操作。

(2) 在所有其他情况下，小跑都是最快速的运动，骑兵和马炮部队最多能够连续小跑八个回合。否则，在接下来的两个回合发生的战斗中，它们将失去攻击目标。对于更长的距离，如果要保持战备状态，它们应该始终在八回合小跑后进行两回合步行。①

此外，裁判员尤其要确保观察到并且准确（书面）地说明未在战线内部署的部队②。在介绍了多单位行动的规则之后，《兵棋规则补充》随后提供了适用于单个单位行动的规则的详细列表。此列表以"三月份费率表（Table for March Rates）"的形式显示，对不同类型的部队（如步兵、骑兵等）、行动类型（如步行、小跑、突进等）、不同的环境（如受到攻击时）、坡度（以 5 度为增量）和地形类型（浓密的树林、农场、花园和沼泽地等）进行了明显的区分③。黑尔维希的游戏仅涉及对于 n 个方格的离散操作，并将障碍物简单地分为可以克服或无法克服的障碍，莱斯维茨的兵棋则提供了一种可能性矩阵，致力于以比如 5 度为增量来模拟连续的、具有严谨建模的世界场景。莱斯维茨的经验价值表加入了规制性规则，超越了黑尔维希通常是原始的和构成性的规则④。约翰·塞尔（John Searle）提出的这种区别也许可以用另一个例子来阐明，即足球规则构成足球的游戏，因为它们允许将某种行为描述为"足球"。换句话说，在规则（或规则系统）是构成性的情况下，只有符合规则的行为才可以被规范或描述，不存在相关规则中的行为则无法被规范与描述⑤。如果在比赛中球成功地进入球门，这一行为就被称为"得分"，并且只要没有破坏比赛的基本规则，就不必担心球如何到达那一点。相反，在兵棋中，事件发生的过程本身远比事件的发生更令人感兴趣。如果用兵棋的方式来理解足球，足球原本的规则将继续被接受，但重点将被放在计算土壤的成分、质量和球的加速度和球员的速度上。简而言之，这场比赛的焦点将集中在

---

① *Supplement to the Kriegsspiel Rules by the Berlin War Game Association*, trans. Bill Leeson (Hemel Hempstead: Leeson, 1988), p. 3. 德国原版参见"Supplement zu den bisherigen Kriegsspielregeln," *Zeitschrift für Kunst, Wissenschaft und Geschichte des Krieges* 13(1828), pp. 68 – 112。
② *Supplement to the Kriegsspiel Rules*, p. 3.
③ Ibid., pp. 6 – 7.
④ 参见 John R. Searle, *Speech Acts: An Essay in the Philosophy of Language* (Cambridge: Cambridge University Press, 1969), pp. 33 – 42。
⑤ Ibid., p. 35.

所有客观条件上。用塞尔的话来说,"无论是否有具体规则,都会达成的事件(即对于'他做了什么'能够给出相同的答案)"①。出于这个原因,兵棋是第一款需要不断更新的游戏。毋庸置疑,战争的性质会随着时间而改变,因此必须通过集成新武器、新的运输和通信方式等使游戏保持最新状态。就席勒的博弈论而言(如果您允许进行这种无聊的比较),进行兵棋推演是在力量与自然法则之间,在人员伤亡的绝对现实与游戏设计的绝对形式上,在现实的战争与产生问题的模拟之间扮演一个控制系统②。

其次,兵棋可能是第一个为创建新规则而提供规则的游戏,在某些情况下,游戏允许被重写。委婉地说,这是自适应。为此,《兵棋规则补充》引入了所谓的"例外掷骰"(exception throw,图 15.9)和打破规则的几条规则,即"如果战争中不可能发生的一切都被排除在外(尽管不太可能),这些规则就应该在游戏中使这种特殊情况成为可能"③。如果玩家执意进行违背常理的操作,"倾向于将一个中队一头扎进二十个敌人中"④,外掷骰将决定他是否这样做的权利——"如果掷骰失败,则表示该中队并不倾向于进行这一危险行为,那么直到下一回合前,玩家都不得不克制自己的冲动想法。"⑤由于游戏假设特殊情况是"毋庸置疑的,并且经验丰富的玩家对其有充分的了解",因此,这样的意外情况被写进了规则,即"游戏中不适用于通用规则的情况就是特殊情况"⑥。菲利普·冯·希尔格斯(Philipp von Hilgers)以其名誉背书,将莱斯维茨的游戏称为"用于实现主权和权威机器的使用手册"⑦。这一装置部分采用了"紧急投掷"(emergency throw)的抽象概念,将五个单独的"紧急骰子"的投掷结果结合起来。每一个紧急骰子都有五个空白面和一个数字面(分别写着 1、2、3、4 或 5)。如果要成功实现一次偷袭,就需要掷出合计 8 点以上,"紧急骰子不会显示成功或失败的概率,只会给出绝对的答案,毕竟,它们指示的只是结果而不是可能性。如果一个人足够幸运,他就是战无不胜的"⑧。

---

① 参见 John R. Searle, *Speech Acts: An Essay in the Philosophy of Language* (Cambridge: Cambridge University Press, 1969).
② Schiller, *On the Aesthetic Education of Man*, pp. 64, 80.
③ *Supplement to the Kriegsspiel Rules*, p. 12.
④ Ibid.
⑤ Ibid.
⑥ Ibid.
⑦ 转引自 Philipp von Hilgers, "INFOWAR: Vom Kriegsspiel" (http://90.146.8.18/infowar/NETSYMPOSIUM/ARCH-DT/msg00012.html).
⑧ *Supplement to the Kriegsspiel Rules*, p. 13.

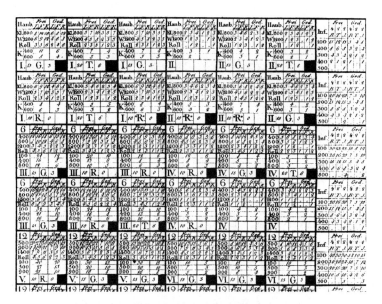

图 15.9 《兵棋规则补充》中的骰子表(1828)

兵棋游戏的第三项重大创新是它结合了各种概率计算。除了计算概率,它们还实现了像电子游戏一样用分数或点数来计算玩家行动成败的功能,从而补充了可用和不可用(移除)棋子的二进制逻辑。例如,地形对骑兵机动能力的潜在影响的评估。

地面倾角对于骑兵的攻击是有影响的。在其他条件相同的情况下,进攻的消耗如下:

两者处于同一高度或倾角为 5°——胜败概率相同

倾角为 10°——失去 2 个点数

倾角为 15°——失去 3 个点数

倾角大于 15°——无法攻击

对于指定的一次攻击,战斗结果的计算也是以类似的方法进行的。

(1) 失败方的消耗(敌方每有一个中队)[①]:

成功还击:-0

---

① *Supplement to the Kriegsspiel Rules*, p. 16.

战斗失败：－3

　　完全失败：－6

　　（2）胜利方的消耗（敌方每有一个中队）①：

　　成功还击：－0

　　战斗失败：－1

　　完全失败：－1

　　概率论在历史上已经被详尽整理并研究过了，同时一直被用于商业与保险公司的建模，在此就不进行赘述了②，值得注意的是，统计数据是如何与军事和政治发展重合的。沃尔夫冈·沙夫纳（Wolfgang Schäffner）通过伊恩·哈金（Ian Hacking）的工作展示了 1800 年左右的普鲁士政治科学研究是如何抛弃了基于概率论的描述性统计数据。换句话说，政治分析从对于值得注意的事件的单纯描述转变为对其进行数值分析。自此，根据沙夫纳所言，"非知识内容不再破坏知识本身，反而成为其实现功能的核心组成部分"③。他补充道，"状态充满了动态时间的维度，……它变成了一个动态的事件空间，骰子、伤亡率、犯罪和历史的进程都以相同的方式发生。"④尽管政府管理人员直到 19 世纪下半叶才正式采用这种新方法，但自 1800 年以来，商业部门一直依赖概率计算。同时，由于适合使用兵棋进行模拟，商战也不例外。与运气游戏一样，策略性的兵棋推演也能模拟非知识内容的战略应用，像后来的气象模型一样，兵棋推演也将从所谓的"动态规划"中受益。

　　莱斯维茨的兵棋与黑尔维希的兵棋游戏还有第四个重要的不同，即在解决赌注的问题上。自卢卡·帕乔利（Luca Pacioli）时代起出现了新的问题，即当一个游戏被过早地中断时，奖赏或报酬的分配问题对运气游戏和反复入账（doulyle-entry accounting）就变得非常重要。这也导致了游戏"回合"（move）的全新概念出现。在黑尔维希的游戏中，这意味着可以使用任意时间来完成一次

---

① *Supplement to the Kriegsspiel Rules*, p. 18.
② 参见 Lorraine Daston, *Classical Probability in the Enlightenment* (Princeton: Princeton University Press, 1988); Ian Hacking, *The Emergence of Probability: A Philosophical Study of Early Ideas about Probability, Induction and Statistical Inference* (London: Cambridge University Press, 1975); Ivo Schneider, *Die Entwicklung der Wahrscheinlichkeitstheorie von den Anfängen bis* 1933 (Darmstadt: Wissenschaftliche Buchgesellschaft, 1988).
③ Wolfgang Schäffner, "Nicht-Wissen um 1800. Buchführung und Statistik," in *Poetologien des Wissens um 1800*, ed. Joseph Vogl (Munich: Fink, 1999), pp. 123 - 144, at 127.
④ Ibid., p. 128.

行动，莱斯维茨的游戏则要求在特定的时间范围内安排越来越多的新配置，而在回合之间需要进行的所有计算都由裁判完成①。在时间限定的回合条件下，玩家可以在规则内移动任意的棋子，裁判员将确定这些举动的有效性，并通过掷出适当的骰子来计算成功的概率（图 15.10）。此外，通过更改棋盘中时间流动与实际时间之间的比例，两分钟的回合时间也可以模拟两个小时、两天甚至两年的时间段。

| Attakirende Es-kadrons. | | Gegen intakte Infanterie. | | Geg. leicht erschütterte Inf. | | Geg. stark erschütterte Inf. | |
|---|---|---|---|---|---|---|---|
| | | 1 Bat. Würfel | ½ Bat. Würfel | 1 Bat. Würfel | ½ Bat. Würfel | 1 Bat. Würfel | ½ Bat. Würfel |
| 1 Eskadron | | unzulässig | V | VI | III | III | II |
| 2 Eskad. | 1. 2. | V | IV | V V | III III | III III | II II |
| 3 Eskad. | 1. 2. 3. | V | IV IV IV | V V V | III III III | III III III | II II II |
| 4 Eskad. | 1. 2. 3. 4. | V IV | IV IV III III | IV IV IV IV | III III III III | III III III III | II II II II |

**图 15.10** 通过掷骰子来确定伤亡率（罗马数字表示应该掷哪个骰子）

从一个回合到下一个回合，每个新的行动都是短暂的，并且存在偶然性，因此，这些动作本身无法逆转。用控制论的术语来说，黑尔维希的确定性举动和莱斯维茨的概率之间的区别可以说对应了牛顿时间与柏格森时间的区别②。

由于不再可能根据当前的情况来推断之前的情况，这意味着每一个新的举动都代表新游戏的开始，而每一个完成的举动都表示一个游戏状态的结束。考虑到这一点，裁判员的活动（计算胜利与失败、幸存者和人员伤亡、进攻与撤退）与保险人员的活动相对应，后者在沉船（游戏中断）的情况下必须计算财产的

---

① 不用说，通过计算机上实现这些规则，计算过程几乎是瞬间完成的，这导致了今天被称为"即时战略游戏"(real-time strategy game, 简称 RTS)的游戏类型的产生。
② 参见 Norbert Wiener, "Newtonian and Bergsonian Time," in *Cybernetics, or Control and Communication in the Animal and the Machine* (New York: J. Wiley, 1948), pp. 30 – 44。在上文有关人类工效学的讨论中我也引用了这一条文献。

位置。至此,我们又回到了冯·诺依曼的断言,他断言在可变的概率条件下,玩家的记忆会不断地重置,策略游戏的玩家应该只关心一点,即目前的举动,并需要对迄今为止已采取的所有举动保持完全无知(complete ignorance)的状态。

**……与其继承者**

尽管莱斯维茨对他构建的兵棋战争模型中含有"游戏"一词有所不满,但从未有人提出过更合适的术语。与动作和冒险游戏不同,策略游戏从一开始就被视为游戏。更重要的是,这类游戏中似乎一直都有一个由计算机(起初是裁判,然后是造纸机)来扮演的角色。我们在后面再讨论单纯的计算力能够多大程度地转化为新的功能。首先应该指出的是,"游戏"在早期并没有像它后来那样,与"严肃性"紧密结合。兵棋作为模型的本质让它总是受到现实情况的严肃性的影响。这款游戏为实际的战争提供了实验性的虚拟情景,而这些情景随后也可以被用于真正的战争。沃尔特·戈利茨(Walter Görlitz)在他的《德国总参谋部的历史》(History of the German General Staff)一书中提到,兵棋推演在1866年的奥普战争中被用于建模分析,尤其是在1870年的法普战争期间被用于军队后勤计划的建模。这展示了兵棋具有的实际价值,同时也确保并加速了它在整个欧洲的传播。兵棋推演随后在许多战役中发挥了作用,包括第一次世界大战期间的施里芬计划(Schlieffen Plan)和第二次世界大战期间的闪击波兰、突出部战役(the battle of the Bulge)、英格兰入侵计划以及德国在东部前线进行的几次行动。当然,军事历史学家已经对此进行了深入的研究,值得注意的是,兵棋推演在这些实践中更新了自身的性质。例如,用于建模普法战争的信息一半来自对奥地利的战争,另一半则来自美国内战,这也对铁路网络的物流产生了新的影响。因此,当欧洲根据美国的(过时的)数据发起战争,而美国也根据其对欧洲的(过时的)数据发起战争时,就引起了混乱[①]。兵棋推演在商业上的普及甚至使事情变得更加模糊——莱斯维茨的兵棋被投入批量生产,成立于19世纪40年代的柏林"兵棋推演协会"(War Game Association)的概念直到今天还存在于专

---

[①] 参见 *Historical Trends Related to Weapon Lethality*:*Basic Historical Studies*,edited by the Historical Evaluation and Research Organization (Washington,DC:Fort Belvoir Technical Information Center,1964);Robert V. Bruce,*Lincoln and the Tools of War* (Indianapolis:Bobbs-Merrill,1956);James A. Houston,*The Sinews of War*:*Army Logistics*,*1775-1953* (Washington,DC:Office of the Chief of Military History,1966)。

门的在线策略游戏社区①。考虑到这些,或许美国政府在其《美国陆军术语词典》(Dictionary of U. S. Army Terms)中继续提供对兵棋推演的限制性(官僚主义的官方)定义也就不足为奇了。

> (兵棋推演)是对于立场相对的两个玩家,基于他们各自的知识,结合处境、各自的意图、所拥有的(通常是不完整的)对手的信息所采取的行动以及产生的冲突的模拟……通过各种方式,基于规则、数据以及行为过程的设计,来模拟包含两个或更多敌对势力对抗的实际或假设的真实情况。②

尽管在莱斯维茨看来,兵棋推演具有相同的基础,但随后各种兵棋推演发展为两种主要类型,即自由的兵棋推演(图 15.11)和逼真的兵棋推演。这两种游戏的区别主要在于对特殊情况的处理,而特殊情况最初是由概率严格规定的。逼真的兵棋推演仍然使用基于计算与骰子的规则,并且裁判充当计算机和控制器的角色;自由的兵棋推演则将决定权从计算中解放出来,并将裁判变成了法官。例如,雅各布·梅克尔(Jakob Meckel)在他的《兵棋说明书》(Introductions to the Kriegsspiel)中彻底废除了骰子,以此为游戏引入了主观因素③。自 19 世纪 70 年代以来,逼真的兵棋推演通常被用来模拟小规模的战术目标,而自由的兵棋推演则被用来解决更大的战略问题。

较晚加入的英格兰则采用了 1872 年发布的《兵棋推演行为规则》(Rules for the Conduct of the War Game)中的逼真的兵棋推演形式。剧院评论家、军事改革家和曼彻斯特的战术学会创始人斯宾塞·威尔金森(Spenser Wilkinson)在

---

① 兵棋协会的早期流行与威尔逊、炸弹和计算机有关:"In Berlin itself, perhaps under pressure of the royal edict, the war game became immediately fashionable, and among its addicts was Lieutenant Helmuth von Moltke, then a member of the Topographical Bureau. Various societies were formed to play it, including the Berlin Kriegsspieler Verein which published a handbook in 1846. By 1874 there were seven such societies in the Military Academy alone. Among the favorite umpires were such famous Prussian tactical writers as von Verdy du Vernois, von Meckel, and von Scherff."
② Dictionary of United States Army Terms (Washington, DC: Government Printing Office, 1965), AR 320-5 (quoted from Hausrath, Venture Simulation in War, pp. 9-10). 对于兵棋推演的定义,参见 Garry D. Brewer and Martin Shubik, The War Game: A Critique of Military Problem Solving (Cambridge, MA: Harvard University Press, 1979), p. 46: "[They are] replicas of two-sided human adversary situations involving a contrived conflict and a few procedural rules, probably originating as tools for planning military operations."
③ Jakob Meckel, Anleitung zum Kriegsspiel (Berlin: Vossische Buchhandlung, 1875).

图 15.11　在海军战争学院进行的自由战争游戏(1914)

《兵棋推演随笔》(Essays on the War Game)中讨论了游戏与实际战争间的关系。安德鲁·威尔逊(Andrew Wilson)将威尔金森的想法总结如下：

> 他说，严格来说，兵棋推演是在地图上进行的行动。简而言之，它们可以代替部队的演习，这种训练像战争本身一样，除了在极少数情况下因成本太高而无法实现。……与实际战争的唯一区别是没有危险、疲劳、责任和维持纪律所涉及的摩擦……因此，问题就变成了在什么样的情况下军队才会选择撤退。①

由于兵棋推演可以代替实际演习以节省成本，因此，诺曼上尉(Captain Naumann)使用了从法普战争中获得的最新统计数据，于 1877 年发布了《军团兵棋》②(Regiments Kriegsspiel)。这个版本[而非奇施维茨(Tschischwitz)、威尔第(Verdy)、梅克尔或特罗塔(Trotha)的版本]成为随后利弗莫尔(W. R.

---

① 转引自 Wilson, The Bomb and the Computer, pp. 10,12。
② Naumann, Das Regiments-Kriegsspiel. Versuch einer Methode des Detachements-Kriegsspiels (Berlin: Ernst Siegfried Mittler und Sohn, 1877)。

Livermore)于1879年在美国发布的《美国兵棋》①(*American Kriegsspiel*)的改编基础。因此,几十年来,美国战术的有效性不是根据美国民用情报来衡量的,而是根据有关1870年德国军事经验的情报来衡量的,但是随后人们就采用了新的方法将快速增长的海量数据可视化。换句话说,游戏的设计者们首先意识到了以后基于计算机的兵棋推演中将要再次面对的问题,即游戏的可玩性问题成了显示和交互的问题。例如,利弗莫尔通过引入可旋转的彩色游戏道具简化了确定部队人数的问题,根据颜色代码可以轻松计算消耗。此外,他引入了块(block)和指针(pointer),使得部队的轨迹、炮弹的方向、队伍的疲劳程度以及潜在的混乱状态等问题能够被一眼看出来(也就是说不需要阅读)②。

相反,自由的兵棋推演直到1908年法兰德·塞亚(Farrand Sayre)发表了他的《地图演习和战术骑行》(*Map Manoeuvres and Tactical Rides*),并开始在莱文沃思堡进行有关该主题的一系列讲座时,才算正式进入新世界。可以说,塞亚是第一个在兵棋推演中引入"单人游戏模式"的人。换句话说,在他的游戏中,裁判不仅负责计算,还负责控制敌军。将裁判设计到一台计算机中,这个计算机进行战场情况计算的同时,还扮演着敌人的角色。这样的设计让人不禁想起《双人网球》两种模式之间的区别。这款游戏需要两个玩家参与,也需要有游戏台,并且可以在起居室进行。

---

① W. R. Livermore, *The American Kriegsspiel: A Game for Practicing the Art of War Upon a Topographical Map* (Boston: Houghton, Mifflin and Company, 1879).
② Ibid., pp. 33–36.

# 16. 运筹学与天气

自莱斯维茨以来的所有兵棋推演都面临着模拟不可预测的地形和人力特征问题,后来海战和空战涉及的技术创新为数学分析提供了更好的机会。除了可能遇到的风暴、潮汐和水流,这些兵棋推演的基础运行不仅涉及均匀的空间和平面,它们还精确定义了具有速度、油耗、可靠性等性能特征的技术装置。因此,蒸汽船不久就成为第一场海战游戏的焦点,一款新的游戏起源于统治海洋的英国。1878 年,菲利普·科隆布(Philip Colomb)在那里推出了一款名为《决斗》(*The Duel*)的游戏,主要模拟两艘战舰之间的战斗。不到十年,美国人威廉·麦卡蒂·利特尔(William McCarty Little)创造了三种海战游戏。第一种是《决斗》(*Duel*),两艘舰船相互对抗,在这种情况下(考虑到舰船的转弯半径和转弯速度以及它们的火力和射击率等信息)可以计算火炮射击、鱼雷射击和撞击动作的点数和概率。第二种名为《舰队游戏》(*Fleet Game*),游戏由六名军官(两名舰队指挥官、一名仲裁员、一名记录员和两名机动人员)共同参与,来操纵整个舰队。信号旗在 18 世纪末(应该不会更早)被系统化,而海上通信长期以来一直以技术上可量化的信号和传输能力为基础。因此,《舰队游戏》中的指挥官便按照当时信号手册的标准,每 1 分半钟发布一次命令。与以前的模式不同,该游戏可以评估对事件要求严格的军事演习,因为它能够对发出命令的时间以及执行命令所需的时间进行建模。利特尔的第三种游戏是他的《图表游戏》(*Chart Game*),或叫作《战略游戏》(*Strategic Game*)。在游戏中,指挥官们在单独的房间里进行指挥,裁判要大声宣读作战计划,并确定第一步行动的时间表。在设定这些参数后,双方提交了带有蜡笔绘图的幻灯片,并在控制室中进行叠加。一旦两支舰队都进入对方的视线范围,游戏就会结束。

尽管利特尔这些概念的实际意义在当时看来仍然含糊不清,但因为他将可扩展性和模块化的概念引入了兵棋推演,因此他的方法非常引人注目。虽然战略博弈在双方都处于攻击距离之内时就会结束,但《舰队游戏》在此时很好地模拟了军队陷入交战的状态。就像在放大镜下,这些交战被分解成一对一的决斗。换句话说,如果建立了一套适当的管理规则,就有可能将以上三个游戏模式整合到一个游戏中,而在当今的电子游戏中,这完全可以通过模块功能来实现。那么,决斗功能本质上就是大程序中的一个子程序,它可以运行于每个游戏周期中的每艘参战舰船。

**兰彻斯特定律**

1914 年,也就是第一次世界大战前,发表在《工程学》(Engineering)杂志上的一系列文章中,弗雷德里克·威廉·兰彻斯特可能是第一个强调所谓"资源之战"(Materialschlachten,德语)的重要性的学者。他通过研究技术化战争的可计算性得出了这一结论①。在他早期的著作中,兰彻斯特不仅对飞机的稳定性建模感兴趣,而且对解决经济和人类工效学问题也很感兴趣。因此,他可能比任何人都更有能力将建模和标准化的思想结合到一种用于战争的科学管理之中(图 16.1)。兰彻斯特经常被认为是定量推理研究的先驱者之一,虽然他的数学论证对战争实践方面的意义远不如他在运筹学所贡献的理论基础重大。

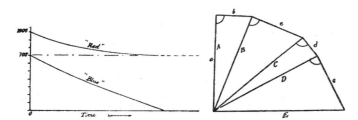

图 16.1 兰彻斯特绘制的插图[左图,蓝军(700 人),被红军(1 000 人)仅损失 300 人的情况下击败;右图,a+b 打败 b, b+c 打败 c,等等]

兰彻斯特定律之所以广受赞誉,主要是因为它的简单性。它的前提是,哪一方拥有最多的资源,哪一方就会赢得战斗,而且随着时间的推移,这种资源优势

---

① 兰彻斯特在《工程学》杂志上发表的文章很快被编撰并编辑成一本书[*Aircraft in Warfare: The Dawn of the Fourth Arm* (London: Constable and Company, 1916)]。本节引文参见 Frederick William Lanchester, "Mathematics in Warfare," in *The World of Mathematics: A Small Library of the Literature of Mathematics from A'h-mosé the Scribe to Albert Einstein*, vol. 4, ed. James R. Newman (New York: Simon and Schuster, 1956), pp. 2138–2157。

将带来不同程度的消耗（战损）①。因此，一支军队的战斗力是由其物质资源和效率决定的，以 $\frac{db}{dt}=-N$ 表示蓝方的战力常数，$\frac{dr}{dt}=-M_b$ 表示红方的有效战力常数，N 和 M 表示双方各自的战斗效率②。谈到海战，兰彻斯特用每分钟能量（energy per minute）来描述战斗机器（a fishting machine）的能量，以马力来衡量力量的强度，就像泰勒描述体力劳动那样③。因此，方程式 $\frac{db}{bdt}=\frac{dr}{rdt}$ 与 $\frac{-Nr}{b}=\frac{Mb}{r}$（或者简单来说，$Nr^2=Mb^2$）是相同的。也就是说，"当数值强度的平方乘以各个单位的战斗值相等时，双方的战斗力是相等的"④。

这个所谓的"N 平方定律"可以有多种不同的表述方式，例如，毕达哥拉斯方程⑤ $b^2=r^2+q^2$，其中，$q$ 表示蓝方击败红方后剩余兵力的数值。相反，$q$ 也可以表示第二支红方军队的数值，该数值足以确保在单独的对抗中，红方的总兵力与蓝方部队的兵力相等。兰彻斯特用以下数值示例说明了这一点，让我们设想一支由 50 000 人组成的军队与两支装备精良的 40 000 人军队和 30 000 人军队轮流作战，那么两者的战力是相等的，因为 $(50\,000)^2=(40\,000)^2+(30\,000)^2$⑥。然而，更有趣的是将效率或者说有效值（effective value）考虑在方程内。假设机关枪的射击速度是普通步枪的 16 倍，那么可以计算出击败 1 000 人的普通步枪营地需要多少位机枪手，即 $\sqrt{\frac{1\,000\,000}{16}}=\frac{1\,000}{4}=250$。这个比例是 1∶4 而不是 1∶16，可以解释为对方每 4 个步枪手与 1 个机枪手交火。因此，正如兰彻斯特指出的那样，"机枪手在他短暂的一生中，尽管作为机枪手的攻击效率是步枪的 16 倍，但是他只能做 4 个机枪兵的工作，而不是 16 个。人们应该很容易想到这点，机枪手的有效存活时间只有想象时间的 1/4"⑦。尽管兰彻斯特显然意识到他的计算过于天真，但似乎并没有人对他冷嘲热讽。

虽然兰彻斯特的想法从理论上和数学运算上来说都很简单，但它们超越了以往的计算方法，为所谓的运筹学铺平了道路。尽管他避免使用"游戏"一词，但仍应该从传统兵棋推演的角度来思考兰彻斯特定律。从这个角度来看，第一，应该关注的是目前的问题不再是制定个别游戏规则，而是提出清晰自明的公理。尽管"N 平方定律"可以根据具体情况进行修改，但它仍可以被视为计算技术战

---

① 在兰彻斯特看来，在一场前现代（或非技术）战争中，肉搏战是不可避免的。
② Lanchester, "Mathematics in Warfare," p. 2145.
③ Ibid., p. 2152.
④ Ibid., p. 2145.
⑤ 与我们熟悉的勾股定理相似。——译者注
⑥ Lanchester, "Mathematics in Warfare," p. 2146.
⑦ Ibid., p. 2147.

争或影响资源战争的普适法则。第二,任何类型的游戏媒体,如游戏棋子或地形模拟,将不再是必要的,兰彻斯特的纸上游戏模型不需要任何可视化处理就可以玩。第三,正如想象的那样,兰彻斯特的游戏将以其未来定位为特征。控制机关枪射击的简单"三原则"(rule of three)与射击时将会发生什么无关,而是与有多少火力足以击败特定敌人有关,也就是说,与一种"如果……将会发生什么"的情景有关。从游戏开始起,一切都由参与游戏的玩家依靠自己的知识和经验作出决定,即在特定地点仔细配置特定兵力。现在这变成了游戏规则本身的问题,这在以前的游戏中,规则仅在事后才确定玩家输入的有效性,即用户智能已经被转移到游戏本身——它变成了游戏智能。这标志着游戏史上第一次游戏小心翼翼地试图让玩家脱离它。第四,也许是最具决定性的,兰彻斯特的理论行为可以复制,并因此得到优化。他把微分方程引入他的游戏中不是没有原因的。比如使用这样的方程,两支军队各自的实力可以被描述为时间的函数。为了保持游戏性,某一方的每个动作都可以被分散为无限系列的小步骤,目的是优化执行之前的实际步骤。例如,通过推导一个函数的极小值或极大值,这样,每一步操作都变成了计算,每一个玩家都变成了计算器,其目的是缩小决策范围,直到他们作出最优选择。

## 运筹学

正是前文这一过程定义了第二次世界大战期间运筹学(operational research)研究学者所玩的游戏。如它最初为人所知的那样,运筹学使用了来自多种不同学科的研究方法纲要,如机械工程、采矿工程、通信工程和经济学。它被定义成"为行政部门在其控制下的业务决策提供定量依据的一种科学方法"[1]。在英格兰,这项研究始于20世纪30年代末斯坦摩尔的皇家空军战斗机司令部总部(Royal Air Force's Fighter Command Headquarter)。虽然这项研究最初关注的是空战效果,但它很快就延伸到战争的各个方面[2]。

---

[1] James R. Newman, "Commentary on Operations Research," in *The World of Mathematics: A Small Library of the Literature of Mathematics from A'h-mosé the Scribe to Albert Einstein*, vol. 4, ed. James R. Newman (New York: Simon and Schuster, 1956), pp. 2158 - 2159, at 2158. 在第二次世界大战之后,一些人认为他们只有武器系统而没有武器,随后出现了一种被称为系统分析(systems analysis)的新方法(Wilson, *The Bomb and the Computer*, p. 60)。这种新方法是兰德公司的爱德华·W. 帕克森(Edward W. Paxson)创造的。

[2] James R. Newman, "Commentary on Operations Research," in *The World of Mathematics: A Small Library of the Literature of Mathematics from A'h-mosé the Scribe to Albert Einstein*, vol. 4, ed. James R. Newman (New York: Simon and Schuster, 1956), pp. 45 - 62.

也许运筹学中最饱受争议的应用是它对伤亡人数的预测。在解剖学家和生物学家索利·扎克曼(Solly Zuckerman)进行一系列研究之前,人们一直认为每平方英寸 5 磅的爆炸压力就会有致死效应。通过在壕沟里对山羊进行实验,扎克曼确定,人类在高达 500 磅爆炸压力的冲击下仍有 50% 的生存机会①。真实的轰炸马上为这一说法提供了医学依据,并且在这一基础上,扎克曼继续发展出标准化伤亡率(standardized casualty rates)的概念。它可以用来预测在既定的人口密度下,不同重量的炸弹投放到爆炸区域会造成的平均受害者人数。颇具讽刺意味的是,J. D. 伯纳尔(J. D. Bernal)和 F. 加伍德(F. Garwood)运用这些信息预测了 500 枚炸弹袭击一个"典型"英国城市的效果,他们所用的模型就是考文垂(Coventry)。不过,在 1941 年 4 月 11 日,确实有 500 架德国轰炸机突袭了考文垂,如果硬要说这一事件产生了什么正面效果,那就是伯纳尔和加伍德的统计模型被证实是高度准确的②。

为了不仅仅用奇闻逸事来介绍运筹学的发展,这里介绍另一个很合适的案例,即物理学家菲利普·M. 莫尔斯和化学家乔治·E. 金博尔曾模拟过的空军反潜巡逻③。根据莫尔斯和金博尔的说法,这项实验的目的是建立一个适当的抽象化层级,即剥离细节并确定操作常数。空中巡逻的中等复杂性和高度可重复性非常适合进行这种分析④。作为标准,他们制定了行动扫描速率(operational sweep rate) $Q_{op}=\left(\dfrac{CA}{NT}\right)\begin{bmatrix}\text{square miles}\\ \text{hour(or day)}\end{bmatrix}$,与理论扫描速率(theoretical sweep rate) $Q_{th}=2Rv\dfrac{CA}{NT}\begin{bmatrix}\text{squaremiles}\\ \text{hour(orday)}\end{bmatrix}$ 相比,行动扫描速率提供了他们所寻求的卓越标准或者说有效性⑤。在查阅了战争数据后我们发现,根据这些商数(quotient),将空军飞行力的分配优化至三到十倍是有可能的。一张 1942 年和 1943 年英国皇家空军在比斯开湾的作战行动扫描速率(巡逻效率,图 16.2)非常

---

① 参见扎克曼的自传,*From Apes to Warlords*(New York: Harper & Row, 1978)。
② Wilson, *The Bomb and the Computer*, p. 50.
③ Philipp E. Morse and George E. Kimball, *Methods of Operations Research*(New York: John Wiley, 1951). 这篇研究篇幅较长,可参见他们发表的"How to Hunt a Submarine," in *The World of Mathematics: A Small Library of the Literature of Mathematics from A'h-mosé the Scribe to Albert Einstein*, vol. 4, ed. James R. Newman(New York: Simon and Schuster, 1956), pp. 2160 – 2179。
④ Ibid., p. 2160.
⑤ Ibid., pp. 2162 – 2163. 在作战行动扫描速率公式中,$C=$ 接触次数,$A=$ 搜索面积(平方英里),$T=$ 总巡逻时间(小时或天),$N=$ 在该区域内可能的敌机数量。在理论扫描率公式中,$R=$ 有效横向探测距离(英里),$v=$ 搜索船的平均速度[英里/小时(或天)]。

清楚地表明,这种优化在很大程度上依赖于技术创新①。起初,德国潜艇白天潜入水中,只有在夜间才浮出水面,利用黑夜来引起部分英国巡逻队的监视疲劳(lookout fatigue)。之后,英国人给他们的飞机配备了探照灯和 L 波段雷达,其巡逻效率大大提高,直到德国人为自己的潜艇也装备了 L 波段接收器作为反制措施,英国人的巡逻效率才有所收敛。于是,英国人又在他们的飞机上安装 S 波段雷达来提高扫描速率(巡逻效率),但在德国人改变战术(永久潜没)并在潜艇上安装了 S 波段接收器后,这一效率又显著下降了。可见,每一次技术的增强都需要一种新的优化措施。

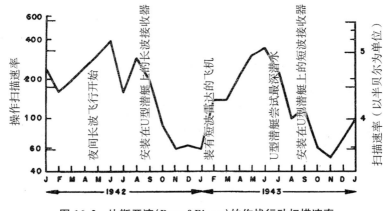

图 16.2　比斯开湾(Bay of Biscay)的作战行动扫描速率

就兵棋推演而言,我们可以说这类增强行动包括引入新的游戏模块,而每个新模块都需要一套新的规则。根据优化原则,规则本身是通过"修补"游戏的局限性而发展的。图表上的波峰和波谷可以解释为超大型的游戏行为,不再是特指单个行动,而是多个行动的统计平均值。但是,如果每一个新行为都需要一个新的优化措施,游戏本身就会变成一个没有记忆的游戏。因此,我们又回到了约翰·冯·诺依曼的博弈论,其目的只是为当前的单个行动争取最高可能的收益。然而,计算当前的最优值从来不是兵棋推演的主要意图,而主要是用于预测。正如利特尔的三种游戏所表明的那样,这仅仅是一个规模问题,从单兵武器水平或单兵作战水平开始,范围一直扩展到整个战争。但是,如果从人机系统进行优

---

① 所有参战国家(苏联除外)都表现出几乎相同的恒定效率比(constant effectiveness ratio),这是工业化大规模生产和国际战争技术出现的一个明显迹象。例如,德国、英国和美国空军都能够以每小时一艘的速度击沉敌舰,因此,至少在下一代武器出现之前,事件是可以进行预测的。

化,如雷达、探照灯以及受过心理训练的监视者(lookout)的角度而言,这些可以说是形成决斗的统计量基础,决斗可以说是形成了巡逻飞行的统计量基础,进而就可以推算出整个战争的进程。从物理学领域来说,一旦脱离了热力学,并试图从量子理论和不确定性原理角度来重新阐述时,长期以来就一直面临着一个规模的问题,即描述宏观和微观过程的模型不兼容。这一问题涉及心理学、社会学以及历史意义,几十年来,所谓的"战争科学"一直满足于在"通用公式"(Weltformeln,德语)的基础上进行计算。

## 威廉·皮耶克尼斯的天气预报

从某种意义上说,大范围天气模式(large-scale weather pattern)是影响战争"气氛"的主要气象因素。这不仅是因为天气包含强烈的锋面(front)、互相冲突的动因、活动性、摩擦和湍流,撇开这些因素不谈,它也是现实世界中最难建模的对象之一。特别是在战争时期,这一时期的气象学家往往要为自己的不可靠而付出生命的代价,因为天气总是以一种紧迫的方式打破制定好的战术策略。如果兰彻斯特的简单方程可以被视为类似于安东尼-亨利·约米尼(Antoine-Henri Jomini)的还原论量化[①](reductionist quantification),那么,天气问题的复杂性也许可以在卡尔·菲利普·戈特弗里德·冯·克劳塞维茨(Karl Philip Gottfried von Clausewitz)对战争中各种摩擦的思考里找到相似之处。在诺曼底登陆战之前,普林斯顿大学的科学家们对天气预报的各种方法进行了比较研究,最终得出结论:没有比那句老话更可靠的方法了,那就是明天的天气和今天的一样,这是运筹学面临的一个最大的挑战。特别是在第二次世界大战之后,这些问题对计算机的发展具有极其重要的意义,因为它们可以从理论和实践两个层面论证计算机性能。关于天气方面的问题,计算机的出现不仅提高了定量计算能力,还引发了质的转变。因为它允许将大气流体动力学作为复杂的非线性问题来处理,在此之前这种做法是不可想象的,因为它需要花费大量的时间。此外,天气存在于不可逆的时间里,即过去的天气是不会重复出现的,即使它遵循根据某些特定元素已形成或未形成的规律。简而言之,天气本身就可以作为一种历史模型。就策略游戏而言,有关天气的"策略"在三个方面值得探讨,即通过计算机实现从量到量的转变、解决动态过程的建模问题以及这些工作的预测

---

① 参见 John Shy, "Jomini," in *Makers of Modern Strategy: From Machiavelli to the Nuclear Age*, ed. Peter Paret et al. (Princeton: Princeton University Press, 1986), pp. 143–185. 更进一步地比较而言,兰彻斯特对纳尔逊(Nelson)的崇拜堪比乔米尼对拿破仑的崇敬。

目标。

在数字气象学(numerial meteorology)创立和实践之前,主要的天气预报方法是主观的,即它基于对观测对象的经验认知。正如威廉·阿斯普雷(William Aspray)指出的那样,气象学与其说是一门科学,不如说是一门艺术[①]。这一过程包括从观测站收集数据并制作图表记录下来,根据个人经验来确定和输入大气压等压线或等温线等数据,然后将这些地图与过去显示过类似天气状况的地图进行比较,并根据这些信息,结合各种经验法则进行天气预报。在将经验知识转换为算法和数据库的过程中,陆军心理测试的制作者能够将测试结果与教员和督导人员的心理评估结果进行比较,从而能够确保结果是可信的(至少在统计上而言如此)。在人类工效学领域,也可以根据实际生产来测量控制参数,但就天气预报领域而言,计算机出现之前,在现有模型和原有模型之间进行经验性的比较是不可能的。这是因为每次新的抽象化(为了可计算性都需要进行抽象化)都会伪造先前模型的结果。最后,有四个因素对数字气象模型的发展至关重要。第一,必须确定适当的抽象层次,也就是说,必须了解哪些流体力学因素和热力学因素对天气的影响最大。第二个因素是微分方程,它只允许近似解(即使是最简单的方程,也不能用解析法求解)。第三,建立初始限制条件需要大量的统一观测数据,包括引入标准时间,即所有时间必须建立统一标准,以便时间数据的换算,同时便于全球事件暂时地本地化。第四,需要一台计算机来进行数以百万次的计算,并且能快速地在事前计算出预测结果,而不是得出一个过时的事后报告。

尽管自19世纪中叶以来人们就知道流体力学和热力学的基本定律,但它们还不够连贯,无法应用于像天气这样的大规模现象。最早尝试将这些定律应用在气象领域的是莱比锡地球物理学教授威廉·皮耶克尼斯,他是海因里希·赫兹(Heinrich Hertz)的学生[②]。一方面,他受到可重复航线和时刻表的轮船机制的启发;另一方面,通过研究无线电报和航空气象学,皮耶克尼斯希望通过研究海洋和天空高层大气的数据来扩展人类对天气现象的认知。他相信,对大气的广义描述以及对机械和物理定律的理解将有助于准确的预测。这就需

---

① William Aspray, *John von Neumann and the Origins of Modern Computing* (Cambridge, MA: MIT Press, 1990), p. 121.

② Vilhelm Bjerknes, "The Problem of Weather Prediction, Considered from the Viewpoints of Mechanics and Physics," trans. Esther Volken and Stefan Brönnimann, *Meteorologische Zeitschrift* (Classic Papers) 18(2009), pp. 663 - 667. 最初发表时题为"Das Problem der Wettervorhersage, betrachtet vom Standpunkte der Mechanik und der Physik," *Meteorologische Zeitschrift* 21(1904), pp. 1 - 7.

要把一个问题分解成更多更小的问题,特别是它将需要为多个变量建立多个独立的方程,这些变量可用于确定任何给定点的大气状态[1]。皮耶克尼斯提出了以下方程:首先是三个流体动力学的运动方程,以表示速度、密度和气压之间的微分关系,以及作为速度与密度之间微分关系的连续性方程式(质量守恒原理);其次是大气的状态方程,表明密度、压力、温度和湿度之间的有限关系;最后是热力学的两个基本定律,这两个定律说明了在状态变化的过程中,给定空气质量的能量和熵是如何变化的。状态方程是唯一具有有限形式的方程,除它之外,剩下的就是对六个偏微分方程与六个未知数组成的系统进行积分[2]。

皮耶克尼斯坚信,对方程组进行严格解析积分是不可能的,而我们的目标应该是建立一个具有清晰形式的实用模型。因此,他指出许多细节不得不被忽略[3]。该项目的成功与否最终取决于规模或解析率,"因此,预测可以反映的仅仅是较长距离和较长时间间隔内的平均状况。例如,这可以是在两个子午线之间进行,并且每小时进行一次,但不能从毫米到毫米或从秒到秒"[4]。皮耶克尼斯认为不必过于关心无穷小的区间,而在网格上执行微分方程是有好处的。然后,除了将时间的维度以及空间的三个维度都考虑在内,世界将被离散化,像图像一样被扫描或像棋盘游戏、兵棋推演那样被栅格化。顺便说一句,这种线到网格的转换[实际上是贝塞尔曲线到像素图形的转换;从数学角度来说,将连续函数 $\gamma:(0,1) \subset R \rightarrow R^2$ 转换为网格上的数量点 $\{\gamma i\}_{i=1}^{\infty} \subset \Delta$,其中的每个点恰好有两个相邻的点,它们也都位于函数的曲线上]一直是计算机图形学的一个突出问题,它同样依赖于确定最佳解析率[5]。此外,在对表面进行光栅化的情况下,光栅的形式至关重要。例如,游戏设计必须决定是使用四边形网格还是六边形网格的棋盘,而六边形网格已经成为当下兵棋推演的首选模式。这一模式最早可能是在游戏《锡兵》(*Tin Soldiers*)中使用,该游戏由乔治·A. 伽莫夫(George A. Gamow)于 20 世纪 50 年代为华盛顿的运筹学办公室(Operations Research

---

[1] 所涉及的变量有速度、密度、压力、温度和湿度。
[2] Bjerknes, "The Problem of Weather Prediction," p. 664. 有关皮耶克尼斯现代方法的摘要,参见 Aspray, *John von Neumann and the Origins of Modern Computing*, pp. 124–126.
[3] Bjerknes, "The Problem of Weather Prediction," p. 664.
[4] Ibid.
[5] 参见 Jack E. Bresenham, "A Linear Algorithm for Incremental Digital Display of Circular Arcs," *Communications of the ACM* 20(1977), pp. 100–106; Azriel Rosenfeld, "Arcs and Curves in Digital Pictures," *Journal of the ACM* 20(1973), pp. 81–87.

Office)创建①。目前,六边形离散化是公认的覆盖曲面性价比最高的方法②。

皮耶克尼斯建议只对气象站收集的一半光栅数据进行数字化处理,另一半应以图形的方式进行处理。"根据已观察到的数据,大气的初始状态由若干图像表示,这些图显示了大气中层与层之间多个变量的分布。以这些图为基准,可以绘制类似的新地图,以反映每小时大气的新状态。"③这些点的组合将产生锋面[比如由皮耶克尼斯首次描述的极锋(polar front)],像游戏中的操作一样,每隔一小时执行一次。在快速连续播放的情况下,这些步骤可能会类似于一部展现不断变化的天气状况的动画片。在皮耶克尼斯的图解法的框架内,需要对离散图像进行平滑处理,这可以通过视觉暂留来实现,以便在栅格外形成封闭的轮廓线。他并未使用三个动力学方程来计算流体动力学问题,而是建议对一些选定的点进行平行四边形构造,然后可以通过插值法和视觉判断来填充选定点之间的空间。尽管皮耶克尼斯对实用性每日天气预报出现的可能性持乐观态度,认为它将能够在每六小时进行四次计算的基础上提供二十四小时的预报,但很显然,展现多个大气层的状态肯定会使制图师的直觉和视觉判断负担过重,哪怕他是最熟练的制图师④。

**理查森的计算机剧场**

将地图转换成表格计算实际上是由数学家和战争理论家刘易斯·弗赖伊·理查森完成的,他写了世界上第一本(也许是)较为全面的有关动态气象学的著作⑤。如果这里要详细讨论理查森的研究方法,有点过于复杂且耗费时间,欧内斯特·戈尔德(Ernest Gold)在一篇讣告中简明扼要地总结了这一研究方法的基本特征。

> 计算方法是将大气层分成厚度约为 200 毫巴的水平层,而层间正方形的空间东西长 200 千米,南北长 200 多千米,南北宽 50 度,经度 3 度。各层的边界是地球表面和高度分别为 2 千米、4.2 千米、7.2 千米

---

① 参见 Hausrath, *Venture Simulation in War*, pp. 64-67; Allen, *War Games*, p. 133。
② 参见 Pavel S. Aleksandrov, *Combinatorial Topology*, vol. 1 (Rochester: Graylock Press, 1956); Claude A. Rogers, *Packing and Covering* (Cambridge: Cambridge University Press, 1964)。
③ Bjerknes, "The Problem of Weather Prediction," pp. 664-665。
④ Ibid., p. 666。
⑤ Lewis Fry Richardson, *Weather Prediction by Numerical Process* (London: Cambridge University Press, 1922). 关于理查森本人,参见 Oliver M. Ashford, *Prophet or Professor? The Life and Work of Lewis Fry Richardson* (Bristol: A. Hilger, 1986)。

和11.8千米的平行面,近似平均气压分别为800毫巴、600毫巴、400毫巴和200毫巴。为了方便观察,就像棋盘一样将正方形用红白相间区别。白色方块中心的动量分量的初始值和红色方块中心的压力、温度和湿度的初始值都列在表格中。然后计算德国中部两个方块在6小时(4—10小时)的变化,白色代表动量,其南面的红色代表压力、温度、湿度或水层的含水量。[1]

有趣的不仅仅是理查森在计算空间中对压力和速度的划分,或者他对多层结构的引入,还有许多其他因素(如辐射、冲突、地表条件、植被等),他就像在设计一场兵棋推演,为他的竞技场的每一个象限[方格(chequer)]建模。有多少热量是由特定类型的地面吸收的?一片森林蒸发了多少湿度?不同高度的山脉会产生什么样的湍流?理查森将欧洲设定为一个充满冲突的游戏棋盘(图16.3)。这个游戏棋盘由一种力量管理,这种力量的规则只能被假定为猜想而无法以实际方式计算出来。因此,他不得不进行一些抽象的思考。最初的数据必须被平滑化(smoothedout),以便每个领域看起来都是同质的。例如,风[它是分形前向风(avant la lettre,法语)]充满了较小的次级旋风和其他旋涡,这意味着任何通过电报报告的气象站都必须用一个周期(大约10分钟)内计算的平均值来代替瞬时速度[2]。理查森认为,更好的办法是在每个象限配备几个测量站并组成网络,用来协调其收集到的数据,这样就可以避免像海洋或荒野这样信息密度很小的大面积同质区域需要像其他地方一样多的站点[3]。尽管如此,也许正是因为这些抽象概念,最终理查森试图成为一个"向后看的预言家"的想法以失败告终。1910年5月20日,他进行了六个小时内天气状况的预测,由于国际气球日(International Balloon Day),这些数据被很好地记录了下来。尽管理查森在他的预测中投入了大量的计算(大约六个星期的努力),但它们与历史数据相差一百倍[4]。

怀着对人类工效学计算机乌托邦的特别兴趣,理查森以前一直活跃在工业研究领域,他在著作的结尾部分的一个标题中概述这个乌托邦为计算的速度和

---

[1] Ernest Gold, "Lewis Fry Richardson, 1881 - 1953," *Obituary Notices of Fellows of the Royal Society* 9 (1954), pp. 216 - 235, at 222.
[2] Richardson, *Weather Prediction by Numerical Process*, p. 214.
[3] Ibid., pp. 153 - 155.
[4] 理查森在问题出现的12年后才发表他的预测,这有点滑稽。再者,他如此坦率地承认自己的错误也是相当高尚的,他在书的第九章中记录了这些错误(Ibid., pp. 181 - 213)。后来,由约翰·冯·诺依曼领导的研究小组证明,理查森预测的不准确性确实与他对均匀区域的不正确缩放有很大关系。事实证明,它们的间隔不符合稳定性标准。

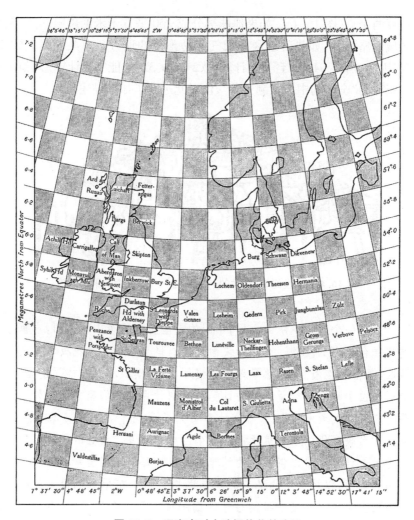

图 16.3　理查森对中欧栅格化的建议

组织。在为期六周的计算期内,理查森为创建表格和一般计算的艰巨性感到震撼。事后他才明白,如果有人专门训练这方面的技能,他完全可以以十倍的速度完成自己的工作[1]。在三个小时的实验过程中,他推测需要 32 台人类计算机来

---

[1] Richardson, *Weather Prediction by Numerical Process*, p. 219. 关于数学领域的劳动分工,参见 Bernhard Dotzler, "'Theilung der geistigen Arbeit.' Literatur und Technik als Epochenproblem," in *Neue Vorträge zur Medienkultur*, ed. Claus Pias(Weimar: Verlag und Datenbank für Geisteswissenschaften, 2000), pp. 137–164。

实时计算两个点(图 16.4)。如果地球被分成 200 平方千米的象限,并对某些多余的区域忽略不计(如热带地区和天气容易预测的地方),总共获得大约 2 000 个象限,因此,需要 64 000 台人类计算机(2 000×32)才能实时计算①。他把这个劳工组织称为"全球的中央预测工厂",他对此进行了如下描述:

图 16.4　20 世纪 50 年代的一幅漫画——理查森的平行电脑

　　想象一个类似剧院的大厅,不同的是座位和看台围绕四周,占据了通常舞台所在的空间。大厅的墙面上绘有世界地图。天花板代表北极地区,英格兰在看台上,热带地区在楼厅后座,澳大利亚在楼厅前座,南极洲则位于乐池。数量众多的计算员分别计算着他们座位所在处的地图对应位置的天气,不过,每个计算员只负责一个方程或方程的一部分。一名较高级的官员负责协调一个区域的计算。大量的袖珍灯箱即时显示着计算结果以供附近的计算员读取。每个数字显示在灯箱上三个相邻的面,以协助南北半球的人员保持沟通。在乐池地板上竖立着一根相当于大厅高度一半的柱子。剧院顶部是一个大平台,整个大厅的管理者端坐其上,周围是他的几名助理和信差。他的职责之一是让负责全球各部分计算的人员保持相同的进度。这时,他就像一名乐团指挥,只不过他们的乐器是计算尺和计算器。他也不挥舞指挥棒,而是将一束红光投向进度领先他人的区域,将蓝光投向落后的区域。中心平台上的四名资深文员以最快的速度搜集被计算出的未来天气,并用气动管道将它们发送到一间隔音室。在那里,天气预报被编码和发送到无线电收发站。信差们把成堆使用过的计算表格搬运到地窖中的储

---

① Richardson, *Weather Prediction by Numerical Process*, p.219. 应该注意的是,理查森的计算有四分之一的误差,因此,正确的人类计算机数量应该是 256 000 台。

藏室。在相邻的一栋建筑中是研究部门，负责开发改进的计算方法，在修改计算大厅复杂的流程之前，他们会先做小范围的实验。在一间地下室里，一位"发烧友"正在观察一个巨大的旋转着的碗里的液体旋涡，但目前为止还是计算的结果更胜一筹。在另一栋建筑里通常是所有的财会、协调和管理部门，它的外面有操场、房屋、山丘和湖泊，因为天气的计算者应当能自由地呼吸空气。①

不言而喻，地下室的"发烧友"就是理查森本人的自画像，特别是考虑到他被认为正在观察液体中的旋涡(理查森在职业生涯初期就是这么做的)②。理查森幻想中的建筑模型是一个地球仪的内部，它将作为一种符号学工具发挥作用，因此它要满足的一个前提条件就是以 1∶1 的比例绘制一幅帝国地图，如博尔赫斯 (Jorge Luis Borges)的想象和艾柯建立的理论③。换句话说，理查森的地图将实时反映甚至预测全球大气的每一次变化，以至于符号将先于事实。正如香农迷宫里的老鼠实际上依靠迷宫本身的情报一样，"天气剧场"中的每个制图单元只进行自身的计算，并且只横向连接其相邻的单元。一个拥有管理权力(但没有计算职责)的绝对、集中的观察者不仅负责确保整个多处理器系统的统一负载分布，还将指出有节奏异常的区域或潜在的危机区域。大容量存储设备和输入/输出端口将使主机更加完善，它的第一个黑客(类似于 Atlas)将位于地下室。在本书的后面，我们有必要回顾一下理查森幻想中的某些方面，比如数字气象学的单元组织，因为它与约翰·冯·诺依曼的元胞自动机及其在战略游戏中的应用有关。另一章将讨论"天气剧场"的概念，它作为潜在危机区域的实时地图，与大型显示器上的可视化问题和潜在战区的大量数据及变量问题相关。

在第二次世界大战期间，运筹学家对数字气象学特别感兴趣，因为尽管将技

---

① Richardson, *Weather Prediction by Numerical Process*, pp. 219–220.
② 1919 年，理查森提出了后来被称为"理查森准则"的公式，用来预测湍流是否会增加或减少。参见 Lewis Fry Richardson, "The Supply of Energy from and to Atmospheric Eddies," *Proceedings of the Royal Society* 97(1920), pp. 354–373.
③ 参见博尔赫斯的短篇小说《论科学的严密性》(On Exactitude in Science)，以及艾柯的《绘制 1∶1 帝国地图三个可能》(On the Impossibility of Drawing a Map of the Empire on a Scale of 1 to 1); *How to Travel with a Salmon and Other Essays*, trans. William Weaver, New York: Harcourt Brace, 1994, pp. 95–106. 艾柯关于制作此类地图的第六条规定如下："该地图最终应成为一种符号学工具，换句话说，它有能力表示帝国或允许提及该帝国，特别是那些帝国无法察觉的情况下。"最后一个条件意味着地图不能是一张以任何方式固定在逐点投影其自身浮雕的区域上的透明图纸，因为在那种情况下，对地图进行的任何推断都将同时在其下方的领土上进行，地图将失去它作为最大存在图(a maximum existential graph)的功能(Ibid., p. 97).

术及其用户调整到了计算机可承载的计算量范围内,但风暴、大雨、大雾等依旧难以捉摸,在许多方程中它们都被视为未知数。由于计算机容量的问题尚未解决,政府增加了气象站的数量,安装了雷达以监测云层、气旋和天气锋面,气象培训设施的数量也有所增加。到战争结束时,一个可以收集整个北半球天气现象信息的基本完善的基础设施被建立了。在那时,仅美国就有大约5000名训练有素的气象官员。

## 约翰·冯·诺依曼

据称是美国无线电公司的电气工程师弗拉基米尔·兹沃里金(Vladimir Zworykin)首先激发了约翰·冯·诺依曼对天气预测的兴趣。早在1942年的夏天,冯·诺依曼就与海军军火局(the Navy Bureau of Ordnance)和芝加哥大学签订了合同,将运筹学的方法应用于潜艇战中。在1945年或1946年,兹沃里金初步计划研究出一种模拟计算机,这种计算机可以扫描投影在屏幕上的二维天气模式,并在此基础上使用模拟技术预测天气。他的概念不是基于弹道预测的间隔原理,而是基于行动的范式,类似于范内瓦·布什的微分分析器。因此,在这个过程中,主要因素是天气本身,它将扮演布什的操作员角色,并在表面上进行图形输入活动,然后在另一个表面上进行图形输出活动。由于输入的内容不一定来自实际的天气情况,兹沃里金的机器将特别适合运筹学研究。正如朱尔斯·查尼(Jules Charney)的建议,通过不断改变输入并观察输出,可以确定如何最有效地修改输入内容以产生指定的输出①。通过模拟,该模型(模拟杆和齿轮)不仅能够详细研究历史上记录的天气现象,还能提出有效改变天气的方法。

据报道,冯·诺依曼在1946年与兹沃里金会面后,激发了高级研究所与RCA合作设计适用的计算装置的想法,冯·诺依曼简要地暗示了他可以为此项目作出贡献,但很快又回到了他典型的沉默寡言的状态。他在一封信中指出,按照设想,该设备不仅可以预测天气,还可以控制天气:"如果这样的计划得以成功实施,这将是控制天气的第一步,但我不想在这个时候讨论这个问题。"②十年之后,他才对此作出进一步的澄清。1955年,在担任原子能委员会(the Atomic Energy Commission)成员期间,冯·诺依曼坚信并表示在战术层面上,有目标

---

① 参见朱尔斯·查尼1957年12月6日写给斯坦尼斯拉夫·乌兰(Stanislaw Ulam)的信。转引自Aspray, *John von Neumann and the Origins of Modern Computing*, pp. 130 – 131。
② 参见约翰·冯·诺依曼1946年5月4日写给路易斯·施特劳斯(Lewis Strauss)的信(Aspray, *John von Neumann and the Origins of Modern Computing*, p. 132)。

地应用核能可以在 1980 年以前控制天气①。尽管冯·诺依曼发表这种不切实际的言论可能只是为了激发男性（军事）幻想并吸引第三方资金，但他在其他地方声称，通过数字计算机，"整个气象学必须被重新审视和建立"②。数字计算机不仅打破了人的瓶颈，而且它的计算速度超过了台式计算器 1 万倍（随着 EDVAC、IAS 或旋风的出现，这个数字有望达到 10 万）③。理查森的天气模型也必须转化为软件和专用硬件。

冯·诺依曼与汉斯·帕诺夫斯基（Hans Panofsky）一起将皮耶克尼斯和理查森的模型移植到了一种新的媒介中，以不连续的方式记录连续的空间现象，以时间的复杂性处理这些信息，并以连续输出的形式产生结果。换句话说，他们创造了客观的方法来分析皮耶克尼斯希望用制图本能和视觉判断来解决的问题。基于温度和压力光栅显示，有 40 个参数的代数多项式——那些具有"最优最小二乘法拟合"的参数——被用于表示等温线和等压线。在早期的一项研究中，卡尔-古斯塔夫·罗斯比（Carl-Gustav Rossby）提出，在 3 000—6 000 米的高度，大气表现为二维、均匀且不可压缩的流动，因此，帕诺夫斯基和冯·诺依曼也将大气视为二维的。即使如此简化，这个问题也不能由人类来完成计算，这项任务被留给了当时的数字计算机。

> 正压模型有两个重要特征：其一，它完全基于可观测变量，从而避免了在理查森方法中出现的导出值困难的问题；其二，它用一个计算量更小的单一方程代替了理查森的原始方程。正压模式过滤了所有的声波和重力波，其运动速度远快于具有气象意义的大气运动。该滤波放宽了数值逼近的柯朗稳定性条件，这允许选择更长的时间间隔，并将计算次数减少到现有计算机能完成的范围。④

因此，皮耶克尼斯的六个方程被简化为一个，1950 年，在 ENIAC 上运行了第一次计算，其形式如下：

---

① John von Neumann, "Can We Survive Technology?" *Fortune* (June 1955), pp. 106-108, 151-152.
② 参见约翰·冯·诺依曼 1946 年 5 月 4 日写给路易斯·施特劳斯的信（Aspray, *John von Neumann and the Origins of Modern Computing*, p. 133）。
③ Ibid., p. 130.
④ 参见朱尔斯·查尼 1957 年 12 月 6 日写给斯坦尼斯拉夫·乌兰的信。转引自 Aspray, *John von Neumann and the Origins of Modern Computing*, p. 141。

$$\frac{\delta z}{\delta t} = \frac{1}{a^2 \cos^2 f} \frac{\delta(z, y)}{\delta(f, l)}$$

其中,对于半径为 $a$、纬度为 $\varphi$、经度为 $\lambda$、角速度为 $\Omega$ 的旋转球面上的流函数 $\psi(\varphi, \lambda, t)$,存在方程 $Z = \nabla^2 \psi + 2\Omega \sin \varphi$ [1]。直到两个不同密度的正压层合并成一个所谓的"2.5 维模式"后,才可以考虑云的位置及降水。1951 年,他们运行了一个改进的模型,(事后)"预测"了前一年席卷东海岸的感恩节风暴。尽管取得了令人鼓舞的结果,但想作出真正的预测仍然是不太可能的,因为那时计算 24 小时的天气需要 36 小时的计算时间。这个模型由一个包含 361 个正方形或测量点的网格组成,每项预测都以 1 小时为间隔,分为 24 步执行,涉及 54 000 次加法和 17 000 次乘法。直到 1954 年,新的输入设备和 IBM 701 的出现使 24 小时的天气预报在 10 分钟内就能计算出来,但用那时的台式计算器要 8 年时间才能完成这一过程。后来,帕诺夫斯基和冯·诺依曼又运用多层模式(甚至考虑了七层模型)对垂直天气现象进行预报[2]。气象局、空军和海军为这些研究工作提供了经费。

---

[1] 参见朱尔斯·查尼 1957 年 12 月 6 日写给斯坦尼斯拉夫·乌兰的信(Aspray, *John von Neumann and the Origins of Modern Computing*, p. 301);Jule Charney, "Impact of *Computers on Meteorology*," *Computer Physics Communications* 3(1972), pp. 117 – 126, at 118。

[2] Aspray, *John von Neumann and the Origins of Modern Computing*, pp. 145 – 146.

# 17. 20 世纪 50 年代

> 如果你说为什么不明天轰炸他们,我说为什么不今天？如果你说今天 5 点,我说为什么不 1 点钟去？
>
> ——约翰·冯·诺依曼①

第二次世界大战后,战略游戏经历了一段巨大的分化时期,可以分为三个历史阶段。第一个阶段涉及运筹学在(自由或固化的)战争模拟游戏中的各种应用,以及博弈论与元胞自动机理论在计算机新媒介下的融合。第二个阶段关注的是有关可视化、面向对象编程以及政治、军事和经济游戏的集成问题。第三个阶段的特点是新的代理概念和对冯·诺依曼博弈论的批评和修正。

## 电子游戏

根据阿尔弗雷德·豪斯拉特的观点,玩战争模拟游戏有三个主要目的,这些可以从系统和历史的角度加以解释：(1)训练军事人员；(2)用于测试计划；(3)用于研究,即用于探索新概念②。第一个功能自莱斯维茨和穆弗林时代以来就一直是军事教育的固定内容,尤其是从成本分析的角度来看,它是很合理的。比起大规模的实战演习,玩一场游戏花费的成本要低得多。

第二个作用(同样是测试计划)在第一次世界大战和第二次世界大战期间被用来为德国的所有主要行动做准备,无论是施里芬计划、海狮行动(Operation Sea Lion, 1940 年夏季模拟)、巴巴罗萨行动(Operation Barbarossa, 1941 年 2

---

① 转引自 Clay Blair, "Passing of a Great Mind," *Life Magazine* (February 25, 1957), pp. 89 – 104, at 96。

② Hausrath, *Venture Simulation in War*, p. 18.

/ 电子游戏世界 /

月模拟)、入侵波兰或是模拟防御策略,不过在这种应用下,天气突然发生变化后才可以进行额外的游戏。早在1929年,埃里希·冯·曼斯坦(Erich von Manstein)就指挥了一场军事演习,内容涉及东普鲁士和上西里西亚的波兰入侵战。也正是通过玩游戏,俄国对它在坦能堡战役(the Battle of Tannenberg)中的惨败有了一定的预见①。正如切斯特·尼米兹(Chester Nimitz)后来承认的那样,美国曾因与日本打仗而进行了战略游戏的模拟,但未能成功预测到对手的神风战术②。同样,在1940年年底,日本人在东京的军校花了11天时间用游戏来模拟偷袭珍珠港(图17.1)。

图17.1 模型和建模[日本战争模拟游戏中的珍珠港模拟(上图),日本偷袭珍珠港时的航拍照片(下图)]

① 1914年4月,俄国战争部长弗拉基米尔·苏霍姆利诺夫(Vladimir Sukhomlinov)领导了一场与俄国入侵东普鲁士有关的战略游戏。从这场游戏中可以看出,第一支俄军将比第二支军队提前六天到达,因此必然会被打败。4个月后,苏霍姆利诺夫显然忘了改变行军计划(或者他只是不相信游戏提供的信息)。伦嫩坎普夫(Rennenkampf)将军和萨姆索诺夫(Samsonov)将军将他们之前在棋盘游戏中操纵过的同一支军队编组起来参战,最终战败,损失惨重。

② 参见 Robert D. Specht, *War Games* (Santa Monica: Rand, 1957), pp. 1 – 14; Francis J. McHugh, "Gaming at the Naval War College," *U. S. Naval Institute Proceedings* 90(1964), pp. 48 – 55, at 52; Roberta Wohlstetter, *Pearl Harbor: Warning and Decision* (Stanford: Stanford University Press, 1962).

1944年发生的一件事清楚地说明了战争模拟游戏是如何突然从单纯的计划测试场地转变为实时事件的控制中心的。1944年11月2日,也就是阿登战役(Ardeures Offensive)开始前六周,德国第五军团的军官们在陆军元帅瓦尔特·莫德尔(Walter Model,在当时情况下是一个偶然出现的名字)的带领下正忙着进行一场战争模拟游戏。模拟的目的是测试德国的军事战略和军事力量,以对抗美军在第五和第七兵团边境发动的进攻。这个模拟游戏还没有开始,就传来了美军在赫特根地区发动进攻的消息。比起结束模拟战游戏,莫德尔鼓励"玩家们"继续游戏,并使用来自前线的报告作为正在进行的游戏的输入信息。在接下来的几个小时里,前线的形势(也就是棋盘上的形势)变得越来越危急。第116装甲师不得不从预备役中调出,去支援受到威胁的军队。这个师的指挥官是冯·瓦尔登费尔斯将军(General von Waldenfels),恰好也是玩过这个模拟战游戏的军官之一,他开始收集游戏里处理过的信息,并向前线发送命令,作为输出。

伴随着这个插曲,符号与真实之间的循环闭合了,后来的历史学家只能惊叹于这一系列事件[1]。这一系列事件引出了涉及通信和编码输入的控制技术循环,通过装置进行信息处理,并解码输出命令。此外,该过程可以迭代执行,并与来自前端的调度同步。就像不规则的中断信号,战斗中的每个报告都会导致游戏中断,在此期间可以进行实时处理输入。这时,从符号逻辑中衍生出来的游戏规则与源自战场资源因果关系的现实条件相交。因此,根据克劳塞维茨的说法,最终决定战争胜负的不是将军们的才能,而是算法,它们制定了最佳规则[2]。在某种程度上,军官们成了某种软件的Beta测试员,这种软件复杂的源代码在真正的危机时刻是无法改写的。因此,尽管只是一个缩影,我们面临着以下问题:究竟谁才是历史事件的主体,历史上的重大事件是由"黑匣子"决定的吗?历史学家又该如何书写这样的历史呢?

战争模拟游戏的第三个系统功能与数字计算机密切相关,用豪斯拉特的话说就是用来生成"军事行动中新思想的数据、见解和评估"[3]。战争模拟游戏是为了产生虚拟情境,策略游戏描绘了一个虚拟事件的"舞台",这些事件不应被归

---

[1] 参见 U. S. Army Historical Document MS P-094 (Washington, DC: Office of the Chief of Military History, 1952); Young, *A Survey of Historical Developments in War Games*; Hugh M. Cole, *The Ardennes: Battle of the Bulge* (Washington, DC: Office of the Chief of Military History, 1965); Charles Whiting, *Ardennes: The Secret War* (New York: Stein and Day, 1984).

[2] Clausewitz, *On War*, p. 136.

[3] Hausrath, *Venture Simulation in War*, p. 9.

类为"正在发生"或"未发生"。这个"舞台"应该被视作各种可能性的集合,每种可能性都有其发生的概率。因此,虚拟事件与各种形式的精算知识有关,就这类知识而言,发生的事件与未发生的事件具有相同的本体论性质,例如,传播的疾病与休眠的疾病具有相同的本体论性质①。因此,虚拟事件的相关知识适用于解构游戏分类或模拟假定的"真实"环境与未来的实际环境的共性区别。在这种知识的框架内,事故或疾病不会在实际发生时立即发生;相反,它们总是以一定程度的概率发生。这类事件并不沿着真实与不真实之间的边界定位,而是沿着虚拟与现实之间的边界定位。虚拟事件的空间类似于电磁场的球形轨道,其中,电子有一定的存在概率,但不能确定它在哪个确切的敌方,电子的现状是通过测量来强行推断的。从这点来看,虚拟空间就是字面意义上的乌托邦空间,战争游戏则是创造乌托邦的机器。然而,这种机器不是由文学想象驱动的,而是由冷酷的计算驱动的②。

如上文所述,虚拟事件的系统化生成始于运筹学。根据安德鲁·威尔逊的说法,考虑到他们主要关心的是"在各种相互竞争的军事需求中如何最好地分配有限的资源"③,作战研究人员模拟了许多不同概率程度的虚拟事件,一个典型例子是潜艇和鱼雷的战术态势模拟(图17.2)。由于这种情况在很大程度上取决于技术性能数据,如速度、打击距离、转弯半径等,因此,参数的数量足够少,可以计算出鱼雷可能击中潜艇的所有可能组合。在这些计算的基础上绘制的图表描绘了被击中的高概率情况,类似于地图的轮廓线。在某种程度上,这些图像就是虚拟事件的地图,它描述了所有潜在事件的概率,这些事件就像电子一样可能发生在各处。然而,运筹学不仅服务于地图绘制,而且服务于虚拟空间准确无误的导航,因为它的目标是确定所有可能情景中的最优情况——要么是生存的最高概率,要么是死亡的最高概率,当然这取决于使用者的目的。

在珍珠港事件之前,美国军方的运筹学主要是关注压力和疲劳等人类工效学领域,该研究于1941年被引入海军军械实验室(the Navy Ordnance Laboratory),

---

① Joseph Vogl, "Grinsen ohne Katze. Vom Wissen virtueller Objekte," in *Orte der Kulturwissenschaft*, ed. Hans-Christian von Hermann and Matthias Midell (Leipzig: Leipziger Universitätsverlag, 1998), pp. 40 – 53, at 40.
② 参见 Claus Pias, "'Thinking about the Unthinkable': The Virtual as a Place of Utopia," in *Thinking Utopia: Steps into Other Worlds*, ed. Jörn Rüsen et al. (New York: Berghahn Books, 2005), pp. 120 – 135。
③ Wilson, *The Bomb and the Computer*, p. 60.

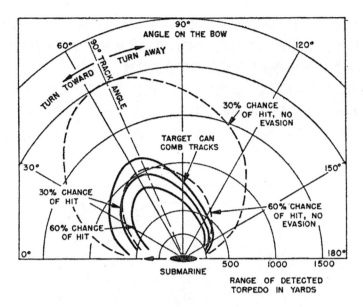

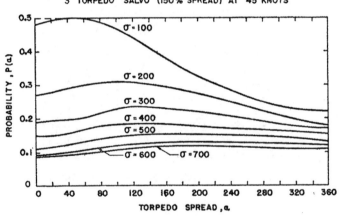

图 17.2 虚拟事件制图(潜艇在鱼雷攻击期间的规避动作)

并由埃利斯·约翰逊(Ellis A. Johnson)设立运筹学办公室[①]。然而,在这次袭击之后,人们清楚地认识到,这样的研究不应该仅仅关注改善现状,也要推测可能的结果。通过使用微分方程,可以从已知的值导出最小值和最大值,证明对此

---

[①] 参见 S. W. Davis and J. G. Taylor, *Stress in Infantry Combat* (Chevy Chase: Operations Research Office, 1954); Alexander M. Mood, *War Gaming as a Technique of Analysis* (Santa Monica: Rand, 1954)。

目的是有帮助的,但只是在有限的程度上。这个问题实际上不是近似和连续的问题,而是变化和离散步骤的问题。同时,这也是从模拟计算机到数字计算机、从微分到算法、从近似和派生到重复和巧合的过渡。

1950年,物理学家乔治·伽莫夫在洛斯阿拉莫斯科学实验室(Los Alamos Scientific Laboratory)研究所谓的蒙特卡洛方法(Monte Carlo methods),随后研究人类的DNA结构,他在一个名为《锡兵》(图17.3)的小型手动操作游戏中综合再现了重复性和巧合性。

图17.3　乔治·伽莫夫的《锡兵》地图(交叉线表示树林阴影)

双方坦克部队各有10个单位,最初位于战场的后方,每一方的移动包括将每一辆坦克移到相邻的六角形区域(虽然不是所有的坦克都必须移动)。如果两辆对立的坦克来到相邻的白色区域,就会进行一场战斗,并通过掷硬币或掷骰子来决定胜负。如果一辆行进中的坦克同时与两辆敌方坦克相遇,它必须先向其中的一辆坦克开火,如果获胜,则再与另一辆进行战斗(在这个基础上可以引入更现实的规则)。如果一辆在白色区域的坦克与另一辆在交叉阴影区域的敌方坦克(被认为是隐蔽的)相遇,前者必然会战败(或者在掷骰子过程中战败的概率高得多)。如果两辆坦克都在树林中,那么只有当其中的一辆坦克进入另一辆坦克占据的地盘（正常可见距离的一半）时，才会进行战斗，结果依然由掷出的骰子决定。游戏的目标可能是在自己的部队损失最少的情况下摧毁最大数量的敌方坦克，以及摧毁位于敌军后方的某些目标，或者还有其他目的。①

《锡兵》看起来像是棋盘和骰子的原始组合，其魅力并非来自任何单个游戏，而是来自一系列没有主题的游戏。"出于探索的目的，游戏将进行手动操作。玩游戏时，移动是由玩家决定的，但游戏的最终目的是做出随机行为。"②在组织坦克随机运动（random action）的过程中，玩家的"聪慧"反复阻碍着通过策略产生的随机性，这似乎是一种杂质。此外，玩家不可避免地会意识到这一点，所以，任何系列的游戏都逃不开记忆的冗余影响。最后，人类玩家的速度太慢了，不能像锡兵那样连续玩一百局。因此，任意系列游戏都要求玩家不加理解和记忆，却拥有更快的处理速度。伽莫夫自己也承认，只有计算机才拥有这样的能力，所以游戏行为的特点不再是互动性，而是互消性［interpassivity，借用齐泽克（Slavoj Žižek）的术语］。玩家真正玩游戏的时间并不像游戏本身玩的那么多，在某种程度上，计算机成了应该玩游戏的主体，并且成了玩耍的工具。交互玩家的角色仅仅是建立初始配置或修改参数，表演则被委托给某个设备，统计结果将在多个游戏过程中累积并被绘制出来。例如，玩家的黑色坦克可以被赋予某种集群倾向（clustering tendency），这将使它们更强大，但也更容易成为目标。或者玩家可以通过让自己的白色坦克速度更快来引入某种时间尺度，但这意味着它们的装甲会更薄，因此它们会更脆弱。这种电子游戏的结果，严格意义上（或军事意义上）的电子游戏，即由计算机而非人进行的游戏，可以以协议的形式表达出来，并进行分析和统计处理。受《锡兵》的启发，第一款全电脑分析战争模拟游戏被称为《最复杂计算机之战》（*Maximum Complexity Computer Battle*），于1952年问世③。

有趣的是，两年后出现了名为《战术》（*Tactics*）的商业战争游戏。这款游戏由查尔斯·S. 罗伯茨（Charles S. Roberts）制作，并通过一家名为阿瓦隆山（Avalon

---

① Hausrath, *Venture Simulation in War*, pp. 65 - 66. 此处的引用出自伽莫夫未发表的文章，参见 Allen, *War Games*, p. 133.

② Hausrath, *Venture Simulation in War*, p. 66.

③《最复杂计算机之战》是由理查德·E. 齐默尔曼（Richard E. Zimmerman）和沃伦·尼科尔斯（Warren Nichols）在约翰霍普金斯大学的运筹学研究办公室创造的，他们之前曾与伽莫夫在洛斯阿拉莫斯实验室共事，伽莫夫实际上协助了游戏的开发。

Hill)的公司发行,该公司随后主导了策略游戏市场,直到 20 世纪 80 年代早期家用计算机兴起①。尽管从莱斯维茨到威尔斯②,商业战争游戏(图 17.4、图 17.5)并没有什么不同寻常的地方,但《战术》将定义所有后来此类游戏的类型。与伽莫夫的《锡兵》一样,它也使用了六边形网格,这在当时仍然被认为是一种新奇的设计③。

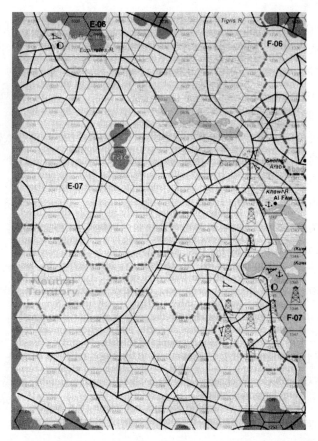

**图 17.4** 《海湾打击》(*Gulf Strike*,一种具有六边形网格的纸面兵棋游戏)

---

① 罗伯茨从朝鲜战争回国后创立了阿瓦隆山公司。在接下来的几年中,他致力于将战争历史(从葛底斯堡开始)逐步转化为游戏。该公司最畅销的游戏是詹姆斯·邓尼根(James Dunnigan)的《闪电战》(*Panzerblitz*),销量超过 20 万。

② 威尔斯的《地板游戏》(*Floor Games*)出现于 1911 年,他的游戏《微型战争》(*Little Wars*)诞生于 1913 年。1995 年,这两个游戏都以复刻的形式重新发行。

③ 最早为个人电脑设计的策略游戏,或多或少是将棋类游戏移植到显示器上,恢复了使用正方形网格而非六角形网格的趋势。考虑到早期个人电脑和家用电脑的低分辨率,正方形更容易制作和显示。关于这个问题的讨论,参见 "Case in Point: Hexgrids" in Chris Crawford, *The Art of Computer Game Design* (Berkeley: McGraw-Hill, 1984)。

这种时间和视觉上的巧合尤其具有说服力,因为伽莫夫想要从他游戏中删除的一切游戏玩家可能给虚拟内容生成带来阻碍的内容(策略、内存、可比拟的处理速度等)被罗伯茨重新引入了,事实上,这些内容恰恰成了他教学消遣的对象。罗伯茨认为的革命性内容,实际上正是那些职业玩家已经从游戏中删除的东西①。在《战术》中,计算机的角色由业余爱好者接管了。

图 17.5　《装甲元帅 2》[*Panzer General II*, 1997,带有六边形网格的商业(计算机)战争模拟游戏]

有鉴于此,或许有必要重新思考赫尔曼·卡恩关于冷战的那句极为悲观的言论。当然,"对不可思议的思考"指的是深不可测的核战争和无法统计的死亡数量,这仍然会让任何愿意听这种批评的听众感到震惊②。但在《锡兵》等游戏中,这一理念体现在复杂的计算过程中,甚至超越了人类玩家的能力。通过不断地重复偶然事件,这个过程揭示了一些以前没有人想过的事件的可能性。作为这类电子游戏的运营者(而不是玩家),战争分析师对以类似方式展开的成千上万款游戏并不感兴趣,而是对少数出人意料的游戏感兴趣,只有这些游戏才有理

---

① 根据罗伯茨的说法,"这是革命性的……你可以在一个回合中移动所有棋子,玩家可自行选择移动的限度,战斗的结果由掷骰子决定。就像听起来那样简单,但新玩家不得不将他的国际象棋和跳棋思维放到一边,然后学习新的规则"(转引自 Allen, *War Games*, p. 110)。也可参见 Matthew J. Costello, *The Greatest Games of All Time* (New York: Wiley & Sons, 1991), pp. 75 - 84。

② Herman Kahn, *Thinking about the Unthinkable* (New York: Horizon, 1962)。

由重构协议、初始参数和具体规则。也就是说,为了使人们理解这类奇异和意外的可能性,需要作出更多特殊的努力。由于它们在虚拟世界中的独特地位,偶发事件这类极端例子既与奇迹有关,也与灾难有关。可以说计算机证明了它作为一种工具的效用,即可以系统地调查在概率边缘发生的不可思议的(但又可深究的)事件,对于军队来说,这些事件正是需要被视为危机或进行应急管理的。

总之,伽莫夫的游戏构成包括以下部分:(1)一个只有少数不同条件的同质区域网格;(2)一组用以改变这些不同条件的简单规则;(3)进行这种条件改变时的离散时间间隔;(4)概率计算器;(5)利用计算机进行迭代的可能性。这一系列特征碰巧与另一篇论述重叠,那篇论述运用相同的要素,却以一种完全不同的方式处理意外和例外情况。它讨论了计算机自身处理错误、中断和冲突的可能性,以及它与内部应急管理系统独立完成这些工作的能力。这就是约翰·冯·诺依曼元胞自动机理论背后的推动力。

## 元胞自动机

ENIAC 的编程过程十分烦琐,其中包括在纸上绘制流程图,然后相应地操纵机器的开关和电缆,但很快人们就清楚为每个数学问题设计一个独特的流程的性价比并不高。信息问题是由无数子问题组成的,这些子问题可以作为子程序归档,然后通过合并和补充,被组装成一个程序[1]。它们包括二进制-十进制的转换程序、各种积分和插值方法甚至排序算法等。但是,除了这些合理化的方法,还必须简化编程本身的行为。在冯·诺依曼后期的著作《计算机和大脑》(The Computer and the Brain)中,他用短代码(short code,现在的编程语言)和完整代码(complete code,机器语言)来解决这个问题[2]。在 20 世纪 50 年代初,解释器或编译器(以及计算机编程本身的语言性质)这一众所周知的原则尚未形成,因为图灵证明了通用计算机器的存在,这才迫使冯·诺依曼认真对待这些问题。

众所周知,对于每个图灵机 M,存在一个程序 P,若给定的机器 U 在 P 的指导下运行,将产生与 M 相同的结果。换句话说,由 P 引导 U 将模拟 M。假设计算机 $U_c$ 使用一种对程序员来说难以使用的机器语言进行操作,那么就存在其

---

[1] 即函数和模块。——译者注
[2] John von Neumann, *The Computer and the Brain*, 2nd ed. (New Haven: Yale University Press, 2000), pp. 70–73.

他更方便的编程语言。只需要一个假设的计算机 $M_p$ 和一个程序 $P_t$（以 $U_c$ 语言编写），该程序便可以将编程语言转换为 $U_c$ 机器语言。在 $P_t$ 的指导下，$U_c$ 将产生与假设的计算机 $M_p$ 相同的结果，它将能够直接理解编程语言。换句话说，由 $P_t$ 引导 $U_c$ 将模拟 $M_p$[①]。冯·诺依曼认为，在人类的编程语言与他们中枢神经系统的机器语言之间可能存在一种类似于主要语言和次级语言之间的关系[②]。然而，这只是生物与计算机之间相似性的一个方面，在传统的控制论中，早在福柯试图做同样的事情之前，控制论就已经放弃了"人"的特殊结构。冯·诺依曼试图建立一个关于计算机的一般理论，以打破特定层级上生物体与计算机之间的区别。在他的自动机理论的认识论实验中，生物体和计算机被视为一样的整体。"自动机理论是一套连贯的概念和原理，包括有关自然和人工系统的结构和组织、语言和信息在这些系统中的作用以及此类系统的编程和控制。"[③]

如果有机生命能够避免受到熵的影响而使自己永存，那么（根据信息法则）也一定存在一个机器生命。冯·诺依曼的自动机理论可以看作实现控制论承诺的一种努力。后者作为一门新兴的生物与机器的元科学，希望为人类与自然之间的矛盾提供一种本体论的解决方案，从而开创一个新的历史纪元。在沃伦·麦卡洛克和沃尔特·皮茨（Walter Pitts）证明可以从工程学角度理解神经系统概念并可以将工程学的概念反过来转变为认识论思想之后[④]，冯·诺依曼投入大量精力进行有关自我复制、容错和自动控制系统的案例研究。如何从不可靠的组件中创造出可靠性，以及哪种组织形式能够实现自我复制？[⑤] 在不改进单个部件的情况下，如何才能产生一个协同系统，使计算机比它容易出错的部件所允许的可靠性更高？冯·诺依曼用元胞自动机（图 17.6）的形式解决了这类问题。关于电子游戏，他的方法有三个特别有趣的元素。

---

[①] 参见 Arthur W. Burks, "Editor's Introduction," in *Theory of Self-Reproducing Automata*, by John von Neumann (Urbana: University of Illinois Press, 1966), pp. 1–28, at 14–15.

[②] John von Neumann, *The Computer and the Brain*, pp. 79–82.

[③] Burks, "Editor's Introduction," p. 18.

[④] Warren S. McCulloch and Walter Pitts, "A Logical Calculus Immanent in Nervous Activity," *Bulletin of Mathematical Biophysics* 5(1943), pp. 115–133. 参见 Claus Pias, "Die kybernetische Illusion," in *Medien in Medien*, ed. Irmela Schneider and Claudia Liebrand (Cologne: DuMont, 2002), pp. 51–66.

[⑤] John von Neumann, "Probabilistic Logics and the Synthesis of Reliable Organisms from Unreliable Components," in *Collected Works*, ed. A. H. Taub, vol. 5 (Oxford: Pergamon Press, 1963), pp. 329–378.

/ 电子游戏世界 /

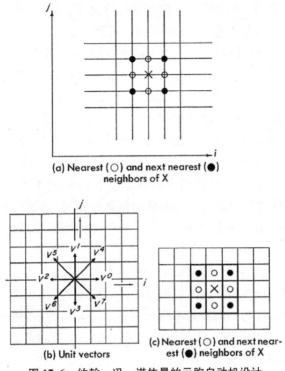

图 17.6　约翰·冯·诺依曼的元胞自动机设计

首先是他的假设,简单自动机行为的符号化描述比自动机更简单,而高度复杂的自动机将会比它的符号化描述更简单。换句话说,达到一定程度的复杂性后,自动机将比其行为的符号描述更简单[1]。其次,冯·诺依曼坚持认为,消除系统故障的确定性方法会导致问题的决定性方面被忽视。如果明确规定了给定自动机在特定情况下将要执行的操作,可以对它不可靠的组件采取缓和措施,但没有完全解决的方法。冯·诺依曼认为,不应将系统失效的概率作为一个独立的逻辑实体来处理。

公理不是这样的:如果 A 和 B 发生了,C 也会跟着发生。公理总是这样的:如果 A 和 B 发生,C 将以特定的概率跟随发生,D 以另一个特定的概率跟随发生,依此类推。换句话说,在每一种情况下,这几种事件都有可能发生,它们有不同的发生概率。从数学领域来看,最简单的说法是,根据概率矩阵,任何事情都可以跟随其他任何事情发生。你

---

[1] John von Neumann, *Theory of Self-Reproducing Automata*, ed. Arthur W. Burks (Urbana: University of Illinois Press, 1966), p. 47.

可以这样问：如果 A 和 B 都发生了，C 发生的概率会是多少？这个概率模型给出了一个有逻辑的概率系统，一旦有任何程度的关联，就应在该系统中同时讨论人工自动机和自然自动机。①

最后，自动机理论可以和数学博弈论一起探讨。自然自动机和人工自动机、生物和计算机，它们之间的关系对应于现实世界中经济与娱乐之间的关系。博弈论的目的是统一后两者，自动机理论则以统一前两者为目的。

冯·诺依曼最早关于自我复制自动机的思想实验仍然是高度形式化的②。除了具有用于存储和处理信息的元件，这台假想的机器还被设想为具有诸如手臂之类的部件，它将能分离或结合各种原材料（自身或环境中的部分）。这一机器被认为存在于它自己的环境中，那里就像一个无边无际的大海，所有组成机器的元件都随机分布其中。为了实现自我复制，自动机的计算机单元必须从其存储磁带中检索所有信息，其中包含用于构建它第二个自我（its second ego）的精确组装指令。它必须复制这些指令，并将它们传输到另一个像小工厂一样的组，继而组装新的自动机。然后它会在环境中搜寻必要的部件，并根据建造计划将部件逐个进行组配，最后融合成一台新机器。在出现问题或被干扰时，变通办法或多或少地会导致进化意义上的偶然变化③。

斯坦尼斯拉夫·乌兰提出了一个关键的简化该模型的方法，这一方法很容易思考，但几乎不可能用数学方法描述。乌兰认识到冯·诺依曼的想法需要一种形式，即允许数千个单独组件按照最简单的规则进行交互。他的建议是引入一个类似于网格的框架，其中的单个方块可以整合来自四个相邻方块的信息。毕竟，冯·诺依曼正试图建立一套有关生物学和符号处理的元理论，因此，乌兰建议将这些空间称为元胞。每个元胞都被视为一个小型自动机，根据特定的规则，它可以与邻近的元胞进行交互。在中断的情况下，单元会将它们的状态与周

---

① John von Neumann, *Theory of Self-Reproducing Automata*, p. 58.
② Ibid., pp. 91 – 131; Martin Gerhard and Heike Schuster, *Das digitale Universum. Zelluläre Automaten als Modelle der Natur* (Braunschweig: Friedrich Vieweg, 1995); Manfred Eigen and Ruthild Winkler, *Das Spiel. Naturgesetze steuern den Zufall* (Munich: Piper, 1975); Herbert W. Franke, "Künstliche Spiele. Zellulare Automaten — Spiele der Wissenschaft," in *Künstliche Spiele*, ed. Georg Hartwagner et al. (Munich: Klaus Boer, 1993), pp. 138 – 143.
③ 值得注意的是，这个组装过程是要检索父自动机的信息带并将其复制到其后代中（其间，它已经成为生产计算机芯片的工业规范，偶尔会产生意料之外的后果，如非法操作码）。因此，"生命之书"就相当于通信工程师使用的一种复制程序。更多资料参见 Lily E. Kay, *Who Wrote the Book of Life? A History of the Genetic Code* (Stanford: Stanford University Press, 1999)。

围单元的状态进行比较,并根据这些数据计算新的状态。多亏乌兰的建议,机器人在一大堆零件中修修补补的科幻小说情节被抛弃,取而代之的是一种后来被称为元胞自动机的数学形式。《自我复制自动机理论》(Theory of Self-Reproducing Automata)的编辑亚瑟·W. 伯克斯(Arthur W. Burks)不仅拥有发现了冯·诺依曼提出的 20 万个元胞(每个元胞有 29 种可能的状态)中的第一个重大系统故障这一荣誉,在密歇根大学工作时,他还是第一个通过计算机图形技术将元胞自动机可视化的人。

简要概述元胞自动机的基本特征可能有助于说明它与《锡兵》这类电子游戏的关联。元胞自动机由一维或多维点阵(通常为二维)组成,元胞处于一种随时间变化的离散状态。元胞在某一时间点 t 的状态由该元胞 t-1 时的状态决定,也与当下相邻元胞的状态相关(也可能源于之后相邻元胞的状态,等等)。与微分方程系统不同,元胞自动机的优势在于它们在数字计算机上的模拟不会产生任何舍入误差,而这种误差在动态系统中会迅速升级。同时,随机元素可以很容易地融入规则,以模拟噪声的影响。元胞自动机的特征在于它的时空动态,这个空间是离散数量的元胞(以链或多维点阵的形式排列),并且每个元胞都处于以离散时间间隔变化的离散状态。所有元胞都是相同的,并遵循相同的规则,一个元胞的发展只取决于它自身的状态和它周围其他元胞的状态。用数学术语来说,这意味着可以根据以下五个属性在数学上定义元胞自动机:

(1)元胞空间,即构造的大小、维数(线、平面、立方体等)及其几何形状(矩形、六边形等);(2)边界条件,即相邻数量不足的那些元胞的行为;(3)邻域,即一个元胞的影响半径(比如 4 个相邻元胞的冯·诺依曼邻域或 8 个相邻元胞的摩尔邻域);(4)元胞可能状态的数目,即 1 或 0;(5)控制状态演变的规则,即"极权主义"规则(据此只计算相邻元胞)或"外极权主义"的规则(据此只考虑元胞本身的状态)。

尽管约翰·霍顿·康威(John Horton Conway)1968 年发布的著名的《生命游戏》(Game of Life)只是作为一个原始的纸质游戏发表在《科学美国人》杂志上,但它的简单性有助于元胞自动机的普及[1](图 17.7)。康威的游戏基于二维

---

[1] 与《生命游戏》不同的是,康拉德·楚泽的《计算空间》(Calculating Space, Cambridge, MA: MIT Press, 1970)的德文原稿也出现于 1968 年,却从未受到主流的关注。在书中,他恰当地将元胞自动机应用于影响气象的流体力学问题。根据康拉德·楚泽大胆的理论,物理世界本身是离散的,并基于"数字粒子"(digital particle,本质上是细胞)运行,因此,不应该从波动力学、热力学和不确定性原理的角度来考虑,而应该从二元布尔代数、信息和计算精度的角度来考虑。

矩形网格,其边界条件是给定的,并根据摩尔邻域计算元胞的状态。如果一个元胞恰好有三个活着的邻居,它就会"出生";如果一个元胞的邻居少于两个或多于三个(分别对应"孤独"或"人口过剩"),它就会"死亡"。这款游戏甚至还进行了竞赛[麻省理工学院的程序员威廉·高斯帕(William Gosper)偶然发现的一个很受欢迎的配置],后来被开发成一个程序,并随着个人电脑的出现而兴起。无数显示器的屏保都被装饰上了滑翔机(glider)、"食人者"(eater)、闪光器(blinker)、船(boat)和蟾蜍(toad)。

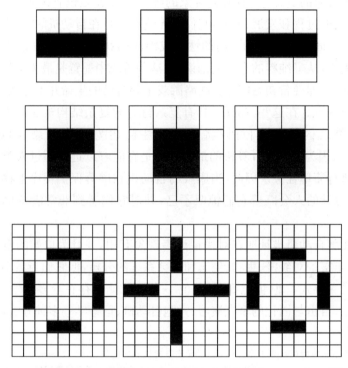

图 17.7　来自约翰·H. 康威的《生命游戏》中的简单模式——一个元胞自动机

回想起来,战争游戏和数字气象学似乎已经从几个方面预见了元胞自动机的诞生,并且可以用相似的生物学隐喻来描述它们。在黑尔维希的策略兵棋游戏中,被点燃的建筑也是按照元胞分配规则被烧毁的。此外,如果在特定区域内存在少于三个游戏棋子也可以表示为一种规则,那么根据该规则,如果在一个元胞旁边存活的相邻元胞少于三个,则该元胞将死亡。最重要的是,理查森的计算机"气象剧场"似乎是元胞自动机的一个明显前兆:它的元胞空间被划分为网格；它的球面形式大大简化了边界条件的定义；它的元胞与邻近的单元交互，但不与远处的元胞进行交互；它的每个元胞都有相同有限数量的参数来定义其状态（如速度、密度、气压、温度、湿度、能量和熵），也就是说，它的元胞形成了均质的空间，且它的基本目的是确定天气条件（或状态）变化的外部极权规则。

抛开以前的游戏不说，新的电子游戏（类似于伽莫夫和冯·诺依曼的）的共同之处在于都涉及初始配置的建立，都通过递归和针对性的规则改变来探索虚拟世界。在每一种情况下，自动机不可能的"生命"和游戏的奇妙结局都有意地逃避了人类玩家的责任感，而人类玩家的唯一任务就是设置配置，修改个人参数，观察游戏的过程和发展并分析它们。无论游戏是在自动机的"死亡"中结束，还是最终导致固定的、振荡的、周期性的或混沌的状态①，即不管最后的结果是奇迹还是灾难，从最纯粹的意义上来说，在这些游戏中配置是最关键的。人类只涉及一个动作，即准备初始配置。战略游戏主导自己的生命并不是缺陷，这是有关它的历史观点。在这些游戏中，具有复杂行为的复杂结构被建模为具有复杂行为的简单结构②。人们可以将这一特性描述为计算机兼容（computer-compatible），因为新数字计算机的最大好处是它能够以远远超过人类能力的速度和频率执行简单任务。因此，当康威的自动机在屏幕保护程序上移动和变形时，数以百万计的人会盯着它们惊叹不已，并对它们感到非常满意也就不足为奇了。

尽管元胞自动机被证明在对模拟许多现象有用，并且为原始的电子游戏提供了基础，丰富了对经济、生物、生态和社会系统的分析，但它们当然不是用以思考问题的唯一方式。20世纪50年代的一个特征就是存在众多竞争模型，基于数学博弈论、自由与固化的军事演习、元胞自动机、运筹学等多种方法，模型和建

---

① 史蒂芬·沃尔弗拉姆（Stephen Wolfram）在《元胞自动机的理论与应用》（*Theory and Application of Cellular Automata*, Singapore: World Scientific, p.19）中集中精力研究了它们的复杂性，他将其简化为具有确定性规则的四类一维自动机。这些类的特征在于以下几种定性行为："(1)一种固定的、均匀的状态最终会达到……；(2)产生了一种由分离的周期区域组成的图案……；(3)产生了一个混沌的、非周期的图案……；(4)生成复杂的、局部化的结构……。"(Ibid., p. 485)前三类对应于连续动态系统中的不同诱因（平衡状态、周期性极限环和奇怪诱因的混沌行为）。因为第四类是连续系统世界中不可比拟的，它给科学家们提供了创造通用自动机（universal automaton）或人造生命的希望。虽然这样的期望还没有实现，但元胞自动机已经证明它是相当适合模拟人类生活的。例如，曼弗雷德·艾根（Manfred Eigen）的超循环理论（theory of the hypercycle）就利用元胞自动机解决了安全复制DNA信息的问题，尽管存储容量有限，而复制机制本身的每次校准都需要存储空间。当然，随着他们对自然与人工间具象关系的强调，这类观点再次体现出冯·诺依曼希望对它们加以解构的区别。

② 例如，单摆是一种具有简单行为的简单结构，双摆是一种具有复杂行为的简单结构；电视机是一个具有简单行为的复杂结构，天气则是一个具有复杂行为的复杂结构。

模以各种各样的方式混合。然而,核心问题在于,如此大量的游戏和仿真是如何以及在何处根据计算机的特定功能构成和格式化的?它们的人类玩家又是如何、在何处、为了何种目的被建构或解构、出现或消失的?

## 政治与社会

20世纪50年代,美国五角大楼的联合军事演习机构由三个部门组成:总战部(General War Division),负责遭遇紧急袭击时的战略制定;有限战争部门(Limited War Division),负责国外危机事件管理;冷战部(Cold War Division),它关注的是按照赫尔曼·卡恩设想的情景来预测全球潜在的危机事件。冷战部还负责制定政治和军事演习,用来模拟诸如拉丁美洲的起义、共产党入侵柏林[①]以及美国对东南亚的干预等事件。

这种高风险的角色游戏的准备工作可能需要持续三个月的时间。该过程的第一阶段通常包括与总参谋部、情报部门的官员和专家顾问进行初步讨论。如果潜在危机涉及海外地区,那他们将收集最新信息,并在可能的情况下派遣合适的外交官参加。然后他们会编制一本"事实书"(fact book),总结该地区的技术能力以及政治、社会和经济关系,同时还将起草一份关于待解决问题的补充文献。基于这些研究,他们可以确定一系列可能导致危机出现的潜在事件,而这一现状将成为游戏的起点。红蓝两队各由5—10名玩家组成。现在美国(蓝方)可以自由行动,红方则会根据美国对敌人行为的最优解来行动。

在某种程度上,冷战的实质被视作一种即兴戏剧(improvisational theater),这是一部没有作者或剧本的心理剧,却包含雅各布·莫雷诺(Jacob Moreno)描述的许多元素——舞台、主角、负责治疗的导演以及几位配角。不同之处在于,潜在的治疗效果被排除在方程式之外,否则,这些游戏将是不可重复的,它们的结果也不可能与其他模拟结果进行比较。游戏通常持续三天,其间将进行3—6次循环。在4个小时之后,各小组必须制订一个计划,这个计划将会在"游戏时间"前2—7天被预测出来。就像在自由战争游戏中一样,这种决定的结果将由管理人决定,随后他将对游戏进行分析,并将整个场景制作成一部30分钟的电影。正如安德鲁·威尔逊指出的那样,这类电影充满了暴动、军队调动、导弹发射等"真实画面",然后"展示给五角大楼和美国国务院选定的'政策制定小组',

---

[①] 在许多对这一可能性事件的或荒谬、或怪诞甚至符合历史的模拟中,没有一个虚拟的场景涉及或预测过类似于修筑柏林墙这样的事情。

同时还要附上一篇评论,指出蓝方的错误"①。

根据一则有点不可信的逸事,早在朝鲜战争时期,数学模型就比外交官和将军们的专业知识更值得信赖。奥斯卡·摩根斯坦的前同事沃纳·莱因弗尔纳(Werner Leinfellner)讲述了这样一个故事:

> 国际军事(意味着竞争)冲突的博弈论解决方案的一个实例是朝鲜战争,要知道朝鲜战争有可能升级为第三次世界大战。美国政府委托包括冯·诺依曼和摩根斯坦在内的专家小组寻找朝鲜战争的最优解决方案。这场冲突的博弈论解决方案基于 3 000×3 000 矩阵,其中包含发生战争时两个对手的所有军事行动(战略)及各自的评估。矩阵产生的最优解是鞍点解决方案(a saddle-point solution)——尽快结束战争。解决方案是在一台 ENIAC 计算机上计算出来的——从今天来看,这是一台史前的仪器。其结果是美国总统哈里·杜鲁门(Harry Truman)命令军队不要越过鸭绿江,并解雇了拥有全军事荣誉的道格拉斯·麦克阿瑟(Douglas MacArthur)将军。②

此外,麦克阿瑟后来被任命为电脑主机制造商雷明顿兰德公司的首席执行官。冈瑟·安德斯(Gunther Anders)在他的著作《人的退化》(*The Obsolescence of Man*)中,以"屈辱的历史例证:麦克阿瑟"(*A Historical Illustration of Humiliation: The Case of MacArthur*)为副标题讨论了这个故事③。根据安德斯的预估,电子游戏免除了玩家的责任,但这是很危险的,因为他们没有办法跟上机器的计算能力。尽管这一发现可能确实为哀悼我们的退化提供了另一个思路,但它只解释了 20 世纪 50 年代早期界定战争游戏趋势的某一个小方面。因为就像潜艇和鱼雷的作战分析一样,冯·诺依曼的计算可以一步完成——用一套完整的数据集,通过计算 90 000 种组合的博弈理论矩阵就可以确定所有可能的解决方案中的最佳方案。然而,自伽莫夫的算法以来,有趣的是决策的序列化以及一个模型在离散的、自参考的步骤中迭代加速的意外结果。这一逻辑既适

---

① Wilson, *The Bomb and the Computer*, pp. 66-67.
② Werner Leinfellner, "A Short History of Game Theory," in *Beyond Art — A Third Culture: A Comparative Study in Cultures, Art, and Science in 20th-Century Austria and Hungary*, ed. Peter Weibel (Berlin: Springer, 2005), pp. 398-400, at 399.
③ Günther Anders, *Die Antiquiertheit des Menschen*, 7th ed., vol. 1 (Munich: Beck, 1980), pp. 59-64.

用于小规模的战争冲突,也适用于全球规模的危机事件。

兰德公司的社会科学家赫伯特·戈德哈默(Herbert Goldhamer)在1954年开始开发《冷战游戏》(*Cold War Game*),他开创了一种创建数学形式化游戏的趋势(这类游戏是规则化的,且主要基于计算机平台)。他的方法是通过抽象来降低复杂程度,并一直做到只剩下游戏的可重复性。尽管由于当时计算机技术的限制,以编程方式将政治和经济学形式化的想法是无法实现的,但它仍然作为研究项目而受到追捧。实际上,戈德哈默的《冷战游戏》在1955—1956年曾进行了四次打磨,每个参与国的政府都有一个单独的参与者/团队代表,同时又增加了一个参与者/团队来代表"自然"。也就是说,在游戏中要解决饥荒、自然灾害和农作物短缺等情况。虽然这些纸质游戏由人工计算器进行操作,但按照伽莫夫的逻辑,它们在一定程度上可以被视作电子游戏,它们取决于在稍加修改的配置下相同场景的频繁重复。事实证明,这样的重复是不可行的,因为管理比赛需要付出的精力会迅速增长到人类无法控制的程度,每次计算、每个事件和每个决策都必须被记录下来,以便之后进行分析。戈德哈默承认:"为了测试策略和预测政治性发展,每一场游戏都需要重复很多次,但一场游戏需要进行数月的准备,且经过数周才能完成,以至于所有的玩家都非常忙碌。"[1]当然,还应补充一点,几乎不可能依靠人类玩家以可信赖或一致的方式复制实验条件。

直到1957年,哈罗德·格茨科夫的《国际模拟》发行之后,才将计算机技术应用到政治游戏中。从此,这种游戏的发展进程开始加速[2]。尽管人们公认每个国家的政府都是由人类扮演的,但是这些国家的一半人口(所讨论的政府的公民)是由计算机程序扮演的。"中央决策者履行政府的行政职能,他通过满足其民众的假想元素来维持自己的地位,这些民众是其职位的证实者。"[3]这些所谓的"证实者"仅以计算机程序的形式存在,因为用几个参数来模拟大众似乎比模拟决策者更容易。计算机对用户的游戏方案进行了测试和验证,并相应地对用户所属的政府进行了"倒台撤职"或"煽动革命"的处罚,从而首次以被统治人民的形式发挥了反对者的积极作用。《国际模拟》游戏时长共75分钟,每个玩家都会收到一张数据表,其中包含一个国家的进出口、消费满意度、总体绩效等数据信息。游戏采用11分制来衡量一个国家的公民满意度。游戏进行过程中的变化被记录在这些数据表上,并重新输入到计算机,经过短时间的计算,计算机将

---

[1] 转引自Wilson, *The Bomb and the Computer*, p. 68。
[2] Harold Guetzkow et al., *Simulation in International Relations: Developments for Research and Teaching* (Englewood-Cliffs: Prentice-Hall, 1963).
[3] Wilson, *The Bomb and the Computer*, p. 190.

在另一数据表上生成下一步行动的初始条件。如果虚拟群体的满意度("全体公民满意度")低于一个特定水平("革命门槛"),概率生成器将决定革命是否会爆发,另一个生成器将计算革命会成功还是失败。无论一场革命是否成功,镇压或试图镇压它的成本估计会占一个国家基本容量单位的20%。在这里总结游戏发动战争或进行革命的复杂规则需要花费太多的时间,值得关注的是,《国际模拟》在电子游戏中整合了战争、经济和政治等多个方面。

1959年,奥利弗·本森开发的《简单外交游戏》是首次完全基于计算机进行的政治游戏尝试,这类游戏是一种仅由人类玩家负责创建初始配置、修改参数和评估最终结果的游戏。本森的极简模型基于操作变量和情境变量。操作变量被分成9个参与国家和地区(美国、英国、苏联、西德、法国、意大利、印度、中国大陆和日本),9个目标国家和地区(韩国、危地马拉、埃及、黎巴嫩、匈牙利、越南、中国台湾地区、印度尼西亚和伊朗),以及行动的九种强度级别[外交抗议、联合国行动、断绝外交关系、宣传颠覆运动、抵制和(或)报复、部队调动、全面动员、局部战争、全面战争]①。情境变量包括战争可能性、该可能性的分布以及国家间的牵连程度。因此,本森的游戏是第一个在政治领域实施公平竞争的游戏。这也是一款活动性被降为类似仅允许自己玩的机械设备。本森将《简单外交游戏》视为对格茨科夫作品的补充,他成功地实现了"人类玩家的位置可以被机器完全取代"的想法,从而"消除了人力问题"②。

20世纪50年代的另一个时代特征是出现了商业游戏,鉴于它属于科学管理或效率工程的领域,它们的"祖先"可以追溯到汤尼、泰勒、甘特或吉尔布雷斯等人③。经典人类工效学不仅抽象了教师与学徒之间模仿学习的历史实践,还标准化和普遍化了其工作过程,使工作流程变得更加简单,同时它还幻想着使用电脑显示器来创建反馈循环。在经济博弈论中也可以看到类似的过程,正如冯·诺依曼和摩根斯坦证实的那样,其规则的普适性被认为不低于人类工效学。哈佛大学商学院成立于1908年,在20世纪50年代通过分析研究历史案例来教育学生。研究和解释起源的解释学实践被认为是未来的商业领袖为即将到来的大环境做准备。尽管这类案例研究的事件不太可能再次发生,但人们可以从历

---

① Oliver Benson, *A Simple Diplomatic Game — Or Putting One Together* [mimeograph] (Norman: University of Oklahoma, 1959). 也可参见 Wilson, *The Bomb and the Computer*, pp. 195-196.
② Ibid., p. 93.
③ 参见 Henry R. Town, "The Engineer as an Economist," *Transactions of the American Society of Mechanical Engineers* 7(1886), pp. 425-433; Wallace Clark, *The Gantt Chart: A Working Tool of Management*, 3rd ed. (London: Pitman, 1952).

史中学到一些东西。重构与虚拟无关,而与历史信息有关,它们恰好在运筹学(对这类信息进行假设修改)开始的地方结束。因此,新商业游戏的目标是将历史条件转化为长期条件,即不是问"(过去的)事情怎么样了"和"它们为什么会这样",而是试图回答"情况可以变成怎么样"以及"最优解是什么?"等问题。正如阿尔弗雷德·豪斯拉特写道:"商业游戏可以被视作某一案例研究的详细阐述,在对该案例的研究中,数据会随着游戏的进行受到玩家行为的影响(交互式的),而不仅仅是对先前完整案例记录的回顾。"[1]

运筹学在案例研究和角色游戏的结合中起到了决定性作用,角色游戏与战争游戏一样,必须由人或计算机裁判来管理。1953—1954 年,作战研究人员在约翰霍普金斯大学的 UNIVAC 上进行了第一次纯计算机模拟,目的是改善美国的防空战略。该项目被称为"ZIGSPIEL",是"内部地面防御区游戏"(Zone of Internal Ground Defense Game)的简称,在没有人为干扰的情况下,项目组进行了数千次游戏,并评估了数百种轰炸机和导弹袭击组合的潜在影响。大约在同一时期,兰德公司的研究人员安装了一款名为《Monopologs》的游戏[2]。顾名思义,这款游戏与战争的经济和后勤有关。事实上,这是第一款将战时经济学模型应用到和平时期的游戏,由此可以预见赫尔曼·卡恩在 1960 年的著名言论:"战争是可怕的,但和平也是可怕的,其间的差异似乎是一种定量的程度和标准。"[3]《Monopologs》模拟了五个空军基地的库存管理,其中涉及备件的采购,因此,参与者对成本和供应系统要有深入的理解。可以预期的是,它的目标是寻找和平时期及战争时期优化战备状态和维护成本之间的平衡。就像吉尔布雷斯的人机工程学方法一样,《Monopologs》代表着为保存战争中取得的"进步"而作出的一份努力,从而使战时条件可以或多或少地成为永久性生活条件,即使处于和平时期。

虽然在今天看来这似乎是显而易见的,但在早期没有人想到将 ZIGSPIEL 与《Monopologs》的思想结合起来。尽管如此,战争游戏的潜力已经得到认可,美国陆军管理学院 1954 年成立,在这里计划进行各种堡垒和基地模拟。从 1956 年开始,由于美国管理协会(American Management Association,简称 AMA)、海军战争学院与 IBM 的合作,战争游戏开始逐渐适应商业目的。战争

---

[1] Hausrath, *Venture Simulation in War*, p. 191. 也可参见 Stanley C. Vance, *Management Decision Simulation: A Non-Computer Business Game* (New York: McGraw-Hill, 1960), pp. 1-3.

[2] 不是我们熟知的那款《大富翁》(*Monopoly*)游戏。——译者注

[3] Herman Kahn, *On Thermonuclear War: Three Lectures and Several Suggestions* (Princeton: Princeton University Press, 1960), p. 228.

游戏的首次演示是在 IBM 650 上进行的,被誉为"管理教育方面的重大突破",并得到了《商业周刊》(Business Week)、《财富》(Fortune)和《工厂管理》(Factory Management)等杂志的迅速回应(正面和负面的都有)①。AMA 开发的游戏使用计算机来评估玩家行为的结果,出于经济和技术的原因,许多其他组织使用了战争游戏的基本配置(两个团队、一个裁判、一个记录员以及特定的概念,如参考数据、建模、概率、反馈等)。

制定行业标准和最受欢迎的游戏可能是安德林格(G. R. Andlinger)和杰伊·格林(Jay R. Greene)的《业务管理游戏》(Business Management Game),由麦肯锡公司开发,并展示在《哈佛商业评论》(Harvard Business Review)上②。这款游戏包括一家生产单一产品的公司和另一家结构类似的竞争公司,分为两队进行,每队有 3—4 名参与者,并由一个所谓的"控制队伍"进行管理,控制队伍根据市场、营销、广告、研发、生产、财务和竞争等方面来评估两队的决策结果③。

在接下来的几年中出现了大量的商业游戏,到 1959 年中期,波音公司通过游戏培训了 2 000 多名管理人员。1961 年,贝尔公司要求 1.5 万名员工玩金融管理游戏。事实上,正如豪斯拉特所说的那样,在短短几年之内,很难找到任何一个管理领域尚未涉及游戏或模拟仿真④。然而,令人惊讶的并不是商业或经济游戏的成功故事,而是发现了它们更多地依赖于战争模拟游戏的技术(通常是自由游戏,但如果使用了某些计算机技术则偶尔规则化),而不是 1944 年就被大众所知的冯·诺依曼的经济博弈论。当然,博弈论在 20 世纪 50 年代享有很高的声誉并不是因为它被应用于商业游戏,而是博弈论成了对冷战进行理论化的工具。

## 博弈论和冷战

20 世纪 20 年代,博弈论作为一种非政治理论被提出,20 世纪 40 年代被应用于经济学,美国战略家在 20 世纪 50 年代将它作为一种评估全球核冲突战略

---

① Franc M. Ricciardi et al., eds., *Top Management Decision Simulation: The AMA Approach* (New York: American Management Association, 1957), p. 107; Hausrath, *Venture Simulation in War*, p. 195.

② G. R. Andlinger, "Business Games — Play One!" *Harvard Business Review* (March/April 1958), pp. 115 - 125; G. R. Andlinger, "Looking Around: What Can Business Games Do?" *Harvard Business Review* (July/August 1958), pp. 147 - 152.

③ Hausrath, *Venture Simulation in War*, p. 196. 也可参见 Wilson, *The Bomb and the Computer*, pp. 184 - 185。

④ Hausrath, *Venture Simulation in War*, p. 202.

的工具(图17.8)。该关注的问题不是这种情况是否造成了对博弈论的滥用,而是这些应用是否实际上早就已经被列入理论本身的隐含价值前提①。

图 17.8　1959 年五角大楼的战争(游戏)室(展出的是一次"典型的先攻")

如上所述,博弈论不仅被视作分析社会或经济现象的概念框架,最重要的是它也被视为作出最优选择的去个性化过程。用史蒂夫·J.海姆斯(Steve J. Heims)的话来说,一个好的选择尤其会遵循保守原则,即在竞争对手为了确保自身优势而充分利用其能力来进行攻击时,我们首先需确保自身利益的损害最小化②。这就是博弈论在每种战略应用中所依据的基本假设。因此,必须假定每个博弈参与方都能够完全理性地思考,因为他会列出可能产生的一系列潜在可替代事件,同时列出另一系列己方策略可能导致的结果,以及其他参与者采用的策略,综合以上事件与策略,博弈参与者对最终策略进行选择。这些预期的结

---

① 参见 Steve J. Heims, *John von Neumann and Norbert Wiener*: *From Mathematics to the Technologies of Life and Death* (Cambridge, MA: MIT Press, 1980), pp. 291 – 329; Wilson, *The Bomb and the Computer*, pp. 167 – 183。

② Heims, *John von Neumann and Norbert Wiener*, pp. 295 – 296。

果很有趣,它们考虑了对手的预期收益,这使博弈论与数学决策论区别开来,因为数学决策论从计算中排除了其他参与者及他们的决策选择。博弈论的理想情况是两个参与者的零和博弈,在这种情况下双方冷静且理性,他们在没有沟通的情况下作出决策。

海姆斯概述了博弈论的三个特征,其中有两个特别值得关注:一个是坚持形式逻辑结构;另一个是巧妙地分离手段与目的。首先,由于博弈论对形式逻辑结构的坚持,使其与 19 世纪的社会理论[如塔德(Tarde)或维布伦(Veblen)的理论]不相容。因为根据这些社会理论,人类的决策不仅受到经济理性的影响,而且还受到看似不理性的因素的影响。博弈论忽略了这样一个事实,即决策从来都是在历史的视角下作出的,它们总是在某种程度上基于特定社会认可的信念,基于忠诚、友谊和对未来不可预测的期望。也就是说,决策是基于对过去和未来的责任感所作出的。冯·诺依曼希望用自动化的官僚机构来削弱这一现有构成。其次,博弈论将手段和目的分开,根据海姆斯的观点,"判断'结果'的标准是它们的可取性,而判断'策略'的标准仅仅是它们在实现预期目标方面的有效性"[1]。这种区分不仅没有考虑到可能的副作用,在更广泛的层面上,它也与一种简单的观点相冲突,即某些手段总是有助于达成某些目的,因此,它们必然是其中的一部分。从这个意义上来说,博弈论不允许任何反馈,它就像陷入了著名的囚徒困境一样静止不动,参与者不能相互沟通。从控制论的角度来说,将冯·诺依曼的玩家概念与诺伯特·维纳的舵手概念进行比较是有意义的。理性的玩家会列出所有通往某个特定目标的可能路径,并对这些路径进行排序,最后从中选出最好的一条,舵手则会保持当前的状态,这一状态对他的影响和他对这一状态的影响是相互的。到 20 世纪 40 年代末,维纳和人类学家格雷戈里·贝特森(Gregory Bateson)对通过使用博弈论作出的政治决策表达了强烈的保留意见。

> 该理论本身可能是"静态的",但使用它会带来变化,我怀疑,如此长期且频繁变化是偏执且可憎的。我考虑的不仅是冯·诺依曼模型里建立不信任前提的宣传,还有更抽象的前提,即人性是不可改变的。这一前提……反映或推了这样一个事实,即最初建立该理论只是为了描述规则不变、玩家心理特征固定的游戏。作为一名人类学家,我知道文化游戏的规则不是一成不变的,玩家的心理也不是固定的,甚至心理

---

[1] Heims,*John von Neumann and Norbert Wiener*,p. 297.

有时也会与规则脱节。①

十年后,在一段反共产主义的歇斯底里的时期里,维纳指出,即使是一个理性的玩家也可以通过了解对手的性格来获得相当大的优势。这段时期证实了贝特森早期有关这一时期的偏执诊断②。从历史的角度来看,他指出最好的决策往往不是那些基于极大极小原则的决策,而是基于对手的倾向、条件限制和先前经验的决策。此外,在评论文章中维纳补充道,战争同时发生在多个维度上,并且这些维度之间必然存在一定程度的沟通和反馈,需要牢记的是,与努力使决策同质化的博弈论相反,关于某一战争维度的决策或计算可能会与其他战争维度上的利益冲突。换句话说,看似在某一维度上将会产生最大利益的决策,实际上可能导致其他维度上的巨大损失。

经济学和社会学常采用控制论方法,并对博弈论的适用性表示怀疑,军事分析家则或多或少地持相反的态度,他们是博弈论最热烈的拥护者。正如曼努埃尔·德·兰达(Manuel De Landa)所写的那样:"也许在兰德公司手中,博弈论最具破坏性的影响是它在对敌人的心理建模时引入了偏见"③。简单了解下与囚徒困境相似的收益矩阵(图 17.9,下面将重现博弈论的特征),就可以理解这种偏见的来源。

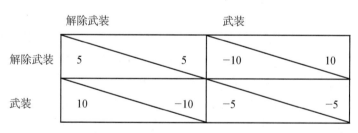

图 17.9　收益矩阵

从军备竞赛的角度来看,囚犯之间缺乏沟通渠道显然妨碍了解除武装的可能性,尽管这对双方来说都是理想的结果。然而,因为双方都同样关注如何获得

---

① 参见格雷戈里·贝特森 1952 年 9 月 22 日写给诺伯特·维纳的信。转引自 Heims, *John von Neumann and Norbert Wiener*, p. 307。

② 参见 Norbert Wiener, "Some Moral and Technical Consequences of Automation," *Science* 131(1960), pp. 1355–1358。本文源于 1959 年 12 月 27 日维纳在美国科学促进会上的一次演讲。

③ Manuel De Landa, *War in the Age of Intelligent Machines* (New York: Zone Books, 1991), p. 97。

最大的收益,所以他们都必须假设对手也会选择同样的策略,并期望给对手造成最大的损失。博弈论之所以会产生偏见,是因为它并非基于历史经验来假设另一方的行动;相反,它基于对手将尽其所能为自己带来可能出现的最坏情况的假设。此外,该模型应用的时间越长,这个假设就越来越能够取代经验本身。这种情况下的双方都将武装自己,从而导致同样程度的损失,最后双方都将武装自己,并遭受同等的损失。用更具戏剧性的语言来描述,这就像是一场大型的胆小鬼游戏,游戏中没有玩家愿意出局,因此双方最后都死亡了。除了被詹姆斯·迪恩(James Dean)奉为不朽,胆小鬼游戏碰巧也是赫尔曼·卡恩和托马斯·谢林(Thomas Schelling)最喜欢的比喻,用来比喻他们在兰德公司工作时提出的核威慑理论(图 17.10)。

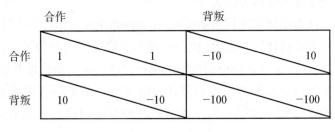

图 17.10　博弈矩阵

卡恩在他的《热核战争》(On Thermonuclear War)一书中宣称自己是现代的克劳塞维兹,他将这种矩阵用于他假想的"末日装置",后来斯坦利·库布里克以一种令人难忘的方式展示了该矩阵[①]。这种情况与囚徒困境的不同之处在于,相互不合作的惩罚要比单方面不合作的惩罚高得多。因此,蓝方必须使红方确信其不打算合作的意图,出于恐惧,红方将放弃任何合作想法;反之亦然。尽管这种合理性完全透明,或者正是由于这种交流的趋势,导致了相互不合作的灾难,而这仅仅是因为相互合作获胜的机会远低于囚徒困境的情况。

谢林是 20 世纪 40 年代以来兰德公司最杰出的战略分析师之一,他认为他的主题"完全属于(非零和)博弈论领域"[②]。同样,兰德公司 1950 年的年度报告指出:

---

[①] 在黑白片《奇爱博士》(Dr. Strangelove or: How I Learned to Stop Worrying and Love the Bomb, 1964)中,库布里克把桌子留在了作战室。当然,其效果是将军和他的顾问看起来就像在玩扑克游戏。
[②] Heims, John von Neumann and Norbert Wiener, p. 320.

> 在对战略轰炸、防空、空中补给或心理战系统进行分析时,兰德公司通过测量、研究、调查、开发或改编的相关信息,并主要通过数学模型和技术将其整合到模型中。……在这一综合领域的研究……,冯·诺依曼-摩根斯坦的博弈论提供了指导思想。①

冯·诺依曼临时担任兰德公司的顾问,因此,兰德公司或多或少地成为宣传和应用博弈论的总部②。这种崇高权威对这一理论的接受不仅反映出给政府关心的问题套上一层科学光环是多么具有政治有益性。在某种程度上,这种接受也反映了艾森豪威尔政府的总体特征——它对"我们"和"他们"的思考,对机械和非人格化决策的偏爱,对简单目标模型的依赖,对效率的过分强调以及对现有制度的保守和不加批判的态度③。如果冷战的表面目的是避免热战,那么博弈论在整个过程中证明了它是可以进行无限计算、猜想和建议的有用媒介。然而,与以往的军事演习不同的是,它的结果从未有机会与现实生活中的数据进行对比测试。用博弈论对第一次和第二次打击的成功计算基于这样一个事实,即这样的事件根本不被允许发生。也就是说,博弈论仅在不间断地进行战争的假想情况下才能成功地发挥作用。

---

① 转引自 Fred M. Kaplan, *The Wizards of Armageddon*, 2nd ed. (Stanford: Stanford University Press, 1991), p. 91. 也可参见 Gregg Herken, *Counsels of War* (New York: Knopf, 1985), pp. 204 - 225; John McDonald, *Strategy in Poker, Business and War* (New York: Norton, 1950).
② 关于冯·诺依曼作为科学顾问的各种活动,参见 Aspray, *John von Neumann and the Origins of Modern Computing*, pp. 235 - 251。
③ Heims, *John von Neumann and Norbert Wiener*, p. 319.

# 18. 20世纪60年代

> 整个核交换非常容易计算机化。我们可以普遍地使用计算机。①

## 越南战争

20世纪60年代后期有个有趣的笑话,正好是关于人类依靠电子游戏来评估越南战争的问题。与全球性的冷战不同,越南战争是局部性的,并且无疑是当时的热点。

> 1969年尼克松政府上台时,把当时美国和北越的人口、国民生产总值、制造能力、武装部队规模以及坦克、轮船和飞机的数量等数据输入五角大楼的计算机。计算机被问道:"我们什么时候会赢?"计算机马上回答:"你在1964年胜利了!"②

对于领头羊级的电子游戏运营商 ARPA 来说,当前模型的预测结果显然不符合越南战争的实际情况,因此,该机构委托 Abt 联合公司(Abt Associates)开发了一款可以模拟"主要内部革命冲突"和"反叛乱"的游戏③。值得一提的是,在模拟越南冲突的同时,游戏也模拟了这场战争在美国和其他地方引起的冲突。詹姆斯·F. 邓尼根在1967年加入由查尔斯·罗伯茨创立的阿瓦隆山公司,该公

---

① Wilson, *The Bomb and the Computer*, p. 124(转引自一位匿名的空军分析师)。
② Harry G. Summers, *On Strategy: The Vietnam War in Context* (Carlisle: U. S. Army War College, 1983), p. 11. 转引自 Allen, *War Games*, p. 140。
③ Wilson, *The Bomb and the Computer*, p. 142. 也可参见 Hausrath, *Venture Simulation in War*, pp. 223–274。

司是《战术》游戏的发行商。在之后,邓尼根成为模拟出版物公司(Simulations Publications Inc)的总裁,并研发了数百种商业战争模拟游戏。1968年,邓尼根开始开发一款R级游戏《Up Against the Wall, Motherfucker!》,目的是模拟哥伦比亚大学的学生动乱(顺便说一下,艾森豪威尔在1948—1953年担任哥伦比亚大学的校长)。尽管这款游戏从未成功投入生产,但它可能会在低限制级别的玩家中找到众多支持者。毕竟,对于政府来说,将游戏的严肃应用与私人无关紧要的娱乐划清界限并不总是那么容易。邓尼根的另一个商业游戏,即与中南半岛有关的游戏,在1972年被美国军方用来模拟泰国的虚拟危机情况。在这个游戏中使用了新信息,但是计算过程和游戏设备与之前并没有差别。1974年,由同一个设计师制作的另一款游戏《交火》(Firefight)首次出现,并作为训练美军排长的工具。根据当时的武器规格和官方战术指南,该游戏很快就在不加修改的情况下完成了商业化。在模拟出版物公司破产后,邓尼根成了国防部的顾问,并为"沙漠风暴行动"(Operation Desert Storm)等项目提供战略建议。家用计算机的出现给当时的游戏业带来了沉重的打击。最终,邓尼根的线下游戏无法与电脑游戏竞争,后者提供了单人游戏模式并降低了门槛。

越南战争以及为了解决越战问题而设计的模拟系统流程(包括新设计的计算机和游戏)存在建模问题,因为与可以轻易地简化为游戏的全球核打击不同,越南的游击战是由难以量化的因素决定的。在这场战争中,谋略、忠诚、物理打击和宣传都发挥了作用,越南政府在国内外的政治声誉和获得的支持也发挥了作用。借鉴加百利·邦内(Gabriel Bonnet)在中南半岛的经历,伯纳德·法尔[Bernard Fall,"美国胜利的第一悲观主义者"(the No. 1 pessimist about a U. S. victory)]定义游击战的公式为 $RW = G + R$,也就是说,革命战争(RW)是由游击战术(G)和心理政治行动(P)构成的①。国防分析研究所(the Institute of Defense Analysis)的战略家阿尔弗雷德·布鲁姆斯坦(Alfred Blumstein)设计了自己的公式:$TT + TG = TN$②。其中,TT表示三个独立的自给水平(意识形态、后勤和技术),TG表示自我关注的三个相互关联的级别(健康、品行与行为和创意),TN表示三个个人属性(尊重他人、社区破坏和集体崛起)。这些方法

---

① Hausrath, *Venture Simulation in War*, p. 246. 参见 Bernhard Fall, *The Two Vietnams: A Political and Military Analysis*, 2nd ed. (New York: F. A. Praeger, 1967); Gabriel Bonnet, *Les guerres insurrectionelles et révolutionaires de l'antiquité à nos jours* (Paris: Payot, 1958)。
② 阿尔弗雷德·布鲁姆斯坦在一篇未发表的论文《反叛乱的战略模型》(Strategic Models of Counterinsurgency)中提出了这个公式,他在1964年第十三届军事行动研究研讨会上发表了这篇论文。相关内容,参见 Hausrath, *Venture Simulation in War*, pp. 247-251。

将重点转移到新颖的研究领域及其量化问题上。由于考虑了个人因素,他们还解决了战争个体表示的问题,这些个体被兰德时代的游戏理论家视为匿名扑克玩家。如何量化民族主义思想?如何建立模型来评估后勤保障能力、文化特征和创造力?冯·诺依曼的普遍利己主义公式能否真正代表所有战争个体所采用的策略?回顾20世纪60年代的电子游戏历史,因越南战争而提出的一系列问题可以归结为三个主要问题,也可以说是四个问题。

第一,有必要整合多个游戏,以便为政治、经济、技术能力、心理、文化和历史等不同事物建立适当的模型。此外,此类模型必须考虑一般情况、特殊事件和紧急情况。为了最真实地模拟世界(甚至是越南这样的"小世界"),需要评估无数因素;为了建模,必须将它们场景化并用操作序列或计算机程序表示。总之,需要一个能够整合和协调以前独立用于评估战术或策略,社会或后勤,政治或军事等因素的游戏。这种协调行动需要各个游戏相互转换和兼容,由于通用机器的实现和计算能力的普遍提高,这在60年代成为可能。

第二,这种控制论的游戏合集可以简单地由所谓的面向对象编程来解决线性或传统编程问题。数据类的传播和集成独立模型网络带来的挑战都需要一种合理的描述语言进行仿真。回过头来看,使用诸如Simula, Simscript或后来的Smalltalk之类的语言开发面向对象的程序,可能被认为是越南战争引起的计算问题的副作用。

第三,越南的情况似乎引起了对博弈论的基本批判,后来又导致了对博弈论的修改和补充。事实证明,参与其中的玩家的记忆是无关紧要的,相较于匆忙地进行争取最大收益的尝试,合作似乎有时会获得更大的回报。这种认识导致博弈论的历史化,即有必要考虑过去和未来的选择。

这些问题,特别是前两个问题,意味着第四个问题的出现,即快速增长的数据的管理和可视化问题。就像用单个模型控制大量信息一样困难,随着人们努力地整合模型本身,这一问题的难度成倍增长。为了克服这一挑战,需要开发用于准备和输入数据的新技术,并且必须重新设计介于玩家和游戏之间的游戏界面。

## 积分

有两种不同的方法可以将方程式(如布鲁斯坦公式)应用于所谓的"游击模型"。一种是改编以前的(战争)游戏,另一种是开发原创游戏,根据20世纪60年代流行的控制论,这些游戏主要基于计算机。在这里,我们集中讨论第一种方法中最突出的游戏《Tacspiel》和《Theatrespiel》,以及第二种方法中的《Agile-

Coin》和《Temper》游戏①。

《Tacspiel》和《Theatrespiel》是运筹学办公室在 20 世纪 50 年代开发的补充游戏。在战略层面上,一个游戏中建模的数据可以于战术层面上在另一款游戏中解决;相反,许多个人战术游戏产生的数据可以提升到战略水平并作进一步处理。尽管这些游戏还没有达到很高的模块化程度,但是两者之间还是有一定程度的反馈,这正是诺伯特·维纳在对博弈论的批评中提出的。在 60 年代,《Theatrespiel》的规则被修改为所谓的"冷战模型",而《Tacspiel》的战术套路也被改写为"游击队模型"。此外,对于《Theatrespiel》中使用的已建立的情报,研究人员在军事和后勤模型方面进行了改进和修改,并开发了一种新的非军事模型来考虑经济、政治、心理和社会学因素②。但是,起决定性作用的是所谓的"终端模型",它用于评估各个子模型产生的输出,将该输出与当前的"政治目标"进行比较,并为下一步行动作出决策。这就提出了要依靠更高层次的理性来组织和执行单个动作的问题(冯·诺依曼世界观中的玩家问题)。在《Tacspiel》(图 18.1)模块级别进行的评估单个游戏物体动作的问题,类似于评估国际象棋的单步问题,因此很自然地可以将其计算化。为了使它具有可玩性,越南被表现为一个离散的地理网格,每个网格都可以被赋予一个数值。根据这些数值,可以对该国较大的地区进行概括描述,并根据它们受到红色或蓝色控制的程度进行标记(图 18.2)。标签本身很简单,但涵盖整个政治军事范围,"从 BB(蓝色部队拥有支持者和武装的地区)到 BS(仅有蓝色部队支持者),BA(蓝色部队武装区域)和 BC(蓝色部队控制区域)到 NN(中立区域),然后再到敌人的 RC、RA 和 RB 区域"③。游戏的目标是将由红色控制的区域变成由蓝色控制,这需要更细微的策略,而不仅仅是"找到、修复、战斗和完成"。实际上,只能通过赢得该地区人口的支持来实现,而这可以通过保证该地区人员安全、促进经济发展、保持社会凝聚力等来实现。因此,最重要的战斗涉及在游戏的各个区域获得政治和经济控制权,从而赢得该区域人员的民心。这在很大程度上取决于可以分配给一个地区或另一个地区的非军事人员的数量,无论这些人员是牙医、学校建设者还是教师。随后,可以通过如开放的孤儿院数量、医生看过的病人数量、已修好的道路长度或广播的宣传时长等数据来衡量公共支持度。

---

① 关于这些游戏的讨论,参见 Allen, *War Games*, pp. 181–192; Wilson, *The Bomb and the Computer*, pp. 142–166。
② 参见 Billy L. Himes et al., *An Experimental Cold War Model*: *Theaterspiel's Fourth Research Game* (McLean, VA: Research Analysis Corp., 1964)。
③ Allen, *War Games*, p. 184.

图 18.1　一位游戏策划为《Tacspiel》准备展板（每张卡片都被拍照并存档，以便后续分析）

图 18.2　《Tacspiel》蓝队的游戏室（其中一名玩家关注火炮，第二名玩家关注防空，第三名玩家关注技术维护）

　　《Tacspiel》的游击队模型是基于严格的战争游戏，并根据超过 450 页长的规则手册制作的。在代表一平方千米的网格空间中，每隔 30 分钟进行一次单独移动。在此过程中，需要重点关注被《Theaterspiel》的村庄评估系统确定为"战略村庄"的领域。这些行动不仅涉及战斗参数和赢得当地人民支持的新目标，还考虑了各种形式的恐怖主义和部队士气。后者不是由概率计算器确定的，实际上是由心理战的可量化影响来衡量的。在这里，越南成为社会工程师的试验场，他们从战争事件的进行过程中收集数据，用模型处理这些信息，然后在战争本身的实验条件下模拟并测试结果（图 18.3、图 18.4）。换句话说，越南战争成为一场为开发更好的电子游戏的实验。例如，兰德公司的员工对被捕的越南共产党员进行了 850 次采访，要求这些囚犯讨论他们的梦想（和噩梦）[①]。因此，在《Tacspiel》

图 18.3　越南南方各省

---

[①] 虽然他们很少梦到性，但受访对象显然经常梦到攻击性社交。参见 W. Phillips Davidson and Joseph J. Zasloff, *A Profile of Viet Cong Cadres*（Santa Monica：Rand, 1966）; Frank H. Denton, *Some Effects of Military Operations on Viet Cong Attitudes*（Santa Monica：Rand, 1966）; Michael R. Pearca, *Evolution of a Vietnamese Village. Part I：The Present, after Eight Months of Pacification*（Santa Monica：Rand, 1965）。

/ 电子游戏世界 /

的开发过程中,设计者曾尝试研发一种根据游击战因素"升级"或"降低"双方效能的模型。该模型旨在模拟恐怖分子的活动,例如暗杀村长、教师或医生,在村庄中放火,破坏粮食供应,破坏运输和通信网络,绑架村民等。相比之下,当今的策略游戏几乎没有考虑这些细节。

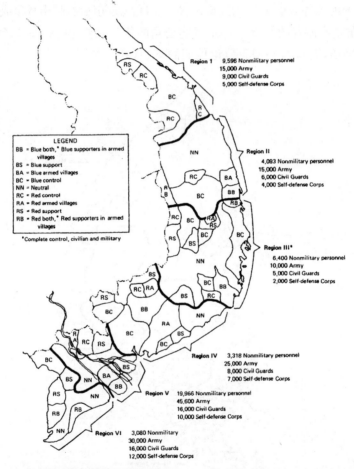

图 18.4　越南各省份的游戏建模(在这方面,蓝方的初始实力可以通过它可支配的军事力量和在某些地区可获得的支持度来表示)

尽管《Theaterspiel》和《Tacspiel》都是完全可量化的(至少在战术层面上)并且是以算法方式组织的,但它们并未在计算机上实现①。这些游戏是纸质游戏,

---

① 《Theaterspiel》后来与 IBM 7040 结合使用,然而这并没有什么区别。在这种情况下,电脑只是作为一种便于记录游戏的工具,而不是作为游戏媒介本身。

需要手动操作,并且需要大量的管理和计算工作(图 18.5、图 18.6),而这在今天是难以想象的。因此,与麦克纳马拉(Robert Strange McNamara)对先进技术的热情一拍即合,联合战争游戏署(the Joint War Games Agency)决定放弃老式的战争游戏,转而开发雄心勃勃的基于计算机的原创解决方案。这一雄心壮志的结果是开发了战术游戏《Agile-Coin》(下文简称《Agile》)和战略游戏《Temper》。

图 18.5　后勤专家在《Tacspiel》中权衡其选择——燃料还是弹药?

图 18.6　一间《Tacspiel》控制室(时钟和一个概率计算器在远处的墙上)

在《Agile》的开发阶段,目标是为单个村庄建模并量化它所有(定性)参数和变量,使它们可以由计算机处理。为此,ARPA 与 Abt 联合公司签约,以收集有关战争的、深入的社会学数据[1]。在研究了 20 个历史案例后,主要变量被确定为"信息""忠诚度"和"有效军事力量",并且研究人员手动进行了 15 次试玩(由 Abt 的工作人员和来自哈佛大学及麻省理工学院的专家)来探讨这些变量的影响。在第一次试玩中,六个"村民"被安排在同一个房间里,代表政府的玩家和代表叛军的玩家随后轮流进去访问他们。双方都使用了代表士兵、粮食和收割者的扑克牌,并提供了这些扑克牌的组合,以赢得村民的民心。叛乱分子的目标是在三步的移动过程中获得六个村民中四个村民的忠诚。第二次试玩引入了恐怖主义行为,将玩家分别放在两个相邻的房间,并对通信系统进行建模。在这种情况下,如果叛乱分子能够在连续三步中维持 40% 的村民忠诚度,并且部队人数增加 20%,他们就被认为是成功的。第三次试玩引入了两个动作的延迟时间,以模拟村民的训练时间和审议工作,还设立了政府管理机构,政府代表可以被叛乱分子或村民杀死。持续进行模拟,到第十五次试玩时,研发者已经模拟了数百种独立和互相依存的场景。值得注意的是,在整个试玩期内,游戏的设计师一定会让村民在每次移动后填写社会学调查问卷,调查结果会显示他们对眼前事件的总体态度,从而对村庄留下个人印象。研究人员准备将这些信息转换为流程图,游戏的线下版本则留作美国军事学院的平叛训练[2](counter-insurgency training exercise)。在开发《Agile》以及同时开发的动作游戏过程中,值得注意的是,电脑与用户(玩家)之间形成一种游戏的(ludic)互动概念,这一概念反过来又提出了有关界面的紧迫问题。

游戏通常在多个房间中手动进行,团队将交替进行移动,这些动作将由"裁判员"(控制团队或计算机)进行处理,并且移动的结果将根据一种或多种交流模式传达给相应的对手。还有一种选择是让两个团队并行作出决策,并将评估工作交给中央机构。在这种情况下,并行输入的值将相互制衡并作为共同结果显示。为了让团队随时了解对手的决定,可以将后者记录在不同的透明胶片上,彼此放在一起,然后投影到一个或多个房间的墙壁上,以便两个团队检查结果。在仍然普遍使用的莱斯维茨传统中,游戏人物可以根据地形的比例模型重新排列。如今的计算机显示器几乎可以完美地模拟桌子上的各种彩色立体模型和成千上

---

[1] 参见 Philip Worchel et al., *A Socio-Psychological Study of Regional/Popular Forces in Vietnam: Final Report* (Cambridge, MA: Simulmatics Corporation, 1967).

[2] 最初的报告发表时题目为 *Counter-Insurgency Game Design Feasibility and Evaluation Study* (Cambridge, MA: Abt Associates, 1965).

万个游戏零件,以及附带的贴在墙上的数据卡。然而,这种模拟在20世纪60年代是完全不可想象的,在那个时候,计算机图形学还处于起步阶段,与人机交互相关的人类工效学也才刚开始被研究。

当时的电子游戏是由耗时且成本高昂的编程来定义的,实际处理时间几乎没有作用。开发程序需要花费几个月的时间,有时甚至需要数年,分析师评估数据所需的时间也一样长。计算本身通常不超过几分钟或几小时,但在程序运行并产生无穷无尽的数字列时,它不允许任何用户干预。由于减少了编写程序所需的时间,伽莫夫一遍又一遍地重复几乎相同场景的想法非常适合计算机应用程序,但是执行这些程序将需要大幅提高计算吞吐量。

20世纪60年代最好的游戏可视化解决方案可能是安装在军事指挥中心的大型显示器,无数电影都对它进行了神化。例如,位于纽波特的美国海军战争学院具有纪念意义的海军电子战争模拟器(图18.7,Naval Electronic War Simulator,简称NEWS)带有照明屏幕,上面投射有军事符号[①]。一台所谓的"武器和伤害计算机"进行了计算,并记录了比赛的时间。NEWS能够控制和表示最多48个对象(船或飞机),这些对象被放在20个指挥室中进行操作,每个指挥室都有一个概率计算器,可以模拟武器故障,以及声呐或雷达对给定单位探测的失误率。中央屏幕的每一侧都有每个舰船和飞机状态的指示面板,包括航向、高

图18.7 海军电子战模拟器的控制室准备在1958年启用

---

① 参见 Wilson, The Bomb and the Computer, pp. 88-90。

度、武器状况等。此外，该模拟器能够显示四个不同比例的真实地图（从 1∶40 到 1∶4000 平方海里），并且计算机能够在屏幕上绘制单位的运动，使游戏能够专注于较小的动作区域，或描述活动的总体趋势（它还可以将游戏事件加速到真实速度的 5 倍、10 倍、20 倍甚至 40 倍）。

NEWS 根据雷达屏幕的机制进行操作，自从旋风时代（the time of Whirlwind）起，它就已经能够在一个显示器上统一移动像素和输出字母数字了。它的创新基本上就是将多个雷达图像彼此叠加，这有点像叠加一堆透明胶片。在这种情况下，用投影灯泡和成排的灯泡完成此操作的重要性还不如在这个过程中将少数事件进行可视化。因此，NEWS 在 20 世纪 60 年代末被淘汰并不是因为它容易受到系统故障的影响，而是因为它能显示的范围有限（取而代之的是计算机屏幕，当时已对它的人类工效学进行了评估）[1]。我们可以将 NEWS 的设计（包括代表图像、字母和数字的技术组合）与莫顿·海利希的 Sensorama 虚拟现实设备或大型飞行模拟器的设计进行比较。在上述每个例子中，计算机图形学都会取代并融合一系列复杂的模拟技术。

无论如何，NEWS 的三个主要组成部分，即透明胶片、随后的字母数字数据和雷达屏幕，都可以在一定程度上表明开发诸如《Agile》之类的计算机程序所面临的问题，这些程序希望尽可能有效地（即以交互方式）对忠诚度、信息和战斗的控制进行建模。最初的解决方案是设计一种命令行用户界面，以允许进行以下输入：

```
BSIZR (Insurg) = 50
```
meant: "The insurgents have a force of 50 men."
```
BSIZTV (Insurg - 3, Insurg) = 70
```
meant: "The insurgents tell Village 3 that they have 70 men."
```
VSIZPB (3, Insurg) = 70
```
meant: "Village 3, a pro-insurgent village, believes the insurgents."
```
VSIZTV (3, 7, Insurg) = 80
```
meant: "Wanting to help the insurgents, Village 3 transmits an exaggerated report of their strength to Village 7."
```
VSIZPB (7, Insurg) = 55
```
meant: "Village 7, a pro-government village, places little faith in Village 3's report."
```
VSIZTB (7 - Gov, Insurg) = 55
```

---

[1] 参见 Brewer and Shubik, *The War Game*: *A Critique of Military Problem Solving*, pp. 118–125。

meant: "Village 7 gives the government its estimate of insurgent strength."
BSIZPB (Gov, Insurg) = 53
meant: "The Government discounts Village 7's estimate slightly."①

尽管威尔逊将人与机器之间的这种交流称为"苏格拉底式对话"可能言过其实了②,但当今策略游戏的基本操作仍然是基于玩家和程序间的反馈,这些反馈是通过用户界面作为媒介进行组织和格式化的。以《Agile》(图18.8)为例,编程能力不再是在计算机上玩战争模拟游戏的先决条件,正是这种创新(使用了文本输入而非图形操作)改善了当今所有商业计算机策略游戏的基本情况。而且《Agile》还提供了单人游戏模式的选项,因此,玩家在游戏里还可以扮演村民、政府官员或叛乱分子。

《Agile》在战术层面上寻求实现的目标是通过游戏《Temper》在战略层面上实现的,《Temper》代表技术、经济、军事和政治评估程序。豪斯拉特直接将其描述为当时"最雄心勃勃的、具有战略意义的游戏项目"③。由雷神公司(Raytheon Company,一家至今仍然很有影响力的国防承包商)设计的《Temper》可以模拟多达39个国家和地区的关系,这些国家和地区被划分为20个冲突地区(图18.9)。在玩法上,《Temper》与《Agile》具有许多相似之处[这并不奇怪,因为克拉克·阿布特④(Clark Abt)曾担任两款游戏的首席设计师]。为了避免陷入太多细节,我大概介绍一下这款游戏。《Temper》收集了117个国家的数据,这些国家作为参与者相互影响,并根据军事、经济、政治、科学、心理、文化和意识

---

① 转引自Wilson,*The Bomb and the Computer*,p.148. 作为解释,"为了将信息转化为计算机可以处理的形式,游戏设计者使用5—6个字母的密码。第一个字母表示发送者或接收者,或者简单地说是"参与者"(B表示"交战国",V表示"村庄")。接下来的三个字母表示信息的内容,例如,SIZ表示部队规模。第五个字母表示信息的类别,不管它是真实的(R)、感知的(P),还是传递的(T)。第六个字母如果存在,指的是收件人或被察觉的一方(Ibid.).

② Ibid.,pp.149-150. 也可参见豪尔赫·普弗格关于计算机与用户之间交互的不同阶段的讨论:"Hören, Sehen, Staunen. Zur Ideengeschichte der Interaktivität," Sammelpunkt. Elektronisch archivierte Theorie (http://sammelpunkt.philo.at:8080/48/),我在第一部分也引用过。

③ Hausrath,*Venture Simulation in War*,p.266. 也可参见Clark C. Abt, "War Gaming," *International Science and Technology* (August 1964), pp.29-37; Morton Gordon, *International Relations Theory in the TEMPER Simulation* (Cambridge, MA: Abt Associates, 1965).

④ 克拉克·阿布特还是"严肃游戏"的奠基人。——译者注

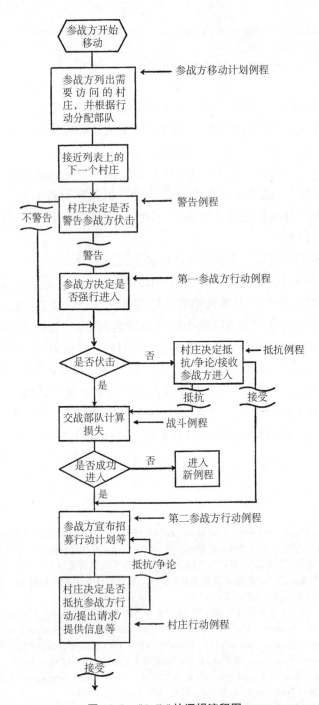

图 18.8 《Agile》的逻辑流程图

形态七个不同的类别对这些国家和地区之间的关系进行了建模①。正如豪斯拉特解释的那样,行动者所作的决定得到了一堆结果数据,包括理想情况、现实情况、理想与真实的情况差异、资源分配、国际团体间的谈判、联盟的形成、合作和解散的辅助②。在这七个类别中作出的任何一个决定都会影响其他六个类别(例如,军事决定会在经济领域产生影响,就像经济领域的决定会影响军事事务一样),这些决定反过来又会影响一个国家在各个层面上与其他国家的关系。关于军事事务,决策由升级的评估子模型控制,军事行动范围可能从小型叛乱或起义乃至"全面核交换"(full-scale nuclear exchange)。顺便说一句,这种暴力规模是根据每日损失的美元价值来衡量的。

```
World Type I:    "One World"
        1985—U.S./U.S.S.R./Europe/China
World Type II:   "Three and One"
        1977—IIA:  U.S.—U.S.S.R./Europe/China
        1981—IIB:  U.S.S.R.—U.S./Europe/China
          —  IIC:  Europe—U.S./U.S.S.R./China (eliminated)
        1976—IID:  China—U.S./U.S.S.R./Europe
World Type III:  "Two and Two"
        1978—IIIA: U.S./U.S.S.R.—Europe/China
        1973—IIIB: U.S./Europe—U.S.S.R./China
        1980—IIIC: U.S./China—U.S.S.R./Europe
World Type IV:   "Two and One and One"
        1979—IVA:  U.S./U.S.S.R.—Europe—China
        1974—IVB:  U.S./Europe—U.S.S.R.—China
        1972—IVC:  U.S./China—U.S.S.R.—Europe
        1982—IVD:  U.S.S.R./Europe—U.S.—China
        1983—IVE:  U.S.S.R./China—U.S.—Europe
          —  IVF:  Europe/China—U.S.—U.S.S.R. (eliminated)
World Type V:    "Multipolarity"
        1975—U.S.—U.S.S.R.—Europe—China
World Type VI:   "Wild Card"
        1984—Examples:
                Rich—Poor
                White—Colored
                Wars of Religion
```

图18.9  20世纪60年代的电子游戏中产生的潜在世界场景

---

① Hausrath, *Venture Simulation in War*, p. 267. 20世纪60年代开发的另一个模拟,即道格拉斯螺纹分析模型(the Douglas Thread Analysis Model),这超出了本书的讨论范围。它以模拟135个国家的行为和分析18 000多种可能的国家政策而闻名,通过图表和流程图,它可以表示这些政策之间的政治、军事或外交分歧,并迅速确定其中哪些可能与国际事务有关或无关。它希望通过这种分析能够使人们预测并避免危机(Ibid., pp. 234 – 242)。

② Ibid., p. 267.

/ 电子游戏世界 /

玩《Temper》需要具有多种知识，它可以让玩家按照自己的目的设定建模世界（如博尔赫斯的目的是创建 1∶1 的帝国地图）。但就像每个完美的殖民地政府一样，这样做会冒着建立一个"永久的世界末日"的风险[①]。尽管有这种担心，人们仍然认为，对世界的全面了解和对运行规则的全面形式化将有助于预测世界未来的状况。为此，设计者为《Temper》配备了可操纵的时间轴，它可以以 30—40 分钟的间隔处理一周到一年的模拟事件。尽管这一过程能够产生许多偶然的情况，但实际上它的成功非常有限，主要是（尽管不是全部）因为当时缺乏可用的程序兼容数据。《Temper》从未完全地开发成功，如果为了使它能够真的有效运行的话，必须对整个地球进行网格化并为每一个网格配备一个监测器。就像数字气象站一样，所有监测器必须持续不断地向系统提供当前的数据流，以预测即将到来的天气情况。

进行这种比较的原因有很多。比如，《Temper》从全球各地的测量点收集的经济、政治和军事数据类似于通过同步气象站的全球网络对大气压力、湿度和空气流动的测量。越南标记为蓝色或红色的区域看起来像理查森系统中被描绘为白色或红色的同质象限。后者能够基于有限的数值进行全球预测，但是它们的低分辨率不足以识别像《Agile》之类的程序能够处理的小规模湍流。在另一个层面上，像《Temper》这样的战略性程序都配备了战术子程序，这可以看作对理查森的"计算机剧场"（computing theater）的重现——由它单个单元或子模型进行的计算可以由中央控制单元在离散的时刻进行查询和评估，并分别处理成全球性的天气图像或全球性的政治局势图。假设它们基于适当的模型并具有足够的计算能力，则这些数据又可以进行预测。甚至理查森在全球地图上可视化实时事件的想法似乎已经在 NEWS 和其他大型模拟器上实现了。此外，与天气一样，该系统特别注意潜在的危机地区——军事动荡区、经济低压区和革命风暴前线。两者的区别在于，理查森只希望预测天气，而不希望改变天气，但军事模拟的目的是通过"看不见的手"（当然是美国人的）来干预以避免真实生活中的潜在灾难，从而保持和平的政治气氛。无论如何，《Temper》似乎已经实现了约翰·冯·诺依曼"控制天气"（不论是否使用核能）的愿望。

数据输入问题反映在数据准备和输出过程中，就后来的电子游戏历史来看，值得注意的是，由《Temper》处理和管理的数据和交互的数量将变得完全无法估量。《Temper》作为一款电子游戏，不仅可以将数据处理速度的定量增长转化为

---

① 参见 Bernhard Siegert, "Perpetual Doomsday," in *Europa — Kultur der Sekretäre*, ed. Bernhard Siegert and Joseph Vogl (Berlin: Diaphanes, 2003), pp. 63 - 78.

定性的可计算性新形式。在没有新的使用和表示形式的情况下，也就是在没有可以处理和准备玩游戏所需信息的界面的情况下，它也是无与伦比的电子游戏。正如赫尔曼·卡恩几年前所写的那样："目标是制造一款既可以由两名外星人，也可以由对所涉及问题具有实质性知识和经验的玩家游玩的游戏。"（卡恩这里所说的外星人相当于泰勒所说的大猩猩）①。因此，就《Temper》而言，它达成了所有严肃化战争模拟游戏的最高成就，这意味着：

> 游戏目的是有一个阴极射线或类似的显示系统，使新手可以在5—10分钟内学会玩这个游戏。阿布特对战略研究小组说："我们想要的是一个具有15个按钮的系统，每个按钮具有5个与军事政治相关的功能。一个按钮可以控制用户要操作的变量，另一个按钮可以控制地理区域。以此类推，只需几个转盘和一张地图就可以表示该模型的大多数复杂性操作。"②

自从引入图形用户界面以来，策略游戏已经通过按钮、菜单、滚动条和鼠标解决了上述问题（图 18.10）。在《Temper》的游戏过程中，玩家可以修改各个子模型的数据，从而根据既定规则，保证冲突继续或停止，以使特定政党获得优势。但是，这些子模型之间的关系的本质隐藏在界面后，在操作界面的同时才能控制它们。为了使子模型能够正常运行，游戏世界的内部功能必须对玩家不可见。界面的相互隐藏导致了控制进程的对称分布，玩家在一侧，电脑在另一侧。界面只显示个别的子模型或知识领域（如食品供应、医药、教育等，它们的界面显示都取决于游戏），玩家可以从中操纵数据。然后，主程序会将这些输入信息与所有其他因素进行比较，并将比较结果反馈给玩家，由玩家作进一步的比较。简而言之，玩家会用他们的输入激活系统，作为回应，系统会用自己的输出刺激玩家，并获得一组新的输入。《Temper》是一种由两个控制者操作的镜像游戏，为了在游戏中缓和全球政治气氛，玩家将作为一种程序或作为一种"技术、政治评估程序"运作。

## 对博弈论的批评

《权力平衡》（Balance of Power）是 20 世纪 60 年代最成功和最著名的计算

---

① Herman Kahn and Irwin Man, *War Gaming* (Santa Monica: Rand, 1957), p. 4.
② Wilson, *The Bomb and the Computer*, p. 157.

/ 电子游戏世界 /

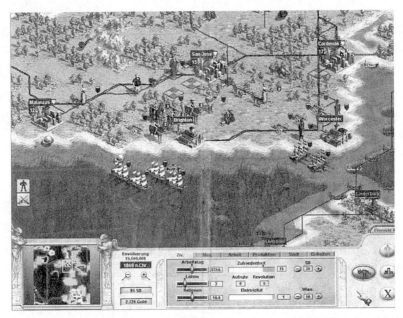

图 18.10 《文明 3》(*Civilization III*, 1999)中的一幕[在标记为"文明"(Civ)的格子里，(上面的屏幕快照中的"Ziv")有用于"工作日"(workday)、"配给率"(rations)和"工资"(wages)的控件 UI，以及显示幸福感、能量供应和起义可能性的指标 UI]

机战略游戏之一，像其他许多类似的游戏一样，它允许玩家模拟冷战时期的事件来进行游戏。然而，有趣的是，只有在不发动战争的情况下才能赢得这场比赛。从 1928 年开始，约翰·冯·诺依曼的博弈论就是一种关于平衡的理论，至少在某种意义上，它试图在两种或两种以上对立的力量之间创造一种平衡状态。在双人零和博弈的情况下，该理论证明了由两个人组成的社会可以达到某种平衡。然而，根据《Agile》和《Temper》等模型，很明显，维纳和贝特森对博弈论的反对，尤其是对博弈论的静态性、博弈论产生的偏执以及它缺乏横向和层级反馈的反对意见，很难予以驳回。因此，在 20 世纪 60 年代，传统博弈论受到了大量的批评，其中一些批评(但并非全部)是由越南战争引起的，博弈论为此也得到了改进。对这种批判性的关注既来自军事战略家，也来自政治和经济理论家，其中最为突出的是他们否定了冯·诺依曼的许多抽象定义(比如将游戏简化为一次性的动作，排除博弈双方的心理、记忆和交流等)。与此同时，批评者们仍然被迫用数学术语来表达这种抽象[1]。

---

[1] 为了讨论"经济人""社会人"和"游戏人"之间的相互作用，参见 Julian Nida-Rümlein, "Spielerische Interaktion," in *Schöne neue Welten? Auf dem Weg zu einer neuen Spielkultur*, ed. Florian Rötzer (Munich: Klaus Boer, 1995), pp. 129–140。

例如,兰德公司的战略家托马斯·谢林试图用协调理论(theory of coordination)取代博弈论,这种理论考虑到了两个对手的期望值,即让他们对彼此知之甚少①。谢林从日常生活中举出一些例子,以证明在许多具有类似结构的游戏中存在所谓的最优解决方案。他最难忘的一个例子可能是在纽约市的一次相亲实验,参与者在实验中必须猜测他们应该在何时何地见面。为了增加相遇的机会,大多数实验对象选择于正午时分在纽约中央车站见面。在某种程度上,谢林的协调理论有助于确定在一定限度内的低熵可靠区域(在本例中是纽约市)。根据这些观察,谢林推断出一种默契谈判(tacit bargaining)的理论,这种理论可以在和平时期以及小规模对抗期间协助政府互动。从他的其他一些著作中可以清楚地看到,识别看似明显的最优解决方案的能力最终只起到两个作用,即向领导人汇报旅游信息和发现隐藏的解决方案。谢林认为,这两种功能都可以通过游戏的互动来实现,因此,他似乎已经预见或率先提出了"教育娱乐"(edutainment)的概念。

> 通过一个类似的游戏,人们可能比参加任何一个策划了两三天的补习班了解到更多关于一个国家的地理、人口分布、电话系统、近代史、政治人物、外交纠葛、天气、街道布局、武装力量、政治和民族以及所有其他关于旅游的信息。把玩家置于一个游戏中三天,使他专注于他学习的领域,这比他通过任何形式的简报、讲座、阅读计划或其他自我提升计划所能学到的都要多。我们有点像那些用智力测试让孩子们在数字序列中再加一个数字的人,比如先有2、4、8,我们期望的是16,而得到的是4,因为有些孩子认为这是周期循环,并坚持认为这是数字的"明显"模式。②

谢林的最优解决方案确定了即使在紧急状态或特殊情况下仍将在局部区域发挥作用,从这个意义上说,这个发现也是一个目标。尽管(或许是因为)谢林非常熟悉博弈论,但用威尔逊的话说,谢林并没有"消除零和博弈中任何一方的两个'最合理'解决方案之间的形式矛盾"③。他自己的理论更像是一种教育学的论证,这种游戏通过将文化语境化的同时分析冯·诺依曼那些没有特性的对手,从而使游戏双方获得更多的收益。在这方面,谢林对博弈论的改进朝着理解敌

---

① Thomas Schelling, *The Strategy of Conflict* (Cambridge, MA: Harvard University Press, 1960).
② Thomas Schelling et al., *Crisis Games 27 Years Later: Plus c'est déjà vu* (Santa Monica: Rand, 1964), pp. 24–25, 33.
③ Wilson, *The Bomb and the Computer*, p. 177.

人的方向迈出了一步,即朝着"红色思维"的方向迈出了一步。

还有一种方法是由阿纳托尔·拉波波特(Anatol Rapoport)提出的,他直接批评了博弈论的合理性原则①。在他看来,把非理性的概念引入博弈才是解决非零和对策理性二分法的方法。为了实现这一点,他认为玩家必须按照康德的绝对命令行事。

> "在囚徒困境游戏中选择合作策略的玩家,"拉波波特写道,"这样做是因为他觉得这样做是正确的。他觉得他应该像他希望别人做的那样去做。他知道,如果双方都如他所期望的那样,双方都将受益。我认为这些都是相当有说服力的理由……"②

这种策略与冯·诺依曼系统中的玩家战略推理背道而驰,对他们来说,绝对的不合作是更好的选择。为了解释这一矛盾,拉波波特不得不将冯·诺依曼经过深思熟虑的个人博弈系列化和历史化,也就是说,他必须向相关玩家介绍记忆的概念。为了实现这一点,他坚持认为囚徒困境的每一个例子都必须至少被玩两次,然后将这两个游戏合并成一个"超级游戏"。当然,这个过程会使可能策略的数量增加。例如,在第一个游戏中,玩家 A 可以选择合作;在第二个游戏中,玩家 A 可以选择采用第一个游戏中另一个玩家使用的策略。用拉波波特的话来说,这就是一个"只有良好意志的"的人作的决定③。拉波波特把他的理论建立在相互善意的原则上,这是对赫尔曼·卡恩基于自私的理论的回应,即冷战的最佳结果可以通过突然袭击来实现。尽管拉波波特没能找到解决这个问题的方法,但他的方法对于后来试图证明玩家间的合作优势的努力而言是很重要的。

然而,这样一个解决方案需要整合所谓的"谈判理论",该理论是由丹麦经济学家弗雷德里克·泽森(Frederik Zeuthen)提出的(虽然与冯·诺依曼几乎同时代,但他是在没有任何博弈论知识的情况下提出了他的理论的)④。尽管冯·诺依曼已经意识到博弈论中组建联盟的问题,但他在讨论中排除了无论是家族内部、公司之间、市场上还是国家之间成功合作的最关键因素,即谈判。相反,泽森

---

① Anatol Rapoport, *Strategy and Conscience* (New York: Harper & Row, 1964).
② Wilson, *The Bomb and the Computer*, p. 178. 参见 Anatol Rapoport, "The Use and Misuse of Game Theory," *Scientific American* 207(1962), pp. 108 - 118。
③ 转引自 Wilson, *The Bomb and the Computer*, p. 178。
④ 参见 Frederik Zeuthen, *Problems of Monopoly and Economic Warfare* (London: G. Routledge & Sons, 1930), pp. 104 - 135。

把谈判作为主要的研究对象,他通过主导公司和工会之间的集体谈判协议,形成了自己的理论框架。事实上,当社会理论家、政治科学家和经济学家对博弈论的效用表示怀疑时,兰德等机构却热情地采用了博弈论方法。例如,早在20世纪50年代,约翰·纳什(John F. Nash)就试图使谈判理论和博弈论相互兼容[1]。这种基于复杂的数学理论的综合涉及布劳尔不动点定理[2](Brouwer's fixed-point theorem)的应用,它不仅过于抽象,还局限于谈判的行为,即参与者要充分了解谈判桌上每个人的策略、价值体系和知识状态。一个决定性的解决方案是由约翰·C. 海萨尼(John C. Harsanyi)提出的,在拖延了很长时间之后,他与纳什、莱因哈德·泽尔腾(Reinhard Selten)一起获得了诺贝尔经济学奖。海萨尼的想法是使参与者的战略选择依赖于不确定的、仅仅是可能的知识,在最高层次上将泽森的方法体系化,从而将自由或寡头垄断市场的整个理论简化为谈判理论[3]。基本而言,博弈论的批评者和福利经济学的支持者认为,一旦伦理决策建立在一套普遍的规则之上,而不是基于个体的谈判行为,功利主义令人不快的方面就会消失。"公众期望以普遍有效的社会规则(而非个人谈判)作为指导方针,这套规则必然会产生比每个人完全围绕自己组织起来时更高的社会福利。"[4]简言之,合作将产生比基于极小极大原则的决策更有利的结果。有了一套有限的民主规则(或者说是这样的想法)后,竞争利己主义者会很容易地把自己转变成合作利他主义者,因为这样做可以使他们得到更高的回报。此外,由于记忆也被纳入等式,因此,我们还可以推断出玩家会从冲突中学习,并只会继续追求那些最有可

---

[1] John F. Nash, "The Bargaining Problem," *Econometrica* 17(1950), pp. 155–162; John F. Nash, "Two-Person Cooperative Games," *Econometrica* 21(1953), pp. 128–140. 也可参见 Robert M. Axelrod, *The Evolution of Cooperation* (New York: Basic Books, 1984).

[2] 参见 John von Neumann, "A Model of General Economic Equilibrium," *Review of Economic Studies* 13(1945), pp. 1–9. 最初发表时的版本为"über ein ökonomisches Gleichungssystem und eine Verallgemeinerung des Brouwer'schen Fixpunktsatzes," *Ergebnisse eines mathematischen Kolloquium* 8(1937), pp. 73–83.

[3] 参见 John C. Harsanyi, "Cardinal Welfare, Individualistic Ethics, and Interpersonal Comparisons of Utility," *Journal of Political Economy* 63(1955), pp. 309–316; John C. Harsanyi, "Ethics in Terms of Hypothetical Imperatives," *Mind* 47(1958), pp. 305–316; John C. Harsanyi, "Approaches to the Bargaining Problem Before and After the Theory of Games," *Econometrica* 24(1956), pp. 144–157; John C. Harsanyi, *Rational Behavior and Bargaining Equilibrium in Games and Social Situations* (Cambridge: Cambridge University Press, 1977); John C. Harsanyi and Reinhard Selten, *A General Theory of Equilibrium Selection in Games* (Cambridge, MA: MIT Press, 1988).

[4] Eckehart Köhler, "John C. Harsanyi as the Master of Social Theory," in *Beyond Art — A Third Culture: A Comparative Study in Cultures, Art, and Science in 20th-Century Austria and Hungary*, ed. Peter Weibel (Berlin: Springer, 2005), pp. 403–406, at 406.

能成功的冲突(假设规则保持不变)。

自20世纪70年代以来,这种发展观念在约翰·梅纳德·史密斯(John Maynard Smith)的进化博弈论(evolutionary game theory)观点下得到了激发,这一理论使我们回到了电子游戏的问题上来。根据休厄尔·赖特(Sewall Wright)的一个古老观点,进化可以被视为一种优化趋势,可以用一种所谓的"适应度景观"(fitness landscape)直观地表示出来,也就是说,它是一种特殊的成本函数[1]。为了求得一个适应度景观,必须测量不同基因型之间的关联程度,然后以距离的形式来表示它们的关联。此外,每个基因型都必须被赋予一个适应值。这些景观的动画通常类似于山脉,有着遗传适应性的峰谷。史密斯根据这种表现模式把博弈论带到一个有趣的新方向。该理论的研究对象不再是个体,而是大量的玩家群体,其中的一些人会采取一种策略,另一些人则会采用另一种策略,在一系列博弈过程中,玩家之间的相互依赖性可以被观察到。由每个玩家获得的回报将使他们成功繁殖,然后下一代将继承他们前辈的策略[2]。在这种适者生存的规则下,更成功的策略的出现频率将不得不增加。如果冯·诺依曼的理论是正确的,按照他的理论,最有可能兴旺的群体将是背叛者。

正如美国数学家阿佩尔(Appel)和哈肯(Haken)对四色问题的解决方案一样[3],计算机在这一论证中起着决定性作用,这是因为冯·诺依曼理论的正确性不能通过分析来证明,而只能通过算法(通过电脑模拟)来证明。幸运的是,观察进化过程的合适算法模型已经存在于约翰·冯·诺依曼的元胞自动机理论和约翰·H.康威在1968年设计的《生命游戏》中,后者是冯·诺依曼思想的浓缩版本。元胞自动机不仅构建了一个完全人工的、可理解的世界,在这个世界里,复杂的进化行为可以建模。同时,由于伯克斯和康威的贡献,这些过程还能被以计算机兼容的方式表示。进化博弈论的目标(同时也颇具讽刺的)是它只有借助计算机(尤其是计算机图形学)才能实现,即根据冯·诺依曼的元胞自动机对冯·诺依曼的博弈论进行建模,从而驳斥冯·诺依曼的博弈论。

例如,在一个二维网格上,每个单元都可以与它摩尔邻域内的每个相邻单元

---

[1] Sewall Wright, "The Roles of Mutation, Inbreeding, and Selection in Evolution," in *Proceedings of the Sixth International Congress of Genetics*, vol. 1, ed. Donald F. Jones (Brooklyn: Brooklyn Botanic Garden, 1932), pp. 356–366.

[2] 在一个相对较新的此类实验中,游戏动物的进化模型被制作成与欧洲战斗机飞行模拟器相兼容。经过大约四千代的进化,这种组织松散的生物设法获得了一些非凡的飞行能力。关于这个实验,参见匿名文章"Zehntausend stürzten ab," *Der Spiegel* 23(1998), pp. 192–196。

[3] Kenneth Appel and Wolfgang Haken, "The Solution of the Four-Color Map Problem," *Scientific American* 237(1977), pp. 108–122. 我也在"图表和网络"一节中引用了这篇文章。

进行交互。在这种外部的整体性数字配置中,每个单元在其生命周期都会有一个不变的策略(合作/背叛)。在与8个邻居的每一次连续博弈后,所讨论的单元将获得一个特定的回报,这将决定是否有继任者继承它所采用的策略。尽管它们看起来很神奇,但这个过程的初步结果或多或少是意料之中的。起初,如果一个不合作的单元拒绝与所有8个邻居合作,它就会获胜。然而,在占领了所有8个单元后,它会发现自己被8个背叛者包围了。现在的情况是,这9名背叛者中至少有3名邻居同样拒绝合作,最多5名邻居可以被利用。然而,这些邻居中的每一个都有5个愿意合作的邻居,最多3个不合作的邻居。如果被剥削的成本相对较低,一个合作的邻居最终会获得更多的积分,并且在下一代中,会与一个继任者一起占据背叛者的空间。其结果是,一个单元会与那些与其保持合作关系的邻居互动,因为利用这些邻居的结果是被越来越多的背叛者包围。然而,随着时间的推移,一个随机分布的合作和不合作的单元将产生两个策略波动的分布,但没有一个会被彻底消除。

进化博弈论为贝特森对博弈论静态本质的指责提供一个时间上的回应,但它没有提供空间上的回应。反对意见仍然是,在一个不断变化和匿名的社会中进行合作,比在一个具有稳定多样性的空间结构人口且为少数群体提供更大保护的社会中进行合作要困难得多。例如,由捕食者和猎物组成的生态系统比只有单一类别生物的生态系统生存的时间更长,因为它们创造了一个拼凑的区域(patchwork of territory)。也有人反对说像《生命游戏》这样的游戏不太关心产生随机变异的初始条件,因为它只关心最终产生的最稳定的种群。然而,即使这一论点也未能解决许多问题。首先,博弈论和元胞自动机的结合无法模拟单元与非相邻单元相互作用的行为;其次,混合模型缺乏控制层次,因此不可扩展;最后,合作与非合作的二元结构包含相当少的一组可能参数。相反,《Agile》和《Temper》等模型提供了更有效的方法来模拟一个国家边界不是单元格的世界,这是一个在"从一极到另一极"中维持着一系列复杂关系的世界(借用恩斯特·云格尔的一句话)。在这个世界上,控制等级范围从全球性的到国际政治联盟、经济联盟和民族国家,再到各个村庄和被囚禁的越南共产党的梦想。在这里,游戏地图的每一部分虽然在一个层次上看起来是同质的,但在另一个层次上被划分为子模型。这些子模型的相互作用不是由地理上的邻近性决定的,而是发生在广泛的传播渠道中。

## 面向对象程序设计

20世纪60年代编程的一个主要挑战就是实现控件和被控制对象之间的

分离。以一个我们已经熟悉的游戏为例,《Agile》为它的每一个变量协调了几个相互依赖的独立模型,它能够用这些模型来描述给定时间内的总体情况。这些条件又被传达给控制程序,比如在《Temper》中,控制程序控制着不同战术要素之间的关系的状态。这个过程反过来又导致了更多输入数据需要由《Agile》的相互依赖的模型来处理。这种递归在20世纪60年代的电子游戏中变得越来越麻烦,如今计算机科学家们将其称为面向对象编程的一个特征。然而,在当时,这是一个在新兴控制论领域亟待解决的问题,控制论采用计算机作为通用媒介,利用系统分析来检验它在不同知识领域的"实验认识论"(experimental epistemology,这个术语是由沃伦·麦卡洛克提出的)。在这方面,三个简短的引文可能足以澄清控制论的方法。例如,在第三届美国控制论学会年会的论文集序言中,道格拉斯·E.奈特(Douglas E. Knight)发表了评论:

> 会议的动机是把有问题的人和有技术的人聚集在一起,看看这两者之间的互动是否能提出一些有用的行动方案。一些与会者之所以被选中,是因为他们在开发社会系统的模拟方面有经验。①

会议征集了20世纪60年代的众多稿件,来自顶尖大学、计算机公司和政府的与会者聚集在一起,讨论使用计算机进行仿真模拟的优势,并分享他们关于融合系统分析、社会科学和计算机科学前景的乌托邦梦想。在同一本书中,哈罗德·格茨科夫(他制作了第一个与国际关系有关的电子游戏《国际关系模拟》)提出了关于语言和数学的模型,即关于历史编纂和编程或(用海德格尔的术语)技术和传统语言的推测。

> 随着我们进入20世纪六七十年代,似乎可以通过模拟来巩固我们对国际关系的知识。教科书中通过口头的努力来呈现现存知识的整体整合。然而,它们的内容在理论上是模糊的,它们的数据库大多是逸事。数学公式在范围上更狭隘,尽管它们在结构上是明确的,在数据基

---

① Douglas E. Knight, "Preface," in *Cybernetics, Simulation, and Conflict Resolution: Third Annual Symposium of the American Society for Cybernetics*, ed. Douglas E. Knight et al. (New York: Spartan Books, 1971), pp. xv-xviii, at xv.

础上也是系统的。①

作为模拟全球政治的媒介,乌托邦式的计算机将加速知识的整合,并为史学数据库的及时性问题提供解决方案。事实证明,《Temper》失败的原因在于数据库兼容和格式化信息的可用性和及时性不足,这或多或少正通过系统的方式被解决。与人类工效学一样,控制论所面临的问题必须通过新媒体技术和知识技术收集的数据加以确定和解决。只有通过这些技术,某些数据才能变得相关和可检测,并且可以设想这些数据能够解决的问题。然而,格茨科夫的猜测并不仅仅与历史的实证主义的数据化有关,还与数据挖掘历史学的叙述有关。他们还指出,生活存在一定程度的规律性,历史学家和故事讲述者的有限计算能力使他们无法意识到。

> 这种新出现的学科——控制论,试图建立社会的规则和原则,并在此基础上建立可用于模拟各种社会事件的结果的模型。这种科学如果经过改进的话,将能够帮助人类以前所未有的远见和准确性来创造自己的未来。当然,像任何其他知识一样,社会计量学可能会被歪曲并损害人类利益。无论发生什么,都可以肯定,如果没有计算机的帮助,这个新领域是不可能发展的。②

这些引文(无论它们在多大程度上将控制论描绘成一门解释性科学,而不是认识论实验,以及多大程度上它们可能将控制论的反人类中心立场误解为未来的白日梦)包含许多表现20世纪60年代后期控制论论述的主题:"(1)仿真无疑是未来的工具;(2)需要基于计算机的仿真语言;(3)仿真本身是没有价值观的,任何负面影响完全是由滥用所致;(4)模拟通常被认为对社会有益。"③回想起来,也是在20世纪60年代,计算机首次被开发成一种通用机器,可以通过软件(有时以牺牲硬件开发为代价)来完成特定任务。由于这个原因,这些年来人们

---

① Harold Guetzkow, "Simulation in the Consolidation and Utilization of Knowledge about International Relations," in *Cybernetics, Simulation, and Conflict Resolution: Third Annual Symposium of the American Society for Cybernetics*, ed. Douglas E. Knight et al. (New York: Spartan Books, 1971), pp. 119-144, at 122.
② Ralph J. Kochenburger and Carolyn J. Turcio, *Computers in Modern Society* (Santa Barbara: Hamilton, 1974), p. 196.
③ 转引自 Benedict Dugan, "Simula and Smalltalk: A Social and Political History" (www.cs.washington.edu/homes.brd/history.html)。

不仅看到了专用编程语言的兴起,还目睹了一种尝试,即创造一种通用且独立于机器的编程语言,它将能够快速开发各种类型的软件。第一次尝试最终产生了一种名为 Algol 的语言,后来又被改进为 Algol 68。

在编程仿真的情况下,该标准化解决方案由一种基于 Algol 语言的 Simula 语言开发而来,Simula 语言由克里斯汀·尼加德(Kristen Nygaard)和奥勒-约翰·达尔(Ole-Johan Dahl)于 1961 年开发。尼加德此前曾致力于用蒙特卡洛方法来设计挪威的第一座核反应堆,自 1952 年以来,他一直是挪威国防研究机构的运筹学研究员。这种工作经历使他开始意识到,创建民用模型和军事模型所涉及的问题并没有人们想象的那么困难。

> 事实证明,许多民用任务都呈现出相同的问题,即使用仿真的必要性,对描述系统的概念和语言的需要,以及缺乏生成仿真程序的工具。这种经验是对思想的直接刺激,这些思想在 1961 年激发了 Simula 的发展。①

必要性导致了公式化工具的开发,一种形式上的语言是对属于同一类问题进行陈述的必要条件。也就是说,"一组基本概念通过这些基本概念可以接近、理解和描述所有明显不同的现象"②。Simula 旨在满足这一需求:

> 模拟语言(SIMUlation LAnguage)表示为满足离散事件网络的这一需求而作出的努力,也就是说,可以将流认为是由离散单元组成,这些离散单元被要求在离散服务元素上进行服务,并将元素留在确定的时刻。此类系统的例子有售票柜台系统、生产线、开发程序中的生产、神经元系统以及计算机程序的并行处理。③

至少在最初,Simula 是基于具有主动站点和被动客户流的网络形象。每个

---

① Kristen Nygaard and Ole-Johan Dahl, "The Development of the Simula Languages," in *History of Programming Languages*, ed. Richard L. Wexelblat (New York: Academic Press, 1981), pp. 439–493, at 440.

② Kristen Nygaard and Ole-Johan Dahl, "SIMULA — An ALGOL-Based Simulation Language," *Communications of the ACM* 9(1966), pp. 671–678, at 671.

③ Kristen Nygaard, "SIMULA: An Extension of ALGOL to the Description of Discrete Event Networks," in *Information Processing* 1962: *Proceedings of the IFIP Congress '62*, ed. Cicely M. Popplewell (Amsterdam: North Holland, 1963), pp. 520–522, at 520.

站点都由一个队列部分和一个服务部分组成,与服务部分相关的操作可以用一系列形式化的语句描述。与之相反,客户没有按照这些规则进行操作,而是用一组变量或特征来描述。在程序执行过程中,客户由工作站的服务部分生成或处理,然后移至下一个工作站的队列部分,以此类推,直到完成其路径。在各个站点进行的处理是在离散的时间点进行的,因此,该系统被称为离散事件网络。作为解决此类问题的一种编程语言,Simula 最初被认为是 Algol 的扩展(或程序包),它允许递归和多次应用用户定义的数据类型(如客户)。然而,不久之后,尼加德和达尔遇到了 Algol 存储管理系统出现的问题,即 Algol 存储管理系统是根据动态单堆栈机制(a dynamic single-stack regime)运行的,而它模拟模型的客户(或对象)倾向于按照队列原则行事①,试图用多堆栈系统(a multi-stack system)代替 Algol 的堆栈机制导致设计人员放弃了封装概念,而是将 Simula 开发为自己的运行编译器。他们从许多潜在的军事和民用案例研究中得出了这一发展的基本思想,这些案例研究包括库存管理、运输网络、机场降级系统、计算机制造、编程及社会系统,甚至是管理和流行病学危机的爆发。然而,在这个过程中,很明显他们的原始网络概念也可以被颠覆,即它可以包括利用被动站的主动客户,而不是拥有主动站和被动客户。如果将客户从一个站点到另一个站点的移动视为主动,将客户与服务站点的交互视为被动,那么这种情况将超越网络的形象,至少在某种程度上,迷宫的智慧将被传递给通关的人。事后看来,可以说 Simula I 的核心由类似代理的概念组成。

简而言之,可以将过程理解为具有准并行特性的广义 Algol 过程。1964 年 2 月的这一决定性突破意味着,用通用数学结构描述系统的简单概念已被功能更强大的概念取代了。现在,该系统被理解为由一系列相互作用的准并行过程组成,它们在主程序中作为 Algol 堆栈运行。②

从数学结构到交互式并行过程的这种转变当然可以理解为对命令式和顺序式编程的偏离(通常被这样解释)。与此同时,它也可以被理解为是模拟越战的一种新方法,而博弈论在这方面被证明是行不通的。知识的各个领域(政治、历

---

① 这里指的是数据结构的栈与队列。——译者注
② Jan Rune Holmevik, "Compiling SIMULA: A Historical Study of Technological Genesis," *IEEE Annals of the History of Computing* 16(1994), pp. 25 - 37, at 32.

史、文化、物流、技术等)之间的联系和交互的需求可以被视为建模的问题,交互式并行过程的概念提供了解决方案。活跃的客户具有特定的特征,可以用控制论模型进行干预,这些客户的加入使博弈论中普遍利己主义的形象成为可能。具有特定特征的主体的存在,特别是对它们而言,为模拟"客观红队"的思维方式创造了可能性。相反,与自由战争相关的角色扮演游戏的内在悖论要求美国将领们[用罗伯特·莱文(Robert A. Levine)的话说就是"人造人"]像敌人一样思考,活跃客户或代理的面向对象概念确保了对手可能的决策过程是可参数化和可重复的。

这个概念最终通过 1966 年年底开发的 Simula 67 实现了,而 Simula 67 是所有面向对象编程的奠基语言,它促使了 Smalltalk 和 C++ 的诞生。

> 1966 年 12 月,前缀的概念被引入。一个后来被称为对象的进程现在可以被视作由两个层组成:一个前缀层包含对它前代和后代的引用以及许多其他属性;一个主层包含所讨论对象的属性。除了这个重要的新特性,他们还引入了类概念,这可以被粗略地描述为 Simula I 中对"activity"概念一个高度精练的版本。这个强大的新概念使得建立连接对象的类和子类层次成为可能。例如,我们可以想象类似"vehicle",它可以被理解为"car""bus"和"truck"的子类的泛化。在一种程序设计语言的范围内,采用了既笼统又比较具体的基本概念来表示现实。①

因为 Simula 的处理速度比模拟的、自由的战争游戏要快得多,许多游戏现在可以使用恒定的代理参数(如"Ivan 1""Ivan 2""Ivan 3""Sam"等)和可变的环境参数;反之亦然。一个简单的例子可能有助于澄清问题。Simula 的首批试验应用之一涉及挪威武器制造商罗福斯联合工厂②(Raufoss Ammunisjons-fabrikker)。这

---

① Jan Rune Holmevik, "Compiling SIMULA: A Historical Study of Technological Genesis," *IEEE Annals of the History of Computing* 16(1994), pp. 25 - 37, at 32.

② 多年来,Simula 主要是一种(东欧)现象,尼加德自己也说:"My last visit to the U. S. was in 1970. At that time the class concept only had a certain curiosity and entertainment value." 转引自"The Development of the Simula Languages," p. 485. 正如霍尔梅维克(Holmevik)指出的,Simula 也在俄罗斯乌拉尔-16 计算机上实现了("Compiling SIMULA," p. 32). 在美国,起码在 1963 年,用于编程模拟的语言是 Simscript,它与 Simula 有许多共同的特点,其语法接近英语口语。关于仍在使用的 Simscript 语言,参见 Philip J. Kiviat et al., *The Simscript II Programming Language* (Englewood Cliffs: Prentice-Hall, 1968); Philip J. Kiviat et al., *The Simscript II.5 Programming Language* (Los Angeles: Consolidated Analysis Centers, 1973); Jay E. Braun, *Simscript II.5 Reference Handbook*, 2nd ed. (Los Angeles: Consolidated Analysis Centers, 1983).

个程序的目的是优化涉及1300张穿孔卡的生产过程，该程序可以在50秒内编译完成，在22秒的计算时间内模拟两天半的实际生产时间。同年的一款计算机支持的游戏也达到了类似的效率。

1966年，我观看了在东伯纳姆的英国航空运输职员学院（British Air Transport Staff College）为训练BEA公司和英国海外航空公司的高管而经常使用的航空"战争模拟游戏"。当时，来自荷兰皇家航空公司、斯堪的纳维亚航空公司和汉莎航空公司的三个访问组参加了游戏。三家公司在相同的条件下开始游戏，它们的机队由10架喷气式飞机和20架涡轮螺旋桨客机组成。航线网络分为6个阶段，长度从300英里到1200英里不等。有6种座位安排可供选择，时间表可以调整，以涵盖48种可能的旅游市场类型中的任何一种或全部。每个团队被要求按照六大职能组织：财务、采购、生产、营销、人事和研究以及综合管理。每次操作的费用都是固定的（200小时的飞机检查费用为3000英镑，更换座位的费用为200英镑）。投资9种可能的市场研究可以获得优势，计算机可以随机制造出一场14天的工程罢工，从而给工作带来麻烦。这个游戏持续了14天，涵盖一个财政年度的模拟运营。我记得汉莎航空公司比它的竞争对手略胜一筹，因为它的运营还能持续5个月。①

用代理代替团队使游戏玩起来比以前快了200倍，而且它也使游戏可以在单人模式下玩（这一特性被商业电子游戏证明是十分必要的）。更重要的是，这也使不同玩家（荷兰皇家航空、北欧航空、汉莎航空）的行为和规则在保持不变的前提下，可以有针对性地操纵游戏规则（如预订成本）。最后，它还使新的知识领域能够与未经修改的游戏规则和游戏角色系统相连。类和对象的精细化概念允许反馈在多个层次和过程之间发生，这正是诺伯特·维纳发现的冯·诺依曼的博弈论所缺乏的反馈。此外，提高的处理速度允许无数次的重复播放，从而使伽莫夫十年来渴望制作《最大复杂性计算机战争》游戏的愿望实现了。回想一下这个游戏，它的重复是基于一些技术数据提供的严格有限的确定性，因此只能在严格有限的水平上进行，如坦克战术。因为伽莫夫的游戏对突发事件感兴趣，如危

---

① Wilson, *The Bomb and the Computer*, p.185. 顺便说一句，尼加德和达尔还为斯堪的纳维亚航空公司系统编写了一个程序。

机、升级甚至是奇点,这恰好提出了一些问题,这些问题对于越南战争这样一场不断升级的战争来说非常贴切。面向对象不仅从不同的知识领域,而且从纵向和横向的联系和相互关系上正式地解释了这些问题。在某种程度上,越南战争是用面向对象的方式处理的。

# 19. 20 世纪 70 年代

游戏是社会改变电脑的工具。

——克里斯·克劳福德（Chris Crawford）

从《Pong》开始，在 20 世纪 70 年代的后半期出现了许多动作游戏和专门的游戏机（game console，它们现在仍然被称为游戏机）。随着家庭电脑时代的到来，像《魔域帝国》这样的冒险游戏开始出现，后者不需要操纵杆或球拍来玩，而是可以通过一个按钮来控制。战略游戏是一种特殊的情况，因为它们已经完全作为游戏被开发出来了，《Agile》等模型已经具备了电子游戏的所有元素（单人模式、计算机兼容性、界面等），它们只是必须与其他形式的硬件兼容。在军事领域，到 1971 年已经有近 400 种模型和仿真游戏，其中大约有 150 种是纯电子游戏[①]。与冒险游戏一样，这些策略游戏也需要一个控制按钮。如果有必要明确什么是这类商业游戏中的"第一款"，最有可能的候选游戏就是克里斯·克劳福德的《绵羊坦克》(*Tanktics*)，它是在 1978 年为雅达利 800 模拟器推出的一款游戏。单就其名字而言，这款游戏让人想起了查尔斯·罗伯茨的模拟双人策略游戏《战术》和伽莫夫的数字无玩家坦克游戏《锡兵》，这两款游戏都是在 20 世纪 50 年代出现的，都使用了六边形的网格。

家用主机和个人电脑的出现代表了一个与游戏出现时的不同历史问题，这一点很明显，即使在今天，个人电脑和游戏主机之间的区别仍然存在。通常情况下，新游戏是为其中一个平台设计的，然后（或根本不能）重新移植到另一个平台[②]。

---

① 参见 Brewer and Shubik, *The War Game: A Critique of Military Problem Solving*, p.70。
② 正是出于这个原因，人们遇到电脑游戏和电子游戏之间的细微区别时，就感觉好像后者不知何故不需要电脑一样。

我并没有尝试在这里提供一个私人计算机或主机的完整系谱，但我应该对一些关于面向对象编程的进一步发展和它们对战略游戏的影响作出评论。

## 每个人的电脑

　　Simula I 和 Simula 67 所面临的问题，即"堆叠机制的严格处理""使用式命令和顺序式命令的克服"这两个主要问题，在 Smalltalk 的开发过程中并未被简单地解决，而且它们还被赋予了明显的特性。尽管 Simula 语言和 Smalltalk 的开发都可以追溯到越南战争时期，但仔细观察就会发现，两者之间的差异有点像《双人网球》和《太空大战》之间的差异。达尔和尼加德出生于 20 世纪 30 年代，在 50 年代完成了他们的研究生学业，在 60 年代作为研究人员活跃起来。与之相反，对 Smalltalk 负责的那一代人出生在 20 世纪 40 年代。艾伦·凯就是其中一位，他在 1969 年提交了自己的论文，在 20 世纪 70 年代继续为施乐和雅达利工作[①]。无论是政治上还是艺术上，20 世纪 70 年代的旧金山湾区都是一个相当动荡的地方，它的研究氛围与 20 世纪 50 年代的挪威截然不同，旧金山当时的研究重点是工业、军事和核能。在旧金山周围，越南战争和一连串的校园抗议活动提高了几乎所有人对知识技术在权力组织中的作用的认识。

　　尽管斯坦福大学相对和平，施乐研究中心也不像人们常说的那样是嬉皮士的大本营，但 1968 年的事件无疑在这两个地方都留下了印记。施乐公司当时从所谓的曼斯菲尔德修正案（Mansfield Amendment）中获利，该修正案要求大学采取更实际的转变，凯成了学习研究小组的主任。这一代的黑客刚刚开始在研究机构建立自己的地位，他们认为像《太空大战》这样的游戏是对权力的挪用，认为使用或滥用计算机（如果只是为了打印传单）是一种政治行为。正如斯图尔特·布兰德（Stewart Brand）在《滚石》（Rolling Stone）杂志的一篇文章中指出的那样，像《太空大战》（图 19.1）这样的游戏是"行政头痛"。

>　　《太空大战》是计算机和图形显示器结合的私生子，它不属于任何人的宏伟计划的一部分，也没有提供什么伟大的理论。……在那些批量处理和被动消费主义的日子里（数据是你发送给制造商的东西，就像彩色胶卷一样），《太空大战》是异端邪说、不请自来且不受欢迎。制造《太空大战》的是黑客，而不是计划者。……它主要是作为人类之间的沟通工具。……它服务于人类的利益，而不是机器。……《太空大战》

---

① 凯在雅达利时的同事恰好是克里斯·克劳福德。

/ 19. 20世纪70年代 /

**图19.1** 为世界和平而战[1972年举行了一场《太空大战》奥林匹克竞赛,有五名参赛者,右边是幸运的获胜者布鲁斯·鲍姆加特(Bruce Baumgart)]

为地球和平服务。那些玩电脑的时髦的人,或者用电脑追求自己特殊目标的人,都是如此。①

游戏的无政府主义潜力可能是其"用户友好性"所固有的,这承诺了知识的民主化和授权用户(成为程序员),但所有这些潜力和承诺仍然需要特定类型的硬件和软件。关于硬件,这将由凯的著名构想Dynabook提供。

它存储了几百万个字符的文本,并为你做所有的文本处理——编辑、查看、扫描,诸如此类的事情。它有图形功能,让你可以画草图、绘制。艾伦想把音乐融入其中,这样你就可以用它作曲。它有Smalltalk语言的能力,让人们可以很容易地编写他们自己的东西。我们想让它们与修补玩具之类的东西交互。当然,它可以玩《太空大战》。艾伦决定将费用控制在500美元以下,这样学校就可以从它们的教科书预算

---

① Stewart Brand, "Spacewar: Fanatic Life and Symbolic Death among the Computer Bums," *Rolling Stone* (December 7, 1972), pp. 50 - 58, at 58. 在线阅读网址: http://www.wheels.org/spacewar/stone/rolling_stone.html.

中免费提供 Dynabook。[1]

至于软件,恩格尔巴特的文本处理系统肯定会给人们带来计算能力。

    这里的基本媒介是由恩格尔巴特增强研究中心开发的文本操作系统,正如他所说,这个系统允许您到达以前无法到达的知识信息矩阵的广度和深度。从你的文件中询问某某项,眨个眼它就在那儿了;只要做出一些改变,然后就改变了;在某处指定关键字,然后它就完成了;要求该词的定义,眨个眼它就完成了;从朋友的文件中找到一段引文,发现、眨眼、眨眼、眨眼,它就完成了;在语句后面添加一个子语句,提供交叉引用和交叉访问,它马上就能提供;添加一个图表和两张照片,它马上就能发送;要将一张纸寄到华盛顿,它马上就复制,同时信封上连地址都写好了。[2]

不过,凯很清楚,最重要的游戏不是射击飞船,也不是撰写文章,而是编程中发生的这些事(图 19.2)。作为马歇尔·麦克卢汉的忠实读者,凯认为计算机与其说是表现,不如说是模拟。对他来说,电脑不再是一个工具,而是一个媒介。

图 19.2　计算机乌托邦[工业社会的终结(1977,左)和在 Smalltalk 的帮助下走向新世界(1981,右)]

---

[1] Stewart Brand, "Spacewar: Fanatic Life and Symbolic Death among the Computer Bums," *Rolling Stone* (December 7, 1972), p. 54.

[2] Ibid.

```
to ship :size
  penup, left 180, torward 2 *:size, right 90
  forward, 1 *:size, right 90
  pendown, forward 4 *:size, right 30, forward 2 *:size
  right 120, forward 2 *:size
  right 30, forward 4 *:size
  right 30, forward 2 *:size
  right 120, forward 2 *:size
  left 150, forward:size * 2 * sqrt 3
  left 330, forward:size * 2
  right 60, forward:size * 2
  left 380, forward:size 2 sqrt 3
  penup, left 90, forward:size, right 90, forward 2 *:size
end to

to flame :size
  penup, left 180, forward 2 + sqrt 3, pendown
  triangle size, forward .5*:size
  triangle 1.5 *:size, forward .5*:size
  triangle 2 *:size, forward .5 *:size
  triangle 1 *:size, forward 1 *:size
  etc…
end to

to flash
  etc…
to retre
  etc…
to torp
  etc…

to spaceship  :pilot :thrust :steer :trigger
use :numtorps :location:(x,y) :speed :direction
repeat
  moveship
  if :trigger and:numtorps <3
  then create torpedo :speed :direction :location.
  ?crash :self
  display ship
  pause until clock =   :time + :movelag
end to

to moveship
  make :speed be :speed + (:spscale * :thrust)
  make :direction be :direction + (:direscale * :steer)
  make :location:x be :location:x + (:lscale * :speed *
    cos
        :direction) rem 1024
  make :location:y be :location:y + (:lscale * :speed *
    sin
        :direction) rem 1024
end to
...
```

图 19.3　摘自艾伦·凯的《太空大战》(可以随意重新编程)

在某种意义上,每条信息都是对某种思想的模拟。它可以是具象的,也可以是抽象的。媒介的本质在很大程度上取决于信息被嵌入、改变和观看的方式。虽然数字计算机最初是被设计用来计算的,但是由于能够模拟任何描述模型的细节,这就意味着计算机本身作为一种媒介,如果能够充分地提供嵌入和观看的方法的话,它可以是其他所有的媒介。①

Simula 开创了面向对象的编程来解决特定的民用和军事后勤问题,并且它继续被用于这样的目的。Smalltalk 的发展是基于一种社会革命的心态。

"官方"计算机科学世界开始将 Simula 视为定义抽象数据类型的可能工具。说得委婉点,我们[艾伦·凯、丹·英戈尔斯(Dan Ingalls)等人]对此感到相当惊讶,因为对我们来说,Simula 展示的东西比简单地重新实现一个脆弱、临时的想法要强大得多。我从 Simula 得到的是,现在可以用目标替换绑定和赋值。Smalltalk 成了新计算的典范,部分原因是我们实际上在尝试对信仰结构进行质的转变——一种与印刷机的发明精神相同的新的库恩范式,因此采取了高度极端的立场。②

而且,与当时的口号"让学生给电脑编程,而不是其他方式"一样,这一既定的模式转变首先具有教育意义。70 年前,改革家艾伦·基(Ellen Key)提出"孩子的世纪"③(the century of the child),计算机狂热者艾伦·凯也表达了同样的观点,称孩子是新一代的超级用户。从这个角度来看,这里提到孩子似乎是对黑客的一个比喻。孩子们缺乏对传统法律和做事方式的尊重;他们对电脑没有任何恐惧;他们以提出出乎意料而又过于人本性的要求而闻名。就像黑客一样,孩子们能无忧无虑地自学成才,他们以一种有趣的方式研究事物,他们的游戏会从孩子们的背景中去除某些元素,以建立新的、令人惊讶的联想④。根据凯的学习

---

① Alan Kay and Adele Goldberg, "Personal Dynamic Media," *Computer* 10(1977), pp. 31 – 41, at 31.
② Alan Kay, "The Early History of Smalltalk," *ACM SIGPLAN Notices* 28(1993), pp. 69 – 95, at 81,69.
③ Ellen Key, *The Century of the Child*, trans. Maria Franzos (New York: Charles Putnam's Sons, 1909). 这本书的瑞典原版(*Barnets århundrade*)出版于 1900 年。
④ 正是出于这个原因,人工智能专家西摩·派珀特在开发 Logo 编程语言的过程中,能够让·皮亚杰的作品中获得灵感。参见 Allan Borodin and C. C. Gotlieb, *Social Issues in Computing* (New York: Academic Press, 1973).

研究小组的推理,"他们想要操纵、探索和创造。孩子们没有像成年人那样被社会化束缚,因此更愿意探索新的领域。孩子们将是对这种新编程范式的能力、可扩展性和设计极限的真正考验"①。在凯的工作中(更不用说派珀特了),实验"没有限制"的想法,这是教育改革家长期以来一直鼓励的[想想福洛贝尔(Fröbel)的构造工具或玛丽亚·蒙台梭利(Maria Montessori)的"班比尼之家"(Casadei Bambini)],在某种程度上这导致了控制论的复兴。

恩斯特·云格尔关于目不识丁的工人的观点,或许在适应环境的"电脑小孩"(computer kid)这一形象中得到了证实。通过游戏信息材料的收集,孩子会学习一种确实在工作场合有效的语言。如果孩子们在使用蒙台梭利方法时(图 19.4,这种方法与陆军智力测试中的自我诊断游戏有惊人的相似之处)真的能够训练他们的思考能力,学生与他们的学习材料之间就会有一定程度的反馈结果。根据 Smalltalk 和 Logo 等编程语言的基本哲学,孩子们应该通过让电脑思考来学习如何思考,他们应该作为老师自学,电脑应通过像程序一样运行来编写程序。

图 19.4 儿童用蒙台梭利的方式自学(左)和玩电脑(右)

我们很多人希望孩子们能深刻而流利地理解计算机的原因是,它就像文学、数学、科学、音乐和艺术一样,承载着特殊的思维方式,与其

---

① 转引自 Dugan,"Simula and Smalltalk"。

他知识和其他批判性思维方式形成对比,从而提高我们理解世界的能力。[1]

从面向对象编程的角度来看,斯金纳基于刺激和响应的编程指令的思想恰好类似于等待输入的编程指令。

Smalltalk 在 1980 年发布时并没有兑现它的许多承诺,这一点无关紧要。更不重要的是,计算机知识这一广受赞誉的概念,在 BASIC 指令代码(在少数程序员社区)短暂流行后,最终被限制并被用于维护商业程序的目的。也许是规定性的和一般难以破解的游戏界面范例——它对元语言编程语言的世界关闭了一些通道——赢得了胜利,使我们成了纯粹的玩家。然而,就媒体的历史而言,当人的概念与机器的概念混淆时,当这些概念在任何时候被放在一起都达到一种不可判定的状态时,产生了哪一种特定的思维方式仍是不确定的。此外,人们也没有明确哪一种思维应该构成人类及其游戏的方式。

## 教学游戏后

在明治维新时代,电话被引入日本时,每天都有报纸传言说人们通过电话会感染霍乱[2]。当然,每一次媒体历史上的转变或知识秩序的转变都引发了这样的猜测——阅读被认为是为了腐化大众,电视被认为是为了愚化每个人,手机被认为是为了使人们所知的西方文明崩溃。正是出于这个原因,防止危害未成年人的出版物联邦审查委员会(Bundesprufstelle fur jugendge fahrdende Schriften,德语)在德国成立,当然,这类机构在世界各地都很普遍,因此该部门感到有义务对战略游戏《装甲元帅》(Panzer General)作出以下评价:

> 由于它缺乏历史背景,并且最小化了第二次世界大战期间德国军队的作用,所以必须认为游戏《装甲元帅》是有问题的,它会在政治上让青少年迷失方向。除了完全不加考虑地采用了第二次世界大战的术语(如闪电战),游戏中的战斗场景还伴随着无害而平和的音乐,与所呈现的场景产生冲突。此外,游戏将玩家置于一种兴奋的状态,并期待一场最后的战斗。

---

[1] Kay, "The Early History of Smalltalk," p. 83.
[2] 参见 Hiroshi Masuyama, "Push Any Button," in *Künstliche Spiele*, ed. Georg Hartwagner et al. (Munich: Klaus Boer, 1993), pp. 39–49, at 44。

该报告继续写道：

> 年轻玩家被要求参与数小时的交战活动——歼灭、轰炸和破坏。这款游戏与它的游戏手册一起，可以被视作一本发动第二次世界大战的教科书。玩家的任务是摧毁并占领波兰，一旦实现了这一点，同样的事情也可以发生在北非和埃及；他们的最终目的是与红军打一场胜仗，从而占领莫斯科。游戏的内容会让儿童和青少年在社会和道德上迷失方向。

相较于描述玩家是如何被评价的，这篇评论花了更多的篇幅来进行判断，也就是描述是什么使《装甲元帅》成为游戏。

> 在《装甲元帅》中，每一种情况都由特定数量的弹药组成。与电脑交替，玩家安排他/她的单位，提供补给，发出攻击命令等。在每次攻击中，屏幕上都会出现简短的战斗模拟画面。每一次战斗成功后，玩家都会获得声望点数，可以用来重新部署或加强遭受损失的单位。[①]

《装甲元帅》的开发者 Strategic Simulations Incorporated 公司回应了这个评价，他们说游戏玩家出于厌倦感通常会跳过暴力表现（请注意，评论家认为这不是"模拟"），以便尽快跳转到游戏的另一个互动部分。曾将《装甲元帅》命名为"1994年年度最佳战略游戏"的《权力游戏》（*Power Play*）杂志的一位评论员也发表了类似的观点。根据这个观点，设计师"这是第一次以一种既令人愉悦又一目了然的方式，向广大玩家呈现了典型的干巴巴的世界大战的战争策略游戏"[②]。在这里，开发者并不关心波兰平民，而是关心可用性的概念。对于游戏玩家来说，德国军队的角色远没有控制系统的内部稳定状态（homeostasis）那么重要，这个控制系统不会让任何东西从缝隙中溜走。

《装甲元帅》的制作人代表"恶"的一面，因此他们代表了一个自我解释的界面、令人愉快的图形和音乐以及激发控制游戏的可能性。教育家代表"善"的一面，他们只看到了攻击性的纳粹术语和发动战争的愤世嫉俗的内容。善与美、伦理与美学、内容与形式、技术及其目的，这些众所周知的概念组维持着解释（和审

---

① 转引自网站：www.ogdb.eu/index.php? section=article&articleid=153。
② "Panzer General," *Power Play* 4 (April 1995), p. 116.

查)的引擎运转。对身份美学的信仰使善派相信令人不安的事件应该伴随着令人不安的音乐(可能是十二音调的乐曲),而没有考虑到这样的音乐可能会对玩家顺利玩游戏所需的注意力水平产生负面影响。

一定程度的混乱(这不是一场模拟的战争;相反,模拟一个有效解决方案的类似模型是可视化的)似乎是必须为计算机本身的可通用性付出的代价,至少在信息与其用户之间引入界面时是这样的。此外,这么多令人担忧的解释学关注都集中在图像和文本上,可能并不是因为计算机的人性化导致了一种乌托邦式的教学程序。这里的问题不是关于纳粹术语或色情内容,也不是武器或人是否杀人的问题,更不是诗歌是用心脏的血液还是仅仅用墨水写成的问题(mit Herzblut oder mit "Dinte",德语)。暴力不是由对血的逼真描写决定的,那只是现实的象征(或虚构),就像对细节的痴迷给自然主义小说带来了现实效果,或者就像射精给色情作品带来了一定程度的逼真感[1]。电子游戏与日本动漫或R级限制无关;电子游戏关注的是可用性,它主要关注的是电子游戏本身。鉴于电子游戏的技术,它的内容和对它的滥用真的没有任何重要性。在媒介考古学的意义上,追溯电子游戏作为一种话语实践(discursive practice)存在的惊人事实更为突出,因此,任何形式的意识形态问题都会得到解决。

> 就科学而言,它既不与知识等同,也不排斥知识,而是局限于知识,建构了它的某些对象,系统化了它的某些表述,使它的某些概念和策略形式化。就这一发展而言,一方面,它阐明了知识,修改了知识;另一方面,它又确认了知识,赋予了知识合法性。[2]

诚然,内容不会像麻袋中的土豆装到卡车上那样被装载到游戏里[借用恩斯特·贡布里奇(Ernst Gombrich)的一幅图像],但麻袋和卡车在特定历史时刻的存在并不是微不足道的,偶尔它们也一起构成运输单位。同样,可能的意识形态并不存在于电子游戏之外,而只是简单地反映在它们的内容中。更确切地说,这些意识形态是游戏规则固有的,是系统固有的,在这个系统中,用福柯的话说,"话语实践可以形成一组对象、表述、概念或理论选择"[3]。

---

[1] 参见 Claus Pias, "Jeder Schlag ist eine Antwort, jeder Treffer ein Gespräch," *Frankfurter Allgemeine Zeitung* (May 14, 2002).

[2] Michel Foucault, *The Archaeology of Knowledge & The Discourse on Language*, trans. A. M. Sheridan Smith (New York: Pantheon Books, 1972), p. 185.

[3] Ibid., p. 181.

来看看联邦审查委员认为是积极一面的特征,我们就会发现"高质量教学软件"的标准,如提高"反应能力""专注力""精细动作技能""问题解决能力"或"逻辑思维能力"等,它们与相关发展技能扯上关系,每种能力被认为代表了一种重要的个性特征。此外,他们还提到了高质量的图形和声学设计、程序界面的质量,以及特定游戏在多大程度上可以提高玩家的一般计算机技能(如使用键盘、导航菜单、启动程序)[①]。如果程序员争辩说玩游戏的动机不是来自它所呈现的东西,而是来自控制技术本身;与此同时,如果教育工作者认为操作这些控制的必要能力是"有价值的",那么他们的辩论似乎是基于错误的前提。如果一个界面的"高质量图形"真的是有趣的"相关发展技能"形成的先决条件,那么这样的图形——完全独立于它们可能代表的东西——是根据适合当前游戏任务的心理和生理来设计的。教学目标的迷惑之处似乎在于,它的支持者依赖的意识形态、解释学和肖像学方法永远无法成为支撑他们陈述的有利条件。由于这些原因,他们似乎不得不在某种程度上表现得迂腐。然而,双方的争论都可以说是微不足道的,至少目前的研究没有完全偏离目标,仍有可能为电子游戏提供一个"媒体-历史"谱系。在电脑屏幕上征服波兰的学习活动与经营一家比萨店、繁殖蚂蚁或管理外太空殖民地的学习活动是一样的,这表明最重要的一点是,我们要对硬件和软件进行更严格、更深入的研究。如果精细的运动技能和反应速度,以及使用实际的雷达屏幕和文字处理器界面的相关性都与玩动作游戏的相关性是一致的(不管它们是否被认为对青少年有价值或有害);如果对于电话网络和阅读超文本就像玩冒险游戏一样需要逻辑闭合;如果某种解决问题的方法就像玩策略游戏一样且适用于管理机场和发动战争;最后,如果电子游戏可以说是从不同领域的知识中衍生出来的,如实验心理学、计算机科学、气象学、叙事学、数学和电子工程等不同的知识领域,那么它确实可以被允许称为"电子游戏的知识"。

---

① 参见 Wilhelm Hagemann, "Qualitätsstandards für Lern-und Spielsoftware," in *Neue Medien in den Schulen. Projekte — Konzepte — Kompetenzen*, ed. Gerhard Tulodziecki (Gütersloh: Bertelsmann-Stiftung, 1996), pp. 183–205。

# 后记

弗里德里希·席勒首先将游戏视为一种媒介①,而且席勒每次讨论游戏时都会一再引用该观点进行评论。在这样做的过程中,他创立了一种媒介理论,其范围从最大的事物(作为"真实"状态的"审美")到不可分割的最小事物(即"人性统一")都包含在内②。他在作品中提出的关于治国和人类学的问题,都不断提及中介因素,而且他认为游戏中存在媒介文化,因为他认为可以称之为"文化""人性"或"游戏"的东西在生活和"绝对形式"、力量和法律、现实与问题、自然状态与理性状态之间等都起着中介作用。"文化""人性"和"游戏"的概念融合在一起,每一个概念都占据一个空白的中间地带,填补了深渊或两分法之下隐约出现的沟壑。它们在那里生出事物之间的通道,调解事物间的相互活动,促成判断或维持平衡。然而,填补也需要并定义一个框架,这是解答一个问题时必须包含的东西,它们必须产生极性,在两极之间有效地振荡和调解。或者说,它们是一种空间,根据席勒的说法,"一方的操作同时确认和限制了另一方的操作,并且每一方都通过对方的活动准确地达到其最佳表现"③。游戏似乎是一种控制技术,它不仅可以根据美学而且可以根据效率标准进行判断,因此,它既适用于描述艺术的功能,也适用于描述警察部队的功能④。

诚然,个人游戏的具体现实往往被忽视,人们总是倾向于抽象概念。然而,在文化人类学家、心理学家和教育学家提出的所谓"宏大"问题的阴影下,如关于

---

① Schiller, *On the Aesthetic Education of Man*, p. 65.
② Ibid., p. 67.
③ Ibid., p. 73.
④ 参见 Joseph Vogl, "State Desire: On the Epoch of the Police," trans. David Prickett, in *PoliceForces: A Cultural History of an Institution*, ed. Klaus Mladek (New York: Palgrave Macmillan, 2007), pp. 47 – 74。

/ 后 记 /

内部世界和外部现实的问题[唐纳德·温尼科特(Donald W. Winnicott)]、关于自我距离[理查·谢克纳(Richard Schechner)]、超越秩序与无序[萨顿·史密斯(Sutton Smith)]、关于游戏的社区塑造力量(格尔茨)和能量消耗[谷鲁斯(Karl Groos)]、关于社会化的功能[米德(George Herbert Mead)]、关于游戏作为人类文化的决定性表达(赫伊津哈)等,在这些问题的阴影下,游戏的物质顽固性一直存在。随着计算机的出现,一种全新的游戏机器出现了,它将我们生活、语言、战争和经济等方面荒谬地组织了起来。自从控制论的创始人试图开创一个新的历史时代起,一个"人类学幻觉"将没有立足之地的时代(anthropological illusion,如福柯所言)到来了,"人类"的概念变得模糊和不确定,人类再也不能成为任何基于自身自由博弈论的中心。如果说控制论似乎为自然与人类之间的差异提供了一个本体论的解决方案,那仅仅是因为它涵盖的不只是自然与智力领域(Geist,德语),那么电子游戏的人工世界至少可以说提出了这个混合领域的"人性"问题。对于这个问题,马克思·本斯(Max Bense)曾经给出如下的回答:"只有可预测的世界才是可编程的,只有可编程的世界才能被人类建造和居住。"①

无论好坏,今天的电子游戏都是进行此类编程的场所。它们是实验性的"计算空间"(康拉德·楚泽),可以移植到最多样化的知识体系中,如无意识(雅克·拉康)、社会(吉尔·德勒兹)、艺术(马克思·本斯)、研究[曼弗雷德·艾根(Manfred Eigen)和乌·文克勒(Ruthild Winkler)]、教育学(艾伦·凯和西摩·派珀特)、经济学(约翰·冯·诺依曼和奥斯卡·摩根斯坦),甚至可以移植到认识论本身(让·弗朗索瓦·利奥塔)。无论假设的解决方案、虚拟事件或可能性的列举是什么,电子游戏都会确定情况并定义计算机社会中"玩"的含义。每当需要对经济、军事或社会情景进行调查时,每当需要详细研究一本"生命之书"及其实际和虚拟的体现时,每当在我们后现代知识的状态下需要用完整信息来玩游戏时,每种情况(仅举几例)都涉及大量的组合虚拟化,这些虚拟化不再是莱布尼兹如神一般的预定,而是在有反馈的情况下运行并产生无法预测的结果。

因此,似乎人类中心主义已经失去了很大的影响力,自席勒时代以来建立的二分法关系在"游玩"(play)和"游戏"(game)之间产生了转变。根据电子游戏的理论结构,也就是说,游戏的目的是重新思考游戏在社会、生活和知识形成中所产生的作用。

---

① Max Bense, "Konturen einer Geistesgeschichte der Mathematik II. Die Mathematik in der Kunst," in *Ausgewählte Schriften*, vol. 2, ed. Elisabeth Walther (Stuttgart: J. B. Metzler, 1998), pp. 223-428, at 336: "Nur antizipierbare Welten sind programmierbar, nur programmierbare sind konstruierbar und human bewohnbar."

# 参考文献

(以下文献按作者姓名的首字母顺序排列)

Abt, Clark C. "War Gaming." *International Science and Technology* (August 1964): 29-37.

Adamowsky, Natascha. *Spielfiguren in virtuellen Welten*. Frankfurt am Main: Campus, 2000.

Adams, Rick. "The Connection between 'Adventure' and the Real 'Colossal Cave." http://rickadams.org/adventure/b_cave.html.

Adams, Rick. "A History of *Adventure*." http://rickadams.org/adventure/a_history.html.

Agamben, Giorgio. "Notes on Gesture." In *Infancy and History: Essays on the Destruction of Experience*. Trans. Liz Heron. London: Verso, 1993: 133-40.

Ahl, David H. "Editorial." *Creative Computing: Video & Arcade Games* 1(1983): 4.

Aleksandrov, Pavel S. *Combinatorial Topology*. Vol. 1. Rochester: Graylock Press, 1956.

Allen, Thomas B. *War Games: The Secret World of the Creators, Players, and Policy Makers Rehearsing World War III Today*. New York: McGraw-Hill, 1987.

Allison, David. "Presper Eckert Interview." http://americanhistory.si.edu/comphist/eckert.htm.

Anders, Günther. *Die Antiquiertheit des Menschen*. 7th ed. Vol. 1. Munich: Beck, 1980.

Anderson, Tim, and Stu Galley. "The History of Zork." *The New Zork Times* (1985), 1-10. Available online at: ftp.gmd.de/if-archive.

Andlinger, G. R. "Business Games — Play One!" *Harvard Business Review* (March/April 1958): 115-25.

Andlinger, G. R. "Looking Around: What Can Business Games Do?" *Harvard Business Review* (July/August 1958): 147-52.

Appel, Kenneth and Wolfgang Haken. "The Solution of the Four-Color Map Problem." *Scientific American* 237(1977): 108-22.

Ashford, Oliver M. *Prophet or Professor? The Life and Work of Lewis Fry Richardson*. Bristol: A. Hilger, 1986.

Aspray, William. *John von Neumann and the Origins of Modern Computing*. Cambridge, MA: MIT Press, 1990.

Auerbach, Erich. *Mimesis: The Representation of Reality in Western Literature*. Trans. Willard R. Trask. Princeton: Princeton University Press, 1953.

Austin, John L. *How to Do Things with Words*. Cambridge, MA: Harvard University Press, 1962.

Axelrod, Robert M. *The Evolution of Cooperation*. New York: Basic Books, 1984.

Babbage, Charles. *Passages from the Life of a Philosopher*. London: Longman, Green, Longman, Roberts & Green, 1864.

Backus, John. "Programming in America in the 1950s — Some Personal Impressions." In *A History of Computing in the Twentieth Century*. Ed. Nicholas Metropolis et al. New York: Academic Press, 1980: 125 – 35.

Baran, Paul. *Introduction to Distributed Communications Networks*. Santa Monica: Rand, 1964.

Barthes, Roland. "An Introduction to the Structural Analysis of Narrative." Trans. Lionel Duisit. *New Literary History* 6(1975): 237 – 72.

Barthes, Roland. "The Structural Analysis of Narrative: Apropos Acts 10 – 11." In *The Semiotic Challenge*. Trans. Richard Howard. New York: Hill and Wang, 1988: 217 – 45.

Baum, Claude. *The System Builders: The Story of SDC*. Santa Monica: System Development Co., 1981.

Baumgarten, Franciska. *Arbeitswissenschaft und Psychotechnik in Rußland*. Munich: R. Oldenbourg, 1924.

Bellman, Richard. *Dynamic Programming*. Princeton: Princeton University Press, 1957.

Benjamin, Walter. "On Some Motifs in Baudelaire." In *Illuminations: Essays and Reflections*. Ed. Hannah Arendt. New York: Random House, 1968: 155 – 200.

Bense, Max. *Einführung in die informations-theoretische Ästhetik: Grundlegung und Anwendung in der Texttheorie*. Hamburg: Rowohlt, 1969.

Bense, Max. "Über Labyrinthe." In *Artistik und Engagement: Präsentation ästhetischer Objekte*. Cologne: Kiepenheuer & Witsch, 1970: 139 – 42.

Benson, Oliver. *A Simple Diplomatic Game — Or Putting One Together*. Norman: University of Oklahoma, 1959. Mimeograph.

Benveniste, Emile. "The Notion of Rhythm in Its Linguistic Expression." In *Problems in General Linguistics*. Trans. Mary E. Meek. Coral Gables: University of Miami Press, 1971: 281 – 88.

Berz, Peter. *08/15: Ein Standard des 20. Jahrunderts*. Munich: Fink, 2001.

Berz, Peter. "Bau, Ort, Weg — Labyrinthe." Unpublished presentation delivered in Berlin in 1998.

Bewleu, William L. et al. "Human Factors Testing in the Design of Xerox's 8010 Star Office Workstation." *Proceedings of the ACM Conference on Human Factors in Computing Systems* 1(1983): 72 – 77.

Bewley, William L. et al. "Human Factors Testing in the Design of Xerox's 8010 'Star' Office Workstation." In *Proceedings of the ACM Conference on Human Factors in*

Computing Systems (1983): 72-77.

Biel, William C. *The Effect of Early Inanition upon Maze Learning in the Albino Rat.* Baltimore: The Johns Hopkins University Press, 1938.

Birkhan, Helmut. "Laborintus — labor intus. Zum Symbolwert des Labyrinths im Mittelalter." In *Festschrift für Richard Pittioni zum siebzigsten Geburtstag.* Ed. Herbert Mitscha-Märheim et al. Vienna: Deuticke, 1976: 423-54.

Bitsch, Annette. "Always Crashing in the Same Car": *Jacques Lacans Mathematik des Unbewußten.* Weimar: VDG, 2001.

Bjerknes, Vilhelm. "The Problem of Weather Prediction, Considered from the Viewpoints of Mechanics and Physics." Trans. Esther Volken and Stefan Brönnimann. *Meteorologische Zeitschrift* (Classic Papers) 18(2009): 663-67. Originally published as "Das Problem der Wettervorhersage, betrachtet vom Standpunkte der Mechanik und der Physik," *Meteorologische Zeitschrift* 21(1904), 1-7.

Blair, Clay. "Passing of a Great Mind." *Life Magazine* (February 25, 1957): 89-104.

Blank, Mark S. and Stuart W. Galley. "How to Fit a Large Program Into a Small Machine." *Creative Computing* 7(1980): 80-87.

Bochow, Jörg. *Das Theater Meyerholds und die Biomechanik.* Berlin: Alexander, 1997.

Boehm Sharla P. and Paul Baran. *Digital Simulation of the Hot-Potato Routing in a Broadband-Distributed Communications Network.* Santa Monica: Rand, 1964.

Bolter, J. David. *Turing's Man: Western Culture in the Computer Age.* Chapel Hill: University of North Carolina Press, 1984.

Bonnet, Gabriel. *Les guerres insurrectionelles et révolutionaires de l'antiquité à nos jours.* Paris: Payot, 1958.

Boring, Edwin G. *A History of Experimental Psychology.* 2nd ed. New York: Appleton-Century-Crofts, 1950.

Borodin, Allan and C. C. Gotlieb. *Social Issues in Computing.* New York: Academic Press, 1973.

Brand, Stewart. "Spacewar: Fanatic Life and Symbolic Death among the Computer Bums." *Rolling Stone* (December 7, 1972): 50-58. Available online at http://www.wheels.org/spacewar/stone/rolling_stone.html.

Brandstetter, Gabriele. *Tanz-Lektüren: Körperbilder und Raumfiguren der Avantgarde.* Frankfurt am Main: Fischer, 1995.

Braun, Jay E. *Simscript II. 5 Reference Handbook.* 2nd ed. Los Angeles: Consolidated Analysis Centers, 1983.

Brecht, Bertolt. "The Radio as an Apparatus of Communication." In *Communication for Social Change Anthology: Historical and Contemporary Readings.* Ed. Alfonso Gumucio-Dagron and Thomas Tufte. South Orange, NJ: Communication for Social Change Consortium, 2006: 2-3.

Bredekamp, Horst. *The Lure of Antiquity and the Cult of the Machine: The Kunstkammer and the Evolution of Nature, Art, and Technology.* Trans. Allison Brown. Princeton:

M. Wiener, 1995.

Bremond, Claude. "The Logic of Narrative Possibilities." Trans. Elaine D. Cancalon. *New Literary History* 11(1980): 387–411.

Bremond, Claude. *Logique du récit*. Paris: Seuil, 1973.

Bresenham, Jack E. "A Linear Algorithm for Incremental Digital Display of Circular Arcs." *Communications of the ACM* 20(1977): 100–06.

Brewer Garry D. and Martin Shubik. *The War Game: A Critique of Military Problem Solving*. Cambridge, MA: Harvard University Press, 1979.

Bromwich, T. J. I'A. "Easy Mathematics and Lawn Tennis." *The World of Mathematics* 4 (1956): 2450–545.

Brown, Curtis. "Behaviorism: Skinner and Dennett." www.trinity.edu/cbbrown/mind/behaviorism.html.

Brown, Warner. *Auditory and Visual Cues in Maze Learning*. Berkeley: University of California Press, 1932.

Bruce, Bertram C. and Denis Newman. "Interacting Plans." *Cognitive Science* 2(1978): 195–233.

Bruce, Robert V. *Lincoln and the Tools of War*. Indianapolis: Bobbs-Merrill, 1956.

Bruckner, Roger W., and Richard A. Watson. *The Longest Cave*. New York: Knopf, 1976.

Bryan, William Lowe and Noble Harter. "Studies on the Telegraphic Languages: The Acquisition of a Hierarchy of Habits." *Psychological Review* 6(1899): 345–75.

Bullitt, Alexander Clark. *Rambles in Mammoth Cave During the Year 1844*. Louisville: Morton & Griswold, 1845. Repr. 1985.

Burks, Arthur W. "Editor's Introduction." In *Theory of Self-Reproducing Automata*. By John von Neumann. Urbana: University of Illinois Press, 1966: 1–28.

Burks, Arthur W. "From ENIAC to the Stored-Program Computer: Two Revolutions in Computers." In *A History of Computing in the Twentieth Century*. Ed. Nicholas Metropolis et al. New York: Academic Press, 1980: 311–44.

Burks, Arthur W. and Alice R. Burks. "The ENIAC: First General-Purpose Electronic Computer." *Annals of Computing* 3/4(1981): 310–89.

Bush, Vannevar. "As We May Think." *The Atlantic Monthly* (July 1945): 112–24.

Bush, Vannevar. "Mechanical Solutions of Engineering Problems." *Tech Engineering News* 9(1928): n. p.

Bush, Vannevar. *Pieces of the Action*. New York: Morrow, 1970.

Bush, Vannevar and James B. Conant. Foreword to *Guided Missiles and Techniques*. Washington, DC: NDRC, 1946: v.

Cameron, Norman. *Cerebral Destruction in Its Relation to Maze Learning*. Princeton: Psychological Review Co., 1928.

Capshew, James H. "Engineering Behavior: Project Pigeon, World War II, and the Conditioning of B. F. Skinner." In *B. F. Skinner and Behaviorism in American Culture*. Ed. Lawrence D. Smith and William R. Woodward. Cranbury, NJ: Associated University

Presses, 1996: 128 – 50.

Carbonell, James G. *Subjective Understanding: Computer Models of Belief Systems*. Ann Arbor: UMI Research Press, 1981.

Chamblanc, Franz Dominik. *Das Kriegsspiel, oder das Schachspiel im Großen: Nach einer leicht faßlichen Methode dargestellt*. Vienna: H. F. Müller, 1828.

Chapman, Robert L. and John L. Kennedy. "The Background and Implications of the Systems Research Laboratory Studies." In *Symposium on Air Force Human Engineering, Personnel, and Training Research*. Ed. Glen Finch and Frank Cameron. Washington, DC: National Academy of Sciences, 1956: 65 – 73.

Charney, Jule. "Impact of Computers on Meteorology." *Computer Physics Communications* 3(1972): 117 – 26.

Chomsky, Noam. "A Review of B. F. Skinner's *Verbal Behavior*." *Language* 35 (1959): 26 – 58. Reprinted in *Readings in Philosophy of Psychology: Volume One*. Ed. Ned Block. Cambridge, MA: Harvard University Press, 1980: 48 – 63.

Chomsky, Noam. *Syntactic Structures*. The Hague: Mouton & Co., 1957.

Clark, Wallace. *The Gantt Chart: A Working Tool of Management*. 3rd ed. London: Pitman, 1952.

*Classic Text Adventure Masterpieces*. Los Angeles: Infocom, 1996. CD-ROM.

Clausewitz, Carl von. *On War*. Trans. Michael Howard and Peter Paret. Princeton: Princeton University Press, 1984.

Cohen, Scott. *Zap! The Rise and Fall of Atari*. New York: McGraw-Hill, 1984.

Cole, Hugh M. *The Ardennes: Battle of the Bulge*. Washington, DC: Office of the Chief of Military History, 1965.

Costello, Matthew J. *The Greatest Games of All Time*. New York: Wiley & Sons, 1991.

*Counter-Insurgency Game Design Feasibility and Evaluation Study*. Cambridge, MA: Abt Associates, 1965.

Coy, Wolfgang. "Matt in 1060 Rechenschritten." In *Künstliche Spiele*. Ed. Georg Hartwagner et al. Munich: Klaus Boer, 1993: 202 – 18.

Crawford, Chris. *The Art of Computer Game Design*. Berkeley: McGraw-Hill, 1984.

Dannhauer, Ernst Heinrich. "Das Reißwitzsche Kriegsspiel von seinem Beginn bis zum Tode des Erfinders 1827." *Militair-Wochenblatt* 56(1874): 527 – 32.

Danto, Arthur C. *Narrative and Knowledge: Including the Integral Text of Analytical Philosophy of History*. New York: Columbia University Press, 1985.

Daston, Lorraine. *Classical Probability in the Enlightenment*. Princeton: Princeton University Press, 1988.

Davidson, W. Phillips and Joseph J. Zasloff. *A Profile of Viet Cong Cadres*. Santa Monica: Rand, 1966.

Davis, Paul K. "Applying Artificial Intelligence Techniques to Strategic Level Gaming and Simulations." In *Modelling and Simulation Methodology in the Artificial Intelligence Era*. Ed. Maurice S. Elzas et al. New York: Elsevier Science, 1986: 315 – 38.

Davis, S. W. and J. G. Taylor. *Stress in Infantry Combat*. Chevy Chase: Operations Research Office, 1954.

Dehn, Natalie. "Memory in Story Invention." In *Proceedings of the Third Annual Conference of the Cognitive Science Society*. Berkeley: Cognitive Science Society, 1981: 213-15.

De Landa, Manuel. *War in the Age of Intelligent Machines*. New York: Zone Books, 1991.

Deleuze, Gilles. "Postscript on the Societies of Control." In *Cultural Theory: An Anthology*. Ed. Imre Szeman and Timothy Kaposy. Chichester: Wiley-Blackwell, 2011: 139-42.

Deleuze, Gilles and Félix Guattari. *Anti-Oedipus: Capitalism and Schizophrenia*. Trans. Robert Hurley et al. New York: Viking, 1977.

Deleuze, Gilles and Félix Guattari. "Balance Sheet — Program for Desiring-Machines." Trans. Robert Hurley. *Semiotext(e)* 2.3(1977): 117-35.

Deleuze, Gilles and Félix Guattari. *A Thousand Plateaus: Capitalism and Schizophrenia*. Trans. Brian Massumi. Minneapolis: University of Minnesota Press, 1987.

Dennet, Daniel C. "Skinner Skinned." In *Brainstorms: Philosophical Essays on Mind and Psychology*. Montgomery, VT: Bradford Books, 1978: 53-70.

Denton, Frank H. *Some Effects of Military Operations on Viet Cong Attitudes*. Santa Monica: Rand, 1966.

De Paepe, Duane. *Gunpowder from Mammoth Cave: The Saga of Saltpetre Mining Before and During the War of 1812*. Hays, KS: Cave Pearl Press, 1985.

Derrida, Jacques. "Point de la folie — maintenant l'architecture." In *La case vide: La Villette, 1985*. Ed. Bernard Tschumi. London: Architectural Association, 1986: 3-18.

Dickson, Paul. *The Electronic Battlefield*. Bloomington: Indiana University Press, 1976.

*Dictionary of United States Army Terms*. Washington, DC: Government Printing Office, 1965.

Diestel, Reinhard. *Graph Theory*. 3rd ed. Berlin: Springer, 2006.

Dilthey, Wilhelm. *Poetry and Experience*. Trans. Joseph Ross et al. Princeton: Princeton University Press, 1985.

Doob, Penelope R. *The Idea of the Labyrinth from Classical Antiquity through the Middle Ages*. Ithaca, NY: Cornell University Press, 1990.

Dotzler, Bernhard. *Papiermaschinen: Versuch über Communication & Control in Literatur und Technik*. Berlin: Akademie Verlag, 1996.

Dotzler, Bernhard. "'Theilung der geistigen Arbeit': Literatur und Technik als Epochenproblem." In *Neue Vorträge zur Medienkultur*. Ed. Claus Pias. Weimar: Verlag und Datenbank für Geisteswissenschaften, 2000: 137-64.

Dugan, Benedict. "Simula and Smalltalk: A Social and Political History." http://www.cebollita.org/dugan/history.html.

Dworschak, Manfred. "Gefräßige Scheibe." *Der Spiegel* 29(1999): 181.

Dyer, Michael G. *In-Depth Understanding: A Computer Model of Integrated Processing for Narrative Comprehension*. Cambridge, MA: MIT Press, 1983.

Eco, Umberto. "The Encyclopedia as Labyrinth." In *Semiotics and the Philosophy of Language*. Bloomington: Indiana University Press, 1984: 80–83.

Eco, Umberto. "On the Impossibility of Drawing a Map of the Empire on a Scale of 1 to 1." In *How to Travel with a Salmon and Other Essays*. Trans. William Weaver. New York: Harcourt Brace, 1994: 95–106.

Eco, Umberto. *The Open Work*. Trans. Anna Cancogni. London: Hutchinson Radius, 1989.

Edwards, Paul N. *The Closed World: Computers and the Politics of Discourse in Cold War America*. Cambridge, MA: MIT Press, 1996.

Eigen, Manfred and Ruthild Winkler. *Das Spiel: Naturgesetze steuern den Zufall*. Munich: Piper, 1975.

Eker, S. M. and J. V. Tucker. "Tools for the Formal Development of Rasterisation Algorithms." In *New Advances in Computer Graphics: Proceedings of CG International '89*. Ed. Rae A. Earnshaw and B. Wyvill. New York: Springer, 1989: 53–89.

Eliade, Mircea. *Rites and Symbols of Initiation: The Mysteries of Birth and Rebirth*. Trans. Willard R. Trask. New York: Harper & Row, 1958.

Emden-Weinert, Thomas et al. *Einführung in Graphen und Algorithmen*. 1996. Unpublished manuscript available at: http://www.or.uni-bonn.de/~hougardy/paper/ga.pdf.

Engelbart, Douglas C. "A Conceptual Framework for the Augmentation of a Man's Intellect." In *Vistas in Information Handling*. Ed. Paul W. Howerton and David C. Weeks. Vol. 1. Washington: Cleaver Hume, 1963: 1–29.

Engelbart, Douglas C. and William K. English. "A Research Center for Augmenting Human Intellect." *AFIPS Proceedings of the Fall Joint Computer Conference* 33 (1968): 395–410.

English, William K., Douglas C. Engelbart, and Melvyn L. Berman. "Display Selection Techniques for Text Manipulation." *IEEE Transactions on Human Factors in Electronics*, HFE-8(1966): 5–15.

"ENIAC: Celebrating Penn Engineering History." http://www.seas.upenn.edu/about-seas/eniac/.

Ernst, Wolfgang. "Bauformen des Zählens: Distante Blicke auf Buchstaben in der Computer-Zeit." In *Literaturforschung heute*. Ed. Eckart Goebel and Wolfgang Klein. Berlin: Akademie, 1999: 86–97.

Ershov, Andrei P. and Mikhail R. Shura-Bura. "The Early Development of Programming in the USSR." In *A History of Computing in the Twentieth Century*. Ed. Nicholas Metropolis et al. New York: Academic Press, 1980: 137–96.

Euler, Leonhard. "Solutio problematis ad geometriam situs pertinentis." *Commentarii Academicae Scientiarum Imperialis Petropolitanae* 8(1736): 128–40.

Everett, Robert R. "Whirlwind." In *A History of Computing in the Twentieth Century*.

Ed. Nicholas Metropolis et al. New York: Academic Press, 1980: 365 - 84.

Everett, Robert R. et al. "SAGE — A Data-Processing System for Air Defense." *Annals of the History of Computing* 5(1983): 330 - 39.

*Examiner's Guide for Psychological Examining in the Army*. Washington, D. C.: Government Printing Office, 1918.

Fain, Jill et al. *The ROSIE Language Reference Manual*. Santa Monica: Rand, 1981.

Fairthorne, R. A. "Some Clerical Operations and Languages." In *Information Theory: Third London Symposium*. Ed. Colin Cherry. London: Butterworths, 1956: 111 - 20.

Fall, Bernhard. *The Two Vietnams: A Political and Military Analysis*. 2nd ed. New York: F. A. Praeger, 1967.

Fleck, Glen. *A Computer Perspective: Background to the Computer Age*. 2nd ed. Cambridge, MA: Harvard University Press, 1991.

Foucault, Michel. *The Archaeology of Knowledge & The Discourse on Language*. Trans. A. M. Sheridan Smith. New York: Pantheon Books, 1972.

Franke, Herbert W. "Künstliche Spiele: Zellulare Automaten — Spiele der Wissenschaft." In *Künstliche Spiele*. Ed. Georg Hartwagner et al. Munich: Klaus Boer, 1993: 138 - 43.

Friedrich, Max. "Über die Apperceptionsdauer bei einfachen und zusammengesetzten Vorstellungen." *Philosophische Studien* 1(1883): 39 - 77.

Frühwald, Wolfgang et al., *Geisteswissenschaften heute*. Frankfurt am Main: Suhrkamp, 1991.

Galley, Stuart W. and Greg Pfister. *MDL Primer and Manual*. Cambridge, MA: MIT Laboratory for Computer Science, 1977.

Gallwey, W. Timothy. *The Inner Game of Tennis*. New York: Random House, 1974.

Gallwey, W. Timothy. *The Inner Game of Tennis*. http://dc508.4shared.com/doc/uJYbEA_u/preview.html.

Gegan, Shaun. "Magnavox Odyssey FAQ." http://www.gamefaqs.com/odyssey/916388-odyssey/faqs/3684.

Gemperlein, Joyce. "An Interview with Nolan Bushnell." http://www.thetech.org/exhibits/online/revolution/bushnell/.

Gerhard, Martin and Heike Schuster. *Das digitale Universum: Zelluläre Automaten als Modelle der Natur*. Braunschweig: Friedrich Vieweg, 1995.

Gethmann, Daniel. "Unbemannte Kamera: Zur Geschichte der automatischen Fotografie aus der Luft." *Fotogeschichte* 73(1999): 17 - 27.

Gibson, James. *The Perfect War: Technowar in Vietnam*. New York: Vintage, 1987.

Giedion, Siegfried. *Mechanization Takes Command: A Contribution to Anonymous History*. New York: Oxford University Press, 1948.

Gilbreth, Frank B. *Motion Study: A Method for Increasing the Efficiency of the Workman*. New York: D. Van Nostram, 1911.

Gilbreth, Frank B. and Lillian M. Gilbreth. *Applied Motion Study: A Collection of Papers on the Efficient Method to Industrial Preparedness*. New York: Sturgis & Walton, 1917.

Gilbreth, Frank B. and Lillian M. Gilbreth. *Fatigue Study — The Elimination of Humanity's Greatest Unnecessary Waste: A First Step in Motion Study.* 2nd ed. New York: Macmillan, 1919.

Gilbreth, Lillian M. *The Psychology of Management: The Functioning of the Mind in Determining, Teaching and Installing Methods of Least Waste.* New York: Sturgis & Walton, 1914.

Goffmann, Erving. *Frame Analysis: An Essay on the Organization of Experience.* New York: Harper & Row, 1974.

Gold, Ernest. "Lewis Fry Richardson, 1881–1953." *Obituary Notices of Fellows of the Royal Society* 9(1954): 216–35.

Goldstine, Herman H. *The Computer from Pascal to von Neumann.* 2nd ed. Princeton: Princeton University Press, 1993.

Goldstine, Herman H. and John von Neumann. "Planning and Coding Problems for an Electronic Computing Instrument." In *Collected Works.* Ed. Abraham H. Taub. Vol. 5. New York: Pergamon, 1963: 81–233.

Goodman, Nelson. *Languages of Art: An Approach to a Theory of Symbols.* 2nd ed. Indianapolis: Hackett, 1976.

Gordon, Morton. *International Relations Theory in the TEMPER Simulation.* Cambridge, MA: Abt Associates, 1965.

Gorsen, Peter and Eberhard Knödler-Bunte, eds. *Proletkult.* 2 vols. Stuttgart: Frommann-Holzboog, 1974.

Graetz, J. M. "The Origin of Spacewar," *Creative Computing* (August 1981). http://www.wheels.org/spacewar/creative/SpacewarOrigin.html.

Guetzkow, Harold. "Simulation in the Consolidation and Utilization of Knowledge about International Relations." In *Cybernetics, Simulation, and Conflict Resolution: Third Annual Symposium of American Society for Cybernetics.* Ed. Douglas E. Knight et al. New York: Spartan Books, 1971: 119–44.

Guetzkow, Harold et al. *Simulation in International Relations: Developments for Research and Teaching.* Englewood-Cliffs: Prentice-Hall, 1963.

Gumbrecht, Hans Ulrich. "Rhythm and Meaning." In *Materialities of Communication.* Ed. Hans Ulrich Gumbrecht and K. Ludwig Pfeiffer. Trans. William Whobrey. Stanford: Stanford University Press, 1994: 170–82.

Gumbrech, Hans Ulrich and Karl Ludwig Pfeiffer, eds. *Materialities of Communication.* Trans. William Whobrey. Stanford: Stanford University Press, 1994.

Hacking, Ian. *The Emergence of Probability: A Philosophical Study of Early Ideas about Probability, Induction and Statistical Inference.* London: Cambridge University Press, 1975.

Hafner, Katie, and Matthew Lyon. *Where Wizards Stay Up Late: The Origins of the Internet.* New York: Simon & Schuster, 1996.

Hagemann, Wilhelm. "Qualitätsstandards für Lern- und Spielsoftware." In *Neue Medien in* den Schulen: Projekte — Konzepte — Kompetenzen. Ed. Gerhard Tulodziecki. Gütersloh: Bertelsmann-Stiftung, 1996: 183 - 205.

Hagen, Wolfgang. "Von No-Source zu FORTRAN." http://www.whagen.de/vortraege/FromNoSource ToFortran/NoSourceFortran/sld001.htm.

Hagen, Wolfgang. "The Style of Sources: Remarks and the Theory and History of Programming Languages." In *New Media, Old Media: A History and Theory Reader*. Ed. Wendy Hui Kyong Chun and Thomas Keenan. New York: Routledge, 2005. 157 - 75.

Hall, G. Stanley. *Aspects of Child Life and Education*. Boston: Ginn, 1907.

Hardy, G. H. *A Mathematician's Apology*. Cambridge: Cambridge University Press, 1992.

Harsanyi, John C. "Approaches to the Bargaining Problem Before and After the Theory of Games." *Econometrica* 24(1956): 144 - 57.

Harsanyi, John C. "Cardinal Welfare, Individualistic Ethics, and Interpersonal Comparisons of Utility." *Journal of Political Economy* 63(1955): 309 - 16.

Harsanyi, John C. "Ethics in Terms of Hypothetical Imperatives." *Mind* 47 (1958): 305 - 16.

Harsanyi, John C. *Rational Behavior and Bargaining Equilibrium in Games and Social Situations*. Cambridge: Cambridge University Press, 1977.

Harsanyi, John C. and Reinhard Selten. *A General Theory of Equilibrium Selection in Games*. Cambridge, MA: MIT Press, 1988.

Hart, Samuel N. "A Brief History of Home Video Games." http://www.geekcomix.com/vgh/first/.

Haubrichs, Wolfgang. "Error inextricabilis: Form und Funktion der Labyrinthabbildung in mittelalterlichen Handschriften." In *Text und Bild: Aspekte des Zusammenwirkens zweier Künste in Mittelalter und früher Neuzeit*. Ed. Christel Meier and Uwe Ruberg. Wiesbaden: L. Reichert, 1980: 63 - 174.

Hausrath, Alfred H. *Venture Simulation in War, Business, and Politics*. New York: McGraw-Hill, 1972.

Hayes, Dennis. *Behind the Silicon Curtain: The Seductions of Work in a Lonely Era*. Montreal: Black Rose Books, 1990.

Hearst, Eliot. "One Hundred Years: Themes and Perspectives." In *The First Century of Experimental Psychology*. Ed. Eliot Hearst. Hillsdale: L. Erlbaum, 1979: 1 - 37.

Heart, Frank E. et al. "The Inferface Message Processor of the ARPA Computer Network." In *Spring Joint Computer Conference: AFIPS Proceedings* 36(1970): 551 - 67.

Heidegger, Martin. "The Question Concerning Technology." In *The Question Concerning Technology and Other Essays*. Trans. William Lovitt. New York: Garland, 1977: 3 - 35.

Heidegger, Martin. "Traditional Language and Technological Language." Trans. Wanda T. Gregory. *Journal of Philosophical Research* 23(1998): 129 - 45.

Heidenreich, Stefan. "Icons: Pictures for Users and Idiots." In *Icons: Localiser 1.3*. Ed. Robert Klanten et al. Berlin: Verlag Die Gestalten, 1997: 82 - 86.

Heilig, Morton. "Beginnings: Sensorama and the Telesphere Mask." In *Digital Illusion:*

*Entertaining the Future with High Technology*. Ed. Clark Dodsworth. New York: ACM Press, 1998: 343-51.

Heims, Steve J. *John von Neumann and Norbert Wiener: From Mathematics to the Technologies of Life and Death*. Cambridge, MA: MIT Press, 1980.

Heintz, Bettina. *Die Herrschaft der Regel: Zur Grundlagengeschichte des Computers*. Frankfurt am Main: Campus, 1993.

Hellwig, Johann Christian Ludwig. *Versuch eines aufs Schachspiel gebaueten taktischen Spiels von zwey und mehreren Personen zu spielen*. Leipzig: Crusius, 1780.

Herken, Gregg. *Counsels of War*. New York: Knopf, 1985.

Herman, Leonard. *Phoenix: The Fall & Rise of Home Video Games*. Union, NJ: Rolenta Press, 1994.

Heron, William T. *Individual Differences in Ability Versus Chance in the Learning of the Stylus Maze*. Baltimore: Williams & Wilkins, 1924.

Herz, J. C. *Joystick Nation: How Videogames Gobbled Our Money, Won Our Hearts, and Rewired Our Minds*. London: Abacus, 1997.

Hilgers, Philipp von. "INFOWAR: Vom Kriegsspiel." http://90.146.8.18/infowar/NETSYMPOSIUM/ARCH-DT/msg00012.html.

Hilgers, Philipp von. *War Games: A History of War on Paper*. Trans. Ross Benjamin. Cambridge, MA: MIT Press, 2012.

Himes, Billy L. et al. *An Experimental Cold War Model: Theaterspiel's Fourth Research Game*. McLean, VA: Research Analysis Corp., 1964.

Hirt, Ernst. *Das Formgesetz der epischen, dramatischen und lyrischen Dichtung*. Hildesheim: H. A. Gerstenberg, 1972.

*Historical Trends Related to Weapon Lethality: Basic Historical Studies*. Edited by the Historical Evaluation and Research Organization. Washington, DC: Fort Belvoir Technical Information Center, 1964.

Hocke, Gustav René. *Die Welt als Labyrinth: Manier und Manie in der europäischen Kunst*. Hamburg: Rowohlt, 1978.

Hoffmeier, Dieter and Klaus Völker, eds. *Werkraum Meyerhold: Zur künstlerischen Anwendung seiner Biomechanik*. Berlin: Hentrich, 1995.

Hofmann, Rudolf. *War Games*. Washington, DC: Office of the Chief of Military History, 1952.

Holmevik, Jan Rune. "Compiling SIMULA: A Historical Study of Technological Genesis." *IEEE Annals of the History of Computing* 16(1994): 25-37.

Honzik, Charles H. *Maze Learning in Rats in the Absence of Specific Intra- and Extra-Maze Stimuli*. Berkeley: University of California Press, 1933.

Honzik, Charles H. *The Sensory Basis of Maze Learning in Rats*. Baltimore: The Johns Hopkins University Press, 1936.

Houston, James A. *The Sinews of War: Army Logistics, 1775-1953*. Washington, DC: Office of the Chief of Military History, 1966.

Hoverbeck, C. E. B. von. *Das preußische National-Schach*. Breslau: Stadt- und Universitäts-Buchdruckerey, 1806.

Ingarden, Roman. *The Cognition of the Literary Work of Art*. Trans. Ruth Ann Crowley and Kenneth R. Olson. Evanston: Northwestern University Press, 1973.

Irwin, Terence and Gail Fine, eds. *Aristotle: Selections*. Indianapolis: Hackett, 1995.

Ivins, William. *On the Rationalization of Sight: With an Examination of Three Renaissance Texts on Perspective*. New York: Metropolitan Museum of Art, 1938.

Jenkins, Herbert M. "Animal Learning and Behavior Theory." In *The First Century of Experimental Psychology*. Ed. Eliot Hearst. Hillsdale: L. Erlbaum, 1979: 177–228.

Jensen, Tommy R. and Bjarne Toft. *Graph Coloring Problems*. New York: Wiley, 1995.

Johnson, William Woolsey and William E. Story. "Notes on the '15' Puzzle." *American Journal of Mathematics* 2(1879): 397–404.

Jones, R. V. *Most Secret War*. London: Hamilton, 1978.

Jünger, Ernst. *Der Arbeiter: Herrschaft und Gestalt*. Stuttgart: Klett-Cotta, 1982.

Jünger, Ernst. Foreword to *Blätter und Steine*. In *Sämtliche Werke*. Vol. 14. Stuttgart: Klett-Cotta, 1978: 162.

Jungnickel, Dieter. *Graphs, Networks and Algorithms*. 4th ed. Berlin: Springer, 2013.

Kahn, Herman. *On Thermonuclear War: Three Lectures and Several Suggestions*. Princeton: Princeton University Press, 1960.

Kahn, Herman. *Thinking about the Unthinkable*. New York: Horizon, 1962.

Kahn, Herman and Irwin Man. *War Gaming*. Santa Monica: Rand, 1957.

Kaplan, Fred M. *The Wizards of Armageddon*. 2nd ed. Stanford: Stanford University Press, 1991.

Kapp, Ernst. "Die Kategorienlehre in der aristotelischen Topik." In *Ausgewählte Schriften*. Ed. Hans Diller and Inez Diller. Berlin: Walter de Gruyter, 1968: 215–53

Kay, Alan. "The Early History of Smalltalk." *ACM SIGPLAN Notices* 28(1993): 69–95.

Kay, Alan and Adele Goldberg. "Personal Dynamic Media." *Computer* 10(1977): 31–41.

Kay, Lily E. *Who Wrote the Book of Life? A History of the Genetic Code*. Stanford: Stanford University Press, 1999.

Kenner, Hugh. *The Counterfeiters: An Historical Comedy*. Bloomington: Indiana University Press, 1968.

Kent, Steven L. "Electronic Nation." http://www.videotopia.com/edit2.htm.

Kerényi, Karl. "Labyrinth-Studien." In *Humanistische Seelenforschung*. Wiesbaden: VMA-Verlag, 1978: 226–73.

Kern, Hermann. *Through the Labyrinth: Designs and Meanings over 5 000 Years*. Trans. Abigail Clay. New York: Prestel, 2000.

Key, Ellen. *The Century of the Child*. Trans. Maria Franzos. New York: Charles Putnam's Sons, 1909.

Kidder, Tracy. *The Soul of a New Machine*. Boston: Little, Brown, 1981.

Kittler, Friedrich, ed. *Die Austreibung des Geistes aus den Geisteswissenschaften*.

Paderborn: Schöningh, 1980.

Kittler, Friedrich. *Discourse Networks 1800/1900*. Trans. Michael Metteer and Chris Cullens. Stanford: Stanford University Press, 1990.

Kittler, Friedrich. *Draculas Vermächtnis: Technische Schriften*. Leipzig: Reclam 1993.

Kittler, Friedrich. "Die Evolution hinter unserem Rücken." In *Kultur und Technik im 21. Jahrhundert*. Ed. Gert Kaiser et al. Frankfurt am Main: Campus, 1993: 221–23.

Kittler, Friedrich. "Fiktion und Simulation." In *Philosophien der neuen Technologie*. Ed. Hannes Böhringer et al. Berlin: Merve, 1989: 57–80.

Kittler, Friedrich. "Goethe II: Ottilie Hauptmann." In *Dichter — Mutter — Kind*. Munich: Fink, 1991: 119–48. Originally published in *Goethes Wahlverwandtschaften: Kritische Modelle und Diskursanalysen zum Mythos Literatur*. Ed. Norbert W. Bolz. Hildesheim: Gerstenberg, 1981: 260–75.

Kittler, Friedrich. *Gramophone, Film, Typewriter*. Trans. Geoffrey Winthrop-Young and Michael Wutz. Stanford: Stanford University Press, 1999.

Kittler, Friedrich. "Eine Kurzgeschichte des Scheinwerfens." In *Der Entzug der Bilder: Visuelle Realitäten*. Ed. Michael Wetzel and Herta Wolf. Munich: W. Fink, 1994: 183–89.

Kittler, Friedrich. "Nachwort." In *Intelligence Service: Schriften*. By Alan M. Turing. Ed. Bernhard Dotzler and Friedrich Kittler. Berlin: Brinkmann & Bose, 1987: 209–33.

Kittler, Friedrich. "Rockmusik — Ein Mißbrauch von Heeresgerät." In *Appareils et machines à représentation*. Ed. Charles Grivel. Mannheim: MANA, 1988: 87–102. Reprinted in Friedrich Kittler. *Short Cuts*. Frankfurt am Main: Zweitausendeins, 2002: 7–30.

Kittler, Friedrich. "Ein Tigertier, das Zeichen setzte. Gottfried Wilhelm Leibniz zum 350. Geburtstag." http://hydra.humanities.uci.edu/kittler/tiger.html.

Kiviat, Philip J. et al. *The Simscript II Programming Language*. Englewood Cliffs: Prentice-Hall, 1968.

Kiviat, Philip J. et al. *The Simscript II. 5 Programming Language*. Los Angeles: Consolidated Analysis Centers, 1973.

Knight, Douglas E. "Preface." In *Cybernetics, Simulation, and Conflict Resolution: Third Annual Symposium of American Society for Cybernetics*. Ed. Douglas E. Knight et al. New York: Spartan Books, 1971: xv-xviii.

Koch, Helen Lois. *The Influence of Mechanical Guidance upon Maze Learning*. Princeton: Psychological Review Co., 1923.

Kochenburger, Ralph J. and Carolyn J. Turcio. *Computers in Modern Society*. Santa Barbara: Hamilton, 1974.

Köhler, Eckehart. "John C. Harsanyi as the Master of Social Theory." In *Beyond Art — A Third Culture: A Comparative Study in Cultures, Art, and Science in 20th-Century Austria and Hungary*. Ed. Peter Weibel. Berlin: Springer, 2005: 403–06.

Kracheel, Kurt. *Flugführungssysteme — Blindfluginstrumente, Autopiloten,*

Flugsteuerungen. Bonn: Bernard & Graefe, 1993.

Krämer, Sybille. "Geist ohne Bewußtsein? Über ein Wandel in den Theorien vom Geist." In *Geist — Gehirn — künstliche Intelligenz: Zeitgenössische Modelle des Denkens*. Ed. Sybille Krämer. Berlin: Walter de Gruyter, 1994: 71-87.

Krämer, Sybille. "Spielerische Interaktion: Überlegungen zu unserem Umgang mit Instrumenten." In *Schöne neue Welten? Auf dem Weg zu einer neuen Spielkultur*. Ed. Florian Rötzer. Munich: Klaus Boer, 1995: 225-37.

Krämer, Sybille. "Zentralperspektive, Kalkül, Virtuelle Realität: Sieben Thesen über die Weltbildimplikation symbolischer Formen." In *Medien — Welten — Wirklichkeiten*. Ed. Gianni Vattimo and Wolfgang Welsch. Munich: Fink, 1998: 27-38.

Kurz, Gerhard. "Notizen zum Rhythmus." *Sprache und Literatur in Wissenschaft und Unterricht* 23(1992): 41-45.

Laban, Rudolf. *The Mastery of Movement*. 3rd ed. Boston: Plays, 1971.

Lacan, Jacques. *The Seminar of Jacques Lacan. Book II: The Ego in Freud's Theory and in the Technique of Psychoanalysis, 1954-55*. Trans. Sylvana Tomaselli. New York: W. W. Norton, 1988.

Lanchester, Frederick William. *Aircraft in Warfare: The Dawn of the Fourth Arm*. London: Constable and Company, 1916.

Lanchester, Frederick William. "Mathematics in Warfare." In *The World of Mathematics: A Small Library of the Literature of Mathematics from A'h-mosé the Scribe to Albert Einstein*. Vol. 4. Ed. James R. Newman. New York: Simon and Schuster, 1956: 2138-57.

Laurel, Brenda, ed. *The Art of Human-Computer Interface Design*. Reading, MA: Addison Wesley, 1990.

Laurel, Brenda. *Computers as Theatre*. Reading, MA: Addison Wesley, 1991.

Laurel, Brenda. *Towards the Design of a Computer-Based Interactive Fantasy System*. Doctoral Diss.: The Ohio State University, 1986.

Lebling, David P. *The MDL Programming Environment*. Cambridge, MA: MIT Laboratory for Computer Science, 1979.

Lebling, David P. "Zork and the Future of Computerized Fantasy Simulations." *Byte* 12 (1980): 172-82.

Lebling, David P., Marc S. Blank, and Timothy A. Anderson. "Zork: A Computerized Fantasy Simulation Game." *IEEE Computer* 4(1979): 51-59.

Lebowitz, Michael. "Creating Characters in a Story-Telling Universe." *Poetics* 13(1984): 173-94.

Lebowitz, Michael. "Memory-Based Parsing." *Artificial Intelligence* 21(1983): 285-326.

Lee, C. Y. "An Algorithm for Path Connections and Its Applications." *IRE Transactions on Electronic Computers*, EC-10(1961): 346-65.

Lee, John A. N. "John Louis von Neumann." http://ei.cs.vt.edu/~history/VonNeumann.html.

Lehnert, Wendy G. "Plot Units and Narrative Summarization." *Cognitive Science* 7(1983): 293–332.

Leibniz, Gottfried Wilhelm. *Theodicy: Essays on the Goodness of God, the Freedom of Man, and the Origin of Evil.* Trans. E. M. Huggard. London: Routledge, 1952.

Leinfellner, Werner. "A Short History of Game Theory." In *Beyond Art — A Third Culture: A Comparative Study in Cultures, Art, and Science in 20th-Century Austria and Hungary.* Ed. Peter Weibel. Berlin: Springer, 2005: 398–400.

Levy, David and Monroe Newborn. *All About Chess and Computers.* 2nd ed. Berlin: Springer, 1982.

Levy, Steven. *Hackers: Heroes of the Computer Revolution.* Garden City: Anchor Press, 1984.

Licklider, J. C. R. "Man-Computer Symbiosis." *IRE Transactions on Human Factors in Electronics*, HFE-1(1960): 4–11.

Licklider, J. C. R. and Robert W. Taylor. "The Computer as a Communication Device." *Science and Technology* 76(1968): 21–40.

Link, Jürgen. *Versuch über den Normalismus: Wie Normalität produziert wird.* 3rd ed. Göttingen: Vandenhoeck & Ruprecht, 2006.

Lischka, Konrad. *Spielplatz Computer: Kultur, Geschichte und Ästhetik des Computerspiels.* Hanover: H. Heise, 2002.

Littman, Richard A. "Social and Intellectual Origins of Experimental Psychology." In *The First Century of Experimental Psychology.* Ed. Eliot Hearst. Hillsdale: L. Erlbaum, 1979: 39–86.

Livermore, W. R. *The American Kriegsspiel: A Game for Practicing the Art of War Upon a Topographical Map.* Boston: Houghton, Mifflin and Company, 1879.

Louppe, Laurence. "Der Körper und das Unsichtbare." In *Tanz in der Moderne: Von Matisse bis Schlemmer.* Ed. Karin Adelsbach and Andrea Firmenich. Cologne: Wienand, 1996: 269–76.

Ludgate, Katherine Eva. *The Effect of Mechanical Guidance upon Maze Learning.* Princeton: Psychological Review Co., 1923.

Luhmann, Niklas. "Erziehung als Formung des Lebenslaufs." In *Bildung und Weiterbildung im Erziehungssystem: Lebenslauf und Humanontogenese als Medium und Form.* Ed. Dieter Lenzen and Niklas Luhmann. Frankfurt am Main: Suhrkamp, 1997: 11–29.

Lumley, Frederick Hillis. *An Investigation of the Responses Made in Learning a Multiple Choice Maze.* Princeton: Psychological Review Co., 1931.

Lyons, Joy Medley, and Mary L. Van Camp. *Mammoth Cave: The Story Behind the Scenery.* Las Vegas: KC Publications, 1991.

Lyotard, Jean-François. *The Postmodern Condition: A Report on Knowledge.* Trans. Geoff Bennington and Brian Massumi. Minneapolis: University of Minnesota Press, 1984.

Lyotard, Jean-François. "Tomb of the Intellectual." In *Political Writings.* Trans. Bill Readings and Kevin P. Geiman. Minneapolis: University of Minnesota Press, 1993: 3–7.

MacFarlane, Donald A. *The Rôle of Kinesthesis in Maze Learning.* Berkeley: University of California Press, 1930.

Mann, Heinz Herbert. "Text-Adventures: Ein Aspect literarischer Softmoderne." In *Besichtigung der Moderne: Bildende Kunst, Architektur, Musik, Literatur, Religion. Aspekte und Perspektiven.* Ed. Hans Holländer et al. Cologne: DuMont, 1987: 371–78.

Manovich, Lev. "The Mapping of Space: Perspective, Radar, and 3-D Computer Graphics." http://manovich.net/TEXT/mapping.html.

McCarthy, John et al. "A Proposal for the Dartmouth Summer Research Project on Artificial Intelligence (August 31, 1955)." *AI Magazine* 27(2006): 12–14.

McCulloch, Warren S. and Walter Pitts. "A Logical Calculus Immanent in Nervous Activity." *Bulletin of Mathematical Biophysics* 5(1943): 115–33.

McDonald, John. *Strategy in Poker, Business and War.* New York: Norton, 1950.

McHugh, Francis J. "Gaming at the Naval War College." *U.S. Naval Institute Proceedings* 90(1964): 48–55.

McLuhan, Marshall. *Understanding Media: The Extension of Man.* New York: McGraw-Hill, 1964.

Mead, George H. "Play, the Game, and the Generalized Other." In *Mind, Self, and Society from the Standpoint of a Social Behaviorist.* Ed. Charles W. Morris. Chicago: University of Chicago Press, 1934: 152–64.

Meckel, Jakob. *Anleitung zum Kriegsspiel.* Berlin: Vossische Buchhandlung, 1875.

Meehan, James R. *The Metanovel: Writing Stories by Computer.* New York: Garland, 1980.

Mertens, Mathias and Tobias O. Meißner. *Wir waren Space Invaders: Geschichten von Computerspielen.* Frankfurt am Main: Eichborn, 2002.

Meyerhold, Wsewolod E. "Der Schauspieler der Zukunft und die Biomechanik." In *Theaterarbeit 1917–1930.* Ed. R. Tietze et al. Munich: Hanser, 1974: 72–76.

Miller, Lawrence H. and Jeff Johnson. "The Xerox Star: An Influential User Interface Design." In *Human-Computer Interface Design: Success Stories, Emerging Methods, Real-World Context.* Ed. Marianne Rudisill et al. San Francisco: Morgan Kaufmann, 1996: 70–100.

Minsky, Marvin A. "A Framework for Representing Knowledge." In *The Psychology of Computer Vision.* Ed. Patrick H. Winston et al. New York: McGraw-Hill, 1975: 211–77.

Misa, Thomas J. "Military Needs, Commercial Realities, and the Development of the Transistor, 1948–1958." In *Military Enterprise and Technological Change: Perspectives on the American Experience.* Ed. Merritt Roe Smith. Cambridge, MA: MIT Press, 1985: 253–88.

Molander Roger C. et al. *Strategic Information Warfare: A New Face of War.* Santa Monica: Rand, 1996.

Moles, Abraham et al. "Of Mazes and Men: Psychology of Labyrinths." In *Semiotics of the*

*Environment*: *Eighth Annual Meeting of the Environmental Design Research Association*. Stroudsburg, PA: Dowden, Hutchinson & Ross, 1977: 1-25.

Mood, Alexander M. *War Gaming as a Technique of Analysis*. Santa Monica: Rand, 1954.

Moore, Edward F. "The Shortest Path through a Maze." In *Proceedings of an International Symposium on the Theory of Switching*. Cambridge, MA: Harvard University Press, 1959: 285-92.

Moreno, J. L. *Psychodrama*. 3rd ed. Beacon, NY: Beacon House, 1970.

Morgan, C. Lloyd. *An Introduction to Comparative Psychology*. London: Walter Scott, 1894.

Morse, Philipp E. and George E. Kimball. "How to Hunt a Submarine." In *The World of Mathematics*: *A Small Library of the Literature of Mathematics from A'h-mosé the Scribe to Albert Einstein*. Vol. 4. Ed. James R. Newman. New York: Simon and Schuster, 1956: 2160-79.

Morse, Philipp E. and George E. Kimball. *Methods of Operations Research*. New York: John Wiley, 1951.

Müller, Thomas and Peter Spangenberg. "Fern-Sehen — Radar — Krieg." In *Hard War/Soft War*: *Krieg und Medien 1914 bis 1945*. Ed. Martin Stingelin and Wolfgang Scherer. Munich: Wilhelm Fink, 1991: 275-302.

Münsterberg, Hugo. *Grundzüge der Psychotechnik* (Leipzig: Johann Ambrosius Barth, 1914.

Münsterberg, Hugo. *Psychology and Industrial Efficiency*. Boston: Houghton Mifflin, 1913.

Murray, H. J. R. *A History of Board-Games Other Than Chess*. Oxford: Oxford University Press, 1952.

Murray, H. J. R. *A History of Chess*. Oxford: Oxford University Press, 1913.

Masuyama, Hiroshi. "Push Any Button." In *Künstliche Spiele*. Ed. Georg Hartwagner et al. Munich: Klaus Boer, 1993: 39-49.

Myers, Brad. "A Brief History of Human Computer Interaction Technology." *ACM Interactions* 5(1998): 44-54.

Nash, John F. "The Bargaining Problem." *Econometrica* 17(1950): 155-62.

Nash, John F. "Two-Person Cooperative Games." *Econometrica* 21(1953): 128-40.

Naumann. *Das Regiments-Kriegsspiel*: *Versuch einer Methode des Detachements-Kriegsspiels*. Berlin: Ernst Siegfried Mittler und Sohn, 1877.

Neitzel, Britta. *Gespielte Geschichten*: *Struktur- und prozeßanalytische Untersuchungen der Narrativität von Videospielen*. Doctoral Diss.: Bauhaus-Universität Weimar, 2000.

Nelson, Graham. "Inform 6.15: Technical Manual." www.gnelson.demon.co.uk/TechMan.txt.

Nelson, Graham. "The Z-Machine Standards Document: Version 1.0." www.gnelson.demon.co.uk.

Neumann, John von. "Can We Survive Technology?" *Fortune* (June 1955): 106-08,

151-52.

Neumann, John von. *The Computer and the Brain*. 2nd ed. New Haven: Yale University Press, 2000.

Neumann, John von. "A Model of General Economic Equilibrium." *Review of Economic Studies* 13(1945): 1-9. Originally published as "Über ein ökonomisches Gleichungssystem und eine Verallgemeinerung des Brouwer'schen Fixpunktsatzes." *Ergebnisse eines mathematischen Kolloquium* 8(1937): 73-83.

Neumann, John von. "Probabilistic Logics and the Synthesis of Reliable Organisms from Unreliable Components." In *Collected Works*. Ed. A. H. Taub. Vol. 5. Oxford: Pergamon Press, 1963: 329-78.

Neumann, John von. *Theory of Self-Reproducing Automata*. Ed. Arthur W. Burks. Urbana: University of Illinois Press, 1966.

Neumann, John von. "Zur Theorie der Gesellschaftsspielen." *Mathematische Annalen* 100 (1928): 295-320.

Neumann, John von and Oskar Morgenstern. *Theory of Games and Economic Behavior*. 3rd ed. Princeton: Princeton University Press, 1953.

Neurath, Otto. *International Picture Language: The First Rules of Isotype*. London: K. Paul, Trench, Trubner & Co., 1936.

Neurath, Otto. *Modern Man in the Making*. New York: Knopf, 1939.

Newell, Allen and Herbert A. Simon. *Human Problem Solving*. Englewood Cliffs: Prentice Hall, 1972.

Newman, James R. "Commentary on Operations Research." In *The World of Mathematics: A Small Library of the Literature of Mathematics from A'h-mosé the Scribe to Albert Einstein*. Vol. 4. Ed. James R. Newman. New York: Simon and Schuster, 1956: 2158-59.

Nida-Rümlein, Julian. "Spielerische Interaktion." In *Schöne neue Welten? Auf dem Weg zu einer neuen Spielkultur*. Ed. Florian Rötzer. Munich: Klaus Boer, 1995: 129-40.

Nietzsche, Friedrich. *The Gay Science: With a Prelude in Rhymes and an Appendix of Songs*. Trans. Walter Kaufmann. New York: Random House, 1974.

Nietzsche, Friedrich. *Thus Spoke Zarathustra*. In *The Portable Nietzsche*. Ed. Walter Kaufmann. New York: Penguin, 1982.

Noble, David F. "Command Performance: A Perspective on the Social and Economic Consequences of Military Enterprises." In *Military Enterprise and Technological Change: Perspectives on the American Experience*. Ed. Merritt Roe Smith. Cambridge, MA: MIT Press, 1985: 329-46.

Noble, Douglas D. "Mental Materiel: The Militarization of Learning and Intelligence in U. S. Education." In *Cyborg Worlds: The Military Information Society*. Ed. Les Levidow and Kevin Robins. London: Free Association Books, 1989: 13-41.

North, J. D. *The Rational Behavior of Mechanically Extended Man*. Woverhampton: Boulton Paul Aircraft Ltd., 1954.

Nygaard, Kristen. "SIMULA: An Extension of ALGOL to the Description of Discrete Event Networks." In *Information Processing 1962: Proceedings of the IFIP Congress '62*. Ed. Cicely M. Popplewell. Amsterdam: North Holland, 1963: 520-22.

Nygaard, Kristen and Ole-Johan Dahl. "The Development of the Simula Languages." In *History of Programming Languages*. Ed. Richard L. Wexelblat. New York: Academic Press, 1981: 439-93.

Nygaard, Kristen and Ole-Johan Dahl. "SIMULA — An ALGOL-Based Simulation Language." *Communications of the ACM* 9(1966): 671-78.

O'Connell, Charles F. "The Corps of Engineers and the Rise of Modern Management, 1815-1861." In *Military Enterprise and Technological Change: Perspectives on the American Experience*. Ed. Merritt Roe Smith. Cambridge, MA: MIT Press, 1985: 87-116.

Ostwald, Wilhelm. *Der energetische Imperativ*. Leipzig: Akademische Verlagsgesellschaft, 1911.

Owens, Larry. "Vannevar Bush and the Differential Analyzer: The Text and Context of an Early Computer." *Technology and Culture* 27(1986): 63-96.

"Panzer General." *Power Play* 4 (April 1995): 116.

Patzig, Günther. "Bermerkungen zu den Kategorien des Aristoteles." In *Einheit und Vielheit: Festschrift für Carl Friedrich von Weizsäcker zum 60. Geburtstag*. Ed. Erhard Scheibe and Georg Süssmann. Göttingen: Vandenhoeck & Ruprecht, 1973: 60-76.

Paxson, Edwin W. "War Gaming." In *The Study of Games*. Ed. Elliott M. Avedon and Brian Sutton Smith. Huntington: R. E. Krieger, 1979: 278-301.

Pearca, Michael R. *Evolution of a Vietnamese Village. Part I: The Present, after Eight Months of Pacification*. Santa Monica: Rand, 1965.

Pearce, Celia. "Beyond Shoot Your Friends: A Call to Arms in Battle against Violence." In *Digital Illusion: Entertaining the Future with High Technology*. Ed. Clark Dodsworth. New York: ACM Press, 1998: 209-28.

Pflüger, Jörg. "Hören, Sehen, Staunen: Zur Ideengeschichte der Interaktivität." *Sammelpunkt: Elektronisch archivierte Theorie*. http://sammelpunkt.philo.at:8080/48/.

Piaget, Jean. *Play, Dreams and Imitation in Childhood*. Trans. C. Gattegno and F. M. Hodgson. New York: W. W. Norton, 1962.

Pias, Claus, ed. *Cybernetics — Kybernetik: Die Macy-Conferences 1946-1953*. 2 vols. Zurich: Diaphanes 2003.

Pias, Claus. "Digitale Sekretäre: 1968, 1978, 1998." In *Europa — Kultur der Sekretäre*. Ed. Bernhard Siegert and Joseph Vogl. Zurich: Diaphanes, 2003: 235-51.

Pias, Claus. "Falsches Spiel: Die Grenzen eines Ressentiments." *Maske und Kothurn* 54 (2008): 35-48.

Pias, Claus. "Der Hacker." In *Grenzverletzer: Von Schmugglern, Spionen und anderen subversiven Gestalten*. Ed. Eva Horn et al. Berlin: Kadmos, 2002: 248-70.

Pias, Claus. "Jeder Schlag ist eine Antwort, jeder Treffer ein Gespräch." *Frankfurter

*Allgemeine Zeitung* (May 14, 2002).

Pias, Claus. "On the Epistemology of Computer Simulation." *Zeitschrift für Medien- und Kulturforschung* 1(2011): 29–54.

Pias, Claus. "Punkt und Linie zum Raster: Zur Genealogie der Computergraphik." In *Ornament und Abstraktion: Kunst der Kulturen, Moderne und Gegenwart im Dialog*. Ed. Ernst Beyeler and Markus Brüderlin. Cologne: DuMont, 2001: 64–69.

Pias, Claus. "Spielen für den Weltfrieden." *Frankfurter Allgemeine Zeitung* (August 8, 2001).

Pias, Claus. "Synthetic History." *Archiv für Mediengeschichte* 1(2001): 171–84.

Pias, Claus. "'Thinking about the Unthinkable': The Virtual as a Place of Utopia." In *Thinking Utopia: Steps into Other Worlds*. Ed. Jörn Rüsen et al. New York: Berghahn Books, 2005: 120–35.

Pias, Claus. *Was waren Medien?* Zurich: Diaphanes, 2011.

Pias, Claus. "Wenn Computer spielen: Ping/Pong als Urszene des Computerspiels." In *Homo Faber Ludens: Geschichten zu Wechselbeziehungen von Technik und Spiel*. Ed. Stefan Poser and Karin Zachmann. Frankfurt am Main: Peter Lang, 2003: 255–80.

Pias, Claus. "What's German About German Media Theory?" In *Media Transatlantic: Media Theory Between North America and German-Speaking Europe*. Ed. Norm Friesen. Dordrecht: Springer, 2015. Forthcoming.

Pias, Claus. "Wie die Arbeit zum Spiel wird: Zur informatischen Verwindung des thermodynamischen Pessimismus." In *Anthropologie der Arbeit*. Ed. Ulrich Bröckling and Eva Horn. Tübingen: Narr, 2002: 209–29.

Pias, Claus and Christian Holtorf, eds. *Escape! Computerspiele als Kulturtechnik*. Cologne: Böhlau, 2007.

Pierce, Stephen. "Coin-Op: The Life (Arcade Video Games)." In *Digital Illusion: Entertaining the Future with High Technology*. Ed. Clark Dodsworth. New York: ACM Press, 1998: 443–61.

Pinch, Trevor J. and Wiebe E. Bijker. "The Social Constructions of Facts and Artifacts: Or How the Sociology of Science and the Sociology of Technology Might Benefit Each Other." In *The Social Construction of Technological Systems: New Directions in the Sociology and History of Technology*. Ed. Wiebe E. Bijker. 2nd ed. Cambridge, MA: MIT Press, 2012: 11–44.

Prigge, Walter, ed. *Ernst Neufert: Normierte Baukultur im 20. Jahrhundert*. Frankfurt am Main: Campus, 1999.

Randell, B. "The COLOSSUS." In *A History of Computing in the Twentieth Century*. Ed. Nicholas Metropolis et al. New York: Academic Press, 1980: 47–92.

Rapoport, Anatol. *Strategy and Conscience*. New York: Harper & Row, 1964.

Rapoport, Anatol. "The Use and Misuse of Game Theory." *Scientific American* 207(1962): 108–18.

Redmont, Kent C. and Thomas M. Smith. *Project Whirlwind: The History of a Pioneer*

*Computer*. Bedford: Digital Press, 1980.

Reisswitz, Georg Heinrich Rudolf Johann Baron von. *Anleitung zur Darstellung militärischer Manöver mit dem Apparat des Krieges-Spieles*. Berlin, 1824.

Reisswitz, Georg Heinrich Rudolf Johann Baron von. *Kriegsspiel: Instructions for the Representation of Military Manoeuvres with the Kriegsspiel Apparatus*. Trans. Bill Leeson. 2nd ed. Hemel Hempstead: Leeson, 1989.

Reisswitz, Georg Leopold Baron von. *Taktisches Kriegs-Spiel oder Anleitung zu einer mechanischen Vorrichtung um taktische Manoeuvres sinnlich darzustellen*. Berlin, 1812.

Rheinberger, Hans-Jörg. *Experiment, Differenz, Schrift: Zur Geschichte epistemischer Dinge*. Marburg: Basilisken-Presse, 1992.

Rheingold, Howard. *Tools for Thought: The History and Future of Mind-Expanding Technology*. 2nd ed. Cambridge, MA: MIT Press, 2000.

Ricciardi Franc M. et al., eds. *Top Management Decision Simulation: The AMA Approach*. New York: American Management Association, 1957.

Richardson, Lewis Fry. "The Supply of Energy from and to Atmospheric Eddies." *Proceedings of the Royal Society* 97(1920): 354–73.

Richardson, Lewis Fry. *Weather Prediction by Numerical Process*. London: Cambridge University Press, 1922.

Ridenour, Louis N. "Bats in the Bomb Bay." *The Atlantic Monthly* (December 1946): 116–20.

Ridenour, Louis N. "Doves in the Detonators." *The Atlantic Monthly* (January 1947): 93–94.

Riepe, Manfred. "Ich computiere, also bin ich: Schreiber — Descartes — Computer und virtueller Wahn." In *Künstliche Spiele*. Ed. Georg Hartwagner et al. Munich: Boer, 1993: 219–32.

Robbe-Grillet, Alain. *In the Labyrinth*. In *Two Novels by Robbe-Grillet: Jealously & In the Labyrinth*. Trans. Richard Howard. New York: Grove Press, 1965.

Robbe-Grillet, Alain. *The Voyeur*. Trans. Richard Howard. New York: Grove Press, 1958.

Roch, Axel. "Fire-Control and Human-Computer Interaction: Towards a History of the Computer Mouse (1945–1965)." In *Vectorial Elevation, Relational Architecture No. 4*. Ed. Rafael Lozano-Hemmer. Mexico City: Conaculta, 2000: 115–28.

Roch, Axel and Bernhard Siegert. "Maschinen, die Maschinen verfolgen." In *Konfigurationen: Zwischen Kunst und Medien*. Ed. Sigrid Schade and Georg C. Tholen. Munich: Fink, 1999: 219–30.

Rogers, Claude A. *Packing and Covering*. Cambridge: Cambridge University Press, 1964.

Rosenfeld, Azriel. "Arcs and Curves in Digital Pictures." *Journal of the ACM* 20(1973): 81–87.

Rosenthal, Marshal. "Dr. Higinbotham's Experiment: The First Video Game; or, Fun with an Oscilloscope." www.discovery.com/doc/1012/world/inventors100596/inventors.html.

Rötzer, Florian. "Aspekte der Spielkultur in der Informationsgesellschaft." In *Medien —*

*Welten — Wirklichkeiten*. Ed. Gianni Vattimo and Wolfgang Welsch. Munich: Fink, 1998: 149–72.

Rowell, John T. and Eugene R. Streich. "The SAGE System Training Program for the Air Defense Command." *Human Factor* 6(1964): 537–48.

Schaffer, Simon. "Astronomers Mark Time: Discipline and the Personal Equation." *Science in Context* 2(1988): 115–45.

Schaffer, Simon. "OK Computer." In *Ecce Cortex: Beiträge zur Geschichte des modernen Gehirns*. Ed. Michael Hagner. Darmstadt: Wallstein, 1999: 254–85.

Schäffner, Wolfgang. "Nicht-Wissen um 1800: Buchführung und Statistik." In *Poetologien des Wissens um 1800*. Ed. Joseph Vogl. Munich: Fink, 1999: 123–44.

Schank, R. C. "The Structure of Episodes in Memory." In *Representation and Understanding: Studies in Cognitive Science*. Ed. Daniel G. Bobrow and Allan Collins. New York: Academic Press, 1975: 237–72.

Schelling, Thomas. *The Strategy of Conflict*. Cambridge, MA: Harvard University Press, 1960.

Schelling, Thomas et al. *Crisis Games 27 Years Later: Plus c'est déjà vu*. Santa Monica: Rand, 1964.

Schiller, Friedrich. *On the Aesthetic Education of Man*. Trans. Reginald Snell. New York: F. Ungar, 1965.

Schmeling, Manfred. *Der labyrinthische Discurs: Vom Mythos zum Erzählmodell*. Frankfurt am Main: Athenäum, 1987.

Schneider, Ivo. *Die Entwicklung der Wahrscheinlichkeitstheorie von den Anfängen bis 1933*. Darmstadt: Wissenschaftliche Buchgesellschaft, 1988.

Schwabe, William and Lewis M. Jamison. *A Rule-Based Policy-Level Model of Nonsuperpower Behavior in Strategic Conflicts*. Santa Monica: Rand, 1982.

Schwarz, F. D. "The Patriarch of pong." *Invention and Technology* 6(1990): 64.

Searle, John R. *Speech Acts: An Essay in the Philosophy of Language*. Cambridge: Cambridge University Press, 1969.

Seeßlen, Georg and Christian Rost. *PacMan & Co.: Die Welt der Computerspiele*. Reinbek: Rowohlt, 1984.

Serres, Michel. *Hermès I — La communication*. Paris: Minuit, 1968.

Shannon, Claude E. "A Chess-Playing Machine." In *The World of Mathematics: Volume IV*. Ed. James Newman. New York: Simon and Schuster, 1956: 2124–33.

Shannon, Claude E. "Presentation of a Maze-Solving Machine." In *Cybernetics — Kybernetik: The Macy Conferences 1946–1953*. Ed. Claus Pias. Vol. 1. Zurich: Diaphanes, 2003: 474–79.

Shannon, Claude E. "Programming a Computer for Playing Chess." *Philosophical Magazine* 41(1950): 256–75.

Shannon, Claude E. and Warren Weaver. *The Mathematical Theory of Communication*. Urbana: University of Illinois Press, 1949.

Shapiro, Norman Z. et al. *The RAND-ABEL Programming Language*. Santa Monica: Rand, 1985.

Shapiro, Norman Z. et al. *The RAND-ABEL Programming Language: Reference Manual*. Santa Monica: Rand, 1988.

Sheff, David. *Game Over: How Nintendo Zapped an American Industry, Captured Your Dollars, and Enslaved Your Children*. New York: Random House, 1993.

Shy, John. "Jomini." In *Makers of Modern Strategy: From Machiavelli to the Nuclear Age*. Ed. Peter Paret et al. Princeton: Princeton University Press, 1986: 143–85.

Siegert, Bernhard. "Cultural Techniques: Or the End of the Intellectual Postwar Media Era in German Media Theory." *Theory Culture & Society* 30(2013): 48–65.

Siegert, Bernhard. "Das Leben zählt nicht: Natur- und Geisteswissenschaften bei Dilthey aus mediengeschichtlicher Sicht." In *Dreizehn Vortraege zur Medienkultur*. Ed. Claus Pias. Weimar: Verlag und Datenbank für Geisteswissenschaften, 1999: 166–82.

Siegert, Bernhard. "Perpetual Doomsday." In *Europa — Kultur der Sekretäre*. Ed. Bernhard Siegert and Joseph Vogl. Berlin: Diaphanes, 2003: 63–78.

Skinner, B. F. "Autobiography." In *A History of Psychology in Autobiography*. Ed. Edwin G. Boring and Gardner Lindzey. Vol. 5. New York: Appleton-Century-Crofts, 1967: 387–413.

Skinner, B. F. "Cost of Homing Units, Personnel and Organization Required: Discussion and Analysis." General Mills Final Report, submitted on February 21, 1944.

Skinner, B. F. *A Matter of Consequences: Part Three of an Autobiography*. New York: Alfred A. Knopft, 1983.

Skinner, B. F. *The Shaping of a Behaviorist: Part Two of an Autobiography*. New York: Alfred A. Knopf, 1979.

Skinner, B. F. *Walden Two*. New York: Hackett, 1948.

Slater, Robert. *Portraits in Silicon*. Cambridge, MA: MIT Press, 1987.

Sloterdijk, Peter. "Die Scheidung der Mauern: Stichworte zur Kritik der Container-Vernunft." In *Telenoia: Kritik der virtuellen Bilder*. Ed. Elisabeth van Samsonow and Éric Alliez. Vienna: Turia und Kant, 1999: 158–81.

Smith, J. W. *Determination of Path-Lengths in a Distributed Network*. Santa Monica: Rand, 1964.

Smith, Lawrence D. and William R. Woodward, eds. *B. F. Skinner and Behaviorism in American Culture*. Cranbury, NJ: Associated University Presses, 1996.

Smith, Merritt Roe. "The Ordnance and the 'American System' of Manufacturing." In *Military Enterprise and Technological Change: Perspectives on the American Experience*. Ed. Merritt Roe Smith. Cambridge, MA: MIT Press, 1985: 39–86.

Specht, Robert D. *War Games*. Santa Monica: Rand, 1957.

Stempel, Wolf-Dieter. "Erzählung, Beschreibung und der historische Diskurs." In *Geschichte — Ereignis und Erzählung*. Ed. Reinhart Kosselleck and Wolf-Dieter Stempel. Munich: W. Fink, 1973: 325–46.

Strack, Friedrich, ed. *Titan Technik: Ernst und Friedrich Georg Jünger und das technische Zeitalter*. Würzburg: Königshausen & Neumann, 2000.

Stroud, John. "The Psychological Moment in Perception." In *Cybernetics — Kybernetik: The Macy-Conferences 1946 – 1953*. Ed. Claus Pias. Vol. 1. Zurich: Diaphanes, 2003: 41 – 65.

Summers, Harry G. *On Strategy: The Vietnam War in Context*. Carlisle: U. S. Army War College, 1983.

*Supplement to the Kriegsspiel Rules by the Berlin War Game Association*. Trans. Bill Leeson. Hemel Hempstead: Leeson, 1988.

"Supplement zu den bisherigen Kriegsspielregeln." *Zeitschrift für Kunst, Wissenschaft und Geschichte des Krieges* 13(1828): 68 – 112.

Sutherland, Ivan. *Sketchpad: A Man-Machine Graphical Communication System*. Doctoral Diss.: MIT, 1963.

Tarjan, Robert E. "Depth-First Search and Linear Graph Algorithms." *SIAM Journal on Computing* 1(1972): 146 – 60.

Taylor, Frederick Winslow. *Die Grundsätze wissenschaftlicher Betriebsführung*. Trans. Irene M. Witte. Munich: R. Oldenbourg, 1913.

Taylor, Frederick Winslow. *The Principles of Scientific Management*. New York: Harper & Brothers, 1911.

Terry, Gaston. "Le problème des labyrinthes." *Nouvelles annales de mathématiques* 14 (1895): 187 – 190.

Thompson, Michael. *Rubbish Theory: The Creation and Destruction of Value*. Oxford: Oxford University Press, 1979.

Thorndike, Edward L. *Animal Intelligence: An Experimental Study of the Associative Process in Animals*. Doctoral Diss.: Columbia University, 1898.

Thorndike, Edward L. *Animal Intelligence: Experimental Studies*. New York: Macmillan, 1911.

Tolman, Edward Chace and Charles H. Honzik. *Degrees of Hunger, Reward and Non-Reward, and Maze Learning in Rats*. Berkeley: University of California Press, 1930.

"Torres and His Remarkable Automatic Devices: He Would Substitute Machinery for the Human Mind." *Scientific American Supplement* 80 (November 6, 1915): 296 – 98.

Town, Henry R. "The Engineer as an Economist." *Transactions of the American Society of Mechanical Engineers* 7(1886): 425 – 33.

Turing, Alan M. "Computing Machinery and Intelligence." in *The Essential Turing: Seminal Writings in Computing, Logic, Philosophy, Artificial Intelligence, and Artificial Life*. Ed. B. Jack Copeland. New York: Oxford University Press, 2004: 433 – 64.

Turing, Alan M. "Digital Computers Applied to Games." In *Faster than Thought: A Symposium on Digital Computing Machines*. Ed. B. V. Bowden. New York: Pitman, 1953: 286 – 310.

Turing, Alan M. "Intelligent Machinery," in *The Essential Turing: Seminal Writings in Computing, Logic, Philosophy, Artificial Intelligence, and Artificial Life.* Ed. B. Jack Copeland. New York: Oxford University Press, 2004: 395 – 432.

Turing, Alan M. "Lecture to the London Mathematical Society on 20 February 1947." In *A. M. Turing's ACE Report and Other Papers.* Ed. B. E. Carpenter and R. W. Doran. Cambridge, MA: MIT Press, 1986: 106 – 24.

Turing, Alan M. "Solvable and Unsolvable Problems." In *The Essential Turing: Seminal Writings in Computing, Logic, Philosophy, Artificial Intelligence, and Artificial Life.* Ed. B. Jack Copeland. New York: Oxford University Press, 2004: 576 – 95.

Turing, Alan M. et al. "Can Automatic Calculating Machines Be Said to Think?" In *The Essential Turing: Seminal Writings in Computing, Logic, Philosophy, Artificial Intelligence, and Artificial Life.* Ed. B. Jack Copeland. New York: Oxford University Press, 2004: 487 – 506.

Turkle, Sherry. *The Second Self: Computers and the Human Spirit.* New York: Simon & Schuster, 1984.

U. S. Army Historical Document MS P-094. Washington, DC: Office of the Chief of Military History, 1952.

Vance, Stanley C. *Management Decision Simulation: A Non-Computer Business Game.* New York: McGraw-Hill, 1960.

"Video Games: Did They Begin at Brookhaven?" www.osti.gov/accomplishments/videogame.html.

Vogl, Joseph. "Grinsen ohne Katze: Vom Wissen virtueller Objekte." In *Orte der Kulturwissenschaft.* Ed. Hans-Christian von Hermann and Matthias Midell. Leipzig: Leipziger Universitätsverlag, 1998: 40 – 53.

Vogl, Joseph. *Kalkül und Leidenschaft: Poetik des ökonomischen Menschen.* 3rd ed. Zurich: Diaphanes, 2008.

Vogl, Joseph, ed. *Poetologien des Wissens um 1800.* Munich: Fink, 1999.

Vogl, Joseph. "State Desire: On the Epoch of the Police." Trans. David Prickett. In *Police Forces: A Cultural History of an Institution.* Ed. Klaus Mladek. New York: Palgrave Macmillan, 2007: 47 – 74.

Vogl, Joseph and Lorenz Engell. "Vorwort." In *Kursbuch Medienkultur.* Ed. Claus Pias et al. Stuttgart: DVA, 1999: 8 – 12.

Wang, Hao. "Games, Logic and Computers." *Scientific American* 213(1965): 98 – 106.

Watson, John B. "Psychology as the Behaviorist Views It." *Philosophical Review* 20(1913): 158 – 77.

Weiss, George L. "A Battle for Control of the Ho Chi Minh Trail." *Armed Forces Journal* 15(1977): 19 – 22.

Weyl, Hermann. "Levels of Infinity." In *Levels of Infinity: Selected Writings on Mathematics and Philosophy.* Ed. Peter Pesic. New York: Dover, 2012: 17 – 32.

White, Hayden. *Metahistory: The Historical Imagination in Nineteenth-Century Europe.*

Baltimore: Johns Hopkins University Press, 1973.

White, Hayden. *Tropics of Discourse: Essays in Cultural Criticism*. Baltimore: The Johns Hopkins University Press, 1978.

White, Hayden. "The Value of Narrativity in the Representation of Reality." *Critical Inquiry* 7(1980): 5 - 27.

Whiting, Charles. *Ardennes: The Secret War*. New York: Stein and Day, 1984.

Wiener, Norbert. "Newtonian and Bergsonian Time." In *Cybernetics, or Control and Communication in the Animal and the Machine*. New York: J. Wiley, 1948: 30 - 44.

Wiener, Norbert. "Some Moral and Technical Consequences of Automation." *Science* 131 (1960): 1355 - 58.

Williams, Michael R. *A History of Computing Technology*. 2nd ed. Los Alamitos: IEEE Computer Society Press, 1997.

Wilson, Andrew. *The Bomb and the Computer: Wargaming from Ancient Chinese Mapboard to Atomic Computer*. New York: Delacorte Press, 1968.

Witte, Irene M. *Taylor, Gilbreth, Ford: Gegenwartsfragen der amerikanischen und europäischen Arbeitswissenschaft*. Munich: R. Oldenbourg, 1924.

Wittgenstein, Ludwig. *Philosophical Remarks*. Trans. Raymond Hargreaves and Roger White. Oxford: Blackwell, 1975.

Wizenbaum, Jospeh. "ELIZA: A Computer Program for the Study of Natural Language Communication Between Man and Machine." *Communications of the ACM* 26(1983): 23 - 28.

Wohlstetter, Roberta. *Pearl Harbor: Warning and Decision*. Stanford: Stanford University Press, 1962.

Wolfram, Stephen. *Theory and Application of Cellular Automata: Including Selected Papers, 1983 - 1986*. Singapore: World Scientific, 1986.

Worchel, Philip et al. *A Socio-Psychological Study of Regional/Popular Forces in Vietnam: Final Report*. Cambridge, MA: Simulmatics Corporation, 1967.

Wright, Sewall. "The Roles of Mutation, Inbreeding, and Selection in Evolution." In *Proceedings of the Sixth International Congress of Genetics*. Vol. 1. Ed. Donald F. Jones. Brooklyn: Brooklyn Botanic Garden, 1932: 356 - 66.

Wundt, Wilhelm. *Beiträge zur Theorie der Sinneswahrnehmung*. Heidelberg: C. F. Winter, 1862.

Wundt, Wilhelm. "Über psychologische Methoden." *Philosophische Studien* 1 (1893): 1 - 38.

Wüthrich, Charles A. *Discrete Lattices as a Model for Computer Graphics: An Evaluation of Their Dispositions on the Plane*. Doctoral Diss.: University of Zurich, 1991.

www. ai. ijs. si/eliza. html.

www. ifarchive. org/if-archive/info/Colossal-Cave. origin.

www. mammothcave. com.

www. nps. gov/maca/index. htm.

www. ogdb. eu/index. php? section = article&articleid = 153.

Yazdani, Masoud. *Generating Events in a Fictional World of Stories*. Exeter: University of Exeter Computer Science Department, 1983.

Yerkes, Robert M. *The Mental Life of Monkeys and Apes*. Cambridge, MA: Holt, 1916.

Yoakum, Clarence S. and Robert M. Yerkes. *Army Mental Tests*. New York: Henry Holt, 1920.

Young, John P. *A Survey of Historical Development in War Games*. Baltimore: Operations Research Office of the Johns Hopkins University, 1959.

"Zehntausend stürzten ab. " *Der Spiegel* 23(1998): 192 – 96.

Zeuthen, Frederik. *Problems of Monopoly and Economic Warfare*. London: G. Routledge & Sons, 1930.

Žižek, Slavoj. *Enjoy Your Symptom: Jacques Lacan in Hollywood and Out*. New York: Routledge, 2001.

Žižek, Slavoj. "You Only Die Twice. " In *The Sublime Object of Ideology*. New York: Verso, 1989: 131 – 50.

Zuckerman, Solly. *From Apes to Warlords*. New York: Harper & Row, 1978.

"Zur Vorgeschichte des v. Reißwitz'schen Kriegsspiels. " *Militair-Wochenblatt* 73 (1874): 693 – 94.

Zuse, Konrad. *Calculating Space*. Cambridge, MA: MIT Press, 1970.

Zuse, Konrad. *Der Computer — Mein Lebenswerk*. Munich: Moderne Industrie, 1970.

Zuse, Konrad. *The Computer — My Life*. Trans. Patricia McKenna and J. Andrew Ross. Berlin: Springer, 1991.

# 索 引

## A

Abt, Clark 克拉克·阿布特 297, 301
Adorno, Theodor W. 西奥多·阿多诺 136
Advanced Research Project Agency (ARPA) 美国国防部高级研究计划局 90, 121, 286, 294
*Adventure*《冒险》 124-125, 128-132, 147, 170
Aerostructor 空气结构器 65
Aesop 伊索 176
*Age of Empires*《帝国时代》 232
Agile《Agile-Coin》 152, 154, 288-289, 293-294, 296-298, 300, 302, 307-308, 315
Airplane Stability Control Analyzer (ASCA) 飞机稳定性和控制分析仪 64, 66-67
Algol 语言 310-311
*American Kriegsspiel*《美国兵棋》 241
American Management Association (AMA) 美国管理协会 279
American Society for Cybernetics 美国控制论学会 308
Analytical Engine 分析引擎 208
Anders, Günther 冈瑟·安德斯 276
Andlinger, G. R. 安德林格 280
Andy Capp's Bar 安迪·卡普酒吧 111
Apes 类人猿 12, 24
Arendt, Hannah 汉娜·阿伦特 35

Aristotle 亚里士多德 45, 69, 134-135, 151
ARPANET 阿帕网 121, 125-126, 131, 177, 182, 185, 192
Atomic Energy Commission 原子能委员会 256
Attempt at a Chess-Based Tactical Game 基于象棋的战棋游戏 231
Austin, John L. 约翰·L.奥斯汀 142-143
AUTHOR（程序名） 159

## B

Babbage, Charles 查尔斯·巴贝奇 205, 208, 210, 367-368
Bach, Johann Sebastian 塞巴斯蒂安·勒克莱尔 176
Baer, Ralph 拉尔夫·贝尔 93, 103, 109, 195
*Balance of Power*《权力平衡》 301
Barthes, Roland 罗兰·巴特 137, 148-149, 151, 159, 162, 166, 179
BASIC 语言 322
Bateson, Gregory 格雷戈里·贝特森 282-283, 302, 307
Bell Laboratories 贝尔实验室 66
Bellman, Richard 理查德·贝尔曼 185
Benjamin, Walter 瓦尔特·本雅明 33, 170, 208

Bense, Max 马克思·本斯 327
Benson, Oliver 奥利弗·本森 152,278
Berman, Melvyn L. 梅尔文·L.贝尔曼 96
Bernal, J. D. J. D.伯纳尔 246
Berz, Peter 彼得·贝茨 24,171,184
Bessel, Friedrich 弗里德里希·W.贝塞尔 8,250
Bethlehem Steel Corporation 伯利恒钢铁公司 54
Bird's Eye Bomb 鸟眼式炸弹 60-61
Bishop, Stephen 史蒂芬·毕肖普 121-122
Bitsch, Annette 阿内特·比奇 203
Bjerknes, Vilhelm 威廉·皮耶克尼斯 248-251,257
Bolt, Beranek, and Newman Bolt Beranek & Newman 公司 90,121,123
Bolter, David J. 194
Bonnett, Gabriel 加百利·邦内 287
Booth, A. D. 安德鲁·唐纳德·布思 71
Borges, Jore Luis 博尔赫斯 255,300
Brandstetter, Gabriele 加布里埃尔·布兰德斯特 40,42
Brecht, Bertolt 贝托尔特·布莱希特 81
British Air Transport Staff College 英国航空运输职员学院 313
Brody, Richard 理查德·布罗迪 152
Brookhaven National Laboratory（BNL）布鲁克海文国家实验室 3-4,81
Bundesprufstelle fur jugendgefährdende Schriften 出版物联邦审查委员会 322
Burks, Arthur 亚瑟·W.伯克斯 70-71,164,269,272,306
Bush, Vannevar 范内瓦·布什 53-54,56-57,59,94-95,136,180,187-188,190,192,256
Bushnell, Nolan 诺兰·布什内尔 5,16,103,109-111,113
*Business Management Game* 《业务管理游戏》 280
Buttons 按钮 5,7-8,20-21,43,82,88,97,105,301,315

C

C++语言 312
Campanella, Tommaso 托马索·康帕内拉 174
Cave Research Foundation 洞穴研究机构 123
Celestial Navigation Trainer 天体导航训练器 66
Chamblanc, Franz Dominik 弗朗茨·多米尼克·尚布朗克 226-229
Chaplin, Charlie 查理·卓别林 43
Chess 国际象棋 78,204,207-211,213-217,219,222,224-227,229,231,267,289
Chomsky, Noam 诺姆·乔姆斯基 57-58,142
*Civilization III* 《文明3》 302
Clausewitz, Carl von 卡尔·菲利普·戈特弗里德·冯·克劳塞维茨 75,201,248,261,284
*Cold War Game* 《冷战游戏》 277
Colomb, Philip 菲利普·科隆布 242
Columbia University 哥伦比亚大学 13,287
Comenius, Johannes Amos 约翰·阿莫斯·夸美纽斯 174
*Command & Conquer* 《命令与征服》 206
*Communist Mutants from Space* 《来自太空的共产主义变异人》 97
*Computer Space* 《电脑太空战》 109-110
Containers 容器 128,135,182
Conway, John Horton 约翰·霍顿·康威 272-274,276
Crawford, Chris 克里斯·克劳福德 266,315-316
Cronenberg, David 大卫·柯南伯格 140
Crowther, Patricia 帕特里夏·克劳瑟 122-123

Crowther, William 威廉·克劳瑟 123-126,128,132,152,170,177-178,183
*Custer's Revenge* 《卡斯特的复仇》 105

**D**

Dahl, Ole-Johan 奥勒约翰·达尔 310-311,313,316
*Das Kriegsspiel, oder das Schachspiel im Grosen* 227
*Day of the Tentacle* 《触手也疯狂》 146
Deleuze, Gilles 吉尔·德勒兹 6（前言），50,93,189,327
Dennett, Daniel 丹尼尔·丹内特 57-58
Dennis, Jack 杰克·丹尼斯 78
Department of Defense 国防部 90-91,121,187
Derrida, Jacques 雅克·德里达 125
Desks 桌面 23,38-39,88,97,100,102,190,220
Differential Analyzer 微分分析仪 53-57,64,66,256
Dilthey, Wilhelm 169
*Doom* 《毁灭战士》 104,131
Doomsday Device 末日装置 284
Dot-matrix printers 点阵式打印机 90
Dotzler, Bernhard 213,253
Douglas Thread Analysis Model 道格拉斯螺纹分析模型 299
*Dragon's Lair* 《龙穴历险记》 150
Duchenne, Guillaume-Benjamin 纪尧姆-本杰明·杜兴 41
*Duel* (The)《决斗》 242-243,248
*Dungeons and Dragons* 《龙与地下城》 124
Dunnigan, James F. 詹姆斯·邓尼根 266,286-287
Dynabook 317-318

**E**

Eco, Umberto 翁贝托·艾柯 138,171,182,255
EDSAC 70,73
EDVAC 67,70,257
Eigen, Manfred 曼弗雷德·艾根 271,274,327
Eisenhower, Dwight D. 德怀特·戴维·艾森豪威尔 285,287
Eliade, Mircea 米尔恰·伊利亚德 172
ELIZA 133
Engelbart, Douglas 道格拉斯·恩格尔巴特 76,94-96,99-101,318
Engels, Friedrich 弗里德里希·恩格斯 24
English, William K. 威廉·英格利什 96
ENIAC 67,70,164-166,257,268,276
Euler, Leonhard 莱昂哈德·欧拉 178
Expensive Desk Calculator 昂贵的桌面计算器 79
Expensive Planetarium 昂贵的天文馆 79,82
Expensive Typewriter 昂贵的打字机 79,94

**F**

Fairchild Channel F 仙童半导体公司 108
Fall, Bernhard 287
Federal Review Board for Publications 出版物联邦审查委员会 325
*Harmful to Minors* 防止危害未成年人 322,325
*Firefight* 《交火》 287
FLIT 78
*Floor Games* 《地板游戏》 266
Florez, Louis de 路易斯·德·弗洛雷斯 63,66
Forrester, Jay 杰伊·福里斯特 64,66-68
Fortran FORTRAN 语言 92,124,129,165,187
Foucault, Michel 米歇尔·福柯 2（前言），4（前言），139,269,324,327（后记）

Franke, Herbert W.　271
Freud, Sigmund　西格蒙德·弗洛伊德　22
Friedrich Wilhelm III　腓特烈·威廉三世　226, 229
Friedrich, Max　马克思·弗里德里希　3, 8 – 11, 61
Frye, Northrop　诺思罗普·弗莱　179

G

Gallwey, Timothy　蒂莫西·加尔维　114 – 115
*Game of Life*　《生命游戏》　272 – 273, 306 – 307
Gamow, George　乔治·A. 伽莫夫　250, 264 – 268, 274, 276 – 277, 295, 313, 315
Garwood, F.　F. 加伍德　246
Gastev, A. K.　A. K. 加斯泰夫　44 – 46, 48
Geertz, Clifford　克利福德·格尔茨　327
Giedion, Siegfried　弗莱德·吉迪恩　22
Gilbreth, Frank B.　弗兰克·B. 吉尔布雷斯　21 – 22, 28 – 31, 33 – 40, 42, 44 – 46, 49, 54, 56, 62, 88, 91, 111, 205, 278 – 279
Gilbreth, Lilian M.　莉莉安·M. 吉尔布雷斯　25, 28 – 31, 33 – 36, 38 – 40
Goffman, Erving　欧文·戈夫曼　141
Goldhamer, Herbert　赫伯特·戈德哈默　277
Gombrich, Ernst　恩斯特·贡布里奇　324
Goodman, Nelson　43
Görlitz, Walter　沃尔特·戈利茨　238
Government Code and Cyber School　政府代码和网络学校　214
Graetz, J. M.　79, 81
Grafacon　98 – 99
Greene, Jay R.　杰伊·格林　280
Greenwich Observatory　格林威治天文台　8
Groos, Karl　谷鲁斯　327
Guattari, Félix　费利克斯·瓜塔里　6(前言), 189
Guetzkow, Harold　哈罗德·格茨科夫　152, 277 – 278, 308 – 309
*Gulf Strike*　《海湾打击》　266
Gumbrecht, Hans Ulrich　汉斯·乌尔里希·甘布雷特　4(前言), 44, 93
Gunairstructor　武装空气结构器　65

H

Hacking, Ian　伊恩·哈金　236
Hagen, Wolfgang　沃尔夫冈·哈根　129, 164 – 166
Hall, Stanley　史丹利·霍尔　11
Haraway, Donna　唐娜·哈拉威　65
Harsanyi, John　约翰·C. 海萨尼　305
Harvard Graduate School of Business Administration　哈佛大学工商管理研究生院　278
Hausrath, Alfred　阿尔弗雷德·豪斯拉特　218 – 219, 239, 251, 259, 261, 265, 279 – 280, 286 – 287, 297, 299
Hazen, Harold　哈罗德·海森　53
Heidegger, Martin　41, 50, 125, 139 – 140, 308
Heidenreich, Stefan　斯特凡·海登赖赫　100
Heilig, Morton　莫顿·海利希　84 – 86, 296
Heintz, Bettina　贝蒂娜·海因茨　70, 141, 163
Hellwig, Johann Christian Ludwig　约翰·克里斯蒂安·路德维希·黑尔维希　217 – 227, 233, 236 – 237, 273
Higinbotham, William　威廉·希金伯泰　4 – 5, 78, 105, 109, 210
Hilbert, David　大卫·希尔伯特　164, 210 – 214
Hilgers, Philipp von　菲利普·冯·希尔格斯　229, 234
Honeywell DDP-516　霍尼韦尔 DDP-516　126
Hoverbeck, C. E. B. von　冯·哈弗贝克

226-227

Huizinga, Johan 约翰·赫伊津哈 5（前言），327

## I

IBM 650 280
IBM 701 258
IBM 704 78
IBM 7040 292
IBM 7090 78，187，215
IBM AN/FSQ-7 74
IBM/360 97
*Indiana Jones III* 《夺宝奇兵 3：亚特兰蒂斯之谜》 146
Infantry Fighting Vehicle 步兵战车 47
Infiltration Surveillance Center 渗透监控中心 97
Ingalls, Dan 丹·英戈尔斯 320
Ingarden, Roman 罗曼·英伽登 129
Inner Game Institute 内部游戏学院 114
Institute for Advanced Studies (IAS) 高级研究所 73，256
Interface Message Processor (IMP) 接口信息处理机 121，123，172
*Inter-Nation Simulation* 《国际模拟》 152，277-278

## J

*Jeu de la Fortification* 216
*Jeu de la Guerre* 216
Johns Hopkins University 约翰斯·霍普金斯大学 11，265，279
Johnson, W. E. P. W. E. P. 约翰逊 65
Joint War Games Agency 联合战争游戏署 275，293
Joysticks 手柄 64，82，97-98，101，104-105，315
Jünger, Ernst 恩斯特·云格尔 48-50，307，321

## K

Kahn, Herman 267，275，279，284，301，304
Kay, Alan 艾伦·凯 24，147，218，316-320，327
Kay, Lily 271
Kenner, Hugh 53
Key, Ellen 艾伦·基 320
Kimball, George E. 乔治·E. 金博尔 246
Kittler, Friedrich 弗里德里希·基特勒 3-4（前言），10，24，56，83，113，138，195，216，231
Knee control 膝盖控制器 98-99
Knight, Douglas 道格拉斯·E. 奈特 308
Köhler, Wolfgang 沃尔冈·科勒 12
Kotok, Alan 阿兰·柯多克 82，214-215
Krämer, Sybille 西比尔·克拉默 128，208
Kriegsspiel 兵棋 216-217，219，224-226，229-236，238-242，244，247，250，252，266，273
Kubrick, Stanley 斯坦利·库布里克 106，284

## L

La Fontaine 拉·封丹 176
Laban, Rudolf 鲁道夫·拉班 40-42
Labyrinth of St. Bernard 圣伯纳德迷宫 175-176
Lacan, Jacques 雅克·拉康 135，203，327
Lanchester, Frederick William 弗雷德里克·威廉·兰彻斯特 243-245，248
Laurel, Brenda 布伦达·劳雷尔 45，151
Leclerc, Sébastien 塞巴斯蒂安·勒克莱尔 176
Lebling, David 戴夫·莱布林 132，138
Lebowitz, Michael 迈克尔·莱博维茨 158，161
Leibniz, Gottfried Wilhelm 174，191-194，197，206，327

Leinfellner, Werner 沃纳·莱因弗尔纳 276

Levine, Robert A. 罗伯特·莱文 312

Lewin, Kurt 库尔特·莱文 125

Licklider, Joseph C. R. 约瑟夫·利克莱德 90-94,96,98,100,111,182-183

Lightgun/Lightpen 光枪/光笔 68,74-75,81,87-89,95,97-99,104

Link, Edwin 埃德温·林克 66

Link, Jürgen 尤尔根·林克 24

Link Trainer 连杆训练器 67

LISP 语言 130,135

Livermore, W. R. 利弗莫尔 240-241

Lockheed Martin 洛克希德马丁公司 104

Logo 语言 320-321

Luhmann, Niklas 尼克拉斯·卢曼 146,169

Lyotard, Jean-François 让弗朗索瓦·利奥塔 143-146,189-190,327

## M

M-20 215

MacArthur, Douglas 道格拉斯·麦克阿瑟 276

MACRO 78

Magnetic drum buffer 磁鼓缓冲器 69

Manhattan Project 曼哈顿计划 4

Manovich, Lev 列夫·马诺维奇 75

*Map Manoevres and Tactical Rides* 106,241

Marx, Karl 卡尔·马克思 50

Massachusetts Institute of Technology (MIT) 麻省理工学院 4,64,67,75,77-78,81,83,90,95,131,152,214,273,294

Dynamic Modelling Group 动态建模小组 131,138

Electronic Systems Lab 电子系统实验室 88

Radiation Lab 辐射实验室 4

Servomechanisms Lab 伺服机械实验室 64

Mouse 老鼠 12,17,81-82,108,184,255

*Maximum Complexity Computer Battle* 《最复杂计算机之战》 265

Maze test 迷宫测试 16-18

McCarthy, John 约翰·麦卡锡 78,214-215

McCulloch, Warren S. 沃伦·麦卡洛克 78,269,308

McDonnell-Douglas 麦克唐纳·道格拉斯 96

McKinsey & Co. 麦肯锡公司 280

McLuhan, Marshall 马歇尔·麦克卢汉 49,91,98,318

Mead, George Herbert 米德 327

Memex 麦克斯 187-190,192

Mercury delay line 水银延迟线 70-72

Meyerhold, Vsevolod 梅耶霍尔德 44-46

Minsky, Marvin 马文·明斯基 141

*Missile Command* 《导弹指令》 20

Mitchell, Bill 比尔·米切尔 116-117

Model, Walter 瓦尔特·莫德尔 261

Monkeys 猴子 12,24

*Monopologs* 279

Montessori, Maria 玛丽亚·蒙台梭利 321

Moreno, Jacob 雅各布·莫雷诺 275

Morgenstern, Oskar 奥斯卡·摩根斯坦 201-202,204,276,278,285

Morse, Phillip M. 菲利普·M. 莫尔斯 246

Müffling, Karl von 卡尔·冯·穆弗林 231-232,259

Münsterberg, Hugo 雨果·明斯特伯格 28,33

## N

Nash, John F. 约翰·纳什 305

National Defense Research Committee 国防研究委员会 59-60

National Research Council 国家研究委员会

13, 89
Naval Electronic War Simulator（NEWS）海军电子战争模拟器 295
Naval Ordnance Laboratory 海军军械实验室 262
Naval War College 海军战争学院 240, 279, 295
Naval War College（Tokyo）海军战争学院（东京）260
Neumann, John von 约翰·冯·诺依曼 79, 164-169, 182, 201-205, 208, 214, 238, 247, 252, 255-259, 268-272, 274, 276, 278, 280, 282, 285, 288-300, 302-306, 313, 327
Neurath, Otto 奥图·纽拉特 15
Newell, Allen 艾伦·内维尔 76
Nietzsche, Friedrich 114
Northwestern University 西北大学 152
Norwegian Defense Research Establishment 挪威国防研究机构 310
Nygaard, Kristen 克里斯汀·尼加德 310-313, 326

O

Odyssey 奥德赛 75, 93, 103, 106-109, 111, 113
On-Line System（NLS）在线系统 96, 98
Operations Research Office 运筹学办公室 250, 263, 289
Oscilloscope 示波器 4, 8

P

Pac-Man《吃豆人》18-19, 101, 107
Panofsky, Hans 汉斯·帕诺夫斯基 257-258
*Panzer General*《装甲元帅》322-323
*Panzer General II*《装甲元帅 II》267
Papert, Seymour 西摩·派珀特 147, 320-321, 327
Parser 解析器 138

PDP-1　79, 82-83, 90
PDP-10　131
PDP-11　110
Pelican Missile 鹈鹕导弹 60
Perrault, Charles 查尔斯·佩罗 176-177
Piaget, Jean 让·皮亚杰 115-117, 320
Picasso, Pablo 毕加索 29
Pigeons 鸽子 302
Pitts, Walter 沃尔特·皮茨 269
Planimeter 测面仪 53
Plato 柏拉图 134, 172
Poe, Edgar Allan 爱伦·坡 170, 203
POLEX《POLEX》152
*Pong*《Pong》5, 109-113, 115, 147, 241, 315
Potentiometer 电位器 5
Prussian National Chess 普鲁士国家象棋 226
Product Integraph 产品积分器 54

R

Radar 雷达 4, 42, 58, 67-68, 71-72, 75-76, 94, 96-97, 247-248, 256, 295-296, 325
Rand Corporation 兰德公司 76, 124, 152, 186-187, 245, 276-277, 279, 283-285, 291, 303
Rapoport, Anatol 阿纳托尔·拉波波特 304
Rats 老鼠 12, 17, 184, 255
Raufoss Ammunisjonsfabrikker 罗福斯联合工厂 312
Raytheon 雷神公司 297
Reagan, Ronald 罗纳德·里根 14, 47
*realMyst*《真实神秘岛》146
*Regiments-Kriegsspiel*《军团兵棋》240
Reisswitz, Georg Heinrich von 格奥尔·海因里希·冯·莱斯维茨 231-234, 236-239, 242, 259, 266, 294
Reisswitz, Georg Leopold von 格奥尔·利

奥波德·冯·莱斯维茨男爵 229-231
Richardson, Lewis Fry 刘易斯·弗赖伊·理查森 251-255,257,273,300
Riepe, Manfred 95
Robbe-Grillet, Alain 阿兰·罗布格里耶 137-138
Roberts, Charles S. 查尔斯·S. 罗伯茨 265-267,286,315
Roch, Axel 阿克塞尔·罗奇 97
Royal Air Force's Fighter Command Headquarters 皇家空军战斗机司令部总部 245
Rule-Oriented System for Implementing Expertise (ROSIE) 用于实施专业知识面向规则的系统 155

## S

SAGE 半自动地面防空系统 67,73
*Samba de Amigo* 《快乐桑巴》 43
Sanders Associates 桑德斯联合股份有限公司 104-105
Sayre, Farrand 法兰德·赛尔 106
Schäffner, Wolfgang 沃尔夫冈·沙夫纳 236
Schelling, Thomas 托马斯·谢林 284,303
Schiller, Friedrich 弗里德里希·席勒 5,216-217,234,326-327
Scientific Applications Incorporated 科学应用公司 155
Scott, Andrew 安德鲁·斯科特 152
Searle, John 约翰·塞尔 233-234
Seeßlen, Georg 乔治·西斯伦 9,116
Sensorama 83-86,296
Serres, Michel 米歇尔·塞尔 189
Shannon, Claude E. 克劳德·香农 17-18,78,87,176,184,203-204,208-209,214-215,255
Shockley, William 威廉·肖克利 70
Shoveling 铲土 26

Siegert, Bernhard 8,21,39,300
Simon, Herbert A. 赫伯特·A. 西蒙 76,108
*Simple Diplomatic Game* 《简单外交游戏》 152,278
Simscript 语言 288,312
Simula 语言 310,312,316,320
Simula I 312
Simula 67 312,316
*Simuland* 《模拟对象》 152
Simulation Publications, Inc. 模拟出版物公司 287
Sketchpad 87-90
Skinner, B. F. 弗雷德里克·斯金纳 57-64,76,322
Skinner Box 斯金纳箱 59-60
Sliding puzzles 拼图 124,212
Sloterdijk, Peter 129
Smalltalk 语言 78,213,288,316-318,320-322
Smith, Adam 亚当·斯密 23
Smith, John Maynard 约翰·梅纳德·史密斯 306
Snyder, Richard 理查德·斯奈德 152
Sokolov 索科洛夫 46
Solitaire 跳棋 267
*Spacewar* 《太空大战》 78,81-84,109,147,210,316-317,319
Stanford Artificial Intelligence Lab (SAIL) 斯坦福人工智能实验室 124
Stanford Research Institute (SRI) 斯坦福研究所 96,121
Stockham, Thomas 托马斯·斯托克姆 78
Stroud, John 约翰·斯特劳德 61
*Supplement to the Kriegsspiel Rules* 《兵棋规则补充》 229,232-235
Sutherland, Ivan 伊凡·苏泽兰 81,87-90,109
Sutton-Smith, Brian 布瑞恩·萨顿·史密

斯 327

**T**

*Tacspiel*《Tacspiel》 288–293

*Tacspiel*（Guerrilla Model）《Tacspiel》游击队模型 289–290

TALE-SPIN 159

*Tanktics*《绵羊坦克》 315

Tarry, Gaston 185

Taylor, Frederick Winslow 弗雷德里克·温斯洛·泰勒 21–28,31,33,46,48,54,91,93,111,244,278,301

Telephones 电话 17,49,68,126,149,185,187,303,322,325

Telegraphs 电报 7–8,18–21,101,179,183,226,249,252

*Temper*《Temper》 152,289,293,297,300–302,307–309

*Tennis for Two*《双人网球》 3–6,78,104–105,109,210,241,316

*Theaterspiel*《Theaterspiel》 288–290,292

*Theaterspiel*（Cold War Model）《Theaterspiel》（冷战模型） 289

Thorndike, Edward L. 爱德华·L.桑代克 12–13,15,17

Tic-tac-toe 井字棋 210

*Tin Soldier*《锡兵》 250,264–267,272,315

Titchener, Edward B. 爱德华·B.蒂切纳 11

*Tomb Raider*《古墓丽影》 30,32

Torres y Quevedo, Leonardo 莱昂纳多·托雷斯·奎维多 210–211

Torsion analysis 扭转分析 88

Town, Henry R. 278

Travis, A. E. 特拉维斯 65

Turing, Alan M. 阿兰·图灵 70–71,73,81,133,163–164,208,210,212–214,268

Turkle, Sherry 雪莉·特克尔 47

TX-0 77–82,94

TX-2 85,95

**U**

U. S. Army Management School 美国陆军管理学院 279

United States Patent Office 86

UNIVAC 279

UNIVERSE（程序） 160–164

University of Chicago 芝加哥大学 256

University of Michigan 密歇根大学 272

University of Utah 犹他大学 109,121,126

*Up Against the Wall, Motherfucker!*《Up Against the Wall, Motherfucker!》 287

**V**

Vector monitors 矢量检测器 79

Vergil 维吉尔 170

*Versuch eines aufs Schachspiel gebaueten Spiels...* 两人或两人以上下棋的战术游戏的尝试 217–225

Vogl, Josesph 3–4,39,191,194,236,262,300,326

**W**

Walden, David 大卫·沃尔登 121,125

Watson, John B. 约翰·华生 37,57

Weber, Max 马克斯·韦伯 205

Weickmann, Christoph 克里斯托夫·魏克曼 216

Weizenbaum, Joseph 约瑟夫·魏森鲍姆 133

Wells, H. G. 威尔斯 266

Weyl, Hermann 赫尔曼·外尔 210–212

Whirlwind 旋风 65–69,74,76,79,81,87,91–92,252,257,296

White, Hayden 海登·怀特 159,189

Wiener, Norbert 诺伯特·维纳 65–69,74,76,79,81–82,87,91,252,257,296

Wilkinson, Spenser 斯宾塞·威尔金森 239-240

Williams Tube 威廉姆斯管 56,70-73,75,80,90

Witte, Irene M. 艾琳·M. 维特 22

Wittgenstein, Ludwig 路德维希·维特根斯坦 3,10,143

Wolfram, Stephen 史蒂芬·沃尔弗拉姆 274

Woods, Don 唐·伍兹 124,128

Wright, Sewall 休厄尔·赖特 306

Wundt, Wilhelm 威廉·冯特 3,7-11,24,28,57

## X

Xerox Star 施乐之星 98,100,111

## Y

Yerkes, Robert M. 罗伯特·M. 耶克斯 12-13,25

Yoakum, Clarence S. 克拉伦斯·S. 约阿库姆 13

## Z

Zeuthen, Frederik 雷德里克·泽森 304-305

ZIGSPIEL 279

Zork Implementation Language ZIL 语言 131

Žižek, Slavoj 齐泽克 265

*Zork* 《魔域帝国》 130-132,134,138-139,143,147,149,181,195,315

Zuckerman, Solly 索利·扎克曼 246

Zuse, Konrad 康拉德·楚泽 208,272,327

Zworykin, Vladimir 弗拉基米尔·兹沃里金 256

# 译后记

书籍和游戏一样，总有一个开端的新手引导以及最终的通关完结，思考良久也不知道我究竟要在"译后记"这部分写些什么，以显示如在电子游戏屏幕上出现"Game Over"的仪式感。在我完成本书第一次校对的瞬间正好跨过了2020年的最后一天，故而在2021年的元旦写"译后记"以作纪念好了。也许这不太像一本书的后记，而更像我内心世界的独白与发泄。

尽管我自幼都有良好的文字基础，高考语文拿了全科相对的最高分，然而经过四年在华中科技大学计算机学院的熏陶，之后留日的六年里又在几近与中文环境隔绝的情况下获得信息科学的硕士与博士学位，思维方式早已被工科哲学打磨成力图追求效率为第一要务，学术言语上也蜕变成习惯用"三俗"案例和粗鄙的类比去解释繁杂科学道理的粗鄙之人。在这种背景下，选择翻译一本人文社科气息极浓的外文书籍，是我在之前做各种规划时万万没想到的事情（而且这本书还是德国人写的，德国人讲哲学，你懂的）。为什么我要选择翻译这本书呢？按道理来说，游戏学领域的著作其实有很多选择，这是因为我算与 Computer Game Worlds（"译后记"中我更愿意用原英文书名称呼它）有特殊的缘分。

说起与 Computer Game Worlds 这本书的结缘，起因是华中科技大学新闻与信息传播学院的唐海江院长翻译了埃尔基·胡塔莫和尤西·帕里卡主编的《媒介考古学：方法、路径与意涵》（以下简称《媒介考古学》）。唐院长在举行"媒介与文明"译丛发布会时，我恰好担任埃尔基·胡塔莫教授和草原真知子教授的英文和日文翻译。闲余之刻翻阅《媒介考古学》，我发现其中有一章正好是讲世界上最早的街机游戏《Pong》。作为一个主机、单机和独立游戏玩家，作为一个游戏策划，也作为一名游戏研究的年轻学者，我很惊讶这个在游戏史上具有丰碑意义的作品竟然也进入了媒介研究的视野，而这一章节正好节选自克劳斯·皮亚斯的 Computer Game Worlds。于是我在网络上搜寻这本书的信息，幸运的是,尽管此书的原著是德文,但瓦伦丁·A.帕基斯将其翻译成英文版,给了我阅读与翻译的机会。不幸的是,这本书过于冷门,以至于过了很久我才找到了电子版。

记得第一次看到 Computer Game Worlds 的目录时,我立刻感受到一种兴奋——"博弈论""兵棋""兰彻斯特定律""面向对象""Pong"及"奥德赛"(不是《超级马里奥:奥德赛》,也不是《刺客信条:奥德赛》,更不是广汽本田奥德赛……这里指的米罗华奥德赛主机),这些词对于一个研究系统和数值策划的游戏学博士而言可谓耳熟能详、倍感亲切、热血沸腾、精神共鸣。"没错,就是它了,我应该翻译它!"

但对游戏研究的热爱与共鸣并不是我选择翻译 Computer Game Worlds 的唯一理由。自从三年前从日本回国以来,我常常会责问自己到底该不该回来。然而,这种责问是没有意义的,就像我在"游戏学导论"课堂上对学生所讲的那样,人生这游戏不可以读档,故而没有办法使用蒙特卡洛算法给出最优解。但是,国内某些领域的学术圈风气和评价体系却着实让我厌恶。在日本的六年多时间里,可能算是我人生最艰辛也最快乐的六年,艰辛在于独自一人在异国打拼,快乐在于我能跟着日本游戏学泰斗、恩师饭田弘之教授做游戏研究,而且在这个过程中,100 个游戏研究能产出 100 分的功勋,我在博士期间就拿到了 JSPS(可以理解为日本的"自然科学青年基金")。然而回国之后,国内并没有"游戏学"这个学科,于是,这三年里时常让我感到痛苦的就是我付出了 100 分努力产生的 100 个游戏研究,只能算 20 分的功勋——这 20 分功勋还是偏离国际上游戏学专业的会议期刊,蹭计算机、通信类 SCI 蹭出来的,毕竟,这个功利的体系只认 SCI,只认"新闻传播四大刊"。剩下的 80 分,为了坚持一个游戏人的自我,可能就这么被体系无视了,而这并不单单是我一个人的问题,圈内的游戏研究青年教师都有类似的感受。打个比方,刘备集团的人员素质再怎么优秀,复兴汉室的理想再怎么崇高,打下荆南进军成都之前,就是一个寄人篱下、四处漂泊的流浪军和客将,公孙瓒让你干吗就干吗,袁绍让你去哪就去哪,刘表让你做什么就做什么。"弃新野,走樊城,败当阳,奔夏口,无容身之地"是国内游戏学科建立起来之前,游戏学术获得话语权之前,游戏研究者的一种切身写照。(我,一个工科直男,在新闻学院工作的几年里,学到的最深刻的一个词就是"话语权"。)

至于国家社科基金,在游戏被媒体舆论污名化仍未消除的当下,围绕游戏这个主题成功申请基金就犹如彩票中奖,概率论上的难度肉眼可见,要比在澳门或者蒙特卡洛"all in"一波来得高。况且,社科基金不如自科基金,自科基金好歹还会送上 5 位评委的中肯评语,社科基金你"挂"都不知道怎么"挂"的。后来又听闻并感同身受到这个圈子宛如梨园和相声,讲究"师承"与"传承",我这么一国内的学术"孤儿",自然是没有什么"巨佬""大牛"作平台给我撑腰,搞些暗通款曲、利益交换的人情。因此,基金自此三年不中,我的心态也从无奈、焦躁、愤慨变成了麻木,反正大学教师也并非我唯一赖以生存的职业,我本是一个游戏策划和融入日本学术体系的游戏研究人。课堂上我经常和学生总说,游戏中的李白之所以总是比杜甫厉害,是因为李白做人的境界远高于杜甫,超然则心无旁骛。

  我现在达不到李白的境界,更没法超然了。去年新冠肺炎疫情期间,我拥有了一个女儿,这意味着我再也没法完全绝对地想做什么就做什么。尽管我博士毕业后不希望干自己不愿意干的事情,不愿意当流量资本的"狗"才选择回到高校,但现在看来,即便是在"崇高"的高校,也不得不去在这个规则体系下做一些事情了。我选择在高校工作的理想原本是一边潜心做游戏学的研究,一边授课"传火"(《黑暗之魂》的游戏术语),带领那些同样具有理想、需要机会的年轻学子们做做独立游戏;或者送他们到海外优秀的高校深造;又或者聚集资源,培养他们进入"大厂",不断提高中国游戏圈的素质。待到时机成熟之时,我想一扫那名叫夏斐的记者所恶意布下的阴霾①,复兴中国游戏产业,与志同道合的仁人志士一起让游戏学这个分支学科能够光明正大地站在世人面前,进而让中国游戏界不再是充斥着浓浓铜臭味的低俗、无聊的"氪金"手机游戏和网页游戏;希望未来有朝一日,我们也能够比肩日本、北美和欧洲,让中国游戏成为我国文化输出中无坚不摧的利器。

  但是,现实中我所面临的生存压力也是实实在在的,因此,翻译 Computer Game Worlds 是一个难得能让我在当下做自己喜欢做的事情,同时零损耗地转化为功勋的工作,这是我翻译本书的第二个理由。在这个意义上,我很感谢克劳斯·皮亚斯的媒介考古大师身份以及他辛勤笔耕的结晶,"媒介考古大师"这层保护伞给了我翻译研究游戏的其著作的机会。研读过程中,当我看到恩师饭田弘之以前常与我提到的查尔斯·巴贝奇、康拉德·楚泽、约翰·麦肯锡、克劳德·香农等名字时倍感亲切,不出所料,书里也包括摩根斯坦、冯·诺依曼、希金伯泰这些熟悉的老朋友。同时,借着这个机会,我认识了吉尔布雷斯、冯特以及克劳斯·皮亚斯这些之前没接触过的学者,这种丰富的知识获得着实是一件乐事。尽管我做的工作是英译后的二次翻译,对于德国学者在人文社科领域及其哲学化行文表述也丝毫没有心理准备,但好歹在团队的努力下完成了这个艰巨

---

① 夏斐,《光明日报》前记者,20年前,他撰写了一篇名为《电脑游戏,瞄准孩子的电子海洛因》的文章,导致了国内长达14年的主机游戏禁令,中国游戏界的至暗时刻来临,以至于到了2020年,中国游戏的发展都无法与世界强国抗衡,可以说贻害无穷。他发表这篇文章时我还是个孩子,当时气得直流眼泪,从此直到我进入华中科技大学新闻与信息传播学院工作,记者一直是我最仇视的职业。

的翻译工程。

我很感谢参与本书翻译的研究生和本科生,我们之间虽以师生相称,实以朋友相处,在科研不被完全认同的前提下,我心甘情愿地将大部分精力投入教学而收获了你们的信任和认可,这大概也是做老师的意义与欣慰所在。可悲的是,现在所谓的"大学教师"在制度的挤压下却不被鼓励注重教学、上课,"教学"成了教师考评的阻碍。不得不说,造成这种讽刺局面的"游戏机制"就是纯粹的垃圾,我自己做了老师之后才明白,为什么在我本科时,计算机学院的大部分老师都不好好上课。因此,制定规则的人,不论他是否玩游戏,都应该学习和阅读游戏学的相关著作,懂游戏的人才能更好地制定合理的社会游戏机制。

*Computer Game Worlds* 并不是一本大众媒体想象中关于电子游戏该怎样开发的书(更不是教你怎么玩游戏),而是一本关于媒介文明的书,关于游戏学历史回溯的典籍。围绕现代电子游戏的诞生背景及其发展,介绍了这些充满情怀的科学家是如何不懈地努力工作的;也介绍了一群分散在电子科学、信息科学、人类工效学、博弈论、政治经济学、物理学等领域,彼此之间看似毫无关联的学者是如何在科学之神的安排下,通过无数缘分路径交织在一起,促使今天的电子游戏诞生。本书的最后一章标题是"20世纪70年代",没错,当本书结束的时候,现代意义上的电子游戏才刚刚诞生,进入70年代后不久,雅达利主机诞生,10年之后,救世主任天堂横空出世,至此我们熟悉的电子游戏时代拉开了序幕。这就好比一本书的标题是关于"人"的,而书的内容却讲述了父母恋爱、结婚的过程,进而详细描述了生物学和医学上的受精卵及孕期发育阶段,直到最后一章才介绍"分娩",书完结之后,才是"人"的诞生。在我结束本书的翻译时,电视剧《觉醒年代》还没上映。现在,我可以用《觉醒年代》作更好的比喻——看标题,大家以为《觉醒年代》是讲中国共产党的奋斗史,其实故事讲的是新文化运动;直到最后一集,南陈北李相约建党,中国共产党才成立。这本书的逻辑也是一样的。因此,本书的阅读对象是核心游戏玩家、游戏学的相关学者、游戏的核心从业人员以及对此感兴趣的爱好者。当然,也再次建议与游戏相关的媒体及管理游戏的政府人员阅读。我翻译这本书的第三个理由是,如果一个人连反击冯·诺依曼、香农、图灵、巴贝奇、吉尔布雷斯等上百个科学家、艺术家的能力都没有,他就没有资格推卸责任,更没有资格对电子游戏评头论足。换言之,这本书的存在可以让世人更好地了解什么是游戏,电子游戏发展至今是经过多少先驱前仆后继的不懈努力才换来的。我希望青少年们能够了解,电子游戏不只有《王者荣耀》或《绝地求生》,更希望"肉食者们"明白游戏的科学意义,给我们这些理想主义"青椒"一口饭吃,少出点阻碍中国游戏发展的"拍脑袋"政策。

/ 译后记 /

本书能顺利出版，首先要感谢复旦大学出版社各位编辑的辛勤工作，特别是刘畅老师。感谢学院各位老师的宽容以及学院提供的湖北省部校共建经费①，还有唐海江院长提供的平台与机会，否则，我很难想象在新闻学院能够翻译一本近乎纯粹研究游戏的著作。其次，感谢我的研究生团队协同作战，尤其是吕心田、吴雨晴、伍振甫、阮家威、彭宇和肖潇六位研究生的共同辛劳，以及李逸燃、文若愚和王戈同学的参与，没有他们的协助，我不可能这么迅速地完成如此高难度且巨量的翻译工作。感谢我的家人对我的容忍，让我平时能够放下刚出生的宝宝，将精力倾注于翻译工作和常任轨制度（tenure track）之中。最后，本书献给培养我的恩师饭田弘之教授。

或许这个充满戾气的"译后记"在众多书籍中甚为罕见，然则这是我内心毫无保留的肺腑之言，以及在特殊年份的一种发泄。至少这本书的成功翻译给了我许多快乐，也希望这本书中充满哲学和智慧的文字能够引领读者更为深入地了解游戏的媒介史，带给他们快乐。如果知识的乐趣能带来人思想的升华，那也便算是我功德一件吧。不过，本人由于专业背景限制以及能力问题，加上繁重的科研教学任务，在短时间内翻译此书难免出现各种纰漏。因此，关于本书的翻译错误与理解错误，以及其他任何意见、建议、批评和赞美，欢迎读者与我联系（Email：xiongshuo@hust.edu.cn；Bilibili：影子凤凰拉斐尔），如能赐教，不胜感激。

最后，借用我在"游戏学导论"最后一节课的课件内容作为"译后记"的结语：

> 如果你之前对游戏有成见，希望这本书能多少改变你的认知与想法；如果你之前不了解游戏，希望这本书能为你打开一扇新世界的门；如果你之前玩游戏，希望这本书能提升你的认知，超越《王者荣耀》与"吃鸡"的局限；如果你之前喜欢玩游戏，希望这本书能给予你更多的想法、视野与启迪；如果你有志成为游戏工作者，希望这本书能更好地引导你成为我们日后的战友。②

熊硕<br>
2020年12月31日至2021年1月1日跨年之际<br>
于熟睡的女儿身旁

---

① 本成果受中共湖北省委宣传部与华中科技大学部校共建新闻学院项目（2020D08）经费支持。
② 参见熊硕，"游戏学导论"网络课程视频，https://www.bilibili.com/video/BV1ck4y1B7aX。

图书在版编目(CIP)数据

电子游戏世界/(德)克劳斯·皮亚斯著;熊硕译.—上海:复旦大学出版社,2021.11(2023.1 重印)
(媒介与文明译丛)
书名原文:Computer Game Worlds
ISBN 978-7-309-15840-3

Ⅰ.①电… Ⅱ.①克…②熊… Ⅲ.①电子计算机-电子游戏-研究 Ⅳ.①G898.3

中国版本图书馆 CIP 数据核字(2021)第 148091 号

Computer Game Worlds

Copyright © 2020, diaphanes, Zürich-Berlin
All rights reserved.
Chinese simplified translation rights © 2021 by Fudan University Press Co., Ltd.

上海市版权局著作权合同登记号:09-2021-0562

电子游戏世界
(德)克劳斯·皮亚斯 著 熊 硕 译
责任编辑/刘 畅

复旦大学出版社有限公司出版发行
上海市国权路 579 号 邮编:200433
网址:fupnet@fudanpress.com http://www.fudanpress.com
门市零售:86-21-65102580 团体订购:86-21-65104505
出版部电话:86-21-65642845
上海四维数字图文有限公司

开本 787×960 1/16 印张 24.5 字数 440 千
2021 年 11 月第 1 版
2023 年 1 月第 1 版第 2 次印刷

ISBN 978-7-309-15840-3/G·2277
定价:65.00 元

如有印装质量问题,请向复旦大学出版社有限公司出版部调换。
版权所有 侵权必究